高等学校通用教材

微分几何

贺慧霞　主编

北京航空航天大学出版社

内 容 简 介

本书主要介绍三维欧氏空间中曲线、曲面的局部理论和内蕴性质，侧重介绍如何利用自然标架和活动标架研究曲线、曲面的性质，扼要介绍了整体微分几何的一些初步知识。为了使学生能接触一些张量分析的方法，书中也介绍了多重线性代数的相关内容。

曲线、曲面的局部理论和张量分析的部分理论可做为数学专业本科生微分几何的必修内容，整体微分几何可做为高年级本科生的专业课教材或者课外阅读材料。

图书在版编目(CIP)数据

微分几何 / 贺慧霞主编. --北京：北京航空航天大学出版社，2023. 9

ISBN 978-7-5124-4051-7

Ⅰ. ①微… Ⅱ. ①贺… Ⅲ. ①微分几何–高等学校–教材 Ⅳ. ①O186.1

中国国家版本馆 CIP 数据核字(2023) 第 033101 号

微分几何

贺慧霞 主编

策划编辑 蔡 喆 责任编辑 蔡 喆

*

北京航空航天大学出版社出版发行

北京市海淀区学院路 37 号（邮编 00191） http://www.buaapress.com.cn

发行部电话：（010）82317024 传真：（010）82328026

读者信箱：goodtextbook@126.com 邮购电话：（010）82316936

北京九州迅驰传媒文化有限公司印装 各地书店经销

*

开本：787×1092 1/16 印张：16.5 字数：422千字

2023年9月第1版 2025年4月第2次印刷 印数：501～1000册

ISBN 978-7-5124-4051-7 定价：59.00 元

前　言

微分几何是以向量分析、张量分析、外微分形式等为主要工具研究空间图形的相互位置与内蕴性质的数学分支，主要分为局部微分几何与整体微分几何两大部分.

在 Euler、Monge 时代诞生的微分几何与微积分学有着同样悠久的历史. Gauss 关于曲面的理论开创了局部微分几何的新篇章，他建立了基于曲面第一基本形式的几何，并把欧几里得几何推广到曲面上“弯曲”的几何，由此开创了曲面的内蕴几何学的研究，使微分几何成为一门真正独立的学科. Riemann 将 Gauss 的理论推广到高维空间而创立了 Riemann 几何，并为 Einstein 的广义相对论奠定了基础.Cartan 的外微分形式、陈省身的纤维丛理论树立了现代微分几何新的里程碑.

本教材是在多年讲授微分几何课讲义的基础上，根据教学大纲的要求整理修改而成的. 本书主要论述古典微分几何，介绍微分几何的基本观点和基本方法，侧重介绍如何利用自然标架和活动标架研究曲线、曲面的几何. 为了使学生能接触一些张量分析的方法，书中也涉及张量分析的相关内容. 第 9 章和第 10 章是曲线、曲面整体微分几何的内容，可以作为高年级学生的课外阅读材料.

微分几何的局部理论是研究三维欧氏空间中曲线和曲面在一点附近的性质，其中一个主要问题是寻求几何不变量并确定这些不变量能在什么程度刻画曲线和曲面. 这就是所谓曲线论和曲面论基本定理的内容. 课程的内容包括曲线论、曲面论、外微分形式与活动标架及黎曼度量. 曲线论包括曲线的弧长公式与自然参数、切向量与法平面，空间曲线的密切平面与基本三棱形，空间曲线的曲率、挠率和 Frenet 公式，空间曲线的局部结构与空间曲线论基本定理. 曲面论的主要内容有曲面的概念、第一基本形式、第二基本形式、Weingarden 映射、法曲率、主曲率、Gauss 曲率和平均曲率、曲面论的基本定理、曲面上的测地线、测地平行坐标系和常 Gauss 曲率曲面等. 外微分形式与活动标架的主要内容有外微分形式、活动标架、用活动标架研究曲面. 书本最后部分扼要介绍了整体微分几何的入门知识.

本书的主要特色在于突出了变换群的观点和外微分形式等工具，广泛地使用了线性代数的基本知识及矩阵的运算手段，叙述深入浅出，条理清晰，同时也突出了几何直观，强调几何量的概念，使学生对微分几何有一个较为完整的初步认识. 本书在编写过程中得到了几何课程组全体老师的大量帮助，再此表示诚挚的感谢.

由于作者水平有限，书中难免有不足或错误，诚恳希望专家及广大读者批评指正.

作　者

2023 年 2 月于北京

目　录

第 1 章　向量函数

向量是数学中的一个重要概念，常常用来解决几何问题，在微分几何的学习研究中，向量函数的运算更为重要. 本章除了简要回顾向量的代数运算外，着重介绍向量函数的分析运算.

§1.1　向量代数

向量的概念和代数运算，在解析几何中已经详尽介绍过，为了在学习本课程时查阅方便，在此简要复习一下相关概念及性质.

§1.1.1　n 维向量空间与欧氏空间

首先回顾有关向量空间的一些基本概念，我们的讨论都是在实数域 $\mathbb{R}$ 上展开的.

定义 1.1.1　设 $\boldsymbol{V}$ 是实数域 $\mathbb{R}$ 上的一个集合，在 $\boldsymbol{V}$ 上定义了加法运算和数乘运算，如果 $\boldsymbol{V}$ 关于两种运算是封闭的，并且 $\forall\lambda,\mu\in\mathbb{R},\boldsymbol{x},\boldsymbol{y},\boldsymbol{z}\in\boldsymbol{V}$，满足：

(1) (交换律)　$\boldsymbol{x}+\boldsymbol{y}=\boldsymbol{y}+\boldsymbol{x}$;

(2) (结合律)　$(\boldsymbol{x}+\boldsymbol{y})+\boldsymbol{z}=\boldsymbol{x}+(\boldsymbol{y}+\boldsymbol{z})$;

(3) (零元素)　$\exists 0\in\boldsymbol{V}$, 使得$\boldsymbol{0}+\boldsymbol{x}=\boldsymbol{x}$;

(4) (逆元素)　$\exists -x\in\boldsymbol{V}$, 使得$-\boldsymbol{x}+\boldsymbol{x}=\boldsymbol{0}$;

(5) (单位元)　$1\cdot\boldsymbol{x}=\boldsymbol{x}$;

(6) (数乘的结合律)　$\alpha(\beta\boldsymbol{x})=(\alpha\beta)\boldsymbol{x}$;

(7) (对向量的分配律)　$\alpha(\boldsymbol{x}+\boldsymbol{y})=\alpha\boldsymbol{x}+\alpha\boldsymbol{y}$;

(8) (对数乘的分配律)　$(\alpha+\beta)\boldsymbol{x}=\alpha\boldsymbol{x}+\beta\boldsymbol{x}$.

则称 $\boldsymbol{V}$ 是实数域 $\mathbb{R}$ 上的**向量空间**，元素 $\boldsymbol{x}\in\boldsymbol{V}$ 称为**向量**.

例 1.1.1　n 维数组空间

$$\mathbb{R}^n=\{\boldsymbol{x}=(x^1,x^2,\cdots,x^n)|x^i\in\mathbb{R},i=1,2,\cdots,n\}$$

的加法和数乘运算分别为相应的分量运算，即 $\forall\boldsymbol{x},\boldsymbol{y}\in\mathbb{R}^n,\lambda\in\mathbb{R}$, 设 $\boldsymbol{x}=(x^1,x^2,\cdots,x^n)$, $\boldsymbol{y}=(y^1,y^2,\cdots,y^n)$,

$$\boldsymbol{x}+\boldsymbol{y}=(x^1+y^1,x^2+y^2,\cdots,x^n+y^n)$$

$$\lambda\boldsymbol{x}=(\lambda x^1,\lambda x^2,\cdots,\lambda x^n)$$

则 n 维数组空间 $\mathbb{R}^n$ 是一个向量空间.

定义 1.1.2 如果存在一组向量 $\boldsymbol{v}_1,\boldsymbol{v}_2,\cdots\boldsymbol{v}_n\in\boldsymbol{V}$, 使得 $\forall\boldsymbol{v}\in\boldsymbol{V}$, 都存在 n 个实数 $x^1,x^2,\cdots,x^n$, 使得 $\boldsymbol{v}=\sum\limits_{i=1}^{n}x^i\boldsymbol{v}_i$ 且表示唯一, 则称 $\{\boldsymbol{v}_i\}_{i=1}^n$ 为 $\boldsymbol{V}$ 的一组**基底**, n 是向量空间的**维数**, $x^1,x^2,\cdots,x^n$ 称为向量 $\boldsymbol{v}$ 在基底 $\boldsymbol{v}_1,\boldsymbol{v}_2,\cdots\boldsymbol{v}_n$ 下的**坐标**.

任意一个 n 维向量空间 $\boldsymbol{V}$, 给定一组基底 $\boldsymbol{v}_1,\boldsymbol{v}_2,\cdots,\boldsymbol{v}_n$ 后，可定义对应关系

$$\boldsymbol{x}=\sum_{i=1}^{n}x^i\boldsymbol{v}_i\in\boldsymbol{V}\to(x^1,x^2,\cdots,x^n)\in\mathbb{R}^n$$

这个对应将任意 n 维向量空间与 $\mathbb{R}^n$ 等同起来.

由于 n 维向量空间 $\boldsymbol{V}^n$ 的基底不是唯一的，因而在基底改变时，向量的坐标也要相应地变化. 设 $\{\boldsymbol{e}_i\},\{\tilde{\boldsymbol{e}}_i\}(i=1,2,\cdots,n)$ 是 $\boldsymbol{V}^n$ 的两组基底，满足

$$\tilde{\boldsymbol{e}}_j=\sum_{i=1}^{n}a_j^i\boldsymbol{e}_i,\quad j=1,2,\cdots,n \tag{1.1.1}$$

这里 $a_j^i\in\mathbb{R}$ 是**变换系数**.

设向量 $\boldsymbol{x}\in\boldsymbol{V}$ 在新、旧基底中的坐标分量分别为 $\tilde{x}^i,x^j(i,j=1,2,\cdots,n)$, 则有

$$\boldsymbol{x}=\sum_{i=1}^{n}x^i\boldsymbol{e}_i=\sum_{j=1}^{n}\tilde{x}^j\tilde{\boldsymbol{e}}_j=\sum_{i,j=1}^{n}\tilde{x}^ja_j^i\boldsymbol{e}_i \tag{1.1.2}$$

比较可得坐标变换式

$$x^i=\sum_{j=1}^{n}a_j^i\tilde{x}^j \tag{1.1.3}$$

比较式(1.1.1)和式(1.1.3)，可以看出基底变换和坐标变换之间的关系：前者用旧基底表示新基底，后者用新坐标表示旧坐标，这两个表示的变换系数是相同的.

定义 1.1.3 向量空间 V 上的一个双线性函数 $\langle,\rangle:\boldsymbol{V}\times\boldsymbol{V}\to\mathbb{R}$, 如果其满足 $\forall\boldsymbol{x},\boldsymbol{y},\boldsymbol{z}\in\boldsymbol{V},\lambda,\mu\in\mathbb{R}$, 有

(1) (对称性) $\langle\boldsymbol{x},\boldsymbol{y}\rangle=\langle\boldsymbol{y},\boldsymbol{x}\rangle$;

(2) (正定性) $\langle\boldsymbol{x},\boldsymbol{x}\rangle\geqslant0$, 而且 $\langle\boldsymbol{x},\boldsymbol{x}\rangle=0$ 当且仅当 $\boldsymbol{x}=\boldsymbol{0}$;

(3) (线性) $\langle\lambda\boldsymbol{x}+\mu\boldsymbol{y},\boldsymbol{z}\rangle=\lambda\langle\boldsymbol{x},\boldsymbol{z}\rangle+\mu\langle\boldsymbol{y},\boldsymbol{z}\rangle$;

则称 $\langle\cdot,\cdot\rangle$ 为 $\boldsymbol{V}$ 上的**欧氏内积**，此时称 $(\boldsymbol{V},\langle\cdot,\cdot\rangle)$ 为 n 维**欧氏向量空间**. 内积也称为点积，可记为

$$\boldsymbol{x}\cdot\boldsymbol{y}=\langle\boldsymbol{x},\boldsymbol{y}\rangle$$

设 $\{\boldsymbol{v}_i\}$ 是 $\boldsymbol{V}$ 上一组基底，$\forall\boldsymbol{x}=\sum\limits_{i=1}^{n}\lambda^i\boldsymbol{v}_i,\boldsymbol{y}=\sum\limits_{i=1}^{n}\mu^i\boldsymbol{v}_i\in\boldsymbol{V}$，则

$$\langle\boldsymbol{x},\boldsymbol{y}\rangle=\sum_{i,j=1}^{n}\lambda^i\mu^j\langle\boldsymbol{v}_i,\boldsymbol{v}_j\rangle$$

定义 1.1.4　如果两个向量 $\boldsymbol{x},\boldsymbol{y}\in\boldsymbol{V}$ 的内积为零，即 $\boldsymbol{x}\cdot\boldsymbol{y}=0$, 则称 $\boldsymbol{x},\boldsymbol{y}$ 是**正交的**.

n 维数组空间 $\mathbb{R}^n$ 上，熟知的向量内积为：$\forall\boldsymbol{x}=(x^1,x^2,\cdots,x^n),\boldsymbol{y}=(y^1,y^2,\cdots,y^n)\in\mathbb{R}^n$,

$$\langle\boldsymbol{x},\boldsymbol{y}\rangle=x^1y^1+x^2y^2+\cdots+x^ny^n$$

此时 $\mathbb{R}^n$ 的基底为 $\{\boldsymbol{e}_i=(0,\cdots,\underset{i-1\text{位}}{0},1,\underset{i+1\text{位}}{0},\cdots,0)\}(i=1,2,\cdots,n)$, 即第 i 个分量为 1，其余分量都为 0，显然它们是彼此正交的. 在这个内积下 $\mathbb{R}^n$ 是 n 维内积空间.

注记 1.1.1　n 维欧氏向量空间 $\boldsymbol{V}$ 与 $\mathbb{R}^n$ 可以等同起来.

命题 1.1.1　内积满足 Cauchy-Schwards 不等式，即对任意的 $\boldsymbol{x},\boldsymbol{y}\in\boldsymbol{V}$, $\langle\boldsymbol{x},\boldsymbol{y}\rangle^2\leqslant\langle\boldsymbol{x},\boldsymbol{x}\rangle\langle\boldsymbol{y},\boldsymbol{y}\rangle$.

证明　由内积的正定性可知，对任意的实数 λ 都有

$$\langle\lambda\boldsymbol{x}+\boldsymbol{y},\lambda\boldsymbol{x}+\boldsymbol{y}\rangle\geqslant0$$

即

$$\lambda^2\langle\boldsymbol{x},\boldsymbol{x}\rangle+2\lambda\langle\boldsymbol{x},\boldsymbol{y}\rangle+\langle\boldsymbol{y},\boldsymbol{y}\rangle\geqslant0$$

一元二次方程 $\lambda^2\langle\boldsymbol{x},\boldsymbol{x}\rangle+2\lambda\langle\boldsymbol{x},\boldsymbol{y}\rangle+\langle\boldsymbol{y},\boldsymbol{y}\rangle=0$ 至多有二重根，因此判别式小于等于零，即完成定理证明.

定义 1.1.5　设 $\boldsymbol{V}$ 是一个 n 维欧氏向量空间，$\forall\boldsymbol{x}\in\boldsymbol{V}$, 定义

$$\|\boldsymbol{x}\|=\sqrt{\langle\boldsymbol{x},\boldsymbol{x}\rangle}$$

称 $\|\boldsymbol{x}\|$ 为向量 $\boldsymbol{x}$ 的**模** 或者**欧氏范数** (以下简称**范数**).

如果给定向量空间 $\boldsymbol{V}$ 的一组基底 $\{\boldsymbol{v}_i\}_{i=1}^n$，则 $\forall\boldsymbol{x}\in\boldsymbol{V}$, $\boldsymbol{x}=(x^1,x^2,\cdots,x^n)$, 此时

$$\|\boldsymbol{x}\|=\sqrt{\sum_{k=1}^n(x^k)^2}$$

命题 1.1.2　由内积的性质可知范数具有如下性质：$\forall\boldsymbol{x},\boldsymbol{y}\in\boldsymbol{V},\lambda\in\mathbb{R}$,

(1) (数乘性)　$\|\lambda\boldsymbol{x}\|=|\lambda|\cdot\|\boldsymbol{x}\|$;

(2) (正定性)　$\|\boldsymbol{x}\|\geqslant0$, 而且 $\|\boldsymbol{x}\|=0\Leftrightarrow\boldsymbol{x}=\boldsymbol{0}$;

(3) (三角不等式)　$\|\boldsymbol{x}+\boldsymbol{y}\|\leqslant\|\boldsymbol{x}\|+\|\boldsymbol{y}\|$.

证明　性质 (1), (2) 比较明显，仅证明性质 (3). 由命题 1.1.1可知，对任意向量 $\boldsymbol{x},\boldsymbol{y}$, 有

$$|\langle\boldsymbol{x},\boldsymbol{y}\rangle|\leqslant\|\boldsymbol{x}\|\cdot\|\boldsymbol{y}\|$$

$$\begin{aligned}\|\boldsymbol{x}+\boldsymbol{y}\|^2=\langle\boldsymbol{x}+\boldsymbol{y},\boldsymbol{x}+\boldsymbol{y}\rangle&=\langle\boldsymbol{x},\boldsymbol{x}\rangle+2\langle\boldsymbol{x},\boldsymbol{y}\rangle+\langle\boldsymbol{y},\boldsymbol{y}\rangle\\&\leqslant\|\boldsymbol{x}\|^2+2\|\boldsymbol{x}\|\cdot\|\boldsymbol{y}\|+\|\boldsymbol{y}\|^2\\&=(\|\boldsymbol{x}\|+\|\boldsymbol{y}\|)^2\end{aligned}$$

根据范数的定义，可以定义 n 维欧氏空间 $\boldsymbol{V}$ 中任意两个向量 $\boldsymbol{x},\boldsymbol{y}$ 之间的距离为 $\|\boldsymbol{x}-\boldsymbol{y}\|$. 在给定基底下，$\boldsymbol{x}=(x^1,x^2,\cdots,x^n),\boldsymbol{y}=(y^1,y^2,\cdots,y^n)$，此时距离可表示为

$$\|\boldsymbol{x}-\boldsymbol{y}\|=\sqrt{(x^1-y^1)^2+(x^2-y^2)^2+\cdots+(x^n-y^n)^2}$$

显然，$\boldsymbol{x}$ 的范数 $\|\boldsymbol{x}\|$ 就是 $\boldsymbol{x}$ 到原点 O 的距离.

推论 1.1.1 距离具有如下性质：

(1) (对称性) $\|\boldsymbol{x}-\boldsymbol{y}\|=\|\boldsymbol{y}-\boldsymbol{x}\|$;

(2) (正定性) $\|\boldsymbol{x}-\boldsymbol{y}\|\geqslant 0$, 而且$\|\boldsymbol{x}-\boldsymbol{y}\|=0\Leftrightarrow \boldsymbol{x}=\boldsymbol{y}$;

(3) (三角不等式) $\|\boldsymbol{x}-\boldsymbol{z}\|\leqslant\|\boldsymbol{x}-\boldsymbol{y}\|+\|\boldsymbol{y}-\boldsymbol{z}\|$.

其中 $\boldsymbol{x},\boldsymbol{y},\boldsymbol{z}\in\mathbb{R}^n$.

n 维欧氏向量空间 $\boldsymbol{V}$ 的任意一组基，可以经过 Schmidt 正交化，得到一组标准正交基 $\boldsymbol{e}_1,\boldsymbol{e}_2,\cdots,\boldsymbol{e}_n$, 它满足

$$\langle \boldsymbol{e}_i,\boldsymbol{e}_j\rangle=\delta_{ij}=\begin{cases}1, & i=j\\ 0, & i\neq j\end{cases}\quad i,j=1,2,\cdots,n$$

§1.1.2 三维欧氏空间

经典的三维欧氏空间 $\mathbb{E}^3$ 是由点、线、面组成的. 解析几何的基本思想是将欧氏空间的几何结构代数化，向量是基本工具.

定义 1.1.6 自然界中既有大小又有方向的量称为**向量或矢量**，如力、力矩、速度等，而仅有大小没有方向的量称为**数量或标量**，如体积、温度、时间等. 向量一般用黑斜体字母 $\boldsymbol{a},\boldsymbol{b},\boldsymbol{N},\cdots$ 或加箭头的字母 $\overrightarrow{a},\overrightarrow{b},\overrightarrow{N},\cdots$ 表示.

几何中常用有向线段表示向量，有向线段的始点和终点分别称为该向量的始点和终点，以 A,B 为始点和终点的向量记作 $\overrightarrow{AB}$.

定义 1.1.7 大小相等方向相同的向量称为**相等向量**, 与向量 $\boldsymbol{a}$ 大小相等方向相反的向量称为 $\boldsymbol{a}$ 的**负向量**，记作 $-\boldsymbol{a}$.

由定义可知，向量只表示空间中两点的位差而无特定的位置，所以一个向量可以自由平移，这反映了欧氏空间的均齐性. 正是有了平移，可以不用考虑向量的始点，只考虑向量的大小和方向，进一步可以定义向量之间的各种运算.

定义 1.1.8 表示向量大小的数值称为向量的**模长**，用记号 $\|\overrightarrow{AB}\|$ 或者 $\|\boldsymbol{a}\|$ 表示.

定义 1.1.9 模等于零的向量称为**零向量**，记为 $\boldsymbol{0}$. 零向量的方向不确定.

定义 1.1.10 模等于 1 的向量称为**单位向量**. 和非零向量 $\boldsymbol{a}$ 方向相同的单位向量称为 $\boldsymbol{a}$ 的单位向量，常记作 $\boldsymbol{a}^0$.

定义 1.1.11 如果两个向量 $\boldsymbol{a},\boldsymbol{b}$ 的方向相同或者相反，则称 $\boldsymbol{a}$ 与 $\boldsymbol{b}$ **平行或者共线**，记作 $\boldsymbol{a}//\boldsymbol{b}$.

规定: 零向量和任何向量都平行.

定义 1.1.12 把两个非零向量平移到同一始点后，它们的方向所成的角称为这两个向量的**夹角**. 当 $\boldsymbol{a}$ 与 $\boldsymbol{b}$ 的夹角为 $\dfrac{\pi}{2}$ 时，称 $\boldsymbol{a}$ 与 $\boldsymbol{b}$ **相互垂直 (或正交)**，记作 $\boldsymbol{a}\perp\boldsymbol{b}$.

规定：零向量与任何向量都垂直.

定义 1.1.13 在欧氏空间中取定一点 O 作为原点，并以 O 为起始点，取三个线性无关的向量 $\{\boldsymbol{v}_1,\boldsymbol{v}_2,\boldsymbol{v}_3\}$, $\{O;\boldsymbol{v}_1,\boldsymbol{v}_2,\boldsymbol{v}_3\}$ 称为 $\mathbb{E}^3$ 中 (以 O 为原点) 的一个标架，如图 1.1.1 所示；当 $\{\boldsymbol{v}_1,\boldsymbol{v}_2,\boldsymbol{v}_3\}$ 是相互正交的单位向量时，$\{O;\boldsymbol{v}_1,\boldsymbol{v}_2,\boldsymbol{v}_3\}$ 称为 $\mathbb{E}^3$ 中以 O 为原点的一个**正交标架**，如图 1.1.2 所示.

三维欧氏空间中的笛卡尔直角坐标系就是一个正交标架.

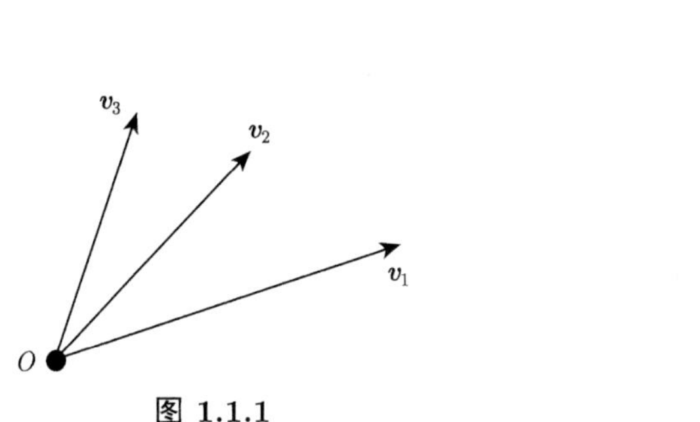

图 1.1.1

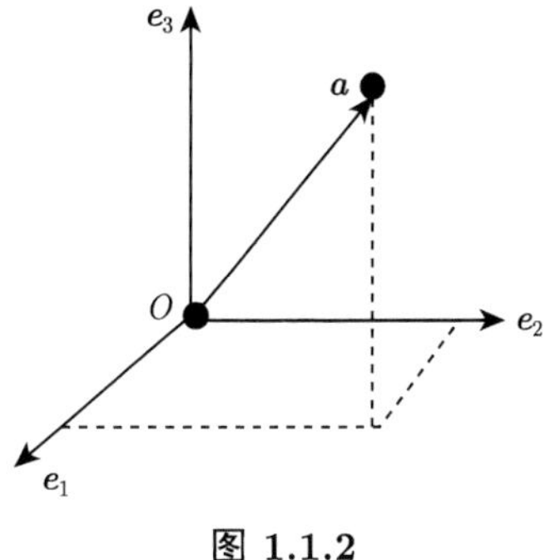

图 1.1.2

§1.1.3　向量的代数运算

1. 向量的加法

把向量 $\boldsymbol{b}$ 的始点放在向量 $\boldsymbol{a}$ 的终点，以 $\boldsymbol{a}$ 的始点为始点，以 $\boldsymbol{b}$ 的终点为终点的向量称为 $\boldsymbol{a}$ 和 $\boldsymbol{b}$ 的和，记为 $\boldsymbol{a}+\boldsymbol{b}$. 求和的运算称为向量的**加法**. 向量加法具有性质:

(1) (交换律)　$\boldsymbol{a}+\boldsymbol{b}=\boldsymbol{b}+\boldsymbol{a}$;

(2) (结合律)　$(\boldsymbol{a}+\boldsymbol{b})+\boldsymbol{c}=\boldsymbol{a}+(\boldsymbol{b}+\boldsymbol{c})$.

2. 向量的减法

$\boldsymbol{a}+(-\boldsymbol{b})$ 称为 $\boldsymbol{a}$ 与 $\boldsymbol{b}$ 的**差**，记为 $\boldsymbol{a}-\boldsymbol{b}$, 即

$$\boldsymbol{a}-\boldsymbol{b}=\boldsymbol{a}+(-\boldsymbol{b})$$

3. 向量的数乘

数量 λ 与向量 $\boldsymbol{a}$ 的乘积 $\lambda\boldsymbol{a}$ 定义为一个向量，它的模长为 $|\lambda|\|\boldsymbol{a}\|$. 规定当 $\lambda=0$ 或者 $\boldsymbol{a}=\boldsymbol{0}$ 时，$\lambda\boldsymbol{a}=\boldsymbol{0}$; 当 $\lambda\neq 0$ 且 $\boldsymbol{a}\neq\boldsymbol{0}$ 时，若 $\lambda>0$，则 $\lambda\boldsymbol{a}$ 与 $\boldsymbol{a}$ 同向，若 $\lambda<0$，则 $\lambda\boldsymbol{a}$ 与 $\boldsymbol{a}$ 反向.

向量的数乘满足如下法则:

(1) (结合律)　$\lambda(\mu\boldsymbol{a})=(\lambda\mu)\boldsymbol{a}$;

(2) (分配律)　$\lambda(\boldsymbol{a}+\boldsymbol{b})=\lambda\boldsymbol{a}+\lambda\boldsymbol{b}$.

4. 向量的坐标

设 $\{O;\boldsymbol{e}_1,\boldsymbol{e}_2,\boldsymbol{e}_3\}$ 是一个正交标架，则任意向量 $\boldsymbol{a}$ 关于标架有分解 (见图 1.1.2)

$$\boldsymbol{a}=a^1\boldsymbol{e}_1+a^2\boldsymbol{e}_2+a^3\boldsymbol{e}_3=\sum_{i=1}^{3}a^i\boldsymbol{e}_i$$

其中, $a^i=\langle\boldsymbol{a},\boldsymbol{e}_i\rangle(i=1,2,3)$ 称为向量的**坐标分量**，记 $\boldsymbol{a}=\{a^1,a^2,a^3\}$ 或者 $\boldsymbol{a}(a^1,a^2,a^3)$.

如果 P 是三维欧氏空间中的一个点，向量 $\overrightarrow{OP}$ 的坐标是 (x^1, x^2, x^3), 则把数组 (x^1, x^2, x^3) 称为点 P 的**坐标**, 向量 $\overrightarrow{OP}$ 称为点 P 的**位置向量**.

由向量坐标的定义可以得到

(1) 设 $\boldsymbol{a} = \{a^1, a^2, a^3\}$, $\boldsymbol{b} = \{b^1, b^2, b^3\}$, 则

$$\boldsymbol{a} \pm \boldsymbol{b} = \{a^1 \pm b^1, a^2 \pm b^2, a^3 \pm b^3\}$$

$$\lambda \boldsymbol{a} = \{\lambda a^1, \lambda a^2, \lambda a^3\}$$

(2) 设有向量 $\overrightarrow{AB}$, 其中 $A(x^1, x^2, x^3), B(y^1, y^2, y^3)$, 则

$$\overrightarrow{AB} = \{y^1 - x^1, y^2 - x^2, y^3 - x^3\}$$

5. 向量的内积

给定两个向量 $\boldsymbol{a}, \boldsymbol{b}$, 设 $\boldsymbol{a}$ 与 $\boldsymbol{b}$ 的夹角为 $\theta(0 \leqslant \theta \leqslant \pi)$, 向量 $\boldsymbol{a}, \boldsymbol{b}$ 的**内积**定义为

$$\langle \boldsymbol{a}, \boldsymbol{b} \rangle = \|\boldsymbol{a}\| \cdot \|\boldsymbol{b}\| \cos\theta$$

内积也称为**点积**，可表示为 $\boldsymbol{a} \cdot \boldsymbol{b}$.

向量的内积满足如下性质：

(1) (交换律) $\langle \boldsymbol{a}, \boldsymbol{b} \rangle = \langle \boldsymbol{b}, \boldsymbol{a} \rangle$;

(2) (分配律) $\langle \boldsymbol{a}, \lambda\boldsymbol{b} + \mu\boldsymbol{c} \rangle = \lambda\langle \boldsymbol{a}, \boldsymbol{b} \rangle + \mu\langle \boldsymbol{a}, \boldsymbol{c} \rangle$.

6. 向量的外积

给定两个向量 $\boldsymbol{a}, \boldsymbol{b}$, 设 $\boldsymbol{a}$ 与 $\boldsymbol{b}$ 的夹角为 $\theta(0 \leqslant \theta \leqslant \pi)$, 向量 $\boldsymbol{a}, \boldsymbol{b}$ 的**外积**为一个新向量, 如图 1.1.3 所示，记为 $\boldsymbol{a} \wedge \boldsymbol{b}$, 其满足

(1) $\boldsymbol{a} \wedge \boldsymbol{b}$ 与 $\boldsymbol{a}, \boldsymbol{b}$ 都垂直；

(2) 向量 $\boldsymbol{a}, \boldsymbol{b}, \boldsymbol{a} \wedge \boldsymbol{b}$ 构成右手系；

(3) $\|\boldsymbol{a} \wedge \boldsymbol{b}\| = \|\boldsymbol{a}\|\|\boldsymbol{b}\| \sin\theta$.

向量的外积满足如下法则

(1) (反交换律) $\boldsymbol{a} \wedge \boldsymbol{b} = -\boldsymbol{b} \wedge \boldsymbol{a}$;

(2) (分配律) $\boldsymbol{a} \wedge (\lambda\boldsymbol{b} + \mu\boldsymbol{c}) = \lambda\boldsymbol{a} \wedge \boldsymbol{b} + \mu\boldsymbol{a} \wedge \boldsymbol{c}$.

(3) (分量形式) $\forall \boldsymbol{a} = \{x^1, x^2, x^3\}, \boldsymbol{b} = \{y^1, y^2, y^3\} \in \mathbb{E}^3$,

$$\boldsymbol{a} \wedge \boldsymbol{b} = \begin{vmatrix} i & j & k \\ x^1 & x^2 & x^3 \\ y^1 & y^2 & y^3 \end{vmatrix} = \{x^2y^3 - x^3y^2, -x^1y^3 + x^3y^1, x^1y^2 - x^2y^1\}$$

(4) (外积的几何意义)：$\|\boldsymbol{a} \wedge \boldsymbol{b}\|$ 表示以 $\boldsymbol{a}, \boldsymbol{b}$ 为边的平行四边形的有向面积，如图 1.1.3 所示.

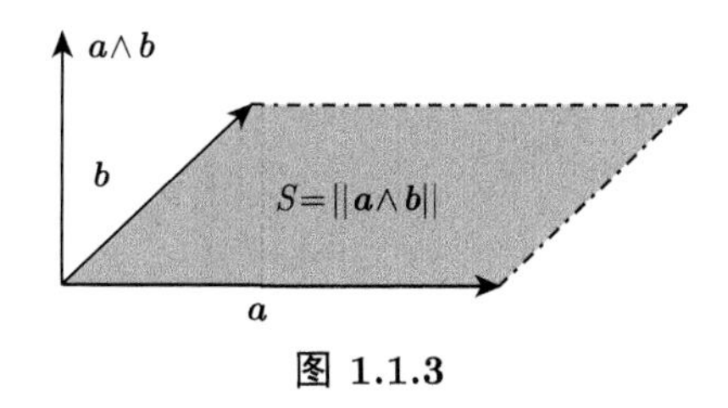

图 1.1.3

7. 向量的混合积

给定三个向量 $\boldsymbol{a},\boldsymbol{b},\boldsymbol{c}$, 定义它们的混合积为 $(\boldsymbol{a}\wedge\boldsymbol{b})\cdot\boldsymbol{c}$, 且记为 $(\boldsymbol{a},\boldsymbol{b},\boldsymbol{c})=(\boldsymbol{a}\wedge\boldsymbol{b})\cdot\boldsymbol{c}$. 向量的混合积满足如下法则

(1) (轮换对称性) $(\boldsymbol{a},\boldsymbol{b},\boldsymbol{c})=(\boldsymbol{b},\boldsymbol{c},\boldsymbol{a})=(\boldsymbol{c},\boldsymbol{a},\boldsymbol{b})$;

(2) (对加法的分配律) $(\boldsymbol{a}+\boldsymbol{b},\boldsymbol{c},\boldsymbol{d})=(\boldsymbol{a},\boldsymbol{c},\boldsymbol{d})+(\boldsymbol{b},\boldsymbol{c},\boldsymbol{d})$.

(3) (分量形式)　$\forall\boldsymbol{a}=\{x^1,x^2,x^3\},\boldsymbol{b}=\{y^1,y^2,y^3\},\boldsymbol{c}=\{z^1,z^2,z^3\}\in\mathbb{E}^3$,

$$(\boldsymbol{a},\boldsymbol{b},\boldsymbol{c})\ =\begin{vmatrix} x^1 & x^2 & x^3 \\ y^1 & y^2 & y^3 \\ z^1 & z^2 & z^3 \end{vmatrix}$$

(4) (混合积的几何意义)

$\|(\boldsymbol{a},\boldsymbol{b},\boldsymbol{c})\|$ 表示以 $\boldsymbol{a},\boldsymbol{b},\boldsymbol{c}$ 为棱的平行六面体的体积，混合积 $(\boldsymbol{a},\boldsymbol{b},\boldsymbol{c})$ 表示三个向量张成的平行六面体的**有向体积**, 如图 1.1.4 所示.

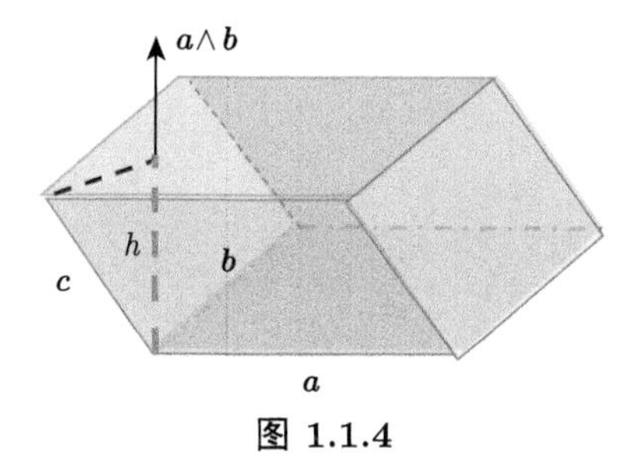

图 1.1.4

8. 二重向量积

二重向量积的定义为

$$(\boldsymbol{a}\wedge\boldsymbol{b})\wedge\boldsymbol{c}=\langle\boldsymbol{a},\boldsymbol{c}\rangle\boldsymbol{b}-\langle\boldsymbol{b},\boldsymbol{c}\rangle\boldsymbol{a}$$

§1.1.4　正交标架与坐标变换

向量空间上存在着不同的标架，不同标架之间存在着变换. 设 $\{O;\boldsymbol{e}_1,\boldsymbol{e}_2,\boldsymbol{e}_3\}$，$\{O';\boldsymbol{e}_1',\boldsymbol{e}_2',\boldsymbol{e}_3'\}$ 是 $\mathbb{E}^3$ 的两个正交标架，如图 1.1.5 所示, 则

$$\overrightarrow{OO'}=\sum_{i=1}^{3}c^i\boldsymbol{e}_i,\quad \boldsymbol{e}_i'=\sum_{j=1}^{3}t_i^j\boldsymbol{e}_j,\quad i=1,2,3 \tag{1.1.4}$$

设 $O(3)=\{\boldsymbol{A}$是3×3实矩阵$|\boldsymbol{A}^{\mathrm{T}}\boldsymbol{A}=\boldsymbol{I}_3\}$，则 $\mathbf{T}=(t_i^j)_{1\leqslant i,j\leqslant 3}\in O(3)$ 是正交矩阵，即 $\det\mathbf{T}=\pm 1$.

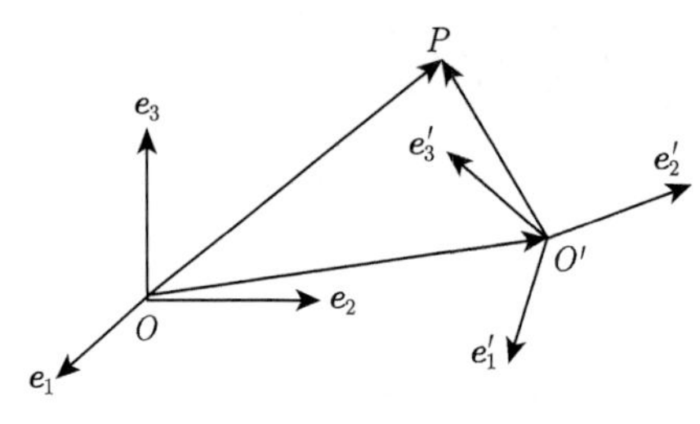

图 1.1.5

所以, 两个正交标架相差原点之间的一个平移 $\overrightarrow{OO'}$ 及矩阵 $\mathbf{T}$ 诱导的正交变换.

定义 1.1.14 欧氏空间给定了一个正交标架，称为给了欧氏空间一个**定向**. 如果两个正交标架之间相差的正交变换的行列式为 1, 则称这两个标架是**定向相同的**, 否则称它们**定向相反**.

定向是一个等价关系，因此欧氏空间有且仅有两个定向. 通常 $\mathbb{E}^3$ 中由 $\{\boldsymbol{i},\boldsymbol{j},\boldsymbol{k}\}$ 决定的定向称为**自然定向**.

有了标架变换，可得同一点在不同标架下的坐标间的变换关系.

设 $P\in\mathbb{E}^3$, 在新旧标架 (坐标系) 下分别表示为

$$\overrightarrow{OP}=\sum_{i=1}^{3}x^i\boldsymbol{e}_i,\quad \overrightarrow{O'P}=\sum_{j=1}^{3}y^i\boldsymbol{e}'_i \tag{1.1.5}$$

那么, 由式 (1.1.4) 有

$$x^i=c^i+\sum_{j=1}^{3}t_j^iy^j,\quad i=1,2,3 \tag{1.1.6}$$

§1.1.5 合同变换

设 $\{O;\boldsymbol{e}_1,\boldsymbol{e}_2,\boldsymbol{e}_3\}$ 是 $\mathbb{E}^3$ 的给定正交标架，则 $\mathbb{E}^3$ 中任意两点 $P(x^1,x^2,x^3),Q(y^1,y^2,y^3)$ 的距离就定义为向量 $\overrightarrow{PQ}$ 的长度.

定义 1.1.15 空间 $\mathbb{E}^3$ 中点之间的一一对应 $\mathcal{T}:\mathbb{E}^3\to\mathbb{E}^3$ 称为空间 $\mathbb{E}^3$ 中的一个**变换**. 如果变换 $\mathcal{T}$ 保持空间中任意两点的距离，则称 $\mathcal{T}$ 为 $\mathbb{E}^3$ 中的**合同变换**或**欧氏运动**.

在合同变换下，直线变为直线，线段变为线段，射线变为射线; 两直线的平行性、垂直性，所成的角度都不变; 共线点变为共线点，且保持顺序关系不变; 直线上 A,B,C 三点的简比 $AC:BC$ 不变. 所以, 在合同变换下，三角形、多边形和圆分别变为与它们全等的三角形、多边形和圆; 封闭图形的面积不变.

定理 1.1.1 设 $\mathcal{T}$ 是 $\mathbb{E}^3$ 的一个变换，则 $\mathcal{T}$ 是合同变换的充要条件是存在 $\mathbf{T}\in O(3)$ 以及 $P\in\mathbb{E}^3$ 使得

$$\mathcal{T}(\boldsymbol{X})=\boldsymbol{X}\mathbf{T}+P,\quad \boldsymbol{X}=(x^1,x^2,x^3)\in\mathbb{E}^3$$

从几何的角度来看，合同变换是将欧氏空间的点作如下三种变换：平移、旋转、镜面反射.

可以验证，合同变换

$$\mathcal{T}(\boldsymbol{X}) = \boldsymbol{X}\mathbf{T} + \mathbf{P}, \quad \mathbf{T} \in O(3), \quad \mathbf{P} \in \mathbb{E}^3$$

的全体构成一个群，称为**三维合同变换群**或三维欧氏变换群.

定义 1.1.16　设 $\mathcal{T}(\boldsymbol{X}) = \boldsymbol{X}\mathbf{T} + \mathbf{P}$ 是一个合同变换，当 $\mathbf{T} = 1$ 时，对应的合同变换称为 $\mathbb{E}^3$ 的一个**刚体运动**；当 $\mathbf{T} = -1$ 时，对应的合同变换称为 $\mathbb{E}^3$ 的一个**反向刚体运动**.

刚体运动原是物理学中的一个概念，是指一个物体如果在空间中的运动不改变其形状、大小，只改变其在空间中的位置，则物体的这种运动就称为刚体运动.

习题 1.1

1. 如果 $\boldsymbol{a}$ 垂直于三个相互垂直的非零向量，则 $\boldsymbol{a} = \boldsymbol{0}$.
2. 证明：$\boldsymbol{a} \wedge (\boldsymbol{b} \wedge \boldsymbol{c}) + \boldsymbol{b} \wedge (\boldsymbol{c} \wedge \boldsymbol{a}) + \boldsymbol{c} \wedge (\boldsymbol{a} \wedge \boldsymbol{b}) = \boldsymbol{0}$.
3. 试证：$(\boldsymbol{a}+\boldsymbol{b}, \boldsymbol{b}+\boldsymbol{c}, \boldsymbol{c}+\boldsymbol{a}) = 2(\boldsymbol{a}, \boldsymbol{b}, \boldsymbol{c})$.
4. 证明拉格朗日 (Lagrange) 恒等式

$$\langle \boldsymbol{a} \wedge \boldsymbol{b}, \boldsymbol{c} \wedge \boldsymbol{d} \rangle = \langle \boldsymbol{a}, \boldsymbol{c} \rangle \langle \boldsymbol{b}, \boldsymbol{d} \rangle - \langle \boldsymbol{b}, \boldsymbol{c} \rangle \langle \boldsymbol{a}, \boldsymbol{d} \rangle$$

5. 试证：$\boldsymbol{a} \wedge \boldsymbol{n}$, $\boldsymbol{b} \wedge \boldsymbol{n}$, $\boldsymbol{c} \wedge \boldsymbol{n}$ 为共面向量.
6. 已知向量 $\boldsymbol{a} \wedge \boldsymbol{b} = \boldsymbol{c} \wedge \boldsymbol{d}$, $\boldsymbol{a} \wedge \boldsymbol{c} = \boldsymbol{b} \wedge \boldsymbol{d}$, 求证 $\boldsymbol{a} - \boldsymbol{d}$ 与 $\boldsymbol{b} - \boldsymbol{c}$ 共线.
7. 证明定理 1.1.1.

§1.2　向量分析

本节主要介绍向量函数的分析运算.

§1.2.1　向量函数的概念

定义 1.2.1　给定点集 G, 如果对于 G 中任意一点 $p \in G$, 都有一个确定的向量 $\boldsymbol{r}$ 和它对应，则称在 G 上给定了一个**向量函数**，记作 $\boldsymbol{r} = \boldsymbol{r}(p), p \in G$.

在三维欧氏空间中取定坐标系 $\{O; \boldsymbol{e}_1, \boldsymbol{e}_2, \boldsymbol{e}_3\}$，设 $G = I \subset \mathbb{R}$ 是实数轴上一个区间, 则可定义一元向量函数 $\boldsymbol{r} = \boldsymbol{r}(t)$ 为

$$\boldsymbol{r}(t) = x(t)\boldsymbol{e}_1 + y(t)\boldsymbol{e}_2 + z(t)\boldsymbol{e}_3 = \{x(t), y(t), z(t)\}, t \in I$$

其中, $x(t), y(t), z(t)$ 是定义在 I 上的一元函数.

设 G 是平面中一个区域, 则可定义二元向量函数 $\boldsymbol{r} = \boldsymbol{r}(u, v)$，

$$\boldsymbol{r}(u,v) = x(u,v)\boldsymbol{e}_1 + y(u,v)\boldsymbol{e}_2 + z(u,v)\boldsymbol{e}_3 = \{x(u,v), y(u,v), z(u,v)\}, (u,v) \in G$$

其中，$x(u,v), y(u,v), z(u,v)$ 是定义在 G 上的二元函数.

设 Ω 是一个空间区域, 则可定义三元向量函数 $\boldsymbol{r}=\boldsymbol{r}(u,v,w)$,

$$\boldsymbol{r}(u,v,w)=x(u,v,w)\boldsymbol{e}_1+y(u,v,w)\boldsymbol{e}_2+z(u,v,w)\boldsymbol{e}_3=\{x(u,v,w),y(u,v,w),z(u,v,w)\}$$

其中，$(u,v,w)\in\Omega, x(u,v,w),y(u,v,w),z(u,v,w)$ 是定义在空间区域 Ω 上的三元函数.

由此可见，三维欧氏空间中任意一个向量函数在给定的坐标系下可以唯一确定三个函数，称为向量函数的**分量函数**或者**坐标函数**.

对向量函数同样可以引入极限、连续、微商和积分的概念. 下面以一元向量函数为例，讨论向量函数的相关概念和性质.

§1.2.2 向量函数的极限

定义 1.2.2 设 $\boldsymbol{\alpha}(t)$ 是定义在 t_0 附近的向量函数，$\boldsymbol{a}$ 是常向量, 如果对于任意给定的正实数 $\varepsilon>0$, 总存在 $\delta>0$, 使得当 $0<|t-t_0|<\delta$ 时，都有

$$\|\boldsymbol{\alpha}(t)-\boldsymbol{a}\|<\varepsilon$$

成立，则称向量函数 $\boldsymbol{\alpha}(t)$ 当 $t\to t_0$ 时有极限 $\boldsymbol{a}$, 记做

$$\lim_{t\to t_0}\boldsymbol{\alpha}(t)=\boldsymbol{a}$$

命题 1.2.1 如果 $\boldsymbol{\alpha}(t)=\{x(t),y(t),z(t)\},\boldsymbol{a}=\{a_1,a_2,a_3\}$，则 $\lim\limits_{t\to t_0}\boldsymbol{\alpha}(t)=\boldsymbol{a}$ 的充要条件是

$$\lim_{t\to t_0}x(t)=a_1,\quad \lim_{t\to t_0}y(t)=a_2,\quad \lim_{t\to t_0}z(t)=a_3$$

命题 1.2.2 如果 $\boldsymbol{\alpha}(t),\boldsymbol{\beta}(t)$ 是两个向量函数，$f(t)$ 是实值函数, 如果

$$\lim_{t\to t_0}\boldsymbol{\alpha}(t)=\boldsymbol{a},\quad \lim_{t\to t_0}\boldsymbol{\beta}(t)=\boldsymbol{b},\quad \lim_{t\to t_0}f(t)=p$$

则

(1) $\lim\limits_{t\to t_0}[\boldsymbol{\alpha}(t)\pm\boldsymbol{\beta}(t)]=\boldsymbol{a}\pm\boldsymbol{b}$,

(2) $\lim\limits_{t\to t_0}f(t)\boldsymbol{\alpha}(t)=p\boldsymbol{a}$,

(3) $\lim\limits_{t\to t_0}\langle\boldsymbol{\alpha}(t),\boldsymbol{\beta}(t)\rangle=\langle\boldsymbol{a},\boldsymbol{b}\rangle$,

(4) $\lim\limits_{t\to t_0}\boldsymbol{\alpha}(t)\wedge\boldsymbol{\beta}(t)=\boldsymbol{a}\wedge\boldsymbol{b}$,

(5) $\lim\limits_{t\to t_0}\|\boldsymbol{\alpha}(t)\|=\|\boldsymbol{a}\|$.

§1.2.3 向量函数的连续

从几何直观上看，一元函数图像在某一点 x_0 处“不间断”，则称一元函数在点 x_0 处连续. 从分析角度来讲，函数 $f(x)$ 在一点 x_0 是否具有连续性，就是指自变量 x 在点 x_0 附近微小变化时，函数 $f(x)$ 是否也在 $f(x_0)$ 附近微小变化，借助一元函数连续性概念，可以给出如下定义:

定义 1.2.3　设向量值函数 $\boldsymbol{\alpha}(t)$ 在 t_0 处有定义，当 $t \to t_0$ 时，如果向量函数 $\boldsymbol{\alpha}(\boldsymbol{t})$ 趋于 $\boldsymbol{\alpha}(t_0)$，则称向量值函数在 t_0 连续, 记做

$$\lim_{t\to t_0} \boldsymbol{\alpha}(t) = \boldsymbol{\alpha}(t_0)$$

定理 1.2.1　如果 $\boldsymbol{\alpha}(t) = \{x(t), y(t), z(t)\}, \boldsymbol{\alpha}(t_0) = \{x(t_0), y(t_0), z(t_0)\}$，则 $\boldsymbol{\alpha}(t)$ 在 t_0 连续等价于

$$\lim_{t\to t_0} x(t) = x(t_0), \quad \lim_{t\to t_0} y(t) = y(t_0), \quad \lim_{t\to t_0} z(t) = z(t_0)$$

定义 1.2.4　如果向量函数 $\boldsymbol{\alpha}(t)$ 在区间 I 上每一点都连续，则称其在 I 上连续.

注记 1.2.1　如果区间是闭区间，在端点时只考虑单侧极限.

命题 1.2.3　如果向量函数 $\boldsymbol{\alpha}(t), \beta(t)$ 在 t_0 点连续，$f(t)$ 是在 t_0 处连续的实函数，则 $\boldsymbol{\alpha}(t) \pm \boldsymbol{\beta}(t), f(t)\boldsymbol{\alpha}(t), \boldsymbol{\alpha}(t) \wedge \boldsymbol{\beta}(t), \langle \boldsymbol{\alpha}(t), \boldsymbol{\beta}(t) \rangle$ 也在 t_0 点连续.

§1.2.4　向量函数的微商

定义 1.2.5　如果极限

$$\lim_{\boldsymbol{t}\to \boldsymbol{t}_0} \frac{\boldsymbol{\alpha}(t) - \boldsymbol{\alpha}(t_0)}{t - t_0}$$

存在，则称向量函数 $\boldsymbol{\alpha}(t)$ 在 t_0 处**可导**, 且把这个极限记为

$$\boldsymbol{\alpha}'(t_0) \quad \text{或者} \quad \frac{\mathrm{d}\boldsymbol{\alpha}}{\mathrm{d}t}\Big|_{t=t_0}$$

称为 $\boldsymbol{\alpha}(t)$ 在 t_0 处的**微商**，即

$$\boldsymbol{\alpha}'(t_0) = \frac{\mathrm{d}\boldsymbol{\alpha}(t)}{\mathrm{d}t}\Big|_{t=t_0} = \lim_{t\to t_0} \frac{\boldsymbol{\alpha}(t) - \boldsymbol{\alpha}(t_0)}{t - t_0}$$

命题 1.2.4　设 $\lambda = \lambda(t)$ 是一个实值函数，有

(1) $\dfrac{\mathrm{d}}{\mathrm{d}t}(\lambda \boldsymbol{a}) = \dfrac{\mathrm{d}\lambda}{\mathrm{d}t}\boldsymbol{a} + \lambda \dfrac{\mathrm{d}\boldsymbol{a}}{\mathrm{d}t}$;

(2) $\dfrac{\mathrm{d}}{\mathrm{d}t}\langle \boldsymbol{a}, \boldsymbol{b} \rangle = \left\langle \dfrac{\mathrm{d}\boldsymbol{a}}{\mathrm{d}t}, \boldsymbol{b} \right\rangle + \left\langle \boldsymbol{a}, \dfrac{\mathrm{d}\boldsymbol{b}}{\mathrm{d}t} \right\rangle$;

(3) $\dfrac{\mathrm{d}}{\mathrm{d}t}(\boldsymbol{a} \wedge \boldsymbol{b}) = \dfrac{\mathrm{d}\boldsymbol{a}}{\mathrm{d}t} \wedge \boldsymbol{b} + \boldsymbol{a} \wedge \dfrac{\mathrm{d}\boldsymbol{b}}{\mathrm{d}t}$;

(4) $\dfrac{\mathrm{d}}{\mathrm{d}t}(\boldsymbol{a}, \boldsymbol{b}, \boldsymbol{c}) = \left(\dfrac{\mathrm{d}\boldsymbol{a}}{\mathrm{d}t}, \boldsymbol{b}, \boldsymbol{c}\right) + \left(\boldsymbol{a}, \dfrac{\mathrm{d}\boldsymbol{b}}{\mathrm{d}t}, \boldsymbol{c}\right) + \left(\boldsymbol{a}, \boldsymbol{b}, \dfrac{\mathrm{d}\boldsymbol{c}}{\mathrm{d}t}\right)$;

(5) 若 $\boldsymbol{r} = \boldsymbol{r}(t), t = t(u)$, 则 $\dfrac{\mathrm{d}\boldsymbol{r}}{\mathrm{d}u} = \dfrac{\mathrm{d}\boldsymbol{r}}{\mathrm{d}t} \cdot \dfrac{\mathrm{d}t}{\mathrm{d}u}$.

向量函数 $\boldsymbol{r}(t) = \{x(t), y(t), z(t)\}$ 的微分定义为 $\mathrm{d}\boldsymbol{r}(t) = \boldsymbol{r}'(t)\mathrm{d}t$, 且有

$$\mathrm{d}\boldsymbol{r}(t) = \{\mathrm{d}x(t), \mathrm{d}y(t), \mathrm{d}z(t)\}$$

多元向量函数 $\boldsymbol{r}(u,v)=\{x(u,v),y(u,v),z(u,v)\}$ 的**偏导数**为

$$\boldsymbol{r}_u=\frac{\partial \mathbf{r}}{\partial u}=\left\{\frac{\partial x}{\partial u},\frac{\partial y}{\partial u},\frac{\partial z}{\partial u}\right\}$$

$$\boldsymbol{r}_v=\frac{\partial \mathbf{r}}{\partial v}=\left\{\frac{\partial x}{\partial v},\frac{\partial y}{\partial v},\frac{\partial z}{\partial v}\right\}$$

注记 1.2.2 当向量函数是多变量函数时，偏导数同样满足命题 1.2.4中的类似性质.

定义 1.2.6 如果向量函数 $\boldsymbol{r}(t)$ 在区间 I 上有直到 k 阶的连续微商，则称 $\boldsymbol{r}(t)$ 在区间上是 C^k **类向量函数**；无限可微的函数记做 C^∞ **类向量函数**，特别地，把连续向量函数称为 C^0 **类向量函数**.

定义 1.2.7 设 $\boldsymbol{r}(u,v)=\{x(u,v),y(u,v),z(u,v)\}$ 是定义在平面区域 D 上的向量函数，如果 $x(u,v)$, $y(u,v)$, $z(u,v)$ 都是 D 内的可微函数，则称 $\boldsymbol{r}(u,v)$ 是 D 内的**可微向量函数**，且称

$$\mathrm{d}\boldsymbol{r}=\boldsymbol{r}_u\mathrm{d}u+\boldsymbol{r}_v\mathrm{d}v$$

为 $\boldsymbol{r}(u,v)$ 的**全微分**.

§1.2.5 向量函数的 Taylor 公式

定理 1.2.2 设向量值函数 $\boldsymbol{r}(t)$ 在 $[t_0,t_0+\Delta t]$ 上是 C^n 类函数，则有泰勒展式

$$\boldsymbol{r}(t_0+\Delta t)=\boldsymbol{r}(t_0)+\boldsymbol{r}'(t_0)\Delta t+\frac{\boldsymbol{r}''(t_0)}{2!}(\Delta t)^2+\cdots+\frac{\boldsymbol{r}^{(n)}(t_0)}{n!}(\Delta t)^n+\boldsymbol{\varepsilon}[(\Delta t)^n]$$

这里 $\boldsymbol{\varepsilon}[(\Delta t)^n]$ 是 $(\Delta t)^n$ 的高阶无穷小向量函数.

对于二元向量函数 $\boldsymbol{r}(u,v)$, 有下述命题.

定理 1.2.3 设向量值函数 $\boldsymbol{r}(u,v)$ 在 $D\subset\mathbb{R}^2$ 上是 C^2 类函数，则 $\boldsymbol{r}(u,v)$ 在 (u_0,v_0) 附近的二阶泰勒公式为

$$\begin{aligned}\boldsymbol{r}(u,v)=&\ \boldsymbol{r}(u_0,v_0)+\boldsymbol{r}_u(u_0,v_0)\Delta u+\boldsymbol{r}_v(u_0,v_0)\Delta v\\&+\frac{1}{2!}\{\boldsymbol{r}_{uu}(u_0,v_0)(\Delta u)^2+2\boldsymbol{r}_{uv}(u_0,v_0)\Delta u\Delta v\\&+\boldsymbol{r}_{vv}(u_0,v_0)(\Delta v)^2\}+\varepsilon((\Delta u)^2+(\Delta v)^2)\end{aligned}$$

这里 $\varepsilon((\Delta u)^2+(\Delta v)^2)$ 是 $(\Delta u)^2+(\Delta v)^2$ 的高阶无穷小向量.

§1.2.6 向量函数的积分

定义 1.2.8 设向量值函数

$$\boldsymbol{r}(t)=\{x(t),y(t),z(t)\}=x(t)\boldsymbol{i}+y(t)\boldsymbol{j}+z(t)\boldsymbol{k}$$

如果实值函数 $x(t), y(t), z(t)$ 在区间 $[a,b]$ 上可积分，则称向量值函数 $\boldsymbol{r}(t)$ **可积分**，并且有

$$\int_a^b \boldsymbol{r}(t)\mathrm{d}t = \boldsymbol{i}\int_a^b x(t)\mathrm{d}t + \boldsymbol{j}\int_a^b y(t)\mathrm{d}t + \boldsymbol{k}\int_a^b z(t)\mathrm{d}t$$

命题 1.2.5　如果向量值函数 $\boldsymbol{r}(t)$ 在区间 $[a,b]$ 上连续，则其可积分.

命题 1.2.6　向量值函数的积分具有如下性质：

(1) (区间可加性)$\displaystyle\int_a^b \boldsymbol{r}(t)\mathrm{d}t = \int_a^c \boldsymbol{r}(t)\mathrm{d}t + \int_c^b \boldsymbol{r}(t)\mathrm{d}t$;

(2) (线性) 设m是常数，则有$\displaystyle\int_a^b m\boldsymbol{r}(t)\mathrm{d}t = m\int_a^b \boldsymbol{r}(t)\mathrm{d}t$;

(3) 设 $\boldsymbol{p}$ 是常向量, 则有

$$\int_a^b \boldsymbol{p}\cdot\boldsymbol{r}(t)\mathrm{d}t = \boldsymbol{p}\cdot\int_a^b \boldsymbol{r}(t)\mathrm{d}t, \quad \int_a^b \boldsymbol{p}\wedge\boldsymbol{r}(t)\mathrm{d}t = \boldsymbol{p}\wedge\int_a^b \boldsymbol{r}(t)\mathrm{d}t$$

(4) $\displaystyle\frac{\mathrm{d}}{\mathrm{d}x}\left[\int_a^x \boldsymbol{r}(t)\mathrm{d}t\right] = \boldsymbol{r}(x), \quad \int_a^x \boldsymbol{r}'(t)\mathrm{d}t = \boldsymbol{r}(x) + \boldsymbol{C}$.

在本节讲述了向量函数的极限、微商、积分等概念，并讨论了它们的相关性质，容易看出向量函数的极限、微分和积分等运算都可以转化为它的三个分量函数的运算，但不能认为数学分析的所有结果都可以照搬到向量分析上来，例如微分中值定理就不一定成立.

例 1.2.1　设 $\boldsymbol{r}(t) = \{\cos t, \sin t\}, I = [-a, a], a \in \left(0, \dfrac{\pi}{2}\right)$，则微分中值定理不成立.

解　计算可得向量值函数在区间 $[-a,a]$ 上的改变量为

$$\boldsymbol{r}(a) - \boldsymbol{r}(-a) = \{0, 2\sin a\}$$

曲线的切向量为

$$\boldsymbol{r}'(t) = \{-\sin t, \cos t\}$$

如果微分中值定理成立，则存在 $\xi \in (-a, a)$, 使得

$$\boldsymbol{r}(a) - \boldsymbol{r}(-a) = \boldsymbol{r}'(\xi)(a - (-a))$$

即 $\{0, 2\sin a\} = 2a\{-\sin\xi, \cos\xi\}$，等价于说

$$\begin{cases} a\sin\xi = 0 \\ a\cos\xi = \sin a \end{cases}$$

因为 $a \neq 0$, 所以 $\sin\xi = 0$, 进一步可得 $\sin a = a$, 但是 $a \in (0, \dfrac{\pi}{2})$，$\sin a = a$ 不可能成立，所以 ξ 不存在. 故微分中值定理对向量值函数不成立.

习题 1.2

1. 试证：如果 $\boldsymbol{r}(t)$ 在 t_0 处连续，而且 $\boldsymbol{r}(t_0) \neq 0$, 则必有含 t_0 的区间 $[a, b]$, 使得在此区间上 $\boldsymbol{r}(t) \neq 0$.
2. 证明：向量值函数 $\boldsymbol{r}(t)$ 为常向量的充要条件是 $\boldsymbol{r}(t)$ 的微商恒为零向量.

§1.3 几类特殊的向量函数

关于向量函数, 有下面几个重要的命题.

命题 1.3.1 向量函数 $\boldsymbol{r}(t)$ 有定长的充要条件是 $\boldsymbol{r}(t) \perp \boldsymbol{r}'(t)$.

证明 (必要性) 设 $\boldsymbol{r}(t)$ 有定长，则

$$\langle \boldsymbol{r}(t), \boldsymbol{r}(t) \rangle = \|\boldsymbol{r}(t)\|^2 = \text{常数}$$

两边求导得

$$2\langle \boldsymbol{r}'(t), \boldsymbol{r}(t) \rangle = 0, \quad \text{即} \langle \boldsymbol{r}'(t), \boldsymbol{r}(t) \rangle = 0$$

所以有 $\boldsymbol{r}(t) \perp \boldsymbol{r}'(t)$.

充分性利用向量函数积分即可得证.

该结论表明: 具有固定长的向量 $\boldsymbol{r}(t)$，它的一阶导数 $\boldsymbol{r}'(t)$ 与之垂直，这是容易理解的，因为向量 $\boldsymbol{r}(t)$ 的终点构成的曲线落在一球面上，而它的导函数向量 $\boldsymbol{r}'(t)$ 沿该曲线的切线方向，所以 $\boldsymbol{r}(t)$ 与 $\boldsymbol{r}'(t)$ 垂直.

命题 1.3.2 设向量函数 $\boldsymbol{r}(t)$ 恒不为零, 则 $\boldsymbol{r}(t)$ 有固定方向的充要条件是 $\boldsymbol{r}(t)//\boldsymbol{r}'(t)$.

证明 由于 $\boldsymbol{r}(t)$ 不为零，设 $\boldsymbol{r}(t)$ 的单位向量为 $\boldsymbol{e}(t)$, 则 $\boldsymbol{r}(t) = u(t)\boldsymbol{e}(t)$, 其中 $u(t) = \|\boldsymbol{r}(t)\| \neq 0$.

(必要性) 当 $\boldsymbol{r}(t)$ 是有固定方向的向量函数时，$\boldsymbol{e}(t)$ 为常向量，所以

$$\boldsymbol{r}'(t) = u'(t)\boldsymbol{e}(t)$$

$$\boldsymbol{r}(t) \wedge \boldsymbol{r}'(t) = u(t)\boldsymbol{e}(t) \wedge u'(t)\boldsymbol{e}(t) = \boldsymbol{0}$$

所以, $\boldsymbol{r}(t)//\boldsymbol{r}'(t)$.

(充分性) 由于 $\boldsymbol{r}(t)//\boldsymbol{r}'(t)$，因此 $\boldsymbol{r}(t) \wedge \boldsymbol{r}'(t) = \boldsymbol{0}$, 即

$$\boldsymbol{0} = \boldsymbol{r}(t) \wedge \boldsymbol{r}'(t) = [u(t)]^2 \boldsymbol{e}(t) \wedge \boldsymbol{e}'(t)$$

已知 $\|u(t)\| \neq 0$, 所以 $\boldsymbol{e}(t) \wedge \boldsymbol{e}'(t) = \boldsymbol{0}$, 即 $\boldsymbol{e}(t)//\boldsymbol{e}'(t)$. 又因为 $\boldsymbol{e}(t)$ 为单位向量，由命题 1.3.1知, $\boldsymbol{e}(t) \perp \boldsymbol{e}'(t)$. 因为非零向量 $\boldsymbol{e}(t)$ 与 $\boldsymbol{e}'(t)$ 平行又正交，所以 $\boldsymbol{e}'(t) = \boldsymbol{0}$. 从而可知 $\boldsymbol{e}(t)$ 为常向量，故 $\boldsymbol{r}(t)$ 是有固定方向的向量函数.

命题说明：具有固定方向的向量函数与它的一阶导函数向量共线.

如果变量 $\boldsymbol{r}(t)$ 平行于固定平面，设 $\boldsymbol{n}$ 为垂直于该平面的单位向量，则 $\boldsymbol{n}$ 是常向量，因此必定有

$$\langle \boldsymbol{n}, \boldsymbol{r}(t) \rangle = 0 \tag{1.3.1}$$

求导可得

$$\langle \boldsymbol{n}, \boldsymbol{r}'(t) \rangle = \boldsymbol{0} \tag{1.3.2}$$

继续求导可得

$$\langle \boldsymbol{n}, \boldsymbol{r}''(t) \rangle = \boldsymbol{0} \tag{1.3.3}$$

由式(1.3.1), 式(1.3.2), 式(1.3.3)得 $\boldsymbol{r}(t), \boldsymbol{r}'(t), \boldsymbol{r}''(t)$ 都与非零向量 $\boldsymbol{n}$ 垂直，所以 $\boldsymbol{r}(t), \boldsymbol{r}'(t)$, $\boldsymbol{r}''(t)$ 共面，即

$$(\boldsymbol{r}(t), \boldsymbol{r}'(t), \boldsymbol{r}''(t)) = 0$$

事实上，我们有如下结论.

命题 1.3.3　向量函数 $\boldsymbol{r}(t)$ 平行于固定平面的充要条件是 $\boldsymbol{r}(t), \boldsymbol{r}'(t), \boldsymbol{r}''(t)$ 共面.

习题 1.3

1. 证明命题 1.3.3.
2. 证明：如果 $\lim\limits_{t \to t_0} \boldsymbol{r}(t) = \boldsymbol{a}$, 则 $\lim\limits_{t \to t_0} \|\boldsymbol{r}(t)\| = \|\boldsymbol{a}\|$.
3. 设 $\boldsymbol{r}(t)$ 为向量函数，$\boldsymbol{a}$ 是常向量. 证明：如果对任意 t 都有 $\boldsymbol{r}'(t) \perp \boldsymbol{a}$, 且 $\boldsymbol{r}(0) \perp \boldsymbol{a}$, 则对于任意 t, 有 $\boldsymbol{r}(t) \perp \boldsymbol{a}$.
4. 试证：如果向量函数 $\boldsymbol{r}(t)$ 在 t_0 处可微，则函数 $\boldsymbol{r}(t)$ 在 t_0 处连续.
5. 设 $\mathcal{T}$ 是 $\mathbb{E}^3$ 的一个合同变换，$\boldsymbol{v}, \boldsymbol{w}$ 是 $\mathbb{E}^3$ 的两个向量，求 $(\mathcal{T}(\boldsymbol{v})) \wedge (\mathcal{T}(\boldsymbol{w}))$ 与 $\mathcal{T}(\boldsymbol{v} \wedge \boldsymbol{w})$ 的关系.

第 2 章　曲线的局部理论

本章主要通过研究曲线的曲率、挠率，刻画曲线在空间中的弯曲和扭曲状态，揭示曲线在一点邻近的结构，并证明曲线论的基本定理.

§2.1　曲线的基本概念

在初等几何中研究的直线、圆周、圆锥曲线等，所使用的研究工具主要是代数，在本章将以向量分析为工具来研究更一般、更复杂的曲线.

§2.1.1　曲线的概念

定义 2.1.1　如果向量函数 $\boldsymbol{r}(t)$ 在区间 (a,b) 上连续 (即它的三个分量函数连续)，取坐标原点为向量 $\boldsymbol{r}(t)$ 的始点，则其终点所描出的图形 Γ 称为**连续曲线**，且称

$$\boldsymbol{r}=\boldsymbol{r}(t)=\{x(t),y(t),z(t)\}$$

为曲线 Γ 的**向量式参数方程**，称

$$\begin{cases} x=x(t)\\ y=y(t)\\ z=z(t)\end{cases}$$

为曲线的**坐标式参数方程**.

注记 2.1.1　把平面曲线看做特殊的空间曲线，即 $\boldsymbol{r}=\boldsymbol{r}(t)=\{x(t),y(t),0\}=\{x(t),y(t)\}$.

如果对定义曲线的向量函数不加限制，或者仅仅加上连续性条件，曲线可能非常复杂. 为了保证曲线有良好的性质，一般研究正则曲线.

本章主要研究曲线的局部性质，在局部上，一条正则曲线和定义它的向量函数是一一对应的，在后面的叙述中，直接称定义曲线的向量函数为曲线. 在这种意义下，一条曲线是一个映射，与它的像集不是同一回事.

定义 2.1.2　设 $\boldsymbol{r}:(a,b)\to\mathbb{E}^3$ 是 $\mathbb{E}^3$ 中的一个向量函数，如果

(1) $\boldsymbol{r}(t)=\{x(t),y(t),z(t)\}$ 的 3 个分量函数都是 C^∞ 函数，

(2) $\forall t\in(a,b),\boldsymbol{r}'(t)\neq\boldsymbol{0}$,

则称 $\boldsymbol{r}(t)$ 为**正则曲线**.

例 2.1.1　圆柱螺线可以看成一个质点做匀速圆周运动的同时，又沿着与圆周所在平面垂直的方向做匀速直线运动的点的轨迹. 如图 2.1.1 所示，建立直角坐标系，设圆周的半

径为 a, 做匀速圆周运动的角速度为 ω. 设沿着 z 轴做匀速直线运动的速度为 b, t 为时间参数，则圆柱螺线的参数方程为

$$\boldsymbol{r}=\boldsymbol{r}(t)=\{a\cos\omega t, a\sin\omega t, bt\}, (-\infty<t<\infty)$$

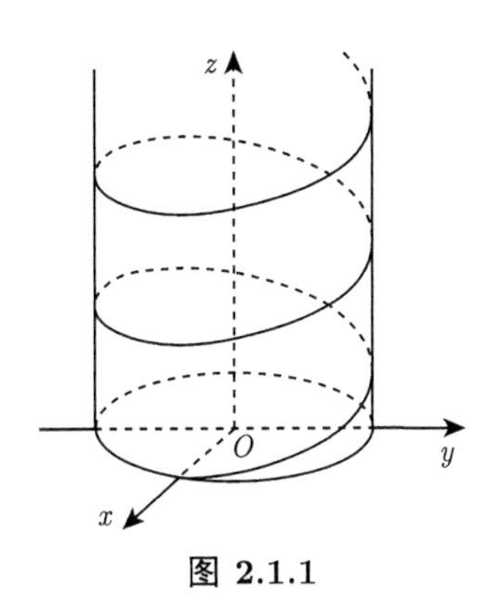

图 2.1.1

显然，圆柱螺线是一条正则曲线，因为它的三个分量函数都是初等函数，在定义域上是 C^{∞} 函数，而且

$$\boldsymbol{r}'(t)=\{-a\omega\sin\omega t, a\omega\cos\omega t, b\}$$

处处非零.

两条曲线相同是定义它们的向量函数相同，即定义法则和定义域都相同，而不是看它们的像集.

例 2.1.2　曲线 $\boldsymbol{r}(t)=\{2\cos t, 2\sin t, 0\}, t\in(0,4\pi)$, 曲线 $\boldsymbol{r}(t)=\{2\cos 2t, 2\sin 2t, 0\}, t\in(0,4\pi)$, 在平面上这两条曲线的图像是一样的，但它们不是同一条曲线，因为对应法则不同.

定义 2.1.3　曲线的导数 $\boldsymbol{r}'(t)=\dfrac{\mathrm{d}\boldsymbol{r}}{\mathrm{d}t}=\{x'(t), y'(t), z'(t)\}$ 是曲线的速度向量，称为曲线 $\boldsymbol{r}(t)$ 的**切向量**.

注记 2.1.2　一条曲线是指一个映射 $\boldsymbol{r}(t):(a,b)\to\mathbb{E}^3$,

$$\boldsymbol{r}(t)=\{x(t), y(t), z(t)\}=x(t)\boldsymbol{i}+y(t)\boldsymbol{j}+z(t)\boldsymbol{k}$$

把参数增加的方向称为该曲线的**正向**.

例 2.1.3　$\boldsymbol{r}(\theta)=(\cos\theta, \sin\theta), \theta\in(0,2\pi)$ 逆时针为正向, $\beta(\theta)=(\sin\theta, \cos\theta), \theta\in(0,2\pi)$ 顺时针为正向，如图 2.1.2 所示.

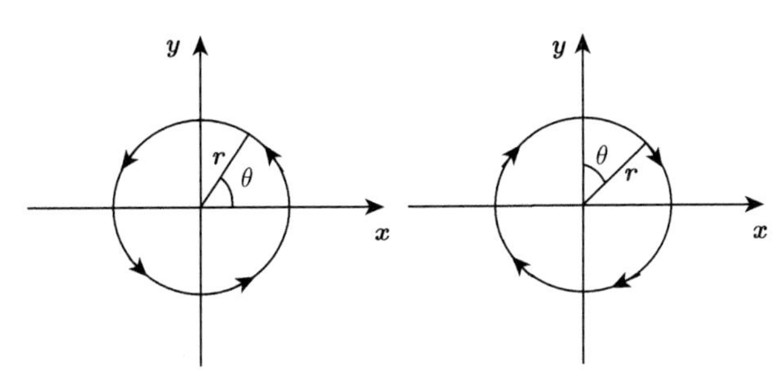

图 2.1.2

注记 2.1.3 正则曲线定义中要求切向量 $\boldsymbol{r}'(t) \neq 0$，曲线上切向量不等于零向量的点称为曲线上的**正则点**，显然，正则曲线上只有正则点. 称 $\boldsymbol{r}'(t) = 0$ 的点为曲线的**奇点**，在奇点处曲线无速度；约定切向量方向指向曲线的正向.

例 2.1.4 例如平面曲线 $\begin{cases} x = \cos t \\ y = \sin t, \end{cases}$ $t \in (0, 2\pi)$. 它的正向为逆时针方向，其切向量如图 2.1.3 所示.

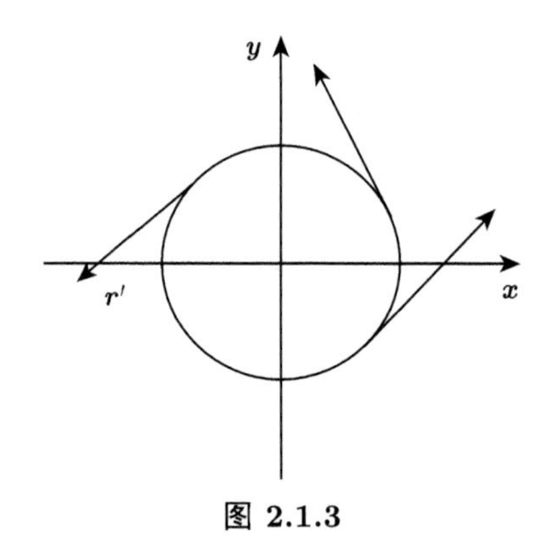

图 2.1.3

命题 2.1.1 在正则点附近曲线上的点与其参数之间是一一对应的.

证明 设曲线的方程为

$$\boldsymbol{r}(t) = \{x(t), y(t), z(t)\}$$

$\boldsymbol{r}(t_0)$ 为正则点，即 $\boldsymbol{r}'(t_0) \neq \boldsymbol{0}$, 因此 $x'(t_0), y'(t_0), z'(t_0)$ 不全为零. 不妨假设 $z'(t_0) \neq 0$, 则由连续函数的局部保号性可知，在 t_0 附近 $z(t)$ 是严格单调的连续函数，因此存在严格单调的连续反函数，所以在 t_0 附近不但每个 t 值对应唯一的 z 值，而且不同的 t 值对应不同的 z 值，即 t 与 z 是一一对应的，因此曲线在 t_0 附近的点与它的参数之间是一一对应的.

定义 2.1.4 设 $\Gamma : \boldsymbol{r} = \boldsymbol{r}(t)(t \in (a, b))$ 是空间 $\mathbb{E}^3$ 中的一条光滑正则曲线, 函数 $t = \phi(u) : (c, d) \to (a, b)(u \in (c, d))$ 是一个一元函数. 如果 $\phi'(u) \neq 0$, 则称 $t = \phi(u)$ 为曲线 Γ 的一个**参数变换**, 在此变换下曲线 Γ 的方程为 $\boldsymbol{r} = \boldsymbol{r}[\phi(u)]$. 如果 $\phi'(u) > 0$, 则称参数变换 $t = \phi(u)$ 是**保定向的参数变换**.

$$\begin{array}{ccc} (a,b) & \xrightarrow{\boldsymbol{r}} & \mathbb{E}^3 \\ \phi \uparrow & \nearrow_{\boldsymbol{r}\circ\phi} & \\ (c,d) & & \end{array} \qquad \begin{array}{ccc} t = \phi(u) & \xrightarrow{\boldsymbol{r}} & \boldsymbol{r}(t) = \boldsymbol{r} \circ \phi(u) \\ \phi \uparrow & \nearrow_{\boldsymbol{r}\circ\phi} & \\ u & & \end{array}$$

命题 2.1.2 曲线的参数变换不改变曲线的正则性.

证明 设 $t = \phi(u)$ 是曲线的一个参数变换, 则 $\phi'(u) \neq 0$, 新参数下曲线参数方程为 $\boldsymbol{r} = \boldsymbol{r}[\phi(u)]$, 则

$$\frac{\mathrm{d}\boldsymbol{r}(\phi(u))}{\mathrm{d}u} = \frac{\mathrm{d}\boldsymbol{r}}{\mathrm{d}t}(t) \cdot \frac{\mathrm{d}\phi}{\mathrm{d}u}(u)$$

所以 $\boldsymbol{r}'(u) \neq 0$ 等价于 $\boldsymbol{r}'(t) \neq 0$, 即参数变换不改变曲线的正则性.

§2.1.2　曲线的弧长与弧长参数

曲线 Γ 的方程 $\boldsymbol{r}=\boldsymbol{r}(t)$ 中的参数 t 的选取具有很大的任意性，一般不具有几何意义，这样的参数称之为曲线的**一般参数**. 一般参数可能与曲线本身没有任何内在联系. 为了研究问题方便，可以找到反映曲线本身某些内在性质的参数.

在解析几何中，过点 P_0 且平行于单位向量 $\boldsymbol{w}$ 的直线 l 的参数方程可表示为

$$\boldsymbol{r}(t)-P_0=t\boldsymbol{w}$$

这里参数 t 反映的是直线 l 上任意一点 P 到定点 P_0 的有向距离, 所以可以很自然地引入弧长作为曲线的参数.

定义 2.1.5　设 $\Gamma:\boldsymbol{r}=\boldsymbol{r}(t)$ 是 $\mathbb{E}^3$ 中一条正则曲线，称积分

$$s(t)=\int_a^t\|\boldsymbol{r}'(u)\|\mathrm{d}u$$

为曲线 Γ 从点 $\boldsymbol{r}(a)$ 到 $\boldsymbol{r}(t)$ 的**曲线的弧长**.

在数学分析中，当 $\mathbb{E}^3$ 中正则曲线“可求长”时，“长度”理解为一族“逼近”曲线的折线段的“长度”的极限值，而构成折线的各个直线段的“长度”被认为总是可以确定的. 可以证明定义 2.1.5与数学分析中的弧长定义是等价的.

注记 2.1.4　(1) 弧长是参数 t 的严格单调增函数, 一般参数 t 可以表示为弧长 s 的函数 $t=t(s)$.

(2) 曲线 $\boldsymbol{r}=\boldsymbol{r}(t)$ 在新参数 s 下的表示

$$\boldsymbol{r}=\boldsymbol{r}(s)=\{x(s),y(s),z(s)\}=\{x(t(s)),y(t(s)),z(t(s))\}$$

s 称为曲线的**弧长参数**.

(3) 正则曲线总可以取弧长参数表示.

例 2.1.5　求圆柱螺线 $\boldsymbol{r}(t)=\{a\cos t,a\sin t,bt\},a\geqslant 0,t\in\mathbb{R}$ 的弧长参数表示.

解　曲线的切向量为

$$\boldsymbol{r}'(t)=\{-a\sin t,a\cos t,b\}$$

计算可得

$$\|\boldsymbol{r}'(t)\|=\sqrt{a^2+b^2}$$

曲线的弧长为

$$s(t)=\int_c^t\|\boldsymbol{r}'(u)\|\mathrm{d}u=\int_c^t\sqrt{a^2+b^2}\mathrm{d}u=\sqrt{a^2+b^2}\,t+C,$$

所以

$$t(s)=\frac{s-C}{\sqrt{a^2+b^2}}$$

$$\boldsymbol{r}(s)=\{a\cos\frac{s-C}{\sqrt{a^2+b^2}},a\sin\frac{s-C}{\sqrt{a^2+b^2}},b\frac{s-C}{\sqrt{a^2+b^2}}\}$$

其中 C 为积分常数，一般可取 $C=0$.

命题 2.1.3 曲线上两点间的弧长与参数的选取无关.

证明 设曲线 $\Gamma:\boldsymbol{r}=\boldsymbol{r}(t)$, $P_0=\boldsymbol{r}(t_0), P_1=\boldsymbol{r}(t_1)$ 是曲线上两点，参数变换 $t=\phi(u):(c,d)\to(a,b)$ 是保定向的参数变换, 即 $\phi'(u)>0$, 且满足 $\phi(u_0)=t_0, \phi(u_1)=t_1$, 在新参数下曲线的参数表示为 $\boldsymbol{r}(u)=\boldsymbol{r}(\phi(u))$, 切向量为

$$\boldsymbol{r}'(u)=\frac{\mathrm{d}\boldsymbol{r}}{\mathrm{d}t}\cdot\frac{\mathrm{d}\phi}{\mathrm{d}u}$$

从而曲线段 P_0P_1 的弧长为

$$s=\int_{u_0}^{u_1}\|\frac{\mathrm{d}\boldsymbol{r}}{\mathrm{d}u}\|\mathrm{d}u=\int_{u_0}^{u_1}\|\frac{\mathrm{d}\boldsymbol{r}}{\mathrm{d}t}\cdot\frac{\mathrm{d}\phi}{\mathrm{d}u}\|\mathrm{d}u=\int_{u_0}^{u_1}\|\frac{\mathrm{d}\boldsymbol{r}}{\mathrm{d}t}\|\frac{\mathrm{d}\phi}{\mathrm{d}u}\mathrm{d}u=\int_{t_0}^{t_1}\|\frac{\mathrm{d}\boldsymbol{r}}{\mathrm{d}t}\|\mathrm{d}t=\bar{s}$$

命题 2.1.3说明曲线的弧长是参数变换下的不变量.

命题 2.1.4 曲线上的弧长是合同变换下的不变量.

证明 设曲线 $\Gamma:\boldsymbol{r}=\boldsymbol{r}(t)=\{x(t),y(t),z(t)\}$, $\mathcal{T}(\boldsymbol{X})=\boldsymbol{A}\boldsymbol{X}+P_0$ 是 $\mathbb{E}^3$ 中的一个合同变换.$\forall\boldsymbol{X}=(X_1,X_2,X_3)^{\mathrm{T}}\in\mathbb{E}^3$, 经过合同变换 $\mathcal{T}$，曲线 Γ 变为曲线 $\widetilde{\Gamma}$:

$$\boldsymbol{g}=\boldsymbol{g}(t)=\{\tilde{x}(t),\tilde{y}(t),\tilde{z}(t)\}$$

即

$$\begin{pmatrix}\tilde{x}(t)\\ \tilde{y}(t)\\ \tilde{z}(t)\end{pmatrix}=\boldsymbol{A}\begin{pmatrix}x(t)\\ y(t)\\ z(t)\end{pmatrix}+P_0$$

对式子两端关于 t 求导得

$$\begin{pmatrix}\tilde{x}'(t)\\ \tilde{y}'(t)\\ \tilde{z}'(t)\end{pmatrix}=\boldsymbol{A}\begin{pmatrix}x'(t)\\ y'(t)\\ z'(t)\end{pmatrix}$$

即

$$\{\tilde{x}'(t),\tilde{y}'(t),\tilde{z}'(t)\}=\{x'(t),y'(t),z'(t)\}\boldsymbol{A}^{\mathrm{T}}$$

其中，$\boldsymbol{A}^{\mathrm{T}}$ 表示正交矩阵 $\boldsymbol{A}$ 的转置矩阵.

而

$$\begin{aligned}\|\boldsymbol{g}'(t)\|^2&=\{\tilde{x}'(t),\tilde{y}'(t),\tilde{z}'(t)\}\begin{pmatrix}\tilde{x}'(t)\\ \tilde{y}'(t)\\ \tilde{z}'(t)\end{pmatrix}\\&=\{x'(t),y'(t),z'(t)\}\boldsymbol{A}^{\mathrm{T}}\boldsymbol{A}\begin{pmatrix}x'(t)\\ y'(t)\\ z'(t)\end{pmatrix}\end{aligned}$$

$$= \{x'(t), y'(t), z'(t)\} \begin{pmatrix} x'(t) \\ y'(t) \\ z'(t) \end{pmatrix} = \|\boldsymbol{r}'(t)\|^2$$

由弧长定义可得 Γ 与 $\widetilde{\Gamma}$ 上对应点的弧长不变.

注记 2.1.5　约定用 s 表示弧长参数，用点“·”代替撇“′”，表示向量函数对弧长参数的微商，即

$$\dot{\boldsymbol{r}} = \frac{\mathrm{d}\boldsymbol{r}}{\mathrm{d}s}, \quad \ddot{\boldsymbol{r}} = \frac{\mathrm{d}^2\boldsymbol{r}}{\mathrm{d}s^2}, \cdots$$

命题 2.1.5　设 $\boldsymbol{r}: I \to \mathbb{E}^3$ 是一条正则曲线，则 t 是弧长参数当且仅当 $\|\boldsymbol{r}'(t)\| = 1$.

在以后的讨论中，特别是在理论研究中，总可以采用弧长作为曲线的参数. 但必须注意，在具体问题计算中，弧长参数并不容易用初等函数表示出来.

例 2.1.6　圆柱螺线参数化方程为 $\boldsymbol{r}(t) = \{a\cos(bt), a\sin(bt), pt\}, t \in \mathbb{R}$，其中三个常数 $a > 0, b \neq 0$ 和 $p \neq 0$. 试求其从点 $\{a, 0, 0\}$ 计起的弧长参数，并确定其一个螺纹的长度.

解　曲线的切向量为 $\boldsymbol{r}'(t) = \{-ab\sin(bt), ab\cos(bt), p\}$, 故

$$\|\boldsymbol{r}'(t)\| = \sqrt{[ab\sin(bt)]^2 + [ab\cos(bt)]^2 + p^2} = \sqrt{a^2b^2 + p^2} \neq 0$$

所以, t 为正则参数，且有

$$\mathrm{d}s = \|\boldsymbol{r}'(t)\|\mathrm{d}t = \sqrt{a^2b^2 + p^2}\mathrm{d}t$$

所以

$$s(t) - s(t_0) = \int_{t_0}^{t} \|\boldsymbol{r}'(u)\|\mathrm{d}u = \int_{t_0}^{t} \sqrt{a^2b^2 + p^2}\mathrm{d}u = \sqrt{a^2b^2 + p^2}(t - t_0)$$

点 $\{a, 0, 0\}$ 对应于参数 $t_0 = 0$，故从点 $\{a, 0, 0\}$ 计起的弧长参数为

$$s(t) - s(0) = \sqrt{a^2b^2 + p^2}t$$

一个螺纹对应于参数 t 取值区间为 $\left[t_0, t_0 + \dfrac{2\pi}{|b|}\right]$，故所求长度为

$$|s(\frac{2\pi}{|b|}) - s(0)| = \frac{2\pi\sqrt{a^2b^2 + p^2}}{|b|}$$

习题 2.1

1. 曲线 $\Gamma: \boldsymbol{r}(t) = \{2t, t^2 - 1, (t^2 + 1)^3\}, (-\infty < t < \infty)$ 是否为弧长参数曲线？为什么？
2. 求用极坐标 $\rho = \rho(\theta), a \leqslant \theta \leqslant b$ 给定的曲线的弧长表达式.
3. 求旋轮线

$$\boldsymbol{r}(t) = \{a(t - \sin t), a(1 - \cos t), 0\}, (0 < t < 2\pi)$$

的弧长.

4. 求曲线 $\boldsymbol{r}(t)=\left\{t+\frac{a^2}{t},t-\frac{a^2}{t},2a\log\frac{t}{a}\right\},a>0,t>0$, 在曲线与 x 轴的交点和参数为 t_0 的点之间的弧长.
5. 求曲线 $\boldsymbol{r}(t)=\{\cos t,\log(\sec t+\tan t)-\sin t,0\}$, 在 $[0,t]$ 之间的弧长.

§2.2 曲线的 Frenet 公式

设 $\boldsymbol{r}:I\to\mathbb{E}^3$ 是一条正则弧长参数曲线，$\boldsymbol{r}=\boldsymbol{r}(s)$, 则

$$\boldsymbol{T}=\dot{\boldsymbol{r}}=\frac{\mathrm{d}\boldsymbol{r}}{\mathrm{d}s}$$

是曲线 $\boldsymbol{r}$ 的单位切向量，称为曲线在点 $\boldsymbol{r}(s)$ 的**单位切向量**.

§2.2.1 曲线的 Frenet 标架

由上面的讨论可知 $\|\dot{\boldsymbol{r}}(s)\|=\|\boldsymbol{T}\|=1$, 则 $\dot{\boldsymbol{T}}\perp\boldsymbol{T}$, 即 $\ddot{\boldsymbol{r}}(s)\perp\dot{\boldsymbol{r}}(s)$. 如果 $\|\ddot{\boldsymbol{r}}\|\neq0$, 则 $\boldsymbol{N}=\frac{\dot{\boldsymbol{T}}}{\|\dot{\boldsymbol{T}}\|}=\frac{\ddot{\boldsymbol{r}}}{\|\ddot{\boldsymbol{r}}\|}$ 是曲线的一个法向量，称为曲线在点 $\boldsymbol{r}(s)$ 的**主法向量** (空间曲线有无穷多个法向量).

定义向量 $\boldsymbol{B}=\boldsymbol{T}\wedge\boldsymbol{N}$ 为曲线在点 $\boldsymbol{r}(s)$ 的**副法向量**. 这样就沿着曲线 $\boldsymbol{r}(s)$，在任意点处定义了三个两两正交的单位向量 $\boldsymbol{T},\boldsymbol{N},\boldsymbol{B}$，称为曲线的**基本向量**，它们构成曲线的一个正交标架

$$\{\boldsymbol{r}(s);\boldsymbol{T},\boldsymbol{N},\boldsymbol{B}\}$$

称为曲线 $\boldsymbol{r}(s)$ 的**伏雷内** (Frenet) **标架**, 如图 2.2.1 所示.

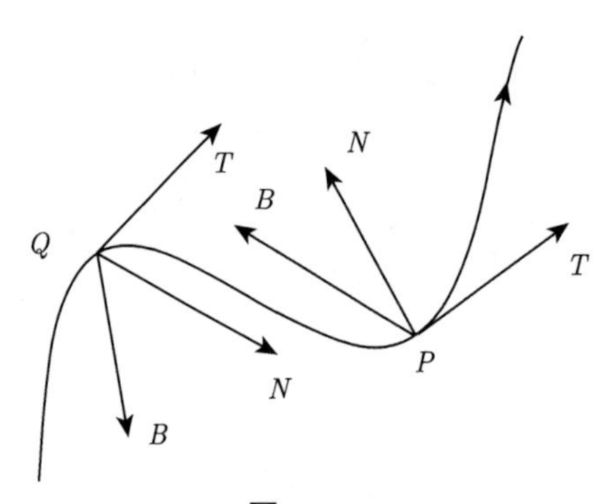

图 2.2.1

定义 2.2.1 设 $P=\boldsymbol{r}(s)$ 是曲线 $\boldsymbol{r}(s)$ 上一点, 把 Frenet 标架的三个基本向量 $\boldsymbol{T},\boldsymbol{N},\boldsymbol{B}$ 确定的直线称为曲线 $\boldsymbol{r}(s)$ 在 P 点的**切线**、**法线**、**副法线**; 以 P 点的切向量 $\boldsymbol{T}$ 为法向量的平面称为曲线 $\boldsymbol{r}(s)$ 在 P 点的**法平面**; 以 P 点的主法向量为法向的平面称为曲线 $\boldsymbol{r}(s)$ 在 P 点的 (**从**) **切平面**; 以 P 点的副法向量为法向的平面称为曲线 $\boldsymbol{r}(s)$ 在 P 点的**密切平面**.

曲线 Γ 在点 P 的基本向量 $\boldsymbol{T},\boldsymbol{N},\boldsymbol{B}$ 以及切线、主法线、副法线、密切平面、法平面、从切平面所构成的图形称为曲线 Γ 在点 P 的**基本三棱形**, 如图 2.2.2 所示.

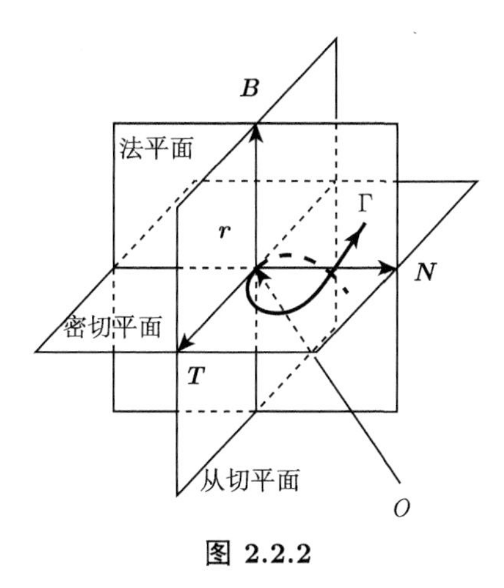

图 2.2.2

当曲线用一般参数 $\boldsymbol{r}=\boldsymbol{r}(t)$ 表示时，基本向量公式为

$$\begin{aligned}
\boldsymbol{T}(t)&=\frac{\boldsymbol{r}'}{\|\boldsymbol{r}'\|}\\
\boldsymbol{B}(t)&=\boldsymbol{T}(t)\wedge\boldsymbol{N}(t)=\frac{\dot{\boldsymbol{r}}\wedge\ddot{\boldsymbol{r}}}{\|\ddot{\boldsymbol{r}}\|}=\frac{\boldsymbol{r}'\wedge\boldsymbol{r}''}{\|\boldsymbol{r}'\wedge\boldsymbol{r}''\|}\\
\boldsymbol{N}(t)&=\boldsymbol{B}(t)\wedge\boldsymbol{T}(t)=\frac{\langle\boldsymbol{r}',\boldsymbol{r}'\rangle\boldsymbol{r}''-\langle\boldsymbol{r}',\boldsymbol{r}''\rangle\boldsymbol{r}'}{\|\boldsymbol{r}'\|\|\boldsymbol{r}'\wedge\boldsymbol{r}''\|}
\end{aligned}\tag{2.2.1}$$

例 2.2.1　求曲线 $\Gamma:\boldsymbol{r}(t)=\{t\sin t,t\cos t,t\mathrm{e}^t\}$ 在原点的基本向量.

解　曲线的参数表示为 $\boldsymbol{r}(t)=\{t\sin t,t\cos t,t\mathrm{e}^t\}$, 计算可得曲线的切向量为

$$\boldsymbol{r}'(t)=\{\sin t+t\cos t,\cos t-t\sin t,(t+1)\mathrm{e}^t\}$$

进一步可得

$$\|\boldsymbol{r}'(t)\|^2=(\sin t+t\cos t)^2+(\cos t-t\sin t)^2+(t+1)^2\mathrm{e}^{2t}\neq 1$$

所以，t 不是弧长参数, 继续求导可得

$$\boldsymbol{r}''(t)=\{2\cos t-t\sin t,-2\sin t-t\cos t,(t+2)\mathrm{e}^t\}$$

原点处的参数为 $t=0$, 所以

$$\boldsymbol{T}=\frac{\boldsymbol{r}'}{\|\boldsymbol{r}'\|}\Big|_{t=0}=\frac{\{\sin t+t\cos t,\cos t-t\sin t,(t+1)\mathrm{e}^t\}}{\sqrt{(\sin t+t\cos t)^2+(\cos t-t\sin t)^2+(t+1)^2\mathrm{e}^{2t}}}\Big|_{t=0}=\frac{1}{\sqrt{2}}\{0,1,1\}$$

由外积定义可得

$$\boldsymbol{r}'\wedge\boldsymbol{r}''|_{t=0}=\{0,1,1\}\wedge\{2,0,2\}=\{2,2,-2\}$$

因此副法向量

$$\boldsymbol{B}=\frac{\boldsymbol{r}'\wedge\boldsymbol{r}''}{\|\boldsymbol{r}'\wedge\boldsymbol{r}''\|}|_{t=0}=\frac{1}{\sqrt{3}}\{1,1,-1\}$$

主法向量

$$\boldsymbol{N}=\boldsymbol{B}\wedge\boldsymbol{T}=\frac{1}{\sqrt{6}}\{2,-1,1\}$$

§2.2.2 空间曲线的的曲率

定义 2.2.2 对于向量函数 $\boldsymbol{r}(t)$, 用 $\Delta\varphi$ 表示 $\boldsymbol{r}(t)$ 与 $\boldsymbol{r}(t+\Delta t)$ 的夹角，称 $\lim\limits_{\Delta t\to 0}\left|\dfrac{\Delta\varphi}{\Delta t}\right|$ 为向量函数 $\boldsymbol{r}(t)$ 关于变量 t 的**旋转速度**.

命题 2.2.1 单位向量函数 $\boldsymbol{r}(t)$ 关于 t 的旋转速度等于其微商的模长. 即若 $\|\boldsymbol{r}(t)\|=1$, $\lim\limits_{\Delta t\to 0}\left|\dfrac{\Delta\varphi}{\Delta t}\right|=\|\boldsymbol{r}'(t)\|$.

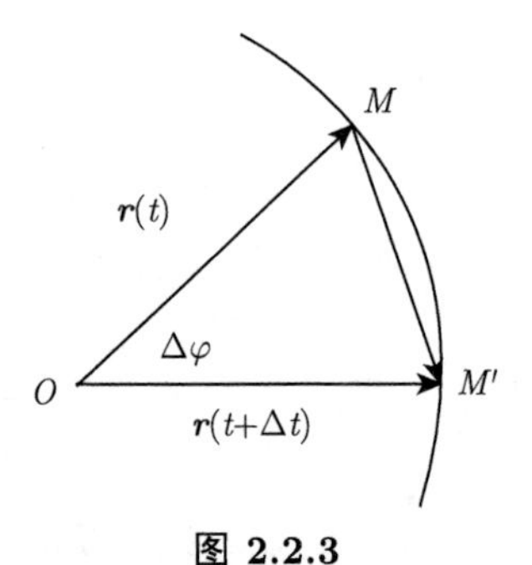

图 2.2.3

证明 把 $\boldsymbol{r}(t)$ 和 $\boldsymbol{r}(t+\Delta t)$ 平移到同一始点 O, 如图 2.2.3 所示. 以 O 为圆心做单位圆通过 $\boldsymbol{r}(t)$ 与 $\boldsymbol{r}(t+\Delta t)$ 的终点 M 与 M', 则 $\widehat{MM'}=\Delta\varphi$. 所以

$$\left|\frac{\Delta\varphi}{\Delta t}\right|=\frac{\widehat{MM'}}{|\Delta t|}=\frac{\|\overrightarrow{MM'}\|}{|\Delta t|}\cdot\frac{\widehat{MM'}}{\|\overrightarrow{MM'}\|}$$

$$=\left|\frac{\boldsymbol{r}(t+\Delta t)-\boldsymbol{r}(t)}{\Delta t}\right|\cdot\frac{\widehat{MM'}}{\|\overrightarrow{MM'}\|}$$

因为

$$\lim_{\Delta t\to 0}\frac{\boldsymbol{r}(t+\Delta t)-\boldsymbol{r}(t)}{\Delta t}=\boldsymbol{r}'(t)$$

$$\lim_{\Delta t\to 0}\frac{\widehat{MM'}}{\|\overrightarrow{MM'}\|}=1$$

所以，$\lim\limits_{\Delta t\to 0}\left|\dfrac{\Delta\varphi}{\Delta t}\right|=\|\boldsymbol{r}'(t)\|$.

设曲线 $\boldsymbol{r}(s)=\{x(s),y(s),z(s)\}$ 是以弧长为参数的正则曲线 (即 $\boldsymbol{T}=\|\dot{\boldsymbol{r}}\|=1$)，则 $\|\dot{\boldsymbol{T}}\|=\sqrt{\ddot{x}^2+\ddot{y}^2+\ddot{z}^2}$.

定义 2.2.3 曲线的切向量关于弧长的旋转速度定义为曲线的**曲率**，它刻画了曲线的弯曲程度, 记为 $\kappa(s)=\|\dot{\boldsymbol{T}}\|$.

已知 $\dot{\boldsymbol{r}}(s)$ 是单位向量，得 $\dot{\boldsymbol{r}}\perp\ddot{\boldsymbol{r}}$, 由 Lagrange 恒等式可得

$$\|\dot{\boldsymbol{r}}\wedge\ddot{\boldsymbol{r}}\|^2=\langle\dot{\boldsymbol{r}}\wedge\ddot{\boldsymbol{r}},\dot{\boldsymbol{r}}\wedge\ddot{\boldsymbol{r}}\rangle=\langle\dot{\boldsymbol{r}},\dot{\boldsymbol{r}}\rangle\langle\ddot{\boldsymbol{r}},\ddot{\boldsymbol{r}}\rangle-\langle\dot{\boldsymbol{r}},\ddot{\boldsymbol{r}}\rangle\langle\dot{\boldsymbol{r}},\ddot{\boldsymbol{r}}\rangle=\|\ddot{\boldsymbol{r}}\|^2$$

所以在弧长参数下，曲率的计算公式为

$$\kappa(s)=\|\dot{\boldsymbol{T}}(s)\|=\|\ddot{\boldsymbol{r}}(s)\|=\|\dot{\boldsymbol{r}}(s)\wedge\ddot{\boldsymbol{r}}(s)\|$$

§2.2.3 空间曲线的 Frenet 公式

弧长参数曲线在一点的基本向量 $\boldsymbol{T},\boldsymbol{N},\boldsymbol{B}$ 构成一个空间正交标架，这里 $\boldsymbol{T},\boldsymbol{N},\boldsymbol{B}$ 都是 s 的函数，它们的微商 $\dot{\boldsymbol{T}},\dot{\boldsymbol{N}},\dot{\boldsymbol{B}}$ 仍然是空间中的向量，自然可以用基本向量 $\boldsymbol{T},\boldsymbol{N},\boldsymbol{B}$ 表示.

已知 $\boldsymbol{T},\boldsymbol{N},\boldsymbol{B}$ 都是单位向量，所以

$$\langle\dot{\boldsymbol{T}},\boldsymbol{T}\rangle=\langle\dot{\boldsymbol{N}},\boldsymbol{N}\rangle=\langle\dot{\boldsymbol{B}},\boldsymbol{B}\rangle=0$$

由曲率的定义可知，主法向量可表示为 $\boldsymbol{N}=\dfrac{\dot{\boldsymbol{T}}}{\|\dot{\boldsymbol{T}}\|}$, 所以

$$\dot{\boldsymbol{T}}=\kappa(s)\boldsymbol{N}$$

对 $\boldsymbol{B}=\boldsymbol{T}\wedge\boldsymbol{N}$ 关于弧长参数 s 求导可得

$$\dot{\boldsymbol{B}}=\dot{\boldsymbol{T}}\wedge\boldsymbol{N}+\boldsymbol{T}\wedge\dot{\boldsymbol{N}}=\boldsymbol{T}\wedge\dot{\boldsymbol{N}}$$

由外积定义可知 $\dot{\boldsymbol{B}}\perp\boldsymbol{T}$, 另一方面，$\dot{\boldsymbol{B}}\perp\boldsymbol{B}$, 所以

$$\dot{\boldsymbol{B}}//\boldsymbol{B}\wedge\boldsymbol{T}=\boldsymbol{N}$$

即 $\dot{\boldsymbol{B}}$ 与 $\boldsymbol{N}$ 共线, 因此可以设

$$\dot{\boldsymbol{B}}(s)=-\tau(s)\boldsymbol{N}(s)$$

定义 2.2.4 函数 $\tau(s)=-\langle\dot{\boldsymbol{B}}(s),\boldsymbol{N}(s)\rangle$ 称为曲线的**挠率**.

对 $\boldsymbol{N}=\boldsymbol{B}\wedge\boldsymbol{T}$ 关于弧长参数 s 求导可得

$$\begin{aligned}\dot{\boldsymbol{N}}&=\frac{\mathrm{d}}{\mathrm{d}s}(\boldsymbol{B}\wedge\boldsymbol{T})=\dot{\boldsymbol{B}}\wedge\boldsymbol{T}+\boldsymbol{B}\wedge\dot{\boldsymbol{T}}\\&=-\tau(s)\boldsymbol{N}\wedge\boldsymbol{T}+\boldsymbol{B}\wedge\kappa(s)\boldsymbol{N}=-\kappa(s)\boldsymbol{T}+\tau(s)\boldsymbol{B}\end{aligned}$$

这样就得到了下面的 Frenet 公式

$$\begin{cases} \dot{\mathbf{T}}(s) = \kappa(s)\boldsymbol{N} \\ \dot{\boldsymbol{N}}(s) = -\kappa\boldsymbol{T} + \tau(s)\boldsymbol{B}(s) \\ \dot{\boldsymbol{B}}(s) = -\tau(s)\boldsymbol{N} \end{cases}$$

也可以写成矩阵形式

$$\begin{pmatrix} \dot{\boldsymbol{T}}(s) \\ \dot{\boldsymbol{N}}(s) \\ \dot{\boldsymbol{B}}(s) \end{pmatrix} = \begin{pmatrix} 0 & \kappa(s) & 0 \\ -\kappa(s) & 0 & \tau(s) \\ 0 & -\tau(s) & 0 \end{pmatrix} \begin{pmatrix} \boldsymbol{T}(s) \\ \boldsymbol{N}(s) \\ \boldsymbol{B}(s) \end{pmatrix}$$

由挠率的定义知 $\tau(s) = -\langle \dot{\boldsymbol{B}}, \boldsymbol{N} \rangle$, 因此

$$\begin{aligned} \tau(s) &= -\langle (\boldsymbol{T} \wedge \boldsymbol{N})^{\cdot}, \boldsymbol{N} \rangle = -\langle \dot{\boldsymbol{T}} \wedge \boldsymbol{N} + \boldsymbol{T} \wedge \dot{\boldsymbol{N}}, \boldsymbol{N} \rangle \\ &= -(\boldsymbol{T}, \dot{\boldsymbol{N}}, \boldsymbol{N}) = (\boldsymbol{T}, \boldsymbol{N}, \dot{\boldsymbol{N}}) \end{aligned}$$

又因为

$$\boldsymbol{T} = \dot{\boldsymbol{r}}, \quad \boldsymbol{N} = \frac{\ddot{\boldsymbol{r}}}{\|\ddot{\boldsymbol{r}}\|}, \quad \dot{\boldsymbol{N}} = \frac{\dddot{\boldsymbol{r}}}{\|\ddot{\boldsymbol{r}}\|} + \frac{\mathrm{d}}{\mathrm{d}s}\left(\frac{1}{\|\ddot{\boldsymbol{r}}\|}\right)\ddot{\boldsymbol{r}}$$

所以

$$\tau(s) = \frac{(\dot{\boldsymbol{r}}, \ddot{\boldsymbol{r}}, \dddot{\boldsymbol{r}})}{\|\ddot{\boldsymbol{r}}\|^2}$$

例 2.2.2 证明曲线

$$\boldsymbol{r}(s) = \left\{\frac{(1+s)^{\frac{3}{2}}}{3}, \frac{(1-s)^{\frac{3}{2}}}{3}, \frac{s}{\sqrt{2}}\right\}, (-1 < s < 1)$$

以 s 为弧长参数，并求它的曲率、挠率和基本向量.

解 直接求导可得

$$\boldsymbol{r}'(s) = \left\{\frac{(1+s)^{\frac{1}{2}}}{2}, -\frac{(1-s)^{\frac{1}{2}}}{2}, \frac{1}{\sqrt{2}}\right\}$$

因为 $\|\boldsymbol{r}'(s)\| = 1$, 所以 s 为曲线 $\boldsymbol{r}(s)$ 的弧长参数.

$$\dot{\boldsymbol{T}} = \ddot{\boldsymbol{r}}(s) = \left\{\frac{(1+s)^{-\frac{1}{2}}}{4}, \frac{(1-s)^{-\frac{1}{2}}}{4}, 0\right\}$$

所以

$$\kappa(s) = \|\dot{\boldsymbol{T}}(s)\| = \frac{1}{\sqrt{8(1-s^2)}}$$

由定义可得

$$\boldsymbol{N}(s)=\frac{\left\{\dfrac{1}{4(1+s)^{\frac{1}{2}}},\dfrac{1}{4(1-s)^{\frac{1}{2}}},0\right\}}{\dfrac{1}{\sqrt{8(1-s^2)}}}=\left\{\frac{\sqrt{1-s}}{\sqrt{2}},\frac{\sqrt{1+s}}{\sqrt{2}},0\right\}$$

$$\boldsymbol{B}=\left\{-\frac{\sqrt{1+s}}{2},\frac{\sqrt{1-s}}{2},\frac{1}{\sqrt{2}}\right\}$$

进一步可得挠率

$$\tau=-\langle\dot{\boldsymbol{B}},\boldsymbol{N}\rangle=\frac{1}{\sqrt{8(1-s^2)}}$$

在一般参数下，曲线的曲率、挠率计算公式为

$$\begin{aligned}\kappa(t)&=\frac{\|\boldsymbol{r}'\wedge\boldsymbol{r}''\|}{\|\boldsymbol{r}'\|^3}\\ \tau(t)&=\frac{(\boldsymbol{r}',\boldsymbol{r}'',\boldsymbol{r}''')}{\|\boldsymbol{r}'\wedge\boldsymbol{r}''\|^2}\end{aligned}\tag{2.2.2}$$

这些表达式的推导主要用到基本向量的定义和复合函数求导，留作习题，请读者自己加以验证.

例 2.2.3　求曲线 $\boldsymbol{r}(t)=\left\{\dfrac{1}{2}(1+\cos t),\dfrac{1}{2}\sin t,\sin\dfrac{t}{2}\right\}$ 在点 $(0,0,1)$ 的曲率、挠率.

解　计算可得

$$\boldsymbol{r}'(t)=\left\{-\frac{1}{2}\sin t,\frac{1}{2}\cos t,\frac{1}{2}\cos\frac{t}{2}\right\}$$

$$\boldsymbol{r}''(t)=\left\{-\frac{1}{2}\cos t,-\frac{1}{2}\sin t,-\frac{1}{4}\sin\frac{t}{2}\right\}$$

在 $(0,0,1)$ 点，$t=\pi$, 计算可得

$$\boldsymbol{r}'(\pi)=\{0,-\frac{1}{2},0\},\quad \boldsymbol{r}''(\pi)=\left\{\frac{1}{2},0,-\frac{1}{4}\right\},\quad \boldsymbol{r}'''(\Pi)=\left\{0,\frac{1}{2},0\right\},\quad \boldsymbol{r}'(\pi)\wedge\boldsymbol{r}''(\pi)=\frac{1}{8}\{1,0,2\}$$

所以

$$\kappa(\pi)=\frac{\|\boldsymbol{r}'(\pi)\wedge\boldsymbol{r}''(\pi)\|}{\|\boldsymbol{r}'(\pi)\|^3}=\sqrt{5},\quad \tau(\pi)=\frac{(\boldsymbol{r}'(\pi),\boldsymbol{r}''(\pi),\boldsymbol{r}'''(\pi))}{\|\boldsymbol{r}'(\pi)\wedge\boldsymbol{r}''(\pi)\|^2}=0$$

§2.2.4　一般方程给出的空间曲线的曲率和挠率

已知空间曲线的一般方程

$$\Gamma:\left\{\begin{aligned}F(x,y,z)=0\\ G(x,y,z)=0\end{aligned}\right.$$

假设曲线 Γ 以弧长为参数的参数方程为

$$x=x(s),y=y(s),z=z(s),\text{并且}x(0)=x_0,y(0)=y_0,z(0)=z_0$$

则

$$\Gamma:\begin{cases}F(x(s),y(s),z(s))=0\\G(x(s),y(s),z(s))=0\end{cases}$$

关于弧长 s 求导可得

$$\Gamma:\begin{cases}F_x\cdot\dot{x}(s)+F_y\cdot\dot{y}(s)+F_z\cdot\dot{z}(s)=0\\G_x\cdot\dot{x}(s)+G_y\cdot\dot{y}(s)+G_z\cdot\dot{z}(s)=0\end{cases}\tag{2.2.3}$$

又因为曲线的切向量是单位向量，所以

$$\dot{x}^2(s)+\dot{y}^2(s)+\dot{z}^2(s)=1\tag{2.2.4}$$

计算可得曲线的切向量为

$$\boldsymbol{T}(s)=\nabla F\wedge\nabla G=\left\{\begin{vmatrix}F_y&F_z\\G_y&G_z\end{vmatrix},\begin{vmatrix}F_z&F_x\\G_z&G_x\end{vmatrix},\begin{vmatrix}F_x&F_y\\G_x&G_y\end{vmatrix}\right\}$$

这里 ∇F 表示函数 F 的梯度向量.

例 2.2.4 求曲线 $\Gamma:\begin{cases}x^2+y^2+z^2=4\\x^2+y^2=x\end{cases}$ 在 $(0,0,2)$ 处的曲率 κ, 挠率 τ 和 Frenet 标架.

解 假定曲线的参数方程为 $\boldsymbol{r}(s)=\{x(s),y(s),z(s)\}$, 其中 s 是弧长参数，并且 $s=0$ 对应于点 $(0,0,2)$, 因此，函数 $x(s),y(s),z(s)$ 满足下列方程组

$$\begin{cases}x^2(s)+y^2(s)+z^2(s)=4\\x^2(s)+y^2(s)-x(s)=0\\\dot{x}^2(s)+\dot{y}^2(s)+\dot{z}^2(s)=1\end{cases}\tag{2.2.5}$$

将上式中前两个方程关于 s 求导，可得

$$\begin{cases}x(s)\dot{x}(s)+y(s)\dot{y}(s)+z(s)\dot{z}(s)=0\\2x(s)\dot{x}(s)+2y(s)\dot{y}(s)-\dot{x}(s)=0\end{cases}\tag{2.2.6}$$

令 $s=0$ 时，可得 $\dot{z}(0)=0,\dot{x}(0)=0$, 故 $(\dot{y}(0))^2=1$, 不妨假设 $\dot{y}(0)=1$, 则

$$\boldsymbol{T}(0)=\dot{\boldsymbol{r}}(0)=\{0,1,0\}$$

将式(2.2.6)和式(2.2.5)的第三个式子关于 s 再次求导得到

$$\begin{cases}x(s)\ddot{x}(s)+y(s)\ddot{y}(s)+z(s)\ddot{z}(s)=-1\\(\dot{x})^2(s)+x(s)\ddot{x}(s)+(\dot{y})^2(s)+y(s)\ddot{y}(s)=\dfrac{1}{2}\ddot{x}(s)\\\dot{x}(s)\ddot{x}(s)+\dot{y}(s)\ddot{y}(s)+\dot{z}(s)\ddot{z}(s)=0\end{cases}\tag{2.2.7}$$

令 $s=0$, 可得 $\ddot{x}(0)=2, \ddot{y}(0)=0, \ddot{z}(0)=-\frac{1}{2}$, 即

$$\ddot{\boldsymbol{r}}(0)=\left\{2,0,-\frac{1}{2}\right\}$$

将式(2.2.7)关于 s 再次求导得到

$$\begin{cases} x(s)\ddddot{x}(s)+y(s)\ddddot{y}(s)+z(s)\ddddot{z}(s)=0 \\ x(s)\ddddot{x}(s)+y(s)\ddddot{y}(s)+3\dot{x}(s)\ddot{x}(s)+3\dot{y}(s)\ddot{y}(s)=\frac{1}{2}\ddddot{x}(s) \\ \dot{x}(s)\dddot{x}(s)+\dot{y}(s)\dddot{y}(s)+\dot{z}(s)\dddot{z}(s)+\|\ddot{\boldsymbol{r}}(s)\|^2=0 \end{cases}$$

令 $s=0$, 将二阶以下的导数值代入可得 $\dddot{y}(0)=-4.25$, $\dddot{z}(0)=0, \dddot{x}(0)=0$, 即

$$\dddot{\boldsymbol{r}}(0)=\{0,-4.25,0\}$$

由已知公式可得

$$\kappa(0)=\|\ddot{\boldsymbol{r}}(0)\|=\frac{\sqrt{17}}{2}$$

$$\boldsymbol{N}(0)=\frac{\ddot{\boldsymbol{r}}(0)}{\|\ddot{\boldsymbol{r}}(0)\|}=\frac{1}{17}\left\{4\sqrt{17},0,-\sqrt{17}\right\}$$

$$\boldsymbol{B}(0)=\boldsymbol{T}(0)\wedge\boldsymbol{N}(0)=-\frac{1}{17}\left\{\sqrt{17},0,4\sqrt{17}\right\}$$

$$\tau(0)=\frac{(\dot{\boldsymbol{r}}(0),\ddot{\boldsymbol{r}}(0),\dddot{\boldsymbol{r}}(0))}{\|\dot{\boldsymbol{r}}(0)\wedge\ddot{\boldsymbol{r}}(0)\|^2}=0$$

习题 2.2

1. 证明一般参数下，基本向量的表达式为式(2.2.1)，并证明曲率和挠率的表达式(2.2.2).
2. 证明：曲线 $\boldsymbol{r}(t)=\{a\sin^2 t, a\sin t\cos t, a\cos t\}$ 的所有法平面都通过坐标原点.
3. 在曲线 $\boldsymbol{r}(t)=\{at, bt^2, ct^3\}$ 上取三点 $P_0(t_0), P_1(t_1), P_2(t_2)$, 求这三点所确定的平面方程, 并证明：如果在这个方程内令 $t_1\to t_0$, $t_2\to t_0$ 所得的极限平面就是曲线在 P_0 点的密切面.
4. 设 $\boldsymbol{r}:(0,\pi)\to\mathbb{R}^2$, 由

$$\boldsymbol{r}(t)=\left\{\cos t,\cos t+\ln\tan\frac{t}{2}\right\}$$

给定，这里 t 是 y 轴和向量 $\boldsymbol{r}(t)$ 的夹角, 则 $\boldsymbol{r}(t)$ 的轨迹为曳物线. 证明：

(1) $\boldsymbol{r}(t)$ 是可微参数曲线，曲线上除了点 $t=\frac{\pi}{2}$ 以外都是正则点；

(2) 此曳物线的切线上切点和 y 轴之间的线段的长度，总等于 1.

5. 求曲线 $\{a(3t-t^3), 3at^2, a(3t+t^3)\}, (a>0)$ 的曲率、挠率和 Frenet 标架.
6. a 与 b 满足什么条件时，双曲螺线

$$\boldsymbol{r}=\boldsymbol{r}(t)=\{a\cosh t, a\sinh t, bt\}$$

上每一点的曲率和挠率相等.
7. 求曲线

$$\Gamma:\begin{cases} x^2+y^2+z^2=9 \\ x^2-z^2=3 \end{cases}$$

在 $(2,2,1)$ 处的曲率、挠率.

§2.3 空间曲线在一点附近的结构

§2.3.1 近似曲线

设 $\boldsymbol{r}=\boldsymbol{r}(s)$ 是正则弧长参数曲线，$\boldsymbol{r}(s_0)$ 是曲线上一点，不妨取 $s_0=0$. 在点 $P=\boldsymbol{r}(0)$ 曲线的三阶渐近展开为

$$\begin{aligned}\boldsymbol{r}(s)&=\boldsymbol{r}(0)+s\dot{\boldsymbol{r}}(0)+\frac{s^2}{2}\ddot{\boldsymbol{r}}(0)+\frac{s^3}{6}\dddot{\boldsymbol{r}}(0)+\varepsilon(s)\\ &=\boldsymbol{r}(0)+\left(s-\frac{s^3}{6}k_0^2\right)\boldsymbol{T}_0+\left(\frac{k_0s^2}{2}+\frac{\dot{\kappa}_0s^3}{6}\right)\boldsymbol{N}_0+\frac{\kappa_0\tau_0s^3}{6}\boldsymbol{B}_0+\varepsilon(s)\end{aligned}$$

在标架 $\{\boldsymbol{r}(0);\boldsymbol{T},\boldsymbol{N},\boldsymbol{B}\}$ 下，如图 2.3.1 所示. 曲线 $\boldsymbol{r}=\boldsymbol{r}(s)$ 在点 $\boldsymbol{r}(0)$ 邻近处的分量分别为

$$\begin{cases} x(s)=s-\dfrac{\kappa_0^2}{2}s^3+\varepsilon_x \\ y(s)=\dfrac{\kappa_0}{2}s^2+\dfrac{\dot{\kappa}_0}{6}s^3+\varepsilon_y \\ z(s)=\dfrac{\kappa_0\tau_0}{6}s^3+\varepsilon_z \end{cases}$$

此参数表达式称为曲线在 $\boldsymbol{r}(0)$ 处的**标准展开式**.

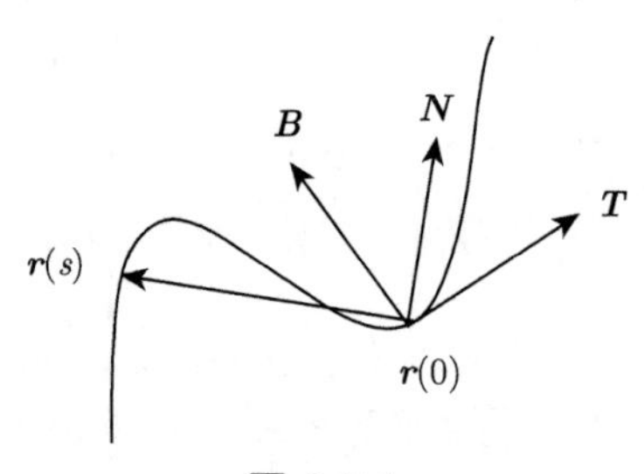

图 2.3.1

如果 $\kappa_0\tau_0 \neq 0$, 坐标函数 $x(s), y(s), z(s)$ 的主要部分分别是 $s, \dfrac{\kappa_0}{2}s^2, \dfrac{\kappa_0\tau_0}{6}s^3$, 考虑一条新曲线

$$\tilde{\boldsymbol{r}}(s) = \left(s, \frac{\kappa_0}{2}s^2, \frac{\kappa_0\tau_0}{6}s^3\right), (s\text{不一定是 } \tilde{\boldsymbol{r}}(s) \text{ 的弧长参数})$$

在 $s = 0$ 处，有

$$\begin{cases} \tilde{\boldsymbol{r}}(0) = (0,0,0) = \boldsymbol{r}(0) \\ \tilde{\boldsymbol{r}}'(0) = (1,0,0) = \dot{\boldsymbol{r}}(0) \\ \tilde{\boldsymbol{r}}''(0) = (0,\kappa_0,0) = \ddot{\boldsymbol{r}}(0) \\ \tilde{\boldsymbol{r}}'''(0) = (0,0,\kappa_0\tau_0) = \dddot{\boldsymbol{r}}(0), \end{cases}$$

计算可得曲线 $\tilde{\boldsymbol{r}}(s)$ 在 $\tilde{\boldsymbol{r}}(0)$ 处的曲率、挠率和曲线 $\boldsymbol{r}$ 在 $\boldsymbol{r}(0)$ 处的曲率、挠率相同，且具有相同的 Frenet 标架. 因此, 称曲线 $\tilde{\boldsymbol{r}}$ 为曲线 $\boldsymbol{r}$ 在 $s = 0$ 处的**近似曲线**，它的性状反映了原曲线的性状.

对于空间曲线来说，它不仅会弯曲，而且可能扭转 (离开密切面)，因此只研究空间曲线的曲率是不够的，还需要刻画曲线扭转程度的量，这个量就是挠率. 挠率的大小 $|\tau(s)| = \|\dot{\boldsymbol{B}}\|$，是曲线的副法向量关于弧长的旋转速度，刻画了曲线的扭转程度 (离开所讨论点的密切平面的程度). 当曲线扭转时，副法向量的方向也随着改变. 由曲线的标准展开式中第三个方程可知，当 $\tau_0 > 0$ 时，z 随着参数 s 的增加而增加，曲线在 $\boldsymbol{r}(s_0)$ 是右旋的; 当 $\tau_0 < 0$ 时, z 随着参数 s 的增加而减小，曲线在 $\boldsymbol{r}(s_0)$ 是左旋的, 如图 2.3.2 所示. 由曲线的基本三棱形可知，曲线在 $\boldsymbol{r}(s_0)$ 处穿过法平面、密切平面，不穿越从切面.

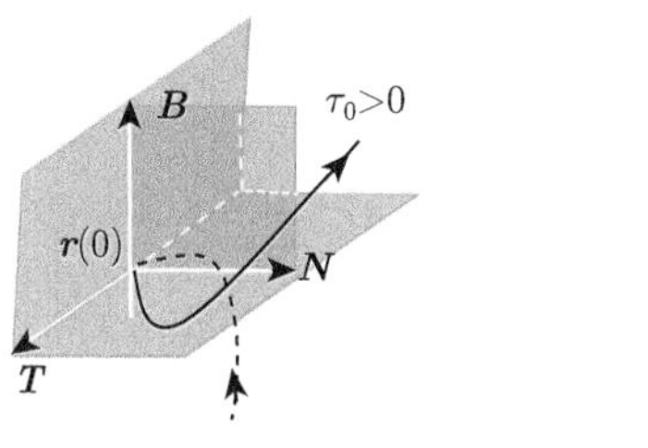

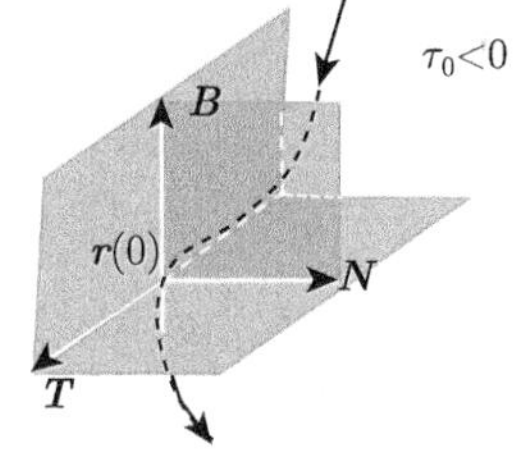

图 2.3.2

§2.3.2 密切圆 (曲率圆)

首先看一个例子.

例 2.3.1 求半径为 R 的圆的曲率.

解 圆的方程可以表示为 $\boldsymbol{r}(t) = \{R\cos t, R\sin t, 0\}$, 则

$$\boldsymbol{r}'(t) = \{-R\sin t, R\cos t, 0\}, \quad \boldsymbol{r}''(t) = \{-R\cos t, -R\sin t, 0\}$$

计算可得 $\boldsymbol{r}'(t) \wedge \boldsymbol{r}''(t) = \{0, 0, R\}$, 所以

$$\kappa = \frac{\|\boldsymbol{r}'(t) \wedge \boldsymbol{r}''(t)\|}{\|\boldsymbol{r}'(t)\|^3} = \frac{R^2}{R^3} = \frac{1}{R}$$

由这个例子可知圆的曲率等于半径的倒数，即圆的曲率是常数，而其主法向量

$$\boldsymbol{N} = \{-\cos t, -\sin t, 0\}$$

总是指向圆心.

定义 2.3.1 设曲线 Γ 在 P 点的曲率 $k \neq 0$, 取 $\overrightarrow{PC} = \dfrac{1}{\kappa}\boldsymbol{N}$, 得到 C 点. 以 C 为圆心, 以 $R = \dfrac{1}{\kappa}$ 为半径的圆, 如图 2.3.3 所示, 称为 Γ 在 P 点的**密切圆** (曲率圆), 圆心 C 称为 Γ 在 P 点的**曲率中心**, 密切圆的半径 R 称为 Γ 在 P 点的**曲率半径**.

简单讲，曲率圆是密切平面上圆心在主法线上，半径为 $\dfrac{1}{\kappa}$ 的圆周.

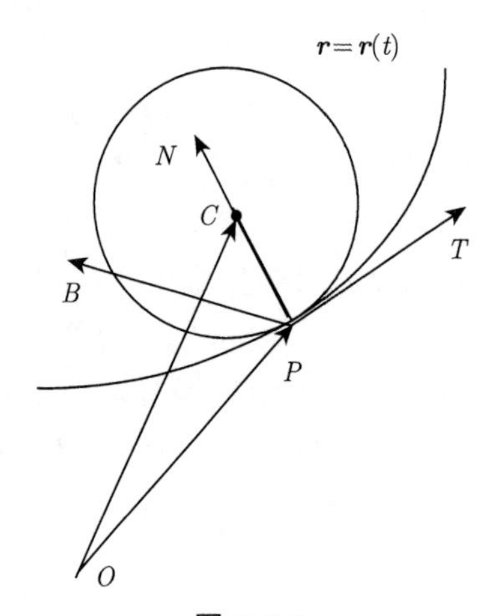

图 2.3.3

命题 2.3.1 曲率圆与曲线 Γ 在 P 点有如下关系:

(1) 曲率中心 C 点的轨迹方程为: $\overrightarrow{OC} = \boldsymbol{r}(t) + \dfrac{1}{\kappa(t)}\boldsymbol{N}$,

(2) 在 P 点处曲率圆与曲线有: ① 有公切线; ② 凹向一致; ③ 曲率相同.

习题 2.3

1. 以曲线 $\Gamma : \boldsymbol{r}(t) = \{\cos a \cos t, \cos a \sin t, t \sin a\}$ 的副法向量的终点构成新曲线 $\tilde{\Gamma}$, 求 $\tilde{\Gamma}$ 的密切面方程.
2. 假定曲线 $\Gamma : \boldsymbol{r} = \boldsymbol{r}(s)$ 的挠率 τ 是一个非零常数，s 是弧长参数，定义曲线

$$\tilde{\Gamma} : \tilde{\boldsymbol{r}}(s) = \frac{1}{\tau}\boldsymbol{N}(s) - \int \boldsymbol{B}(s)\mathrm{d}s$$

(1) 求曲线 $\tilde{\Gamma}$ 的曲率和挠率. (2) 求曲线 $\tilde{\Gamma}$ 的基本向量.

3. 曲线 $\Gamma: \boldsymbol{r}=\boldsymbol{r}(t)=\left\{a(t-\sin t), a(1-\cos t), 4a\cos\dfrac{t}{2}\right\}$ 在哪些点的曲率半径最大?
4. 证明：曲率为常数的空间曲线的曲率中心的轨迹仍是曲率等于常数的曲线.
5. 已知 $\Gamma: \boldsymbol{r}=\boldsymbol{r}(t)$ 是一条正则曲线，s 是它的弧长参数，其曲率 $\kappa(s)>0$ 和挠率 $\tau(s)>0$. 做新曲线

$$\Gamma^*: \boldsymbol{r}^*(s)=\boldsymbol{T}(s)$$

求新曲线 Γ^* 的曲率 $\kappa^*(s)$、挠率 $\tau^*(s)$ 和 Frenet 标架场.
6. 设 $\boldsymbol{r}: I\to\mathbb{R}^2$ 是一条正则平面曲线，P_0 是曲线外一点，如果存在 $t_0\in I$, 使得

$$\|\boldsymbol{r}(t)-P_0\|\geqslant\|\boldsymbol{r}(t_0)-P_0\|, \quad \forall t\in I$$

则 $\boldsymbol{r}(t_0)-P_0$ 与 $\boldsymbol{r}'(t_0)$ 垂直，即 $\boldsymbol{r}(t_0)-P_0$ 为 $\boldsymbol{r}(t_0)$ 处的法向量.(注记：不等式反号得同样的结论.)
7. 设曲线

$$r(t)=\begin{cases}(e^{-\frac{1}{t^2}}, t, 0), & t<0\\ (0,0,0), & t=0\\ (0, t, e^{-\frac{1}{t^2}}), & t>0\end{cases}$$

(1) 证明：$r(t)$ 是一条正则曲线，且在 $t=0$ 处曲率 $k=0$;

(2) 求 $r(t)(t\neq 0)$ 时的 Frenet 标架，并讨论 $t\to 0$ 时 Frenet 标架的极限.
8. 设 $\boldsymbol{r}=\boldsymbol{r}(t)$ 是三维欧氏空间 $\mathbb{E}^3$ 中的一条正则曲线，求曲线 $\tilde{\boldsymbol{r}}(t)=\boldsymbol{r}(-t)$ 的曲率和挠率.

§2.4　曲线论基本定理

定理 2.4.1　给定区间 $I=(a,b)$ 上的连续可微函数 $\phi=\phi(s)>0$ 和连续函数 $\psi=\psi(s)$，则适当限定自变量 s 的取值范围，除了空间位置差别外，存在 $\mathbb{E}^3$ 中唯一的曲线 Γ, 它以 s 为弧长且分别以 $\phi(s),\psi(s)$ 为曲率和挠率.

注记 2.4.1　本定理中的唯一性指的是：如果两条曲线 Γ 和 $\tilde{\Gamma}$ 都分别以 $\phi(s),\psi(s)$ 为曲率和挠率，则必定存在刚体运动使得 Γ 和 $\tilde{\Gamma}$ 完全重合.

分析　曲线论基本定理的考虑对象实际上是正则曲线，分为存在性和唯一性两个方面，其证明将分成若干步骤进行. 曲线论基本定理证明的过程中需要用到适当的微分方程组解的存在唯一性结果. 进一步要考虑到曲率、挠率和弧长微元与位置向量微分运算的关系，并注意到灵活运用 Frenet 公式.

证明　先证明存在性.

利用已知函数 $\phi(s),\psi(s)$ 构造下述关于向量函数 $\boldsymbol{F}(s),\boldsymbol{\alpha}(s),\boldsymbol{\beta}(s),\boldsymbol{\gamma}(s)$ 的线性微分方程组:

$$\begin{cases} \dfrac{\mathrm{d}\boldsymbol{F}}{\mathrm{d}s} = \boldsymbol{\alpha}(s) \\ \dfrac{\mathrm{d}\boldsymbol{\alpha}}{\mathrm{d}s} = \phi(s)\boldsymbol{\beta}(s) \\ \dfrac{\mathrm{d}\boldsymbol{\beta}}{\mathrm{d}s} = -\phi(s)\boldsymbol{\alpha}(s) + \psi(s)\boldsymbol{\gamma}(s) \\ \dfrac{\mathrm{d}\boldsymbol{\gamma}}{\mathrm{d}s} = -\psi(s)\boldsymbol{\beta}(s) \end{cases} \tag{2.4.1}$$

设 $\{O; \boldsymbol{e}_1, \boldsymbol{e}_2, \boldsymbol{e}_3\}$ 是空间右手直角坐标系. 任取 $s_0 \in (a, b)$, 方程组式(2.4.1) 有如下初始条件:

$$\begin{cases} \boldsymbol{F}(s_0) = 0, \quad \boldsymbol{\alpha}(s_0) = \boldsymbol{e}_1 \\ \boldsymbol{\beta}(s_0) = \boldsymbol{e}_2, \quad \boldsymbol{\gamma}(s_0) = \boldsymbol{e}_3 \end{cases} \tag{2.4.2}$$

已知函数 $\phi(s), \psi(s)$ 是连续函数,根据常微分方程组解的存在唯一性定理知,方程组式(2.4.1) 在 s_0 附近存在唯一的连续解

$$\boldsymbol{r} = \boldsymbol{r}(s), \quad \boldsymbol{T} = \boldsymbol{T}(s), \quad \boldsymbol{N} = \boldsymbol{N}(s), \quad \boldsymbol{B} = \boldsymbol{B}(s) \tag{2.4.3}$$

满足初始条件式(2.4.2).

设向量函数 $\boldsymbol{r} = \boldsymbol{r}(s)$ 确定的曲线为 Γ, 下面验证曲线 Γ 满足定理要求.

首先验证式(2.4.3)中的 $\boldsymbol{T}, \boldsymbol{N}, \boldsymbol{B}$ 是两两正交的单位向量且构成右手系. 由方程组(2.4.1) 可导出如下方程组:

$$\begin{cases} \dfrac{\mathrm{d}\boldsymbol{\alpha}^2}{\mathrm{d}s} = 2\phi(s)\boldsymbol{\alpha}\boldsymbol{\beta} \\ \dfrac{\mathrm{d}\boldsymbol{\beta}^2}{\mathrm{d}s} = -2\phi(s)\boldsymbol{\alpha}\boldsymbol{\beta} + 2\psi(s)\boldsymbol{\gamma}\boldsymbol{\beta} \\ \dfrac{\mathrm{d}\boldsymbol{\gamma}^2}{\mathrm{d}s} = -2\psi(s)\boldsymbol{\beta}\boldsymbol{\gamma} \\ \dfrac{\mathrm{d}(\boldsymbol{\alpha}\boldsymbol{\beta})}{\mathrm{d}s} = \phi(s)\boldsymbol{\beta}^2 - \phi(s)\boldsymbol{\alpha}^2 + \psi(s)\boldsymbol{\alpha}\boldsymbol{\gamma} \\ \dfrac{\mathrm{d}(\boldsymbol{\alpha}\boldsymbol{\gamma})}{\mathrm{d}s} = \phi(s)\boldsymbol{\beta}\boldsymbol{\gamma} - \psi(s)\boldsymbol{\alpha}\boldsymbol{\beta} \\ \dfrac{\mathrm{d}(\boldsymbol{\beta}\boldsymbol{\gamma})}{\mathrm{d}s} = -\phi(s)\boldsymbol{\alpha}\boldsymbol{\gamma} + \psi(s)\boldsymbol{\gamma}^2 - \psi(s)\boldsymbol{\beta}^2 \end{cases} \tag{2.4.4}$$

这是关于向量函数 $\boldsymbol{\alpha}^2, \boldsymbol{\beta}^2, \boldsymbol{\gamma}^2, \boldsymbol{\alpha}\boldsymbol{\beta}, \boldsymbol{\alpha}\boldsymbol{\gamma}, \boldsymbol{\beta}\boldsymbol{\gamma}$ 的线性方程组，初始条件为

$$\begin{cases} \boldsymbol{\alpha}^2(s_0) = \boldsymbol{\beta}^2(s_0) = \boldsymbol{\gamma}^2(s_0) = 1 \\ \boldsymbol{\alpha}(s_0)\boldsymbol{\beta}(s_0) = \boldsymbol{\alpha}(s_0)\boldsymbol{\beta}(s_0) = \boldsymbol{\beta}(s_0)\boldsymbol{\gamma}(s_0) = 0 \end{cases} \tag{2.4.5}$$

显然方程组(2.4.1)的解(2.4.3)构造出来的函数

$$\boldsymbol{T}^2,\ \boldsymbol{N}^2,\ \boldsymbol{B}^2,\ \boldsymbol{T}\boldsymbol{N},\ \boldsymbol{T}\boldsymbol{B},\ \boldsymbol{N}\boldsymbol{B} \tag{2.4.6}$$

是方程组(2.4.4)满足条件(2.4.5)的解.

另一方面，直接验证可知下面 6 个常值函数

$$1,1,1,0,0,0 \tag{2.4.7}$$

也是方程组(2.4.4)满足条件(2.4.5)的解，由常微分方程解的存在唯一性可知，式(2.4.6)就是式(2.4.7)，即

$$\boldsymbol{T}^2=\boldsymbol{N}^2=\boldsymbol{B}^2=1,\quad \boldsymbol{TN}=\boldsymbol{TB}=\boldsymbol{NB}=0$$

这说明 $\boldsymbol{T},\boldsymbol{N},\boldsymbol{B}$ 是两两正交的单位向量，因此混合积 $(\boldsymbol{T},\boldsymbol{N},\boldsymbol{B})=\pm1$. 但当 $s=s_0$ 时，$(\boldsymbol{T},\boldsymbol{N},\boldsymbol{B})=(\boldsymbol{e}_1,\boldsymbol{e}_2,\boldsymbol{e}_3)=1$, 由连续函数的局部保号性可知 $(\boldsymbol{T},\boldsymbol{N},\boldsymbol{B})\equiv1$, 即 $\boldsymbol{T},\boldsymbol{N},\boldsymbol{B}$ 构成右手系.

其次，由 $\dfrac{\mathrm{d}\boldsymbol{r}}{\mathrm{d}s}=\boldsymbol{T}$ 知，$\left\|\dfrac{\mathrm{d}\boldsymbol{r}}{\mathrm{d}s}\right\|=\|\boldsymbol{T}\|=1$, 所以 s 是 Γ 的弧长参数，$\boldsymbol{T}$ 是单位切向量，设 $\boldsymbol{N}_1$ 是 Γ 的主法向量，根据 Frenet 公式及方程组(2.4.1)得

$$\kappa(s)\boldsymbol{N}_1=\dot{\boldsymbol{T}}=\frac{\mathrm{d}\boldsymbol{T}}{\mathrm{d}s}=\phi(s)\boldsymbol{N}$$

由 $\kappa(s)>0,\phi(s)>0$, $\boldsymbol{N}_1$ 与 $\boldsymbol{N}$ 是单位向量可知，$\boldsymbol{N}_1=\boldsymbol{N},\phi(s)=\kappa(s)$, 即 $\phi(s)$ 是 Γ 的曲率，$\boldsymbol{N}$ 是 Γ 的主法向量，所以 $\boldsymbol{B}$ 是 Γ 的副法向量，于是

$$-\tau(s)\boldsymbol{N}=\dot{\boldsymbol{B}}=\frac{\mathrm{d}\boldsymbol{B}}{\mathrm{d}s}=-\psi(s)\boldsymbol{N}$$

所以 $\tau(s)=\psi(s)$, 即 $\psi(s)$ 是 Γ 的挠率.

下面证明唯一性.

设 $\tilde{\Gamma}$ 是满足定理要求的另一条曲线，即 $\phi(s),\psi(s)$ 也分别是 $\tilde{\Gamma}$ 的曲率、挠率. 由于在 s_0 处 $\tilde{\Gamma}$ 的基本向量 $\tilde{\boldsymbol{T}}_0,\tilde{\boldsymbol{N}}_0,\tilde{\boldsymbol{B}}_0$, 是两两正交的单位向量且构成右手系，所以必存在空间的一个刚体运动使得 $\{\tilde{\boldsymbol{r}}_0;\tilde{\boldsymbol{T}}_0,\tilde{\boldsymbol{N}}_0,\tilde{\boldsymbol{B}}_0\}$ 和最初给定的右手直角坐标系 $\{O;\boldsymbol{e}_1,\boldsymbol{e}_2,\boldsymbol{e}_3\}$ 重合.

设经过刚体运动后 $\tilde{\Gamma}$ 的方程及三个基本向量分别为

$$\tilde{\boldsymbol{r}}=\tilde{\boldsymbol{r}}(s),\quad \tilde{\boldsymbol{T}}=\tilde{\boldsymbol{T}}(s),\quad \tilde{\boldsymbol{N}}=\tilde{\boldsymbol{N}}(s),\quad \tilde{\boldsymbol{B}}=\tilde{\boldsymbol{B}}(s) \tag{2.4.8}$$

对 $\tilde{\Gamma}$ 运用 Frenet 公式，因为 $\tilde{\Gamma}$ 的曲率、挠率分别为 $\phi(s),\psi(s)$，则

$$\begin{aligned}
\frac{\mathrm{d}\tilde{\boldsymbol{T}}}{\mathrm{d}s}&=\phi(s)\tilde{\boldsymbol{N}}\\
\frac{\mathrm{d}\tilde{\boldsymbol{N}}}{\mathrm{d}s}&=-\phi(s)\tilde{\boldsymbol{T}}+\psi(s)\tilde{\boldsymbol{B}}\\
\frac{\mathrm{d}\tilde{\boldsymbol{B}}}{\mathrm{d}s}&=-\psi(s)\tilde{\boldsymbol{N}}
\end{aligned}$$

可见式(2.4.8)中的函数同样是方程组(2.4.1)的一组解. 由解的唯一性可知

$$\tilde{\boldsymbol{r}}(s)=\boldsymbol{r}(s),\quad \tilde{\boldsymbol{T}}(s)=\boldsymbol{T}(s),\quad \tilde{\boldsymbol{N}}(s)=\boldsymbol{N}(s),\quad \tilde{\boldsymbol{B}}(s)=\boldsymbol{B}(s)$$

第一式 $\tilde{\boldsymbol{r}}(s)=\boldsymbol{r}(s)$ 就说明了 $\tilde{\Gamma}$ 与 Γ 完全重合，唯一性得证.

曲线论基本定理阐明了曲率、挠率在曲线论中的重要地位.

定理 2.4.2 设空间曲线 $\boldsymbol{r}(s)$ 的曲率 $\kappa\neq 0$, 则曲线 $\boldsymbol{r}(s)$ 落在某个平面上的充要条件是其挠率 $\tau\equiv 0$.

分析 设曲线的弧长参数表示为 $\boldsymbol{r}=\boldsymbol{r}(s)$, $\boldsymbol{r}_0=\boldsymbol{r}(s_0)$ 是曲线上一点，如果曲线是平面曲线，等价于证明存在一个常向量 $\boldsymbol{n}_0$, 使得 $\langle\boldsymbol{n}_0,\boldsymbol{r}-\boldsymbol{r}_0\rangle=0$.

证明 由 $\tau(s)=0$ 可知 $\dot{\boldsymbol{B}}=\boldsymbol{0}$，所以 $\boldsymbol{B}$ 是一个常向量，设 $\boldsymbol{B}=\boldsymbol{B}_0$. 由基本向量的几何意义知

$$\langle\boldsymbol{T},\boldsymbol{B}\rangle=0$$

即

$$0=\langle\dot{\boldsymbol{r}}(s),\boldsymbol{B}\rangle=\langle\dot{\boldsymbol{r}}(s),\boldsymbol{B}_0\rangle=\frac{\mathrm{d}}{\mathrm{d}s}\langle\boldsymbol{r}(s),\boldsymbol{B}_0\rangle$$

所以

$$\langle\boldsymbol{r}(s),\boldsymbol{B}_0\rangle=\text{常数}=\langle\boldsymbol{r}(s_0),\boldsymbol{B}_0\rangle$$

即

$$\langle\boldsymbol{r}(s)-\boldsymbol{r}(s_0),\boldsymbol{B}_0\rangle=0$$

上述过程是可逆的，所以定理得证.

例 2.4.1 设曲线 $\boldsymbol{r}=\boldsymbol{r}(s)$ 的挠率 $\tau(s)\neq 0$, 曲率 $k(s)\neq 0$，则曲线落在以原点为中心的球面上的充要条件是

$$\boldsymbol{r}(s)=-\frac{1}{\kappa}\boldsymbol{N}-\frac{1}{\tau}\frac{\mathrm{d}}{\mathrm{d}s}\left(\frac{1}{\kappa}\right)\boldsymbol{B}$$

证明 (必要性) 设 $\Gamma:\boldsymbol{r}=\boldsymbol{r}(s)$ 是以原点为球心，以 R 为半径的球面上的弧长参数曲线，则 $[\boldsymbol{r}(s)]^2=R^2$. 两边对 s 求导得 $2\langle\boldsymbol{r}(s),\dot{\boldsymbol{r}}(s)\rangle=0$, 即 $\langle\boldsymbol{r}(s),\boldsymbol{T}\rangle=0$.

设 $\boldsymbol{r}(s)=a\boldsymbol{T}+b\boldsymbol{N}+c\boldsymbol{B}$, 则 $a=\langle\boldsymbol{r}(s),\boldsymbol{T}\rangle=0$. 对此式求导得

$$0=\langle\dot{\boldsymbol{r}}(s),\boldsymbol{T}\rangle+\langle\boldsymbol{r}(s),\dot{\boldsymbol{T}}\rangle=\|\boldsymbol{T}\|^2+\langle\boldsymbol{r}(s),\kappa(s)\boldsymbol{N}\rangle=1+\kappa(s)\langle\boldsymbol{r}(s),\boldsymbol{N}\rangle$$

所以 $b=\langle\boldsymbol{r},\boldsymbol{N}\rangle=-\dfrac{1}{\kappa}$. 对 $-\dfrac{1}{\kappa}=\langle\boldsymbol{r},\boldsymbol{N}\rangle$ 求导得

$$-\frac{\mathrm{d}}{\mathrm{d}s}\left(\frac{1}{\kappa}\right)=\langle\dot{\boldsymbol{r}}(s),\boldsymbol{N}\rangle+\langle\boldsymbol{r}(s),\dot{\boldsymbol{N}}\rangle=\langle\boldsymbol{T},\boldsymbol{N}\rangle+\langle\boldsymbol{r}(s),(-\kappa\boldsymbol{T}+\tau\boldsymbol{B})\rangle=\tau\langle\boldsymbol{r}(s),\boldsymbol{B}\rangle$$

所以

$$c=\langle\boldsymbol{r}(s),\boldsymbol{B}\rangle=-\frac{1}{\tau}\frac{\mathrm{d}}{\mathrm{d}s}\left(\frac{1}{\kappa}\right)$$

从而

$$\boldsymbol{r}(s)=-\frac{1}{\kappa}\boldsymbol{N}-\frac{1}{\tau}\frac{\mathrm{d}}{\mathrm{d}s}\left(\frac{1}{\kappa}\right)\boldsymbol{B}$$

(充分性)　如果 Γ 的方程为

$$\boldsymbol{r}=-\frac{1}{\kappa}\boldsymbol{N}-\frac{1}{\tau}\frac{\mathrm{d}}{\mathrm{d}s}\left(\frac{1}{\kappa}\right)\boldsymbol{B}$$

则 $\langle \boldsymbol{r}(s),\boldsymbol{T}\rangle=0$, 即 $\langle \boldsymbol{r}(s),\dot{\boldsymbol{r}}(s)\rangle=0$, 积分得 $[\boldsymbol{r}(s)]^2=R^2$(常数). 即 $\Gamma:\boldsymbol{r}=\boldsymbol{r}(s)$ 落在以原点为球心，以 R 为半径的球面上的曲线.

习题 2.4

1. 证明：曲线

$$\boldsymbol{r}(t)=\{t+\sqrt{3}\sin t,2\cos t,\sqrt{3}t-\sin t\}$$

和曲线

$$\boldsymbol{r}_1=\boldsymbol{r}_1(u)=\{2\cos\frac{u}{2},2\sin\frac{u}{2},-u\}$$

可以通过刚体运动彼此重合.

2. 证明：曲线

$$\boldsymbol{r}(t)=\{\cosh t,\sinh t,t\}$$

和曲线

$$\boldsymbol{r}_1=\boldsymbol{r}_1(u)=\{\frac{e^{-u}}{\sqrt{2}},\frac{e^{u}}{\sqrt{2}},u+1\}$$

可以通过刚体运动彼此重合. 试求出这个刚体运动.

3. 求曲率和挠率分别是常数 $\kappa_0>0,\tau_0$ 的曲线的参数方程.

4. 求 $[0,s]$ 上以 $\kappa(s)=\dfrac{1}{2}$ 为曲率，以 $\tau(s)=\dfrac{1}{2}$ 为挠率的曲线 $\Gamma:\boldsymbol{r}=\boldsymbol{r}(s)$, 并且使得 $\boldsymbol{r}(0)=\{1,0,0\},\boldsymbol{T}(0)=\dfrac{1}{\sqrt{2}}\{0,1,1\},\boldsymbol{N}(0)=\{-1,0,0\},\boldsymbol{B}(0)=\dfrac{1}{\sqrt{2}}\{0,-1,1\}$.

§2.5　几类特殊曲线

§2.5.1　平面曲线

一般把平面曲线看做空间曲线的特殊情形来处理，从而得到关于平面曲线的一些结论. 例如, 平面曲线的方程为 $\boldsymbol{r}=\boldsymbol{r}(t)=\{x(t),y(t),0\}$, 副法向量 $\boldsymbol{B}$ 是常向量，挠率 $\tau=0$, 故而按照曲线论基本定理，有更为简单的 Frenet 方程

$$\begin{cases}\dot{\boldsymbol{T}}=\kappa\boldsymbol{N}\\ \dot{\boldsymbol{N}}=-\kappa\boldsymbol{T}\end{cases}$$

对平面曲线来说，只要考虑单位切向量 $\boldsymbol{T}$ 与主法向量 $\boldsymbol{N}$, 在正则点处，主法向量 $\boldsymbol{N}$ 总是指向曲线的凹向, 如图 2.5.1 所示.

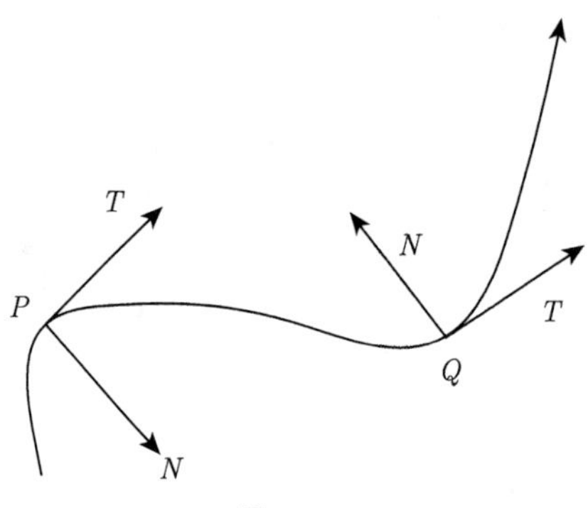

图 2.5.1

由图可见，曲线沿切线向右偏转时，$\boldsymbol{T}$ 到 $\boldsymbol{N}$ 的有向角为 $-\dfrac{\pi}{2}$, 而向左偏转时，这个有向角为 $\dfrac{\pi}{2}$. 可见如果在整段曲线上考虑问题，用 $\boldsymbol{T}$，$\boldsymbol{N}$ 做基本向量就有很多不便，需根据平面曲线的特殊性引入新的概念.

定义 2.5.1 设平面曲线 Γ 的自然参数方程为 $\boldsymbol{r}=\boldsymbol{r}(s)$, $\boldsymbol{T}$ 是 Γ 的切向量，$\boldsymbol{n}$ 是 Γ 所在平面的一个单位法向量. 令 $\boldsymbol{N_r}=\boldsymbol{n}\wedge\boldsymbol{T}$, 称 $\boldsymbol{N_r}$ 为曲线 Γ 的单位法向量.

由定义可知，逆着平面法向量 $\boldsymbol{n}$ 的正向看 Γ 所在的平面时，$\boldsymbol{T}$ 到 $\boldsymbol{N_r}$ 的有向角总是 $\dfrac{\pi}{2}$.

定义 2.5.2 设平面曲线 Γ 的自然参数方程为 $\boldsymbol{r}=\boldsymbol{r}(s)$, $\boldsymbol{T}$ 是 Γ 的切向量，$\boldsymbol{N_r}$ 是它的单位法向量. 记 $k_r=\langle\dot{\boldsymbol{T}},\boldsymbol{N_r}\rangle$, 称 κ_r 为曲线 Γ 的**相对曲率**，称 $|\kappa_r|$ 为曲线 Γ 的**绝对曲率**.

显然 $\dot{\boldsymbol{T}}//\boldsymbol{N_r}$, 所以 $|\kappa_r|=\langle\dot{\boldsymbol{T}},\boldsymbol{N_r}\rangle=|\dot{\boldsymbol{T}}|=\kappa$, 即平面曲线的绝对曲率就是 Γ 作为空间曲线时的曲率.

结合图 2.5.2 可知, 当曲线沿切线向左偏转时 $\kappa_r>0$, 当曲线向右偏转时 $\kappa_r<0$. 所以平面曲线的相对曲率 κ_r 不仅刻画了曲线的弯曲程度，还刻画了曲线的弯曲方向.

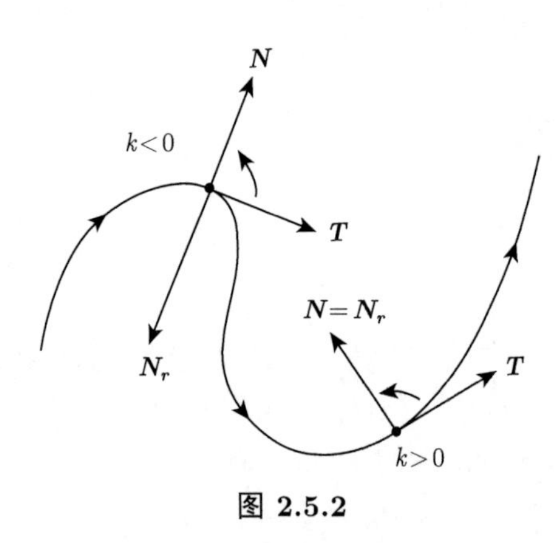

图 2.5.2

利用单位切向量 $\boldsymbol{T}$, 单位法向量 $\boldsymbol{N_r}$ 和相对曲率 κ_r, 平面曲线的基本公式为

$$\begin{cases}\dot{\boldsymbol{T}}=\kappa_r\boldsymbol{N_r}\\ \dot{\boldsymbol{N}}_r=-\kappa_r\boldsymbol{T}\end{cases}$$

设曲线 $\Gamma: \boldsymbol{r}=\boldsymbol{r}(s)=\{x(s), y(s)\}$, s 为弧长，如图 2.5.3 所示.

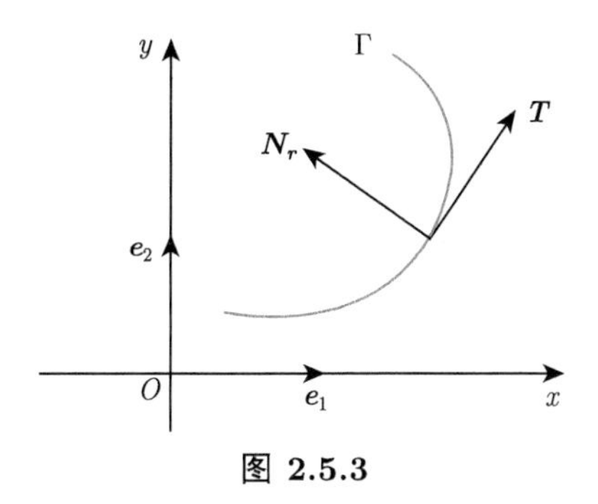

图 2.5.3

设 $\boldsymbol{e}_1$ 到 $\boldsymbol{T}$ 的有向角为 ϕ, 则 $\boldsymbol{e}_1$ 到 $\boldsymbol{N_r}$ 的有向角为 $\dfrac{\pi}{2}+\phi$, 而且

$$\boldsymbol{T}=\boldsymbol{e}_1\cos\phi+\boldsymbol{e}_2\sin\phi$$

又 $\boldsymbol{T}=\{\dot{x}, \dot{y}\}=\dot{x}\boldsymbol{e}_1+\dot{y}\boldsymbol{e}_2$, 比较可知 $\dot{x}=\cos\phi, \dot{y}=\sin\phi$, 所以

$$\boldsymbol{N_r}=\boldsymbol{e}_1\cos\left(\frac{\pi}{2}+\phi\right)+\boldsymbol{e}_2\sin\left(\frac{\pi}{2}+\phi\right)=-\boldsymbol{e}_1\sin\phi+\boldsymbol{e}_2\cos\phi=-\dot{y}\boldsymbol{e}_1+\dot{x}\boldsymbol{e}_2$$

因此

$$\kappa_{\boldsymbol{r}}=\langle\dot{\boldsymbol{T}}, \boldsymbol{N_r}\rangle=\{\ddot{x}, \ddot{y}\}\cdot\{-\dot{y}, \dot{x}\}=\dot{x}\ddot{y}-\ddot{x}\dot{y}$$

如果曲线用一般参数表示为 $\boldsymbol{r}=\boldsymbol{r}(t)=\{x(t), y(t)\}$, 则可得

$$\kappa_{\boldsymbol{r}}=\frac{x'y''-x''y'}{[(x')^2+(y')^2]^{\frac{3}{2}}}$$

例 2.5.1　计算曲线 $\boldsymbol{r}(t)=\{t^2, \cos t\}$ 在 $\left(\dfrac{\pi^2}{4}, 0\right)$ 处的相对曲率.

解　计算可得

$$\boldsymbol{r}'=\{2t, -\sin t\}, \quad \boldsymbol{r}''=\{2, -\cos t\}$$

$$\kappa_{\boldsymbol{r}}=\frac{x'y''-x''y'}{[(x')^2+(y')^2]^{\frac{3}{2}}}=\frac{-2t\cos t+2\sin t}{(4t^2+\sin^2 t)^{\frac{3}{2}}}$$

所以

$$\kappa_{\boldsymbol{r}}\big|_{t=\frac{\pi}{2}}=\frac{2}{(\pi^2+1)^{\frac{3}{2}}}$$

§2.5.2　柱面螺线

把一张直角三角形的纸卷到一个圆筒上，斜边就形成一条螺旋线. 因为这种螺旋线是在圆柱上形成的，所以叫做圆柱螺旋线. 从直观上看, 圆柱螺线的切线与圆柱面的直母线成定角. 把圆柱螺线进行推广可得到一般螺线，也称之为**柱面螺线**.

定义 2.5.3 切线与固定方向成固定角的曲线称为**柱面螺线** (也称为柱面曲线或者定向曲线).

显然，平面曲线 (包括直线) 都满足定义 2.5.3, 因此它们是柱面螺线. 但平面曲线在上一节已经讨论过，所以在下面的讨论中把平面曲线除外，即假设 $\kappa \neq 0, \tau \neq 0$.

命题 2.5.1 曲线 Γ 是柱面螺线的充要条件是曲线的主法线与固定方向垂直.

证明 由定义 2.5.3知, 曲线 Γ 为柱面螺线的充要条件是存在单位常向量 $\boldsymbol{a}$, 使得 Γ 的单位切向量 $\boldsymbol{T}$ 与 $\boldsymbol{a}$ 成固定角，即

$$\langle \boldsymbol{T}, \boldsymbol{a} \rangle = \text{const.}$$

求导可得

$$\langle \dot{\boldsymbol{T}}, \boldsymbol{a} \rangle = 0$$

即 $\kappa \langle \boldsymbol{N}, \boldsymbol{a} \rangle = 0$, 因为 $(\kappa \neq 0)$, 所以

$$\langle \boldsymbol{N}, \boldsymbol{a} \rangle = 0$$

也就是说, 曲线的主法线与固定方向垂直.

命题 2.5.2 曲线 Γ 是柱面螺线的充要条件是曲线的副法线与固定方向成固定角.

证明 由命题 2.5.1知, 曲线 Γ 为柱面螺线的充要条件是存在单位常向量 $\boldsymbol{a}$, 使得 Γ 的主法向量 $\boldsymbol{N}$ 与 $\boldsymbol{a}$ 正交，即

$$\langle \boldsymbol{N}, \boldsymbol{a} \rangle = 0$$

因为 $\tau \neq 0$, 两边同乘以 τ 可得

$$-\tau \langle \boldsymbol{N}, \boldsymbol{a} \rangle = 0$$

即 $\langle \dot{\boldsymbol{B}}, \boldsymbol{a} \rangle = 0$, 此式等价于

$$\langle \boldsymbol{B}, \boldsymbol{a} \rangle = \text{const.}$$

也就是说, 曲线的副法线与固定方向成固定角.

命题 2.5.3 曲线 Γ 是柱面螺线的充要条件是 $\dfrac{\tau}{\kappa} = \text{const.}$

证明 (必要性) 设曲线 Γ 为柱面螺线，由命题 2.5.1知, 存在单位常向量 $\boldsymbol{a}$, 使得 Γ 的主法向量 $\boldsymbol{N}$ 与 $\boldsymbol{a}$ 正交，即

$$\langle \boldsymbol{N}, \boldsymbol{a} \rangle = 0$$

求导可得

$$\langle -\kappa \boldsymbol{T}, \boldsymbol{a} \rangle + \langle \tau \boldsymbol{B}, \boldsymbol{a} \rangle = 0 \tag{2.5.1}$$

由命题 2.5.1及命题 2.5.2知, $\langle \boldsymbol{T}, \boldsymbol{a} \rangle = \text{const.}$, $\langle \boldsymbol{B}, \boldsymbol{a} \rangle = \text{const.}$. 由于 $\kappa \neq 0$ 知 $\langle \boldsymbol{B}, \boldsymbol{a} \rangle \neq 0$, 否则，如果 $\langle \boldsymbol{B}, \boldsymbol{a} \rangle = 0$, 又已知 $\kappa \neq 0$, 则由式(2.5.1) 可知 $\langle \boldsymbol{T}, \boldsymbol{a} \rangle = 0$, 又已知 $\langle \boldsymbol{N}, \boldsymbol{a} \rangle = 0$, 即向量 $\boldsymbol{a}$ 与三个正交向量 $\boldsymbol{T}, \boldsymbol{N}, \boldsymbol{B}$ 都正交，所以 $\boldsymbol{a} = \boldsymbol{0}$, 矛盾. 所以

$$\frac{\tau}{\kappa} = \frac{\langle \boldsymbol{T}, \boldsymbol{a} \rangle}{\langle \boldsymbol{B}, \boldsymbol{a} \rangle} = \text{const.}$$

(充分性) 设 $\frac{\tau}{\kappa}=\text{const.}$，取 $\boldsymbol{a}=\frac{\tau}{\kappa}\boldsymbol{T}+\boldsymbol{B}$, 则

$$\dot{\boldsymbol{a}}=\frac{\tau}{\kappa}\dot{\boldsymbol{T}}+\dot{\boldsymbol{B}}=\frac{\tau}{\kappa}\cdot\kappa\boldsymbol{N}-\tau\boldsymbol{N}=0$$

即 $\boldsymbol{a}$ 是常向量，而 $\langle\boldsymbol{a},\boldsymbol{N}\rangle=0$, 由命题 2.5.1可知 Γ 是柱面螺线.

最后，给出柱面螺线的一种标准方程.

设柱面的母线平行于 z 轴，则可令 $\boldsymbol{a}=\boldsymbol{e}_3$, 再设柱面螺线的方程为

$$\boldsymbol{r}=\boldsymbol{r}(s)=\{x(s),y(s),z(s)\}$$

于是由柱面方程的定义可知

$$\boldsymbol{a}\cdot\boldsymbol{T}=\cos\omega$$

其中, ω 是切向量 $\boldsymbol{T}$ 与常向量 $\boldsymbol{a}$ 的夹角, 则

$$\langle\boldsymbol{e}_3,\boldsymbol{T}\rangle=\cos\omega$$

即

$$\langle\{0,0,1\},\left\{\frac{\mathrm{d}x}{\mathrm{d}s},\frac{\mathrm{d}y}{\mathrm{d}s},\frac{\mathrm{d}z}{\mathrm{d}s}\right\}\rangle=\cos\omega$$

因而有

$$\frac{\mathrm{d}z}{\mathrm{d}s}=\cos\omega$$

如果令 $z(0)=0$, 则

$$z=s\cos\omega$$

于是柱面螺线的方程为

$$\boldsymbol{r}=\boldsymbol{r}(s)=\{x(s),y(s),s\cos\omega\}$$

其中, $x(s),y(s)$ 为任意函数.

§2.5.3　曲线的渐伸线和渐缩线

定义 2.5.4　设两条曲线 Γ_1 与 Γ_2 之间建立了一一对应关系，使得在对应点处 Γ_1 的切线是 Γ_2 的法线，则称 Γ_1 为 Γ_2 的**渐缩线**，Γ_2 为 Γ_1 的**渐伸线**，如图 2.5.4 所示.

由定义可知，直线没有渐伸线也没有渐缩线，因此本节所讨论曲线不包含直线.

1. 曲线的渐伸线

先推导渐伸线方程.

定理 2.5.1　设正则弧长参数曲线 Γ_1 的参数方程为 $\boldsymbol{r}=\boldsymbol{r}(s)$, 则 Γ_1 的渐伸线方程为

$$\boldsymbol{r}^*(s)=\boldsymbol{r}(s)+(c-s)\boldsymbol{T}(s)$$

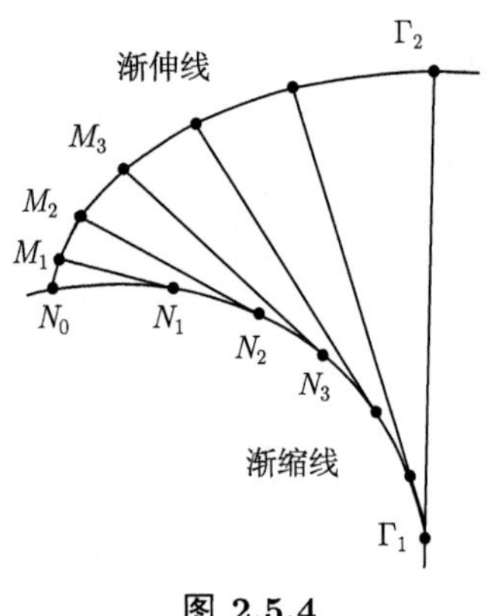

图 2.5.4

证明 设曲线 $\Gamma_1 : \boldsymbol{r} = \boldsymbol{r}(s)$($s$ 是弧长参数) 的渐伸线为 Γ_2(见图 2.5.5), 任取 $P \in \Gamma_1$, 设 $Q \in \Gamma_2$ 是 P 的对应点.

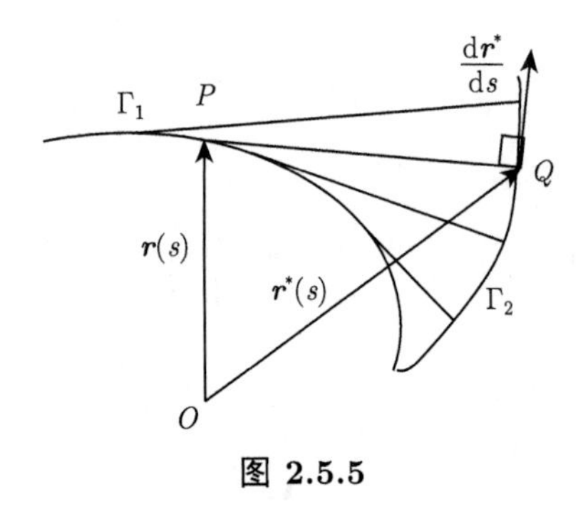

图 2.5.5

设 $\boldsymbol{T}(s)$ 为 P 点的单位切向量，则 Γ_2 的方程为

$$\boldsymbol{r}^*(s) = \boldsymbol{r}(s) + \lambda(s)\boldsymbol{T}(s) \tag{2.5.2}$$

对 s 求导得

$$\frac{\mathrm{d}\boldsymbol{r}^*}{\mathrm{d}s} = \boldsymbol{T} + \dot{\lambda}\boldsymbol{T} + \lambda\kappa\boldsymbol{N} \tag{2.5.3}$$

其中, $\boldsymbol{N}$ 是曲线 Γ_1 的主法向量. 因为 $\dfrac{\mathrm{d}\boldsymbol{r}^*}{\mathrm{d}s}$ 是 Γ_2 的切向量，$\boldsymbol{T}$ 是曲线 Γ_2 的一个法向量，所以 $\dfrac{\mathrm{d}\boldsymbol{r}^*}{\mathrm{d}s} \perp \boldsymbol{T}$. 式 (2.5.3) 的两边点乘 $\boldsymbol{T}$ 得 $1 + \dot{\lambda} = 0$, 即 $\dot{\lambda} = -1$, 积分可得 $\lambda = c - s$(c 为积分常数). 代入式(2.5.2)有

$$\boldsymbol{r}^*(s) = \boldsymbol{r}(s) + (c - s)\boldsymbol{T}(s)$$

如果曲线是一般参数 $\Gamma : \boldsymbol{r} = \boldsymbol{r}(t), a \leqslant t \leqslant b$，则 Γ 的渐伸线方程为

$$\Gamma^* : \boldsymbol{r}^* = \boldsymbol{r}^*(t) = \boldsymbol{r}(t) + [c - s(t)]\boldsymbol{T}(t), \quad a \leqslant t \leqslant b$$

注记 2.5.1 由渐伸线方程可知,

(1) 平面曲线的渐伸线仍是平面曲线；

(2) 一条曲线的渐伸线不是唯一的，对于不同的常数 c 可得到不同的渐伸线.

命题 2.5.4　曲线 Γ 的任意两条不同的渐伸线在对应点处总有一条公共的法线，并且对应点之间的距离为定值.

证明　任取曲线 $\Gamma:\boldsymbol{r}=\boldsymbol{r}(s)$($s$ 是弧长参数) 的两条渐伸线 Γ_1,Γ_2，则

$$\Gamma_1:\boldsymbol{r}_1(s)=\boldsymbol{r}(s)+(c_1-s)\boldsymbol{T}(s)$$

$$\Gamma_2:\boldsymbol{r}_2(s)=\boldsymbol{r}(s)+(c_2-s)\boldsymbol{T}(s)$$

对 s 求导可得

$$\boldsymbol{r}_1'(s)=\boldsymbol{T}(s)-\boldsymbol{T}(s)+(c_1-s)\dot{\boldsymbol{T}}=(c_1-s)\kappa\boldsymbol{N}$$

$$\boldsymbol{r}_2'(s)=\boldsymbol{T}(s)-\boldsymbol{T}(s)+(c_2-s)\dot{\boldsymbol{T}}=(c_2-s)\kappa\boldsymbol{N}$$

所以, $\boldsymbol{r}_1',\boldsymbol{r}_2'$ 都与曲线的主法向量 $\boldsymbol{N}$ 平行. 而 $\boldsymbol{r}_2-\boldsymbol{r}_1=(c_2-c_1)\boldsymbol{T}$, 因此 $\boldsymbol{r}_1',\boldsymbol{r}_2'$ 都垂直于 $\boldsymbol{r}_2-\boldsymbol{r}_1$, 于是对应点的连线就是 Γ_1,Γ_2 的公共法线，而对应点之间的距离为

$$\boldsymbol{\rho}=\|\boldsymbol{r}_2-\boldsymbol{r}_1\|=\|(c_2-c_1)\boldsymbol{T}\|=|c_2-c_1|=\text{const}.$$

例 2.5.2　求圆周的渐伸线方程.

解　圆的方程为 $\boldsymbol{r}(\theta)=\{a\cos\theta,a\sin\theta\}$, 因为曲线的切向量模长 $\|\boldsymbol{r}\|=a$, 所以积分可得 $s=a\theta$ 是它的弧长参数，圆的弧长参数方程为

$$\boldsymbol{r}(s)=\left\{a\cos\frac{s}{a},a\sin\frac{s}{a}\right\}$$

关于 s 求导可得

$$\boldsymbol{T}(s)=\left\{-\sin\frac{s}{a},\cos\frac{s}{a}\right\}$$

因此渐伸线方程为

$$\begin{aligned}\boldsymbol{r}^*(s)&=\boldsymbol{r}(s)+(c-s)\boldsymbol{T}(s)\\&=\left\{a\cos\frac{s}{a},a\sin\frac{s}{a}\right\}+(c-s)\left\{-a\sin\frac{s}{a},a\cos\frac{s}{a}\right\}\end{aligned}$$

用一般参数表示为

$$\boldsymbol{r}^*(\theta)=\{a\cos\theta-(c-a\theta)\sin\theta,a\sin\theta+(c-a\theta)\cos\theta\}$$

由这个例子可以看出, 平面曲线的渐伸线还是平面曲线. 几何上看，如果将一个圆轴固定在一个平面上, 轴上缠线, 拉紧一个线头, 让该线绕圆轴运动且始终与圆轴相切, 那么线上一个定点在该平面上的轨迹就是圆周的渐伸线, 如图 2.5.6 所示.

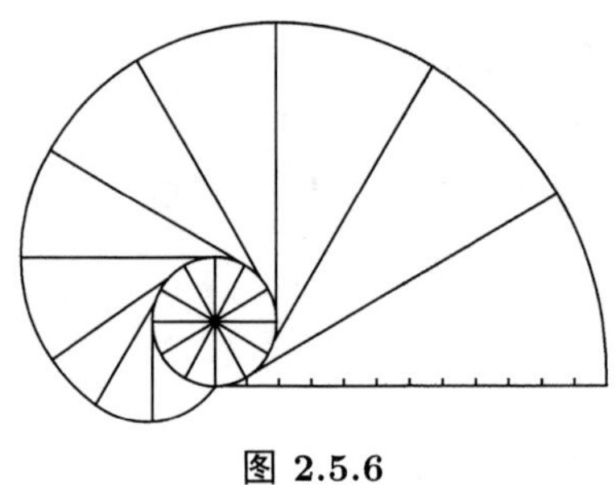

图 2.5.6

2. 曲线的渐缩线

定理 2.5.2 设正则弧长参数曲线 Γ 的参数方程为 $\boldsymbol{r}=\boldsymbol{r}(s)$, 则 Γ 的渐缩线 C 的参数方程为

$$\boldsymbol{r}^*(s)=\boldsymbol{r}(s)+\frac{1}{\kappa(s)}\boldsymbol{N}(s)-\frac{1}{\kappa(s)}\left(\tan\int\tau(s)\mathrm{d}s\right)\boldsymbol{B}(s)$$

其中, $\boldsymbol{N},\boldsymbol{B}$ 为 Γ 的主、副法向量, κ 和 τ 为 Γ 的曲率和挠率.

证明 设曲线 $\Gamma:\boldsymbol{r}=\boldsymbol{r}(s)$($s$ 是弧长参数) 的渐缩线为 C, 如图 2.5.7 所示. 任取 $P\in\Gamma$, 设 $Q\in C$ 是 P 的对应点.

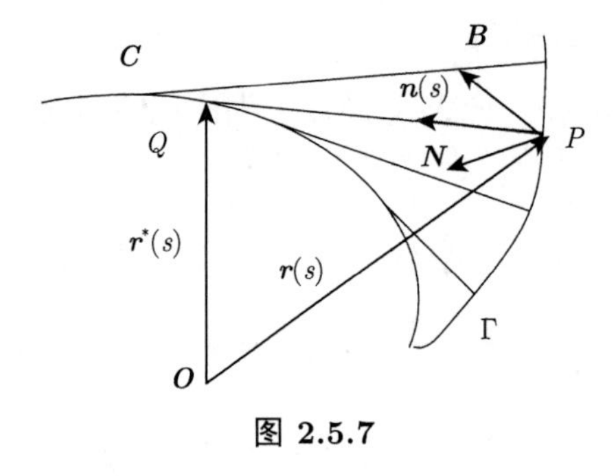

图 2.5.7

设 $\boldsymbol{n}(s)$ 为曲线 Γ 在 P 点的单位法向量，则它也是曲线 C 在 Q 点的切向量，因此

$$\boldsymbol{n}(s)=F(s)\boldsymbol{N}(s)+G(s)\boldsymbol{B}(s)$$

这里，$F(s),G(s)$ 是曲线 Γ 上的光滑函数，则 C 的方程为

$$\begin{aligned}\boldsymbol{r}^*(s)&=\boldsymbol{r}(s)+\lambda(s)\boldsymbol{n}(s)\\&=\boldsymbol{r}(s)+\lambda(s)F(s)\boldsymbol{N}(s)+\lambda(s)G(s)\boldsymbol{B}(s)\\&\triangleq\boldsymbol{r}(s)+f(s)\boldsymbol{N}(s)+g(s)\boldsymbol{B}(s)\end{aligned}$$

其中，$f(s)=\lambda(s)F(s),g(s)=\lambda(s)G(s)$ 是曲线 Γ 上的光滑函数.

对 s 求导得

$$\frac{\mathrm{d}\boldsymbol{r}^*}{\mathrm{d}s}=\boldsymbol{T}+f'(s)\boldsymbol{N}(s)+f(s)\boldsymbol{N}'(s)+g'(s)\boldsymbol{B}(s)+g(s)\boldsymbol{B}'(s)$$

$$= (1 - f\kappa)\boldsymbol{T} + (f' - g\tau)\boldsymbol{N} + (g' + f\tau)\boldsymbol{B}$$

另一方面，$\lambda\boldsymbol{n}(s) = f\boldsymbol{N} + g\boldsymbol{B}$ 是 C 的切向量，因此 $\lambda\boldsymbol{n}(s)//(\boldsymbol{r}^*)'$, 即

$$\begin{cases} 1 - f\kappa = 0 \\ \dfrac{f' - g\tau}{f} = \dfrac{g' + f\tau}{g} \end{cases}$$

由第一个式子可得 $f \equiv \dfrac{1}{\kappa}$. 由第二个式子可得 $gf' - g'f = (f^2 + g^2)\tau$, 因此

$$\frac{\mathrm{d}}{\mathrm{d}s}\arctan\frac{g}{f} = -\tau$$

积分有

$$\arctan\frac{g}{f} = -\int\tau(s)\mathrm{d}s$$

所以

$$g = -\frac{1}{\kappa}\tan\int\tau(s)\mathrm{d}s$$

代入 $\boldsymbol{r}^*(s)$ 的表达式有

$$\boldsymbol{r}^*(s) = \boldsymbol{r}(s) + \frac{1}{\kappa(s)}\boldsymbol{N}(s) - \frac{1}{\kappa(s)}\left(\tan\int\tau(s)\mathrm{d}s\right)\boldsymbol{B}(s)$$

如果曲线是一般参数 $\Gamma : \boldsymbol{r} = \boldsymbol{r}(t), a \leqslant t \leqslant b$，则 Γ 的渐缩线 Γ^* 的方程为

$$\boldsymbol{r}^* = \boldsymbol{r}^*(t) = \boldsymbol{r}(t) + \frac{1}{\kappa(t)}\boldsymbol{N}(t) + \frac{\tan\theta(t)}{\kappa(t)}\boldsymbol{B}(t), a \leqslant t \leqslant b$$

其中，$\theta(t) = -\displaystyle\int_{t_0}^{t}\tau(t)\|\boldsymbol{r}'(t)\|\mathrm{d}t + \theta_0$, θ_0 是任意常数.

例 2.5.3　求曲线 $\Gamma : \boldsymbol{r}(s) = \left\{\cos\dfrac{s}{\sqrt{2}}, \sin\dfrac{s}{\sqrt{2}}, \dfrac{s}{\sqrt{2}}\right\}$ 的渐缩线方程.

解　计算有 $\boldsymbol{r}'(s) = \dfrac{1}{\sqrt{2}}\left\{-\sin\dfrac{s}{\sqrt{2}}, \cos\dfrac{s}{\sqrt{2}}, 1\right\}$, 切向量的模长 $\|\boldsymbol{r}'(s)\| = 1$, 所以 s 是曲线的弧长参数.

$$\dot{\boldsymbol{T}}(s) = \frac{1}{2}\left\{-\cos\frac{s}{\sqrt{2}}, -\sin\frac{s}{\sqrt{2}}, 0\right\} = \kappa\boldsymbol{N}$$

由 Frenet 公式可得

$$\kappa = \frac{1}{2}, \quad \boldsymbol{N} = \left\{-\cos\frac{s}{\sqrt{2}}, -\sin\frac{s}{\sqrt{2}}, 0\right\}$$

副法向量

$$\boldsymbol{B} = \boldsymbol{T} \wedge \boldsymbol{N} = \frac{1}{\sqrt{2}}\left\{\sin\frac{s}{\sqrt{2}}, -\cos\frac{s}{\sqrt{2}}, 1\right\}$$

关于 s 求导得

$$\dot{\boldsymbol{B}}=\frac{1}{2}\left\{\cos\frac{s}{\sqrt{2}},\sin\frac{s}{\sqrt{2}},0\right\}=-\tau\boldsymbol{N}$$

所以 $\tau(s)=\dfrac{1}{2}$. 因此曲线 Γ 的渐缩线方程为

$$\begin{aligned}\boldsymbol{r}^*(s)&=\boldsymbol{r}(s)+\frac{1}{\kappa(s)}\boldsymbol{N}(s)-\frac{1}{\kappa(s)}(\tan\int\tau(s)\mathrm{d}s)\boldsymbol{B}(s)\\&=\boldsymbol{r}(s)+2\boldsymbol{N}(s)-2(\tan\int\frac{1}{2}\mathrm{d}s)\boldsymbol{B}(s)\\&=\left\{\cos\frac{s}{\sqrt{2}},\sin\frac{s}{\sqrt{2}}\right\}+2\left\{-\cos\frac{s}{\sqrt{2}},-\sin\frac{s}{\sqrt{2}},0\right\}\\&\quad-\frac{2}{\sqrt{2}}\tan\left(\frac{s}{2}+s_0\right)\left\{\sin\frac{s}{\sqrt{2}},-\cos\frac{s}{\sqrt{2}},1\right\}\\&=\left\{-2\cos\frac{s}{\sqrt{2}}+\sqrt{2}\tan\left(\frac{s}{2}+s_0\right)\sin\frac{s}{\sqrt{2}},\right.\\&\quad\left.-\sin\frac{s}{\sqrt{2}}-\sqrt{2}\tan\left(\frac{s}{2}+s_0\right)\cos\frac{s}{\sqrt{2}},\frac{s}{\sqrt{2}}-\sqrt{2}\tan\left(\frac{s}{2}+s_0\right)\right\}\end{aligned}$$

§2.5.4 贝特朗 (Bertrand) 曲线

定义 2.5.5 设 $\boldsymbol{r}:I\to\mathbb{R}^3$ 是正则参数曲线 (不一定是弧长参数),$\kappa(t)\neq 0,\tau(t)\neq 0,t\in I$. 如果存在曲线 $\tilde{\boldsymbol{r}}:I\to\mathbb{R}^3$, 使得 $\boldsymbol{r},\tilde{\boldsymbol{r}}$ 在 $t\in I$ 的主法线相同，则称曲线 $\boldsymbol{r}$ 为**贝特朗 (Bertrand) 曲线**. 此时，曲线 $\tilde{\boldsymbol{r}}$ 称为 $\boldsymbol{r}$ 的**贝特朗 (Bertrand) 侣线**.

定理 2.5.3 一条曲线是贝特朗曲线的充要条件是它的曲率 $\kappa(s)$ 与挠率 $\tau(s)$ 满足

$$\lambda\kappa+\mu\tau=1$$

其中, λ,μ 为常数，而且 $\lambda\neq 0$.

证明 (充分性) 设 Γ 是一条贝特朗曲线，其参数方程为 $\boldsymbol{r}=\boldsymbol{r}(s)$, 其中 s 为 Γ 的弧长参数. 又设 $\tilde{\Gamma}$ 是 Γ 的贝特朗侣线，其参数方程为 $\tilde{\boldsymbol{r}}=\tilde{\boldsymbol{r}}(\tilde{s})$, 其中 $\tilde{s}$ 为 $\tilde{\Gamma}$ 的弧长参数.

由图 2.5.8 可知有

$$\tilde{\boldsymbol{r}}(\tilde{s})=\boldsymbol{r}(s)+\lambda(s)\boldsymbol{N}(s)$$

其中，λ 表示一对对应点之间的距离.

于是求导

$$\tilde{\boldsymbol{T}}=[\boldsymbol{T}+\lambda'\boldsymbol{N}+\lambda(-\kappa\boldsymbol{T}+\tau\boldsymbol{B})]\frac{\mathrm{d}s}{\mathrm{d}\tilde{s}}$$

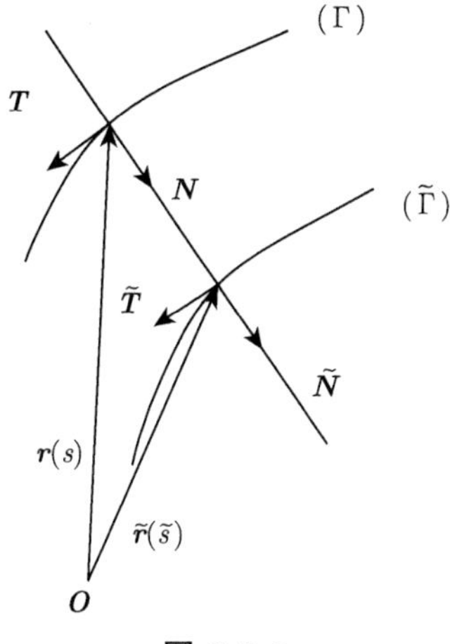

图 2.5.8

即

$$\tilde{\boldsymbol{T}}=[(1-\lambda\kappa)\boldsymbol{T}+\lambda'\boldsymbol{N}+\lambda\tau\boldsymbol{B}]\frac{\mathrm{d}s}{\mathrm{d}\tilde{s}} \tag{2.5.4}$$

由于 $\tilde{\boldsymbol{N}}=\pm\boldsymbol{N}$, 所以曲线 $\tilde{\Gamma}$ 的切向量 $\tilde{T}$ 与 $\boldsymbol{N}$ 垂直，式 (2.5.4) 两端与 $\boldsymbol{N}$ 做内积，得

$$\langle\boldsymbol{N},\tilde{\boldsymbol{T}}\rangle=\lambda'\frac{\mathrm{d}s}{\mathrm{d}\tilde{s}}=0$$

但 $\dfrac{\mathrm{d}s}{\mathrm{d}\tilde{s}}\neq 0$, 所以 $\lambda^{'}=0$, 即

$$\lambda=\text{常数}$$

由于 Γ 与 $\tilde{\Gamma}$ 是不同的曲线，所以式中 λ 为不等于零的常数.

由式 (2.5.4) 可得

$$\tilde{\boldsymbol{T}}=[(1-\lambda\kappa)\boldsymbol{T}+\lambda\tau\boldsymbol{B}]\frac{\mathrm{d}s}{\mathrm{d}\tilde{s}} \tag{2.5.5}$$

设对应点处两切向量 $\boldsymbol{T}$ 与 $\tilde{\boldsymbol{T}}$ 之间的有向夹角为 θ，并表示为

$$\tilde{\boldsymbol{T}}=\cos\theta\boldsymbol{T}+\sin\theta\boldsymbol{B} \tag{2.5.6}$$

两端关于 s 求微商得

$$\tilde{\kappa}\tilde{\boldsymbol{N}}\frac{\mathrm{d}\tilde{s}}{\mathrm{d}s}=(\kappa\cos\theta-\tau\sin\theta)\boldsymbol{N}+(-\sin\theta\boldsymbol{T}+\cos\theta\boldsymbol{B})\frac{\mathrm{d}\theta}{\mathrm{d}s}$$

又因为 $\tilde{\boldsymbol{N}}$ 与 $\boldsymbol{N}$ 平行，而 $(-\sin\theta\boldsymbol{T}+\cos\theta\boldsymbol{B})$ 是单位向量，并且与 $\boldsymbol{N}$ 垂直，所以 $\dfrac{\mathrm{d}\theta}{\mathrm{d}s}=0$, 即

$$\theta=\text{常数}$$

因为 $\boldsymbol{T},\boldsymbol{B}$ 正交, 由式 (2.5.5) 和式 (2.5.6) 可知

$$(1-\lambda\kappa)\frac{\mathrm{d}s}{\mathrm{d}\tilde{s}}=\cos\theta,\quad \lambda\tau\frac{\mathrm{d}s}{\mathrm{d}\tilde{s}}=\sin\theta \tag{2.5.7}$$

可得

$$\frac{1-\lambda\kappa}{\lambda\tau}=\frac{\cos\theta}{\sin\theta}$$

即

$$\lambda\kappa\sin\theta+\tau\lambda\cos\theta=\sin\theta \tag{2.5.8}$$

显然 $\sin\theta\neq 0$, 否则 $\tau=0$, 所以可得

$$\lambda\kappa+\mu\tau=1 \tag{2.5.9}$$

其中，λ,μ 都是常数，$\mu=\lambda\cot\theta$.

(必要性) 假设一条曲线 Γ 的曲率 κ 和挠率 τ 满足式 (2.5.9), 其中 $\lambda\neq 0$ 是非零常数，等式两端除以 $\sqrt{\lambda^2+\mu^2}$, 可得式 (2.5.8)，其中 $\sin\theta=\dfrac{\lambda}{\sqrt{\lambda^2+\mu^2}}\neq 0$. 定义曲线 $\tilde{\Gamma}:\tilde{\boldsymbol{r}}(\tilde{s})=\boldsymbol{r}(s)+\lambda\boldsymbol{N}(s)$.

两端关于 $\tilde{s}$ 求导可得

$$\tilde{\boldsymbol{T}}=[(1-\lambda\kappa)\boldsymbol{T}+\lambda\tau\boldsymbol{B}]\frac{\mathrm{d}s}{\mathrm{d}\tilde{s}} \tag{2.5.10}$$

由式 (2.5.9) 可得

$$\tilde{\boldsymbol{T}}=\frac{\lambda\tau}{\sin\theta}(\boldsymbol{T}\cos\theta+\boldsymbol{B}\sin\theta)\frac{\mathrm{d}s}{\mathrm{d}\tilde{s}}$$

由于 $\boldsymbol{T}\cos\theta+\boldsymbol{B}\sin\theta$ 是一个单位向量，所以

$$\tilde{\boldsymbol{T}}=\pm(\boldsymbol{T}\cos\theta+\boldsymbol{B}\sin\theta)$$

由 Frenet 公式可得

$$\tilde{\kappa}\tilde{\boldsymbol{N}}=\frac{\mathrm{d}\boldsymbol{T}}{\mathrm{d}\tilde{s}}=\pm(\kappa\cos\theta-\tau\sin\theta)\boldsymbol{N}\frac{\mathrm{d}s}{\mathrm{d}\tilde{s}}$$

即 $\tilde{\boldsymbol{N}}$ 平行于 $\boldsymbol{N}$. 由于 $\tilde{\Gamma}$ 的点在 Γ 的主法线上，因此 $\tilde{\Gamma}$、Γ 的主法线重合，所以 Γ 是贝特朗曲线.

习题 2.5

1. 求抛物线 $y=x^2$ 上任意一点处的相对曲率.
2. 求旋轮线 $\boldsymbol{r}(y)=\{t-\sin t,1-\cos t\}$ 上任意一点处的相对曲率.
3. 设平面曲线的参数方程为 $\boldsymbol{r}=\boldsymbol{r}(t)=\{x(t),y(t)\}$, 证明它的相对曲率为

$$\kappa_r=\frac{x'y''-x''y'}{[(x')^2+(y')^2)]^{\frac{3}{2}}}$$

4. 设曲线 Γ 在极坐标下的表示为 $\boldsymbol{r}=f(\theta)$, 证明: 曲线 Γ 的相对曲率为

$$\kappa_r(\theta)=\frac{f^2(\theta)+2\left(\dfrac{\mathrm{d}f}{\mathrm{d}\theta}\right)^2-f(\theta)\dfrac{\mathrm{d}^2f}{\mathrm{d}\theta^2}}{\left[f^2(\theta)+\left(\dfrac{\mathrm{d}f}{\mathrm{d}\theta}\right)^2\right]^{\frac{3}{2}}}$$

5. 已知平面曲线 Γ 满足微分方程

$$P(x,y)\mathrm{d}x+Q(x,y)\mathrm{d}y=0$$

求它的相对曲率的表达式.

6. 求曲率 $\kappa(s)=\dfrac{a}{\sqrt{a^2-s^2}}$($s$ 是弧长参数 ,$a>0$) 的平面曲线.

7. 证明：曲线 $\Gamma:\boldsymbol{r}=\boldsymbol{r}(s)$ 为柱面螺线的充要条件是 $(\ddot{\boldsymbol{r}},\dddot{\boldsymbol{r}},\ddddot{\boldsymbol{r}})=0$.

8. 证明：曲线 $\Gamma:\boldsymbol{r}(t)=\left\{a\displaystyle\int\sin\phi(t)\mathrm{d}t,a\int\cos\phi(t)\mathrm{d}t,bt\right\}$, $(b\neq0)$ 是柱面螺线.

9. 已知曲线 $\Gamma:\boldsymbol{r}(s)$ 的副法向量 $\boldsymbol{B}=\left\{-\dfrac{1}{\sqrt{2}}\sin t,\dfrac{1}{\sqrt{2}}\cos t,\dfrac{1}{\sqrt{2}}\right\}$. 求它的单位切向量 $\boldsymbol{T}$ 和主法向量 $\boldsymbol{N}$, 并证明它是柱面螺线.

10. 已知空间曲线的参数方程 $\Gamma:\boldsymbol{r}=\boldsymbol{r}(t)=\{3t,3t^2,2t^3\}$，求其渐伸线方程.

11. 已知椭圆的参数方程为

$$\Gamma:\boldsymbol{r}=\boldsymbol{r}(t)=\{a\cos t,b\sin t\},0\leqslant t\leqslant2\pi$$

求椭圆曲线的渐缩线方程.

12. 证明：除圆柱螺线外，每一条贝特朗挠曲线 (挠率不为 0 的曲线) 有唯一的侣线，而圆柱螺线有无穷多条侣线.

13. 设曲线 $\Gamma:\boldsymbol{r}=\boldsymbol{r}(s)$($s$ 是弧长参数) 的两条不同的渐伸线为 $\Gamma_1:\boldsymbol{r}_1=\boldsymbol{r}_1(s)$, $\Gamma_2:\boldsymbol{r}_2=\boldsymbol{r}_2(s)$. 证明：$\Gamma_1,\Gamma_2$ 互为贝特朗曲线的充要条件是曲线 Γ 是平面曲线.

第 3 章　曲面的局部理论

本章主要介绍 $\mathbb{E}^3$ 中正则曲面的基本概念、曲面的第一基本形式、第二基本形式以及曲面的各种曲率 (包括法曲率、主曲率、Gauss 曲率和平均曲率) 及曲面论基本定理等.

§3.1　曲面的定义

在空间解析几何中，已经学习了一般二次曲面的性质，本章讨论三维欧氏空间中更一般的曲面的局部性质，首先给出曲面的定义.

§3.1.1　正则曲面

定义 3.1.1　设 D 是平面上的一个初等区域，$\boldsymbol{r}: D \to \mathbb{E}^3$ 是一个光滑 C^k 映射 (即 $\boldsymbol{r}$ 具有 k 阶连续偏导数)，称 $\boldsymbol{r}(D)$ 为 $\mathbb{E}^3$ 中的**参数曲面**，记为 S.

如果在 $\mathbb{E}^2, \mathbb{E}^3$ 中分别建立笛卡尔直角坐标系，用 (u, v) 表示 $\mathbb{E}^2$ 中点的坐标，用 $(x, y\ z)$ 表示 $\mathbb{E}^3$ 中点的坐标，则参数曲面 S 的方程可以表示为

$$\begin{cases} x = x(u, v) \\ y = y(u, v), \quad (u, v) \in D \\ z = z(u, v) \end{cases}$$

或者写成向量方程的形式

$$\boldsymbol{r} = \boldsymbol{r}(u, v) = \{x(u, v), y(u, v)\ z(u, v)\}, (u, v) \in D$$

称 (u, v) 为曲面的**参数或曲纹坐标**.

在曲面上取一定点 $P_0 = \boldsymbol{r}(u_0, v_0)$, 固定 $u = u_0$, 让 v 变化，则得到曲面 S 上一条曲线 $\boldsymbol{r}(u_0, v)$，称其为过 P_0 点的 $v-$ 曲线，固定 $v = v_0$, 让 u 变化，同样可得到曲面 S 上一条曲线 $\boldsymbol{r}(u, v_0)$，称其为过 P_0 点的 $u-$ 曲线，简称 $\boldsymbol{r}(u, v_0)$ 和 $\boldsymbol{r}(u_0, v)$ 为曲面 S 的**坐标曲线**.

定义 3.1.2　在参数曲面 S 上每一点都有一条 $u-$ 曲线和一条 $v-$ 曲线，它们构成曲面上的**参数曲线网**.

由参数曲面的定义可知，曲面的坐标曲线都是光滑曲线，因此在 $P_0 = \boldsymbol{r}(u_0, v_0)$ 点处，两条坐标曲线的切向量分别为

$$\boldsymbol{r}_u(u_0, v_0) = \frac{\partial \boldsymbol{r}}{\partial u}(u_0, v_0), \quad \boldsymbol{r}_v(u_0, v_0) = \frac{\partial \boldsymbol{r}}{\partial v}(u_0, v_0)$$

定义 3.1.3　设 S 是 $\mathbb{E}^3$ 中的参数曲面，参数表示为

$$\boldsymbol{r}=\boldsymbol{r}(u,v)=\{x(u,v),y(u,v)\ z(u,v)\},\quad (u,v)\in D$$

如果满足

(1) 每个分量函数都是 C^k 光滑的 (具有 k 阶连续偏导数),

(2) 向量 $\boldsymbol{r}_u=\left(\dfrac{\partial x}{\partial u},\dfrac{\partial y}{\partial u},\dfrac{\partial z}{\partial u}\right)$ 与向量 $\boldsymbol{r}_v=\left(\dfrac{\partial x}{\partial v},\dfrac{\partial y}{\partial v},\dfrac{\partial z}{\partial v}\right)$ 线性无关，即 $\boldsymbol{r}_u\wedge\boldsymbol{r}_v\neq 0$,

则称 (u,v) 为曲面 S 的一族**正则参数**, $\boldsymbol{r}(u,v)$ 为 $\mathbb{E}^3$ 的一个**正则曲面 (片)**.

注记 3.1.1　(1) 本书所研究的曲面都是正则曲面,并且假定函数 $x(u,v),y(u,v),z(u,v)$ 有三阶以上的连续偏导数. 因为研究的是曲面的局部性质，所以总假定曲面没有自交点，没有尖点，以保证曲面在任何点都有切平面.

(2) 在讨论曲面的局部性质时，我们也称满足定义 3.1.3中条件的光滑向量值映射 $\boldsymbol{r}=\boldsymbol{r}(u,v)$ 为正则曲面.

例 3.1.1　圆柱面 $x^2+y^2=b^2$, 圆柱面的一个正则参数表示的方程为

$$\begin{cases} x=b\cos v \\ y=b\sin v, \qquad 0<u<2\pi, v\in\mathbb{R} \\ z=v \end{cases}$$

它表示的是圆柱面上除去直线

$$x=b,\quad y=0,\quad z=v$$

后剩余的部分，如图 3.1.1 所示，为一个正则曲面片.

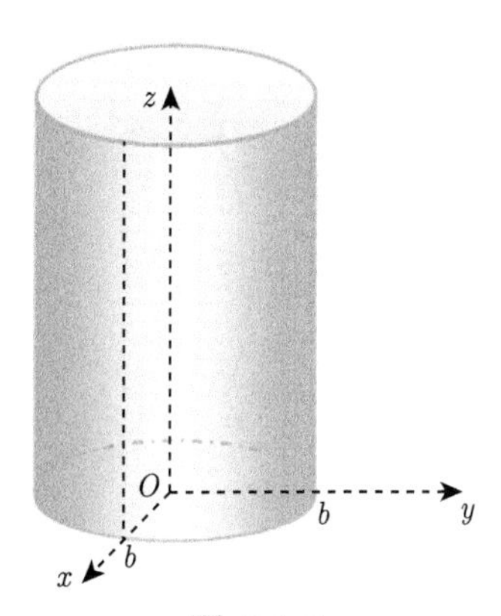

图 3.1.1

例 3.1.2　旋转曲面：yOz 平面内的一条与 z 轴无交的曲线 $C:\begin{cases} y=\phi(u) \\ z=\psi(u) \end{cases}, u\in\mathbb{R}$

绕 z 轴旋转所得曲面，如图 3.1.2 所示，其参数方程为

$$\begin{cases} x=\phi(u)\cos v \\ y=\phi(u)\sin v, \qquad v\in(0,2\pi), u\in\mathbb{R} \\ z=\psi(u) \end{cases}$$

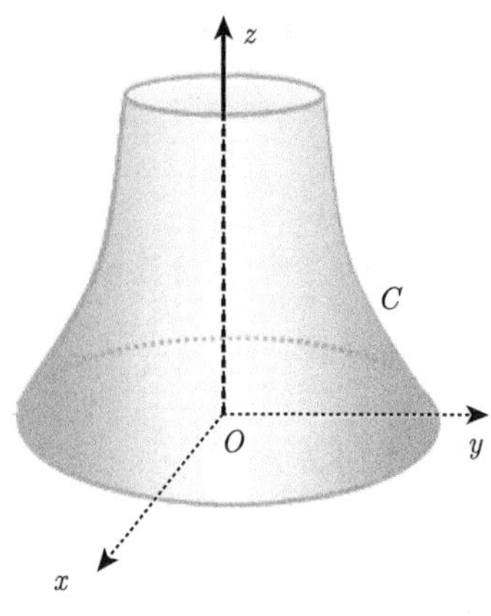

图 3.1.2

定义 3.1.4 设 $f: U \to \mathbb{E}^m, x \mapsto y = y(x)$ 是定义在 n 维欧氏空间 $\mathbb{E}^n$ 的开集 U 上的光滑映射，$x_0 \in U$, 如果 f 的雅可比矩阵

$$\left(\frac{\partial f^\alpha}{\partial x^i}\right) = \left(\frac{\partial y^\alpha}{\partial x^i}\right), 1 \leqslant i \leqslant n, 1 \leqslant \alpha \leqslant m$$

在 x_0 点非退化，则称 x_0 为映射 f 的一个**正则点**，否则就称为 f 的一个**临界点**，临界点的像 $f(x_0)$ 称为 f 的一个**临界值**. 而 $\mathbb{E}^m$ 中非临界值的点称为 f 的**正则值**.

注记 3.1.2 正则点的像不一定是正则值.

例 3.1.3 设 $f: \mathbb{R}^2 \to \mathbb{R}$ 为一光滑函数

$$(x, y) \mapsto x^2 - y^2$$

则

$$\frac{\partial f}{\partial x} = 2x, \quad \frac{\partial f}{\partial y} = -2y$$

因此 $(0,0)$ 是 f 唯一的临界点, 从而知 f 有唯一的临界值 0. 临界值的原像集

$$f^{-1}(0) = \{(x, x)\} \bigcup \{(x, -x)\}$$

是两条直线 $y = x$ 和 $y = -x$ 的并集.

对任意 $p = (x, x), x \neq 0$, p 是正则点，但 $f(p) = 0$, 所以正则点的像不一定是正则值.

具体到三维欧氏空间中的正则曲面有如下刻画.

例 3.1.4 三维欧氏空间中的曲面片 $\boldsymbol{r}: D \to \mathbb{E}^3$ 的雅可比矩阵

$$\begin{pmatrix} \dfrac{\partial x}{\partial u} & \dfrac{\partial y}{\partial u} & \dfrac{\partial z}{\partial u} \\ \dfrac{\partial x}{\partial v} & \dfrac{\partial y}{\partial v} & \dfrac{\partial z}{\partial v} \end{pmatrix}$$

在曲面上某点 P_0 处的秩为 2，则称 P_0 为曲面 S 的**正则点**，否则就称为**临界点**. 正则曲面是仅含正则点的曲面.

命题 3.1.1　曲面在正则点的邻域内总可以表示为 $z = f(x,y), y = g(x,z)$ 或 $x = h(y,z)$.

证明　设曲面 S 的方程为

$$\boldsymbol{r} = \{x(u,v), y(u,v)\ z(u,v)\}$$

设 $P_0(u_0,v_0)$ 是曲面 S 上的正则点，则雅可比矩阵在 P 点的秩为 2，不妨设它的第一个二阶行列式

$$\begin{vmatrix} \dfrac{\partial x}{\partial u} & \dfrac{\partial y}{\partial u} \\ \dfrac{\partial x}{\partial v} & \dfrac{\partial y}{\partial v} \end{vmatrix} \neq 0$$

则由隐函数定理知，在 uOv 平面上点 (u_0,v_0) 的一个 δ 邻域内，从方程组 $x = x(u,v), y = y(u,v)$ 中可以解出连续的反函数 $u = u(x,y), v = v(x,y)$，把它们代入 $z = z(u,v)$ 得

$$z = z(u(x,y), v(x,y)) = f(x,y)$$

命题 3.1.2　设 $p \in S$ 是正则曲面 S 上的一点，曲面 S 的参数方程为 $\boldsymbol{r} = \{x(u,v), y(u,v), z(u,v)\}$, 如果 $\boldsymbol{r}$ 是双射，则 $\boldsymbol{r}^{-1}$ 是连续的.

证明　设 $p \in \boldsymbol{r}(D)$ 是正则曲面 S 上的点，所以映射 $\boldsymbol{r}$ 的雅可比矩阵在 $\boldsymbol{r}^{-1}(p) = q$ 点的秩为 2，不妨设它的第一个二阶行列式

$$\begin{vmatrix} \dfrac{\partial x}{\partial u} & \dfrac{\partial y}{\partial u} \\ \dfrac{\partial x}{\partial v} & \dfrac{\partial y}{\partial v} \end{vmatrix} \neq 0$$

则由反函数定理知，存在 q 的邻域 $V_1 \subset D$ 和 $\pi \circ \boldsymbol{r}(q)$ 在 $\mathbb{R}^2$ 中的邻域 V_2, 使得 $\pi \circ \boldsymbol{r}$ 将 V_1 微分同胚地映照到 V_2 上, 这里 $\pi : \mathbb{R}^3 \to \mathbb{R}^2$ 是自然投射, 如图 3.1.3 所示.

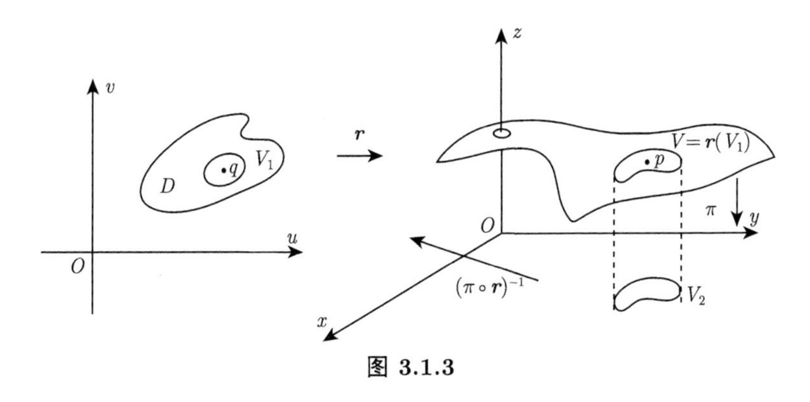

图 3.1.3

假定 $\boldsymbol{r}$ 是双射，那么限制在 $\boldsymbol{r}(V_1)$ 上，

$$\boldsymbol{r}^{-1} = (\pi \circ \boldsymbol{r})^{-1} \circ \pi$$

因此，$\boldsymbol{r}^{-1}$ 作为连续映射的复合是连续的，从 q 的任意性知 $\boldsymbol{r}^{-1}$ 在 S 上是连续的.

§3.1.2 曲面的参数变换

在平面上，直角坐标到极坐标之间的变换为 $\begin{cases} x = \rho\cos\theta \\ y = \rho\sin\theta \end{cases}$ ，这时雅可比行列式为

$$\frac{\partial(x,y)}{\partial(\rho,\theta)} = \begin{vmatrix} \cos\theta & \sin\theta \\ -\rho\sin\theta & \rho\cos\theta \end{vmatrix} = \rho$$

除了原点外，雅可比行列式在全平面都不为零.

这表明上式决定的坐标变换除了原点外，是一一对应.

曲面 $S: \boldsymbol{r} = \boldsymbol{r}(u,v)$ 可以有不同的参数表示，曲面的不同参数之间也存在着参数变换：

定义 3.1.5 设 (u,v) 是曲面 $S: \boldsymbol{r} = \boldsymbol{r}(u,v), (u,v)) \in D$ 的正则参数, $\bar{D}$ 是一个平面区域,

$$\sigma: \bar{D} \to D, (u,v) \mapsto (u(\bar{u},\bar{v}), v(\bar{u},\bar{v}))$$

是区域 $\bar{D}$ 到 D 之间的一个变换，如果

$$\frac{\partial(u,v)}{\partial(\bar{u},\bar{v})} \neq 0$$

则称 σ 为曲面的一个**参数变换**. 当 $\dfrac{\partial(u,v)}{\partial(\bar{u},\bar{v})} > 0$ 时，相应的参数变换称为**同向参数变换**；当 $\dfrac{\partial(u,v)}{\partial(\bar{u},\bar{v})} < 0$ 时，相应的参数变换称为**反向参数变换**.

在新参数下，曲面的参数方程为

$$\begin{aligned} \boldsymbol{r}(\bar{u},\bar{v}) &= \boldsymbol{r}\circ\sigma(\bar{u},\bar{v}) = \boldsymbol{r}(u(\bar{u},\bar{v}), v(\bar{u},\bar{v})) \\ &= \{x(u(\bar{u},\bar{v}), v(\bar{u},\bar{v})), y(u(\bar{u},\bar{v}), v(\bar{u},\bar{v})), z(u(\bar{u},\bar{v}), v(\bar{u},\bar{v}))\} \end{aligned}$$

给了两个曲面 $\boldsymbol{r}(u,v)\,((u,v)\in D)$ 和 $\bar{\boldsymbol{r}}(\bar{u},\bar{v})\,\big((\bar{u},\bar{v})\in\bar{D}\big)$, 如果存在参数变换 $\sigma: \bar{D} \to D$ 使得曲面

$$\boldsymbol{r}(\bar{u},\bar{v}) = \boldsymbol{r}\circ\sigma(\bar{u},\bar{v}) = \boldsymbol{r}(u(\bar{u},\bar{v}), v(\bar{u},\bar{v})) : \bar{D} \to \mathbb{E}^3$$

则可以把 $\boldsymbol{r}$ 和 $\bar{\boldsymbol{r}}$ 看成同一个曲面的两个不同参数表示.

例 3.1.5 球面方程为 $x^2+y^2+z^2=a^2$. 球面的一种参数表示为

$$z = \sqrt{a^2-x^2-y^2}$$

或者记为

$$\boldsymbol{r}(x,y) = \{x, y, \sqrt{a^2-x^2-y^2}\}, (x,y)\in D = \{x^2+y^2<a^2\}$$

它仅表示上半球面，如图 3.1.4 所示.

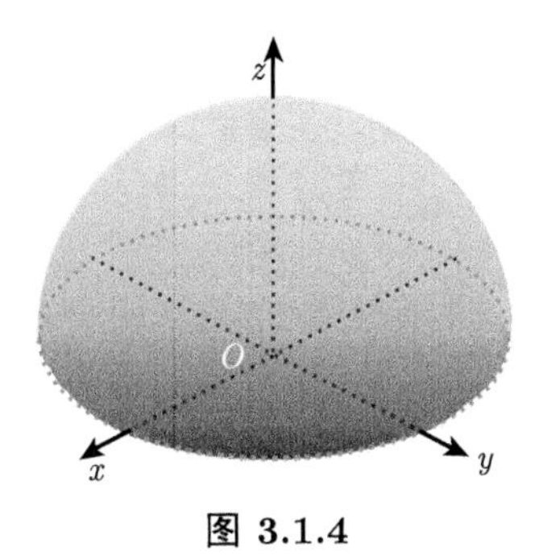

图 3.1.4

球面的另一种常见参数表示是球坐标表示

$$\begin{cases} x = a\cos u\cos v \\ y = a\cos u\sin v, \quad (u,v)\in\bar{D} = \{(u,v)| -\dfrac{\pi}{2} < u < \dfrac{\pi}{2}, 0 < v < 2\pi\} \\ z = a\sin u \end{cases}$$

此时 $\boldsymbol{r}(u,v)$ 表示的是球面去掉南、北极和联结这两个点的一条大圆弧, 如图 3.1.5 所示.

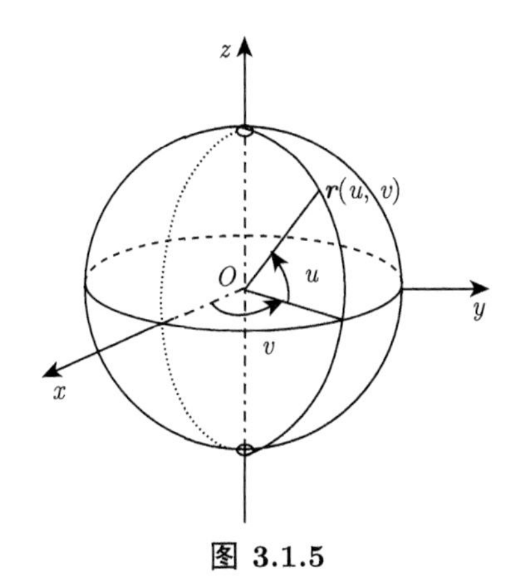

图 3.1.5

而 D 到 $\bar{D}$ 的参数变换为

$$\sigma: D\to\bar{D}: (x,y)\mapsto(u,v) = \left\{\arcsin\frac{\sqrt{a^2-x^2-y^2}}{a}, \arctan\frac{y}{x}\right\}$$

计算可得

$$\frac{\partial(u,v)}{\partial(x,y)} = \left|\begin{pmatrix} -\dfrac{ax}{\sqrt{x^2+y^2}\sqrt{a^2-x^2-y^2}} & -\dfrac{y}{x^2+y^2} \\ -\dfrac{ay}{\sqrt{x^2+y^2}\sqrt{a^2-x^2-y^2}} & -\dfrac{x}{x^2+y^2} \end{pmatrix}\right| = \frac{a}{\sqrt{x^2+y^2}\sqrt{a^2-x^2-y^2}} \neq 0$$

所以，σ 是球面上公共部分在两个不同参数间的参数变换.

下面给出正则曲面上光滑函数的定义.

定义 3.1.6 设 $\boldsymbol{r}: D\subset\mathbb{E}^2\to\mathbb{E}^3$ 是曲面 S 的一个参数表示，$f: S\to\mathbb{R}$ 是定义在正则曲面片上的一个函数. 设 $p\in S$, 如果复合函数 $f\circ\boldsymbol{r}: D\subset\mathbb{E}^2\to\mathbb{R}$ 在 $\boldsymbol{r}^{-1}(p)$ 点是可微的，那么就称 f 在 p 点是**可微的**. 如果 f 在曲面上任意点都可微，则称 f 在 S 上是可微的.

定义不依赖曲面片参数的选择. 事实上，如果 $\bar{\boldsymbol{r}}: \bar{D}\to\mathbb{E}^3, (\bar{u},\bar{v})\to\bar{\boldsymbol{r}}(\bar{u},\bar{v})$ 是曲面的另一个参数表示，其中参数变化为 $\sigma: \bar{D}\to D$, 则

$$f\circ\bar{\boldsymbol{r}}=f\circ\boldsymbol{r}\circ\sigma$$

也是可微的，所以曲面上可微函数的定义不依赖曲面参数的选取.

§3.1.3 曲面的切平面及法线

前面已经给出了曲面上的特殊曲线，即 $u-$ 曲线和 $v-$ 曲线，它们对研究曲面的性质是非常重要的. 下面给出曲面上一般曲线的定义.

设曲面 S 的方程为

$$\boldsymbol{r}=\boldsymbol{r}(u,v)=\{x(u,v),y(u,v),z(u,v)\},\ \ (u,v)\in D$$

令

$$\begin{cases} u=u(t)\\ v=v(t)\end{cases}\quad t\in(a,b) \tag{3.1.1}$$

则式(3.1.1)表示 uOv 平面上区域 D 中的一条曲线，它在曲面上的像是曲面 S 上一条曲线 Γ，方程为

$$\boldsymbol{r}=\boldsymbol{r}(u(t),v(t))=\{x(u(t),v(t)),y(u(t),v(t)),z(u(t),v(t))\},\quad t\in(a,b) \tag{3.1.2}$$

我们称式(3.1.1)为曲线 Γ 的**参数方程**，式(3.1.2)为曲线 Γ 的**向量方程**.

设 $P_0=\boldsymbol{r}(u_0,v_0)$ 是曲面 S 上一点，Γ 是过点 P_0 的任意一条曲面曲线, 设点 P_0 对应参数 $t=t_0$(即 $u_0=u(t_0),v_0=v(t_0)$)，曲线 Γ 在点 P_0 的**切向量**为

$$\boldsymbol{r}'(t_0)=\frac{\mathrm{d}\boldsymbol{r}}{\mathrm{d}t}|_{t=t_0}=\boldsymbol{r}_u(u_0,v_0)\frac{\mathrm{d}u}{\mathrm{d}t}|_{t=t_0}+\boldsymbol{r}_v(u_0,v_0)\frac{\mathrm{d}v}{\mathrm{d}t}|_{t=t_0} \tag{3.1.3}$$

其中, $\boldsymbol{r}_u(u_0,v_0)$，$\boldsymbol{r}_v(u_0,v_0)$ 分别是曲面 S 在点 $P=\boldsymbol{r}(u_0,v_0)$ 的坐标切向量. 切向量 $\boldsymbol{r}'(t_0)$ 的方向称为曲面在该点的一个**切方向**.

定义 3.1.7 由正则曲面的定义可知 $\boldsymbol{r}_u(u_0,v_0),\boldsymbol{r}_v(u_0,v_0)$ 不共线，称 $\boldsymbol{r}_u(u_0,v_0),\boldsymbol{r}_v(u_0,v_0)$ 张成的平面 $T_{P_0}=\mathrm{span}\{\boldsymbol{r}_u,\boldsymbol{r}_v\}$ 为曲面 S 在点 P_0 的**切平面**. 过点 P_0 垂直于切平面的直线称为曲面在点 P_0 的**法线**，法线上的向量 $\boldsymbol{N}=\boldsymbol{r}_u\wedge\boldsymbol{r}_v$ 称为**法向量**，如图 3.1.6 所示. $\boldsymbol{n}=\dfrac{\boldsymbol{r}_u\wedge\boldsymbol{r}_v}{\|\boldsymbol{r}_u\wedge\boldsymbol{r}_v\|}$ 称为**单位法向量**.

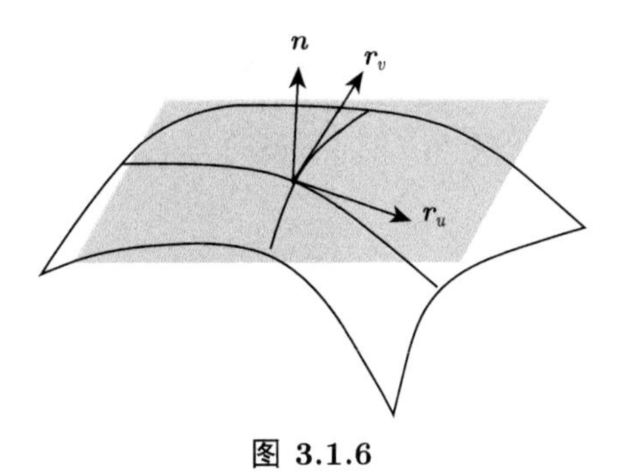

图 3.1.6

由定义 3.1.7可得，切平面方程为

$$(\boldsymbol{R}(u,v)-\boldsymbol{r}(u,v),\boldsymbol{r}_u,\boldsymbol{r}_v)=0$$

即

$$\begin{vmatrix} X-x(u,v) & Y-y(u,v) & Z-z(u,v) \\ x_u & y_u & z_u \\ x_v & y_v & z_v \end{vmatrix}=0$$

其中，$\boldsymbol{R}=\{X,Y,Z\}$ 是切平面上动点的向径. 法线方程为

$$\boldsymbol{\rho}(u,v)=\boldsymbol{r}(u,v)+t\boldsymbol{N}$$

或

$$\frac{X-x(u,v)}{\dfrac{\partial(y,z)}{\partial(u,v)}}=\frac{Y-y(u,v)}{\dfrac{\partial(z,x)}{\partial(u,v)}}=\frac{Z-z(u,v)}{\dfrac{\partial(x,y)}{\partial(u,v)}}$$

其中，$\boldsymbol{\rho}=\{X,Y,Z\}$ 是法线上动点的向径.

例 3.1.6　求曲面 $z=f(x,y)$ 在任意一点的切平面和法线方程.

解　曲面的方程为 $\boldsymbol{r}(x,y)=\{x,y,f(x,y)\}$，令

$$p=f_x=\frac{\partial f}{\partial x},\quad q=f_y=\frac{\partial f}{\partial y}$$

则 $\boldsymbol{r}_x=\{1,0,p\}$, $\boldsymbol{r}_y=\{0,1,q\}$, $\boldsymbol{r}_x\wedge\boldsymbol{r}_y=\{-p,-q,1\}$, 所求切平面方程为

$$\langle\boldsymbol{r}_x\wedge\boldsymbol{r}_y,\boldsymbol{R}-\boldsymbol{r}\rangle=0$$

即

$$Z-f(x,y)=p(X-x)+q(Y-y)$$

法线方程为

$$\frac{X-x}{p}=\frac{Y-y}{q}=\frac{Z-f(x,y)}{-1}$$

例 3.1.7 设 $F(x,y,z)$ 是定义在 $D\subset\mathbb{E}^3$ 上的光滑函数.

$$S_c=\{(x,y,z)|F(x,y,z)=c\in\mathbb{R}\}\neq\emptyset$$

是函数的等值面，当

$$\nabla F(P)=(F_x,F_y,F_z)(P)\neq 0,\quad (\forall P\in S_c)$$

时，S_c 是一个曲面，并且 ∇F 是曲面 S_c 的法向.

命题 3.1.3 参数变换不改变曲面的正则性，曲面的切平面和法线与参数的选择无关.

证明 设 $(u,v),(\bar{u},\bar{v})$ 是曲面的两个参数，$\sigma:\bar{D}\to D,(u,v)=(u(\bar{u},\bar{v}),v(\bar{u},\bar{v}))$ 是参数变换，由复合函数求导链式法则可得

$$\boldsymbol{r}_{\bar{u}}=\boldsymbol{r}_u\frac{\partial u}{\partial\bar{u}}+\boldsymbol{r}_v\frac{\partial v}{\partial\bar{u}},\ \boldsymbol{r}_{\bar{v}}=\boldsymbol{r}_u\frac{\partial u}{\partial\bar{v}}+\boldsymbol{r}_v\frac{\partial v}{\partial\bar{v}}\tag{3.1.4}$$

如果 $P_0=\boldsymbol{r}(u_0,v_0)=\bar{\boldsymbol{r}}(\bar{u}_0,\bar{v}_0)$, 由式(3.1.4)有

$$\boldsymbol{r}_{\bar{u}}(\bar{u}_0,\bar{v}_0),\boldsymbol{r}_{\bar{v}}(\bar{u}_0,\bar{v}_0)\in T_{P_0}S$$

且

$$\boldsymbol{r}_{\bar{u}}\wedge\boldsymbol{r}_{\bar{v}}=\frac{\partial(u,v)}{\partial(\bar{u},\bar{v})}\boldsymbol{r}_u\wedge\boldsymbol{r}_v\tag{3.1.5}$$

由式(3.1.5)可得，在参数变换下，曲面的正则性不变.

新、旧参数下曲面的法向量

$$\bar{\boldsymbol{N}}//\boldsymbol{r}_{\bar{u}}\wedge\boldsymbol{r}_{\bar{v}}//\boldsymbol{r}_u\wedge\boldsymbol{r}_v//\boldsymbol{N}$$

所以，曲面的切向量和法线与参数选择无关.

显然 $\{\boldsymbol{r}_u,\boldsymbol{r}_v\}$ 和 $\{\boldsymbol{r}_{\bar{u}},\boldsymbol{r}_{\bar{v}}\}$ 是切平面 T_{p_0} 的两组基底，由式(3.1.4)可得，基变换阵就是参数变换的 Jacobi 阵，即

$$\begin{pmatrix}\boldsymbol{r}_{\bar{u}}\\ \boldsymbol{r}_{\bar{v}}\end{pmatrix}=\begin{pmatrix}\dfrac{\partial u}{\partial\bar{u}} & \dfrac{\partial v}{\partial\bar{u}}\\ \dfrac{\partial u}{\partial\bar{v}} & \dfrac{\partial v}{\partial\bar{v}}\end{pmatrix}\begin{pmatrix}\boldsymbol{r}_u\\ \boldsymbol{r}_v\end{pmatrix}\tag{3.1.6}$$

进一步，可以看出参数变换可能改变曲面单位法向量的方向，所以引入曲面可定向的概念.

定义 3.1.8 曲面 S 称为**可定向的**，如果 S 具有连续的单位法向量函数 $\boldsymbol{n}=\dfrac{\boldsymbol{r}_u\wedge\boldsymbol{r}_v}{\|\boldsymbol{r}_u\wedge\boldsymbol{r}_v\|}$，这时 $\boldsymbol{n}$ 的正向所指一侧为曲面的**正侧**，另一侧为**负侧**.

由定义 3.1.8，曲面的正侧与参数的选取有关，因为 $\boldsymbol{r}_{\bar{u}}\wedge\boldsymbol{r}_{\bar{v}}=\dfrac{\partial(u,v)}{\partial(\bar{u},\bar{v})}\boldsymbol{r}_u\wedge\boldsymbol{r}_v$，所以

$$\bar{\boldsymbol{n}}=\operatorname{sgn}\left[\frac{\partial(u,v)}{\partial(\bar{u},\bar{v})}\right]\boldsymbol{n}$$

其中，$\bar{\boldsymbol{n}}$ 是变换后曲面的单位法向量，sgn 表示符号函数.

§3.1.4　曲面间的映射及切映射

定义 3.1.9　设 $f: S \to \tilde{S}$ 是正则曲面之间的一一对应，$p \in S$. 如果存在两个曲面的参数表示

$$S: \boldsymbol{r}=\boldsymbol{r}(u,v),(u,v)\in D,\quad \tilde{S}: \tilde{\boldsymbol{r}}=\tilde{\boldsymbol{r}}(\tilde{u},\tilde{v}),(\tilde{u},\tilde{v})\in \tilde{D}$$

使得映射 $\sigma=\tilde{\boldsymbol{r}}^{-1}\circ f\circ \boldsymbol{r}: D\to\tilde{D}$ 在点 $q=\boldsymbol{r}^{-1}(p)\in D$ 是 $C^k(k\geqslant 1)$ 可微的，则称 f 在点 p 是 $C^k(k\geqslant 1)$ **可微的**, 如图 3.1.7 所示.

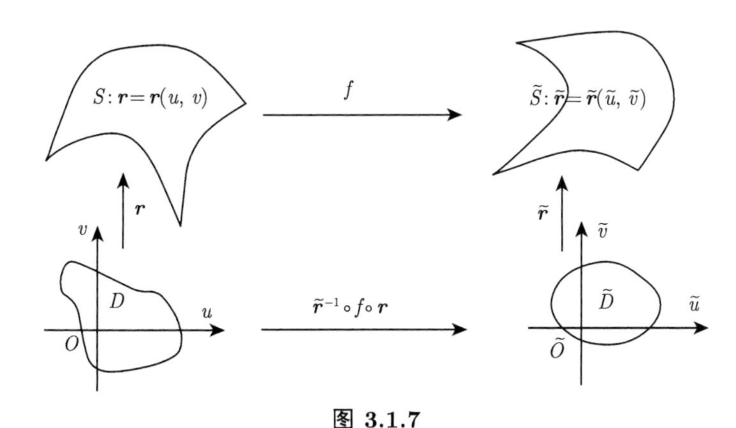

图 3.1.7

如果曲面 S 的参数为 (u,v),

$$(\tilde{u},\tilde{v})=\tilde{\boldsymbol{r}}\circ f\circ \boldsymbol{r}(u,v)=(f_1(u,v),f_2(u,v))$$

映射 f 可微当且仅当 f_1, f_2 有任意阶连续偏导数.

注记 3.1.3　曲面之间存在可微映射，等价于它们的参数之间存在 $C^k(k\geqslant 1)$ 类函数关系

$$\sigma:\begin{cases}\tilde{u}=\tilde{u}(u,v)\\ \tilde{v}=\tilde{v}(u,v)\end{cases}\tag{3.1.7}$$

且 $\dfrac{\partial(\tilde{u},\tilde{v})}{\partial(u,v)}\neq 0$.

可微映射的定义不依赖于曲面参数的选择 (留做习题). 与可微性联系的比较自然的等价概念为微分同胚.

定义 3.1.10　如果两个曲面间存在可微映射 $f: S_1\to S_2$, 且有可微逆映射 $f^{-1}: S_2\to S_1$, 则称 S_1 和 S_2 是微分同胚的，这个映射 f 是从 S_1 到 S_2 的**微分同胚**.

在研究正则曲面时，微分同胚所起的作用，就如同向量空间中的同构，所以两个微分同胚的曲面在微分几何中是不加区别的.

为了更好地理解曲面间的映射，引入 f 的切映射的概念，也叫做映射 f 的微分.

设 f 是正则曲面间的可微映射:$f: S\to\tilde{S}$, $p\in S, \boldsymbol{w}=a\boldsymbol{r}_u+b\boldsymbol{r}_v\in T_pS$ 是曲面 S 上点 p 处的一个切向量，取 S 上的曲线 $\boldsymbol{\alpha}(t)=\boldsymbol{r}(u(t),v(t))$ 满足

$$\boldsymbol{\alpha}(0)=p,\quad \frac{\mathrm{d}\boldsymbol{\alpha}}{\mathrm{d}t}|_{t=0}=\boldsymbol{r}_u\frac{\mathrm{d}u}{\mathrm{d}t}(0)+\boldsymbol{r}_v\frac{\mathrm{d}v}{\mathrm{d}t}(0)=a\boldsymbol{r}_u+b\boldsymbol{r}_v=\boldsymbol{w}\tag{3.1.8}$$

曲线 $\tilde{\boldsymbol{\alpha}}(t)=f\circ\boldsymbol{\alpha}(t)$ 满足 $\tilde{\boldsymbol{\alpha}}(0)=f(p)$, 是曲面 $\tilde{S}$ 上的曲线，它在 $t=0$ 处的切向量 $\tilde{\boldsymbol{\alpha}}'(0)$ 是 $T_{f(p)}\tilde{S}$ 的一个切向量. 综上所述，可以得到如下结论.

命题 3.1.4 设 f 是正则曲面间的可微映射 $f:S\to\tilde{S}$, 对给定的 $\boldsymbol{w}\in T_pS$, 向量 $\tilde{\boldsymbol{\alpha}}'(0)$ 不依赖曲线 $\boldsymbol{\alpha}$ 的选取. 由 $\mathrm{d}f_p(\boldsymbol{w})=\tilde{\boldsymbol{\alpha}}'(0)$ 所定义的映射 $\mathrm{d}f_p:T_pS\to T_{f(p)}\tilde{S}$ 是线性的.

证明 设曲面 $S,\tilde{S}$ 的参数表示分别为

$$\boldsymbol{r}=\boldsymbol{r}(u,v),\quad \tilde{\boldsymbol{r}}=\tilde{\boldsymbol{r}}(\tilde{u},\tilde{v})$$

参数之间的变换 $\sigma:\tilde{u}=\tilde{u}(u,v),\tilde{v}=\tilde{v}(u,v)$ 是可微的, 如图 3.1.8 所示.

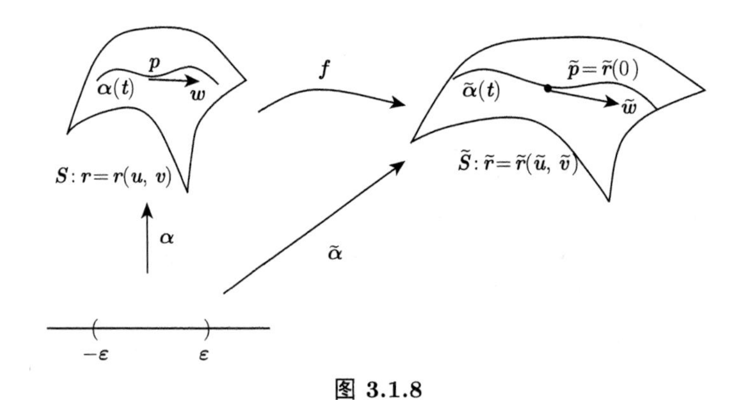

图 3.1.8

曲面 S 上的曲线 $\boldsymbol{\alpha}$ 表示为

$$\boldsymbol{\alpha}(t)=\boldsymbol{r}(u(t),v(t))$$

满足式 (3.1.8). 则曲线 $\tilde{\boldsymbol{\alpha}}$ 可表示为

$$\tilde{\boldsymbol{\alpha}}(t)=f\circ\boldsymbol{\alpha}(t)=\tilde{\boldsymbol{r}}\circ\sigma\circ\boldsymbol{r}^{-1}\circ\boldsymbol{\alpha}(t)=\tilde{\boldsymbol{r}}(\tilde{u}(u(t),v(t)),\tilde{v}(u(t),v(t)))$$

所以在基底 $\{\tilde{\boldsymbol{r}}_{\tilde{u}},\tilde{\boldsymbol{r}}_{\tilde{u}}\}$ 下, 其在 $t=0$ 处的切向量为

$$\begin{aligned}\tilde{\boldsymbol{w}}&=\frac{\mathrm{d}\tilde{\boldsymbol{\alpha}}}{\mathrm{d}t}(0)=\tilde{\boldsymbol{r}}_{\tilde{u}}\frac{\mathrm{d}\tilde{u}}{\mathrm{d}t}(0)+\tilde{\boldsymbol{r}}_{\tilde{v}}\frac{\mathrm{d}\tilde{v}}{\mathrm{d}t}(0)\\&=\tilde{\boldsymbol{r}}_{\tilde{u}}\left(a\frac{\partial\tilde{u}}{\partial u}+b\frac{\partial\tilde{u}}{\partial v}\right)\bigg|_{t=0}+\tilde{\boldsymbol{r}}_{\tilde{v}}\left(a\frac{\partial\tilde{v}}{\partial u}+b\frac{\partial\tilde{v}}{\partial v}\right)\bigg|_{t=0}\end{aligned}$$

由 $\tilde{\boldsymbol{w}}$ 的表达式可以发现，切向量 $\tilde{\boldsymbol{w}}$ 仅依赖于 $\boldsymbol{w}$ 和映射 f(实际上也是两个曲面之间参数的变换), 而与曲线 $\boldsymbol{\alpha}$ 的选择无关, 因此曲面之间的可微映射诱导出切平面之间的一个映射:

$$\mathrm{d}f_p:T_pS\to T_{f(p)}\tilde{S}$$

$$\boldsymbol{w}\to\tilde{\boldsymbol{w}}=\mathrm{d}f_p(\boldsymbol{w})$$

定义 3.1.11 称映射 $\mathrm{d}f_p$ 是映射 f 在点 p 的**切映射**或者**微分**.

由 $\tilde{\boldsymbol{w}}$ 的表达式可以看出

$$\mathrm{d}f_p(\boldsymbol{r}_u)=\tilde{\boldsymbol{r}}_{\tilde{u}}\frac{\partial\tilde{u}}{\partial u}+\tilde{\boldsymbol{r}}_{\tilde{v}}\frac{\partial\tilde{u}}{\partial v},\quad \mathrm{d}f_p(\boldsymbol{r}_v)=\tilde{\boldsymbol{r}}_{\tilde{u}}\frac{\partial\tilde{v}}{\partial u}+\tilde{\boldsymbol{r}}_{\tilde{v}}\frac{\partial\tilde{v}}{\partial v}$$

因此，在自然基底下，切映射 $\mathrm{d}f_p$ 的系数矩阵是

$$\begin{pmatrix}\mathrm{d}f_p(\boldsymbol{r}_u)\\ \mathrm{d}f_p(\boldsymbol{r}_v)\end{pmatrix}=\begin{pmatrix}\dfrac{\partial\tilde{u}}{\partial u} & \dfrac{\partial\tilde{v}}{\partial u}\\ \dfrac{\partial\tilde{u}}{\partial v} & \dfrac{\partial\tilde{v}}{\partial u}\end{pmatrix}\begin{pmatrix}\tilde{\boldsymbol{r}}_{\tilde{u}}\\ \tilde{\boldsymbol{r}}_{\tilde{v}}\end{pmatrix}$$

例 3.1.8　设 $\boldsymbol{v}\in\mathbb{E}^3$ 是单位向量，$h:S\to\mathbb{R},h(p)=p\cdot\boldsymbol{v},p\in S$ 是曲面 S 在方向 $\boldsymbol{v}$ 上的**高度函数**. 对 $\boldsymbol{w}\in T_pS$, 求 $\mathrm{d}h_p(\boldsymbol{w})$.

解　取可微曲线 $\boldsymbol{\alpha}:(-a,a)\to S,\boldsymbol{\alpha}(0)=p,\boldsymbol{\alpha}'(0)=\boldsymbol{w}$. 因为 $h(\boldsymbol{\alpha}(t))=\boldsymbol{\alpha}(t)\cdot\boldsymbol{v}$, 有

$$\mathrm{d}h_p(\boldsymbol{w})=\frac{\mathrm{d}}{\mathrm{d}t}h(\boldsymbol{\alpha}(t))\Big|_{t=0}=\boldsymbol{\alpha}'(0)\cdot\boldsymbol{v}=\boldsymbol{w}\cdot\boldsymbol{v}$$

曲面曲线在点 p_0 的切向量的方向就是曲面在该点的一个切方向，因为切向量

$$\boldsymbol{r}'(t_0)=\left[\boldsymbol{r}_u(u_0,v_0)\frac{\mathrm{d}u}{\mathrm{d}t}\Big|_{t=t_0}+\boldsymbol{r}_v(u_0,v_0)\frac{\mathrm{d}v}{\mathrm{d}t}\Big|_{t=t_0}\right]//\,(\boldsymbol{r}_u\mathrm{d}u+\boldsymbol{r}_v\mathrm{d}v)\Big|_{t=t_0}=\mathrm{d}\boldsymbol{r}|_{t=t_0}$$

又因为曲面在正则点 p_0 的所有切向量构成一个二维向量空间 $T_{p_0}S$，而 $\boldsymbol{r}_u(u_0,v_0),\boldsymbol{r}_v(u_0,v_0)$ 是它的一组基，所以曲面曲线在 p_0 点的切向量 $\boldsymbol{r}'(t_0)$ 完全由它在这组基下的坐标 $\dfrac{\mathrm{d}u}{\mathrm{d}t},\dfrac{\mathrm{d}v}{\mathrm{d}t}$ 确定，方向由坐标之比 $\dfrac{\mathrm{d}u}{\mathrm{d}t}:\dfrac{\mathrm{d}v}{\mathrm{d}t}=\mathrm{d}u:\mathrm{d}v$ 确定. 因此，以后常用 $\mathrm{d}u:\mathrm{d}v$ 或 $\mathrm{d}\boldsymbol{r}$ 表示切方向. 例如 $\mathrm{d}u:\mathrm{d}v=1:0$ 表示 $u-$ 曲线的切方向, $\mathrm{d}u:\mathrm{d}v=0:1$ 表示 $v-$ 曲线的切方向.

习题 3.1

1. 求正螺面

$$\boldsymbol{r}=\{u\cos v,u\sin v,bv\},\quad b\neq 0$$

和圆柱面 $(x-a)^2+y^2=a^2$ 的交线的参数方程，并求它的曲率和挠率.

2. 试在曲面 $xyz=1$ 上求与平面 $4x-y+2z=0$ 平行的切平面方程.
3. 证明曲面 $F(\dfrac{y}{x},\dfrac{z}{x})=0$ 的任一点的切平面过原点.
4. 设曲面 S 与平面 Π 交于 P 点，且 S 位于 Π 的同一侧，证明：Π 是曲面 S 在 P 点的切平面.
5. 证明：曲面 S 在 P 点的切平面等于曲面上过 P 点的曲线在 P 点的切向量的全体.
6. 证明：曲面间的可微映射的定义不依赖于参数选取.

7. 设 $S \subset \mathbb{E}^3$ 是正则曲面，$\boldsymbol{\rho}: S \to \mathbb{R}$ 由 $\boldsymbol{\rho}(p) = \|p - p_0\|$ 定义，其中 $p \in S, p_0 \in \mathbb{E}^3, p_0 \notin S$，即 $\boldsymbol{\rho}$ 是从 p 到不在 S 上固定点 p_0 的距离，证明：$\boldsymbol{\rho}$ 是可微的.
8. 设 $f: S \to \mathbb{R}$ 由 $f(p) = \|p - p_0\|^2$ 定义，$p \in S$ 且 $\mathbb{E}^3$ 的固定点. 证明：$\mathrm{d}f_p(\boldsymbol{w}) = 2\boldsymbol{w} \cdot (p - p_0), \boldsymbol{w} \in T_p(S)$.
9. 定义在正则曲面 S 上的可微函数 $f: S \to \mathbb{R}$ 的临界点是满足 $\mathrm{d}f_p = 0$ 的点 $p \in S$.
   (1) 设 $\boldsymbol{\rho}: S \to \mathbb{R}$ 由
   $$\boldsymbol{\rho}(p) = \|p - p_0\|, \quad p \in S, p_0 \notin S$$
   定义. 证明：$p \in S$ 是临界点的充要条件是 p 到 p_0 的连线在 p 正交于 S.
   (2) 设 $h: S \to \mathbb{R}$ 由 $h(p) = p \cdot \boldsymbol{v}$ 定义，其中 $\boldsymbol{v} \in \mathbb{R}^3$ 是单位向量. 证明：$p \in S$ 是 f 的临界点的充要条件是 $\boldsymbol{v}$ 是 S 在点 p 的法向量.

§3.2 曲面的第一基本形式

本节主要讨论曲面的切平面上的“内积”，从而得到曲面的第一基本形式，进一步给出曲面曲线弧长、夹角、曲面区域面积的相关结论.

§3.2.1 曲面的第一基本形式，曲面上曲线的弧长

设 S 是三维欧氏空间中的正则曲面，$\mathbb{E}^3$ 中的自然内积在正则曲面的每一切平面 T_pS 上诱导了一个内积，记为 $\langle , \rangle_p$. 对任意 $\boldsymbol{W}_1, \boldsymbol{W}_2 \in T_PS \subset \mathbb{E}^3$, 那么 $\langle \boldsymbol{W}_1, \boldsymbol{W}_2 \rangle_p$ 等于 $\boldsymbol{W}_1$ 和 $\boldsymbol{W}_2$ 看作欧氏空间中向量时的内积. 这个内积对应一个二次型 $I_p: T_pS \to \mathbb{R}$, 定义为

$$I_p(\boldsymbol{W}) = \langle \boldsymbol{W}, \boldsymbol{W} \rangle_p = \|\boldsymbol{W}\|^2 \geqslant 0$$

下面在参数表示下给出这个正定二次型的表达式.

给定曲面 $S: \boldsymbol{r} = \boldsymbol{r}(u,v)$, $(u,v) \in D$, 曲面 S 上的曲线 Γ 的方程为

$$\Gamma: \begin{cases} u = u(t) \\ v = v(t) \end{cases}, \quad t \in (a,b)$$

曲线 Γ 上任意点 p 处的切向量为

$$\frac{\mathrm{d}\boldsymbol{r}}{\mathrm{d}t} = \boldsymbol{r}_u \frac{\mathrm{d}u}{\mathrm{d}t} + \boldsymbol{r}_v \frac{\mathrm{d}v}{\mathrm{d}t} \quad \text{或} \quad \mathrm{d}\boldsymbol{r} = \boldsymbol{r}_u \mathrm{d}u + \boldsymbol{r}_v \mathrm{d}v$$

若以 s 表示曲线 Γ 的弧长，则由弧长定义知，$\mathrm{d}s = \|\mathrm{d}\boldsymbol{r}\|$, 于是有

$$\mathrm{d}s^2 = \mathrm{d}\boldsymbol{r}^2 = \boldsymbol{r}_u^2 \mathrm{d}u^2 + 2\langle \boldsymbol{r}_u, \boldsymbol{r}_v \rangle \mathrm{d}u\mathrm{d}v + \boldsymbol{r}_v^2 \mathrm{d}v^2$$

令 $E = \langle \boldsymbol{r}_u, \boldsymbol{r}_u \rangle = \boldsymbol{r}_u^2, \quad F = \langle \boldsymbol{r}_u, \boldsymbol{r}_v \rangle, \quad G = \langle \boldsymbol{r}_v, \boldsymbol{r}_v \rangle = \boldsymbol{r}_v^2$, 则

$$\mathrm{d}s^2 = E\mathrm{d}u^2 + 2F\mathrm{d}u\mathrm{d}v + G\mathrm{d}v^2 \tag{3.2.1}$$

称函数 E, F, G 为**曲面的第一基本量**, 式(3.2.1)称为曲面的**第一基本形式**，用 I 表示, 即

$$I = E\mathrm{d}u^2 + 2F\mathrm{d}u\mathrm{d}v + G\mathrm{d}v^2 \tag{3.2.2}$$

由定义, 第一基本量 E, F, G 是定义在曲面 S 上关于 u, v 的函数, 在曲面给定点都是常数. 显然, 第一基本形式不仅与曲面上的点有关, 而且与表示方向的 $\mathrm{d}u, \mathrm{d}v$ 有关, 即它可以看作是 $u, v, \mathrm{d}u, \mathrm{d}v$ 的函数. 作为 $\mathrm{d}u, \mathrm{d}v$ 的二次形式，它具有以下性质.

命题 3.2.1　正则曲面的第一基本形式是关于 $\mathrm{d}u, \mathrm{d}v$ 的正定二次形式.

证明　由 E, G 的定义知, $E > 0, G > 0$,

$$\begin{vmatrix} E & F \\ F & G \end{vmatrix} = EG - F^2 = \boldsymbol{r}_u^2\boldsymbol{r}_v^2 - \langle \boldsymbol{r}_u, \boldsymbol{r}_v\rangle^2 = (\boldsymbol{r}_u \wedge \boldsymbol{r}_v)^2 > 0$$

所以, 式(3.2.2)是正定二次形式.

以后用 g 表示第一基本形式的系数矩阵行列式, 即

$$g = EG - F^2 = \|\boldsymbol{r}_u \wedge \boldsymbol{r}_v\|^2$$

行列式 $g > 0$ 在参数变换下是不变的. 事实上经过参数变换

$$\begin{cases} u = u(\bar{u}, \bar{v}) \\ v = v(\bar{u}, \bar{v}) \end{cases}, \quad \left(\frac{\partial(u, v)}{\partial(\bar{u}, \bar{v})} \neq 0\right)$$

有

$$\boldsymbol{r}_{\bar{u}} \wedge \boldsymbol{r}_{\bar{v}} = \boldsymbol{r}_u \wedge \boldsymbol{r}_v \frac{\partial(u, v)}{\partial(\bar{u}, \bar{v})}$$

因此, 对于新的第一基本量 $\bar{E}, \bar{F}, \bar{G}$, 有下面的等式

$$\bar{g} = \bar{E}\bar{G} - \bar{F}^2 = \left[\frac{\partial(u, v)}{\partial(\bar{u}, \bar{v})}\right]^2 (EG - F^2) > 0$$

曲面第一基本形式的几何意义：考虑曲面上的曲线 $\boldsymbol{r}(t)$, 当参数从 $t \to t + \Delta t$, 曲线 $\boldsymbol{r}(t) \to \boldsymbol{r}(t + \Delta t)$, 曲线的增量可以近似表示为

$$\boldsymbol{r}(t + \Delta t) - \boldsymbol{r}(t) \approx \left(\boldsymbol{r}_u\frac{\mathrm{d}u}{\mathrm{d}t} + \boldsymbol{r}_v\frac{\mathrm{d}v}{\mathrm{d}t}\right)\Delta t = \boldsymbol{r}_u\Delta u + \boldsymbol{r}_v\Delta v$$

当 t 的增量是 Δt 时，$\boldsymbol{r}(t)$ 的增量长度的平方约等于

$$E\Delta u\Delta u + 2F\Delta u\Delta v + G\Delta v\Delta v$$

因此，第一基本形式是上式的极限形式，是曲面上曲线的弧长微元的平方.

定理 3.2.1　曲面的第一基本形式与参数的选取无关.

证明 设 $(u,v)=\sigma(\bar{u},\bar{v})$ 是曲面 S 的参数变换，在参数 (u,v) 下曲面的第一基本形式为

$$I(u,v)=E\mathrm{d}u^2+2F\mathrm{d}u\mathrm{d}v+G\mathrm{d}v^2$$

在参数 $(\bar{u},\bar{v})$ 下曲面的第一基本形式为

$$I(\bar{u},\bar{v})=\bar{E}\mathrm{d}u^2+2\bar{F}\mathrm{d}u\mathrm{d}v+\bar{G}\mathrm{d}v^2$$

由参数变换公式，可以求出第一基本量的关系

$$\begin{aligned}\bar{E}=\langle \boldsymbol{r}_{\bar{u}},\boldsymbol{r}_{\bar{u}}\rangle&=\left\langle \boldsymbol{r}_u\frac{\partial u}{\partial \bar{u}}+\boldsymbol{r}_v\frac{\partial v}{\partial \bar{u}},\boldsymbol{r}_u\frac{\partial u}{\partial \bar{u}}+\boldsymbol{r}_v\frac{\partial v}{\partial \bar{u}}\right\rangle\\&=E\left(\frac{\partial u}{\partial \bar{u}}\right)^2+2F\left(\frac{\partial u}{\partial \bar{u}}\frac{\partial v}{\partial \bar{u}}\right)+G\left(\frac{\partial v}{\partial \bar{u}}\right)^2\end{aligned}$$

同理有

$$\bar{F}=\langle \boldsymbol{r}_{\bar{u}},\boldsymbol{r}_{\bar{v}}\rangle=E\left(\frac{\partial u}{\partial \bar{u}}\frac{\partial u}{\partial \bar{v}}\right)+F\left(\frac{\partial u}{\partial \bar{u}}\frac{\partial v}{\partial \bar{v}}+\frac{\partial v}{\partial \bar{u}}\frac{\partial u}{\partial \bar{v}}\right)+G\left(\frac{\partial v}{\partial \bar{u}}\frac{\partial v}{\partial \bar{v}}\right)$$

$$\bar{G}=\langle \boldsymbol{r}_{\bar{v}},\boldsymbol{r}_{\bar{v}}\rangle=E\left(\frac{\partial u}{\partial \bar{v}}\right)^2+2F\left(\frac{\partial u}{\partial \bar{v}}\frac{\partial v}{\partial \bar{v}}\right)+G\left(\frac{\partial v}{\partial \bar{v}}\right)^2$$

这些关系也可以写成如下矩阵形式

$$\begin{pmatrix}\bar{E}&\bar{F}\\\bar{F}&\bar{G}\end{pmatrix}=J\begin{pmatrix}E&F\\F&G\end{pmatrix}J^{\mathrm{T}}$$

其中, $J=\begin{pmatrix}\dfrac{\partial u}{\partial \bar{u}}&\dfrac{\partial v}{\partial \bar{u}}\\\dfrac{\partial u}{\partial \bar{v}}&\dfrac{\partial v}{\partial \bar{v}}\end{pmatrix}$ 是参数变换的 Jacobi 阵. 又因为

$$\mathrm{d}u=\frac{\partial u}{\partial \bar{u}}\mathrm{d}\bar{u}+\frac{\partial u}{\partial \bar{v}}\mathrm{d}\bar{v},\quad \mathrm{d}v=\frac{\partial v}{\partial \bar{u}}\mathrm{d}\bar{u}+\frac{\partial v}{\partial \bar{v}}\mathrm{d}\bar{v}$$

即

$$(\mathrm{d}u,\mathrm{d}v)=(\mathrm{d}\bar{u},\mathrm{d}\bar{v})\begin{pmatrix}\dfrac{\partial u}{\partial \bar{u}}&\dfrac{\partial v}{\partial \bar{u}}\\\dfrac{\partial u}{\partial \bar{v}}&\dfrac{\partial v}{\partial \bar{v}}\end{pmatrix}=(\mathrm{d}\bar{u},\mathrm{d}\bar{v})\,J$$

所以有

$$\begin{aligned}I(\bar{u},\bar{v})&=(\mathrm{d}\bar{u},\mathrm{d}\bar{v})\begin{pmatrix}\bar{E}&\bar{F}\\\bar{F}&\bar{G}\end{pmatrix}\begin{pmatrix}\mathrm{d}\bar{u}\\\mathrm{d}\bar{v}\end{pmatrix}\\&=(\mathrm{d}\bar{u},\mathrm{d}\bar{v})\,J\begin{pmatrix}E&F\\F&G\end{pmatrix}J^{\mathrm{T}}\begin{pmatrix}\mathrm{d}\bar{u}\\\mathrm{d}\bar{v}\end{pmatrix}\end{aligned}$$

$$= (\mathrm{d}u, \mathrm{d}v) \begin{pmatrix} E & F \\ F & G \end{pmatrix} \begin{pmatrix} \mathrm{d}u \\ \mathrm{d}v \end{pmatrix} = I(u,v)$$

例 3.2.1　求下列曲面的第一基本形式.

(1) 设平面的参数方程为 $\boldsymbol{r}(u,v)=\{u,v,c\}$($c$ 是常数)，计算可得

$$\boldsymbol{r}_u=\{1,0,0\},\quad \boldsymbol{r}_v=\{0,1,0\}$$

所以平面的第一基本形式为

$$I=\mathrm{d}u^2+\mathrm{d}v^2$$

(2) 设 $C:\{x(u),y(u)\}$ 是 xOy 平面的一条正则曲线，C 沿 z 轴方向移动，得到曲面

$$\boldsymbol{r}(u,v)=\{x(u),y(u),v\}$$

称之为柱面. 由于 $\boldsymbol{r}_u=\{x',y',0\},\boldsymbol{r}_v=\{0,0,1\}$, 柱面的第一基本形式为

$$I=[(x')^2+(y')^2]\mathrm{d}u^2+\mathrm{d}v^2$$

可以取 u 是曲线 C 的弧长参数，这时 $\boldsymbol{r}_u$ 是单位向量，所以柱面的第一基本形式可简化为

$$I(u,v)=\mathrm{d}u^2+\mathrm{d}v^2$$

注记 3.2.1　柱面的第一基本形式在选取适当的参数之后，与平面的第一基本形式相同. 事实上，对任意曲面，在选取适当的参数之后，局部上其第一基本形式都可以表示为

$$I(u,v)=\lambda(u,v)(\mathrm{d}u^2+\mathrm{d}v^2)$$

称这样的坐标为曲面的**等温坐标**.

例 3.2.2　求旋转曲面

$$\boldsymbol{r}(\theta,t)=\{f(t)\cos\theta,f(t)\sin\theta,g(t)\}$$

(其中 $f(t)>0,0<\theta<2\pi,-\infty<t<\infty$) 的第一基本形式.

解　直接求导可得

$$\boldsymbol{r}_t=\{f'(t)\cos\theta,f'(t)\sin\theta,g'(t)\}$$

$$\boldsymbol{r}_\theta=\{-f(t)\sin\theta,f(t)\cos\theta,0\}$$

于是有 $E=\boldsymbol{r}_t^2=f'^2(t)+g'^2(t),F=0,G=\boldsymbol{r}_\theta^2=f^2(t)$. 所求第一基本形式为

$$I=[f'^2(t)+g'^2(t)]\mathrm{d}t^2+f^2(t)\mathrm{d}\theta^2$$

例 3.2.3　求正螺面 $\boldsymbol{r}(u,v)=\{u\cos v,u\sin v,av\}$ 的第一基本形式.

解　直接求导可得 $\boldsymbol{r}_u=\{\cos v,\sin v,0\}$,　$\boldsymbol{r}_v=\{-u\sin v,u\cos v,a\}$, 于是有 $E=\boldsymbol{r}_u^2=1,F=0,G=\boldsymbol{r}_v^2=u^2+a^2$, 所求第一基本形式为

$$I=\mathrm{d}u^2+(u^2+a^2)\mathrm{d}v^2$$

§3.2.2 曲面曲线的弧长

定义 3.2.1 设曲面曲线的参数方程为 $\boldsymbol{r}(t)=\boldsymbol{r}(u(t),v(t))(t\in(a,b))$, 则曲线的弧长定义为

$$s=\int_a^b\|\boldsymbol{r}'\|\mathrm{d}t=\int_a^b\sqrt{E\left(\frac{\mathrm{d}u}{\mathrm{d}t}\right)^2+2F\left(\frac{\mathrm{d}u}{\mathrm{d}t}\right)\left(\frac{\mathrm{d}v}{\mathrm{d}t}\right)+G\left(\frac{\mathrm{d}v}{\mathrm{d}t}\right)^2}\mathrm{d}t \tag{3.2.3}$$

例 3.2.4 已知曲面的第一基本形式为

$$I=\mathrm{d}u^2+\sinh^2 u\mathrm{d}v^2$$

求曲面上曲线 $\Gamma:u=v$ 任意两点 P,Q 之间的弧长.

解 由曲线 $\Gamma:\begin{cases}u=t\\v=t\end{cases}$ 的参数方程可知, $\dfrac{\mathrm{d}u}{\mathrm{d}t}=\dfrac{\mathrm{d}v}{\mathrm{d}t}=1$, 设 P 对应参数 t_0, Q 对应参数 t_1. 已知 $E=1,F=0,G=\sinh^2 u$, 代入式(3.2.3)可得

$$\begin{aligned}s&=\int_{t_0}^{t_1}\sqrt{\left(\frac{\mathrm{d}u}{\mathrm{d}t}\right)^2+\sinh^2 t\left(\frac{\mathrm{d}v}{\mathrm{d}t}\right)^2}\mathrm{d}t\\&=\int_{t_0}^{t_1}\sqrt{1+\sinh^2 t}\mathrm{d}t\\&=\int_{t_0}^{t_1}\cosh t\mathrm{d}t\\&=\sinh t_1-\sinh t_0\end{aligned}$$

§3.2.3 曲面上两相交曲线的夹角

设在曲面上给定两条相交于 $P(u,v)$ 点的曲线 Γ 和 Γ^*, 它们的参数方程分别为

$$\Gamma:u=u(t),v=v(t),\quad \Gamma^*:u^*=u^*(t),v^*=v^*(t)$$

Γ 和 Γ^* 在 P 点的夹角是指 Γ 和 Γ^* 在 P 点的切线之间的夹角 θ, 如图 3.2.1 所示.

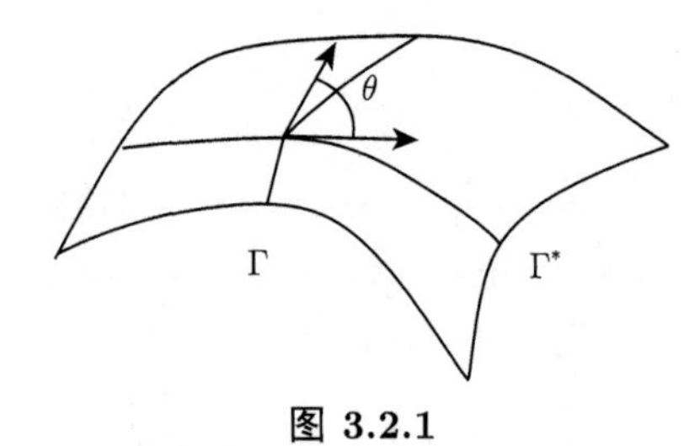

图 3.2.1

用 d 和 δ 分别表示沿着两条曲线的微分符号，则 Γ 和 Γ^* 的切向量分别是

$$\mathrm{d}\boldsymbol{r}=\boldsymbol{r}_u\mathrm{d}u+\boldsymbol{r}_v\mathrm{d}v,\quad \delta\boldsymbol{r}=\boldsymbol{r}_u\delta u+\boldsymbol{r}_v\delta v$$

由此可得

$$\begin{aligned}\cos\theta&=\frac{\mathrm{d}\boldsymbol{r}\delta\boldsymbol{r}}{\|\mathrm{d}\boldsymbol{r}\|\|\delta\boldsymbol{r}\|}\\&=\frac{E\mathrm{d}u\delta u+F(\mathrm{d}u\delta v+\mathrm{d}v\delta u)+G\mathrm{d}v\delta v}{\sqrt{E\mathrm{d}u^2+2F\mathrm{d}u\mathrm{d}v+G\mathrm{d}v^2}\sqrt{E\delta u^2+2F\delta u\delta v+G\delta v^2}}\end{aligned}\tag{3.2.4}$$

因此，曲面上两个切方向正交的充要条件是

$$E\mathrm{d}u\delta u+F(\mathrm{d}u\delta v+\mathrm{d}v\delta u)+G\mathrm{d}v\delta v=0$$

特别地，当 Γ 和 Γ^* 分别是 $u-$ 曲线和 $v-$ 曲线时，有

$$\Gamma:\mathrm{d}u\neq0,\mathrm{d}v=0,\quad \Gamma^*:\delta u=0,\delta v\neq0$$

代入式(3.2.4)，有

$$\cos\theta=\frac{F}{\sqrt{EG}}$$

由此可得曲面的坐标网是正交的充要条件是 $F=0$. 进而可得旋转曲面的坐标网是正交的.

例 3.2.5　设曲面 S 的第一基本形式为

$$I=\mathrm{d}u^2+(u^2+a^2)\mathrm{d}v^2$$

求曲面 S 上两条曲线 $\Gamma:u=-v$ 和 $\Gamma^*:u=v$ 的交角.

解　易见 Γ 和 Γ^* 交于点 $P=\boldsymbol{r}(0,0)$. 在交点处，$E=1,F=0,G=a^2$. 用 d 和 δ 分别表示它们的切方向，则

$$\mathrm{d}u:\mathrm{d}v=1:(-1),\quad \delta u:\delta v=1:1$$

所以

$$\cos\theta=\frac{\mathrm{d}u\delta u+a^2\mathrm{d}v\delta v}{\sqrt{\mathrm{d}u^2+a^2\mathrm{d}v^2}\sqrt{\delta u^2+a^2\delta v^2}}=\frac{1-a^2}{1+a^2}$$

即

$$\theta=\arccos\frac{1-a^2}{1+a^2}$$

§3.2.4　曲面上的正交曲线网

定义 3.2.2　曲面上的曲线网称为正交网，如果不同族的曲线都正交，即它们在交点处的切向量相互垂直，则把其中一族称为另一族曲线的**正交轨线**.

命题 3.2.2　曲面上的曲线网

$$A(u,v)\mathrm{d}u^2+2B(u,v)\mathrm{d}u\mathrm{d}v+C(u,v)\mathrm{d}v^2=0,\quad (B^2-AC>0)\tag{3.2.5}$$

是正交网的充要条件是

$$EC-2FB+GA=0$$

证明 不失一般性，设 $A \neq 0$, 用 d 和 δ 分别表示两族曲线的切方向，则有

$$\frac{\mathrm{d}u}{\mathrm{d}v}+\frac{\delta u}{\delta v}=-\frac{2B}{A},\quad \frac{\mathrm{d}u}{\mathrm{d}v}\cdot\frac{\delta u}{\delta v}=\frac{C}{A}$$

曲线网 (3.2.5) 是正交网的充要条件 (即 d 与 δ 处处垂直) 为

$$E\mathrm{d}u\delta u+F(\mathrm{d}u\delta v+\mathrm{d}v\delta u)+G\mathrm{d}v\delta v=0$$

即

$$E\frac{\mathrm{d}u}{\mathrm{d}v}\cdot\frac{\delta u}{\delta v}+F\left(\frac{\mathrm{d}u}{\mathrm{d}v}+\frac{\delta u}{\delta v}\right)+G=0$$

$$E\frac{C}{A}+F\frac{-2B}{A}+G=0,\quad 或\quad EC-2FB+GA=0$$

命题 3.2.3 曲线族 $A(u,v)\mathrm{d}u+B(u,v)\mathrm{d}v=0(A^2+B^2\neq 0)$ 的正交轨线的微分方程是

$$\frac{\delta u}{\delta v}=-\frac{FB-GA}{EB-FA}$$

证明 设正交轨线的切方向是 $\delta u:\delta v$, 则

$$\begin{cases}(E\delta u+F\delta v)\mathrm{d}u+(F\delta u+G\delta v)\mathrm{d}v=0\\ A\mathrm{d}u+B\mathrm{d}v=0\end{cases}$$

因为 $\mathrm{d}u:\mathrm{d}v\neq 0$, 故有

$$\begin{vmatrix}E\delta u+F\delta v & F\delta u+G\delta v\\ A & B\end{vmatrix}=0$$

即

$$(EB-FA)\delta u+(FB-GA)\delta v=0,\quad 或\quad \frac{\delta u}{\delta v}=-\frac{FB-GA}{EB-FA}$$

例 3.2.6 已知正螺面的参数方程

$$S:\boldsymbol{r}(u,v)=\{u\cos v,u\sin v,av\}$$

求曲面上曲线 $\Gamma:u+v=0$ 的正交轨线族.

解 因为曲面的第一基本形式为

$$I=\mathrm{d}u^2+(a^2+u^2)\mathrm{d}v^2$$

所以 $E=1,F=0,G=u^2+a^2$, 曲线 $\Gamma:u+v=0$ 的切方向为 $\delta u:\delta v=1:(-1)$. 设 Γ 的正交轨线族的切方向为 $\mathrm{d}u:\mathrm{d}v$, 则

$$-\mathrm{d}u+(u^2+a^2)\mathrm{d}v=0$$

即

$$\frac{\mathrm{d}u}{a^2+u^2}=\mathrm{d}v$$

积分得

$$\frac{1}{a}\arctan\frac{u}{a}=v+c \quad 或者 u=a\cdot\tan a(v+c)$$

即 Γ 的正交轨线族的方程为

$$\boldsymbol{r}(u,v)=\{a\tan a(v+c)\cos v, a\tan a(v+c)\sin v, av\}$$

例 3.2.7　求坐标曲线的等角轨线的微分方程.

解　$u-$ 曲线的切方向为 $\mathrm{d}u:\mathrm{d}v=1:0$,$v-$ 曲线的切方向为 $\mathrm{d}u:\mathrm{d}v=0:1$, 设一般曲线的切方向为 $\delta u:\delta v$, 并且与坐标曲线的夹角相等，所以

$$\frac{E\delta u^2}{\sqrt{E\delta u^2+2F\delta u\delta v+G\delta v^2}\sqrt{E}\mathrm{d}u}=\frac{G\delta v^2}{\sqrt{E\delta u^2+2F\delta u\delta v+G\delta v^2}\sqrt{G}\mathrm{d}v}$$

整理可得

$$\frac{E\delta u}{\sqrt{E}}=\frac{G\delta v}{\sqrt{G}}$$

即等角轨线的微分方程为

$$\sqrt{E}\delta u=\pm\sqrt{G}\delta v \tag{3.2.6}$$

§3.2.5　曲面域的面积

设 G 是曲面 $S:\boldsymbol{r}=\boldsymbol{r}(u,v)$ 上的一个曲面域，D 是 G 对应的参数区域，现在来求曲面域 G 的面积.

首先用坐标曲线把曲面域 G 划分成完整和不完整的曲线四边形. 坐标曲线越密，那些完整的曲线四边形就越接近平行四边形，而那些不完整的曲线四边形的面积就越小，以至可以忽略，所以我们只考虑完整的曲线四边形.

任取完整的曲线四边形中的一个, 如图 3.2.2 所示，设它的顶点分别为 $P(u,v),Q(u+\Delta u,v),M(u,v+\Delta v),R(u+\Delta u,v+\Delta v)$，根据 Taylor 公式, 有

$$\overrightarrow{PQ}=\boldsymbol{r}((u+\Delta u,v)-\boldsymbol{r}(u,v))=(\boldsymbol{r}_u+\varepsilon_1)\Delta u$$

$$\overrightarrow{PM}=\boldsymbol{r}((u,v+\Delta v)-\boldsymbol{r}(u,v))=(\boldsymbol{r}_v+\varepsilon_2)\Delta v$$

其中, $\lim\limits_{\Delta u\to 0}\varepsilon_1=0, \lim\limits_{\Delta v\to 0}\varepsilon_2=0$, 则

$$\overrightarrow{PQ}\approx\boldsymbol{r}_u\Delta u,\quad \overrightarrow{PM}\approx\boldsymbol{r}_v\Delta v$$

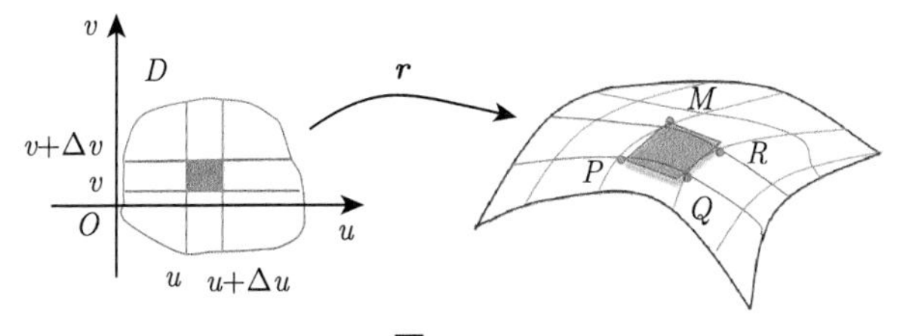

图 3.2.2

曲线四边形的面积就近似等于以 $\overrightarrow{PQ},\overrightarrow{PM}$ 为邻边的平行四边形的面积，即曲面的面积微元

$$\mathrm{d}\sigma \approx \|\overrightarrow{PQ}\wedge\overrightarrow{PM}\| = \|\boldsymbol{r}_u\wedge\boldsymbol{r}_v\|\Delta u\Delta v = \sqrt{EG-F^2}\mathrm{d}u\mathrm{d}v$$

于是曲面域 G 的面积为

$$\sigma = \iint_D \mathrm{d}\sigma = \iint_D \sqrt{EG-F^2}\mathrm{d}u\mathrm{d}v$$

公式与参数的选取无关，这是因为经过参数变换后，有

$$\bar{E}\bar{G}-\bar{F}^2 = [\frac{\partial(u,v)}{\partial(\bar{u},\bar{v})}]^2(EG-F^2)$$

根据二重积分的变换公式有

$$\begin{aligned}\iint_{\bar{D}} \sqrt{\bar{E}\bar{G}-\bar{F}^2}\mathrm{d}\bar{u}\mathrm{d}\bar{v} &= \iint_D \left|\frac{\partial(u,v)}{\partial(\bar{u},\bar{v})}\right|\sqrt{EG-F^2}\mathrm{d}\bar{u}\mathrm{d}\bar{v}\\ &= \iint_D \sqrt{EG-F^2}\mathrm{d}u\mathrm{d}v\end{aligned}$$

例 3.2.8 已知环面的参数方程为

$$\boldsymbol{r}(u,v) = \{(R+b\cos u)\cos v,(R+b\cos u)\sin v,b\sin u\},0<u<2\pi,0<v<2\pi,(b<R)$$

求环面的面积.

解 计算可得，环面的第一基本量为

$$E=b^2,F=0,G=(b\cos u+R)^2$$

所以

$$\sqrt{EG-F^2}=b(b\cos u+R)$$

参数区域 $D=\{(u,v)|\varepsilon\leqslant u\leqslant 2\pi-\varepsilon,\varepsilon\leqslant v\leqslant 2\pi-\varepsilon\}$. 所以曲面的面积为

$$\begin{aligned}A &= \lim_{\varepsilon\to 0}\iint_D \sqrt{EG-F^2}\mathrm{d}u\mathrm{d}v\\ &= \iint_D b(b\cos u+R)\mathrm{d}u\mathrm{d}v\\ &= \lim_{\varepsilon\to 0}\int_{\varepsilon}^{2\pi-\varepsilon} b(b\cos u+R)\mathrm{d}u\int_{\varepsilon}^{2\pi-\varepsilon}\mathrm{d}v\\ &= \lim_{\varepsilon\to 0}[b^2(2\pi-2\varepsilon)(\sin(2\pi-2\varepsilon)-\sin\varepsilon)+bR(2\pi-2\varepsilon)^2\\ &= 4\pi^2 bR\end{aligned}$$

曲面曲线的弧长、夹角、面积等都只与曲面的第一基本量有关，把仅由第一基本形式确定的几何性质和几何量分别称为曲面的**内蕴性**和**内蕴量**，相应的几何学称为**内蕴几何**. 显然弧长、交角、面积都是曲面的内蕴量.

习题 3.2

1. 已知圆柱面的参数方程

$$S:\boldsymbol{r}(u,v)=\{a\cos u,a\sin u,v\},0\leqslant u<2\pi,-\infty<v<+\infty$$

求圆柱螺线 $\Gamma:v=bu$ 在 $u_1\leqslant u\leqslant u_2$ 上的弧长.

2. 已知双曲抛物面

$$S:\boldsymbol{r}(u,v)=\{a(u+v),a(u-v),2uv\}$$

求 S 上 u 线的正交轨线.

3. 已知曲面的第一基本形式为 $I=\mathrm{d}u^2+(u^2+a^2)\mathrm{d}v^2$.

(1) 求曲线 $\Gamma_1:u+2v=0$ 与 $\Gamma_2:u-2v=0$ 的夹角.

(2) 求曲线 $\Gamma_1:u=\dfrac{av^2}{2},\Gamma_2:u=\dfrac{-av^2}{2}$ 和 $\Gamma_3:v=1$ 所围成的曲边三角形的各个边长和各个内角;

(3) 求曲线 $\Gamma_1:u=av,\Gamma_2:u=-av$ 和 $\Gamma_3:v=1$ 所围成的曲边三角形的面积.

4. 已知正螺面的参数方程

$$S:\boldsymbol{r}(u,v)=\{u\cos v,u\sin v,av\}$$

求曲面上参数曲线的等角轨线族.

5. 求曲面 $z=f(x,y)$ 的面积公式.

6. 在曲面 S 上一点，由方程

$$P(u,v)\mathrm{d}u^2+2Q(u,v)\mathrm{d}u\mathrm{d}v+G(u,v)\mathrm{d}v^2=0$$

确定两个切方向. 证明：这两个切方向相互正交的充要条件是

$$ER-2FQ+GP=0$$

7. 曲面在参数表示 $\boldsymbol{r}=\boldsymbol{r}(u,v)$ 下的坐标曲线所组成的任意四边形如果对边相等，则称为 Techebyshef 网. 证明：参数网是 Techebyshef 网的充要条件是

$$\frac{\partial E}{\partial v}=\frac{\partial G}{\partial u}=0$$

8. 证明：如果坐标曲线网是 Techebyshef 网，就能选取新参数，使得对应的第一基本量为

$$E=1,F=\cos\theta,G=1$$

其中, θ 是坐标曲线的夹角.

9. 给定参数曲面

$$\boldsymbol{r}(u,v)=\{u\cos v,u\sin v,\log\cos v+u\},-\frac{\pi}{2}<v<\frac{\pi}{2}$$

证明：两条曲线 $\boldsymbol{r}(u_1,v),\boldsymbol{r}(u_2,v)$ 在所有曲线 $\boldsymbol{r}(u,v_0)$ 上确定了长度相等的线段.

10. (曲面上的梯度) 光滑函数 $f: S \to \mathbb{R}$ 的**梯度**是一个光滑映射 $\nabla f: S \to \mathbb{E}^3$, 它将每一点 $p \in S$ 对应一个向量 $\nabla f(p) \in T_pS \subset \mathbb{E}^3$, 使得对所有 $\boldsymbol{w} \in T_pS$,

$$\langle \nabla f(p), \boldsymbol{w} \rangle_p = \mathrm{d}f_p(\boldsymbol{w})$$

证明：

(1) 曲面的参数表示为 $\boldsymbol{r} = \boldsymbol{r}(u, v)$, 梯度可表示为

$$\nabla f = \frac{f_u G - f_v F}{EG - F^2} \boldsymbol{r}_u + \frac{f_v E - f_u F}{EG - F^2} \boldsymbol{r}_v$$

特别地，如果 $S = \mathbb{E}^2$, 参数为 x, y, 则

$$\nabla f = f_x \boldsymbol{e}_1 + f_y \boldsymbol{e}_2$$

其中, $\boldsymbol{e}_1, \boldsymbol{e}_2$, 是 $\mathbb{E}^2$ 中的规范基底，因此它和平常欧氏空间中的梯度定义是一致的.

(2) 如果设 $p \in S$ 为固定一点而 $\boldsymbol{w}$ 在 T_pS 的单位圆周 $\|\boldsymbol{w}\|$ 上变化, 那么 $\mathrm{d}f_p(\boldsymbol{w})$ 是最大值的充要条件是 $\boldsymbol{w} = \dfrac{\nabla f}{\|\nabla f\|}$(这样 ∇f 给出了 f 在 p 点的最大变化方向).

(3) 如果在等值线 $S_C = \{q \in S | f(q) = C\}$ 上的所有点 $\nabla f \neq 0$, 那么 S_C 是 S 上的正则曲线且 ∇f 是 S_C 在所有点的法向.

§3.3 曲面的第二基本形式

上一节定义了曲面的第一基本形式 I，它是一个二次微分形式，与曲面的参数选取无关. 为了研究曲面在空间中的弯曲程度和形状，有必要引入 $\mathrm{d}u$ 和 $\mathrm{d}v$ 的另一个二次微分形式，这就是本节要讲到的曲面的第二基本形式. 在研究曲面的局部性质时，为了研究曲面上一点邻近曲面的弯曲状况 (曲面离开该点切平面的程度)，可考虑曲面上该点邻近点到切平面的有向距离.

设曲面 S 有参数表示 $\boldsymbol{r} = \boldsymbol{r}(u, v)$，$\boldsymbol{r}_u, \boldsymbol{r}_v$ 为曲面的坐标切向量，曲面的单位切向量是 $\boldsymbol{n} = \dfrac{\boldsymbol{r}_u \wedge \boldsymbol{r}_v}{\|\boldsymbol{r}_u \wedge \boldsymbol{r}_v\|}$，曲面的第二基本形式就定义为

$$II = -\langle \mathrm{d}\boldsymbol{r}, \mathrm{d}\boldsymbol{n} \rangle$$

由 $\boldsymbol{n}$ 的定义可知

$$\langle \boldsymbol{r}_u, \boldsymbol{n} \rangle = 0, \quad \langle \boldsymbol{r}_v, \boldsymbol{n} \rangle = 0$$

对上式求偏导数就有

$$\langle \boldsymbol{r}_{uu}, \boldsymbol{n} \rangle + \langle \boldsymbol{r}_u, \boldsymbol{n}_u \rangle = 0, \quad \langle \boldsymbol{r}_{uv}, \boldsymbol{n} \rangle + \langle \boldsymbol{r}_u, \boldsymbol{n}_v \rangle = 0$$

$$\langle \boldsymbol{r}_{vu}, \boldsymbol{n}_u \rangle + \langle \boldsymbol{r}_v, \boldsymbol{n}_u \rangle = 0, \quad \langle \boldsymbol{r}_{vv}, \boldsymbol{n} \rangle + \langle \boldsymbol{r}_v, \boldsymbol{n}_v \rangle = 0$$

定义函数

$$L = \langle \boldsymbol{r}_{uu}, \boldsymbol{n} \rangle = -\langle \boldsymbol{r}_u, \boldsymbol{n}_u \rangle$$

$$M = \langle \boldsymbol{r}_{uv}, \boldsymbol{n} \rangle = -\langle \boldsymbol{r}_u, \boldsymbol{n}_v \rangle = -\langle \boldsymbol{r}_v, \boldsymbol{n}_u \rangle$$

$$N = \langle \boldsymbol{r}_{vv}, \boldsymbol{n} \rangle = -\langle \boldsymbol{r}_v, \boldsymbol{n}_v \rangle$$

第二基本形式就可以表示为

$$\begin{aligned} II &= -\langle \mathrm{d}\boldsymbol{r}, \mathrm{d}\boldsymbol{n} \rangle = -\langle \boldsymbol{r}_u \mathrm{d}u + \boldsymbol{r}_v \mathrm{d}v, \boldsymbol{n}_u \mathrm{d}u + \boldsymbol{n}_v \mathrm{d}v \rangle \\ &= L\mathrm{d}u^2 + 2M\mathrm{d}u\mathrm{d}v + N\mathrm{d}v^2 \end{aligned}$$

为进一步说明第二基本形式的几何意义，我们考虑曲面在一点 (u_0, v_0) 的渐近展开:

$$\begin{aligned} \Delta \boldsymbol{r} &= \boldsymbol{r}(u_0 + \Delta u, v_0 + \Delta v) - \boldsymbol{r}(u_0, v_0) \\ &= \boldsymbol{r}_u(u_0, v_0)\Delta u + \boldsymbol{r}_v(u_0, v_0)\Delta v + \frac{1}{2}(\boldsymbol{r}_{uu}(u_0, v_0)\Delta u^2 \\ &\quad + 2\boldsymbol{r}_{uv}(u_0, v_0)\Delta u \Delta v + \boldsymbol{r}_{vv}(u_0, v_0)\Delta v^2) + o(\Delta u^2 + \Delta v^2) \end{aligned}$$

容易看出, 点 $\boldsymbol{r}(u_0 + \Delta u, v_0 + \Delta v)$ 到 $\boldsymbol{r}(u_0, v_0)$ 的切平面的有向距离为 $\langle \boldsymbol{n}(u_0, v_0), \Delta \boldsymbol{r} \rangle$, 这个距离刻画了曲面在 $\boldsymbol{r}(u_0, v_0)$ 附近的形状. 则

$$\langle \boldsymbol{n}(u_0, v_0), \Delta \boldsymbol{r} \rangle = \frac{1}{2}(L\Delta u^2 + 2M\Delta u \Delta v + N\Delta v^2) + o(\Delta u^2 + \Delta v^2)$$

第二基本形式 II 是该有向距离的极限的 2 倍，因此它反映了曲面的形状，如图 3.3.1 所示.

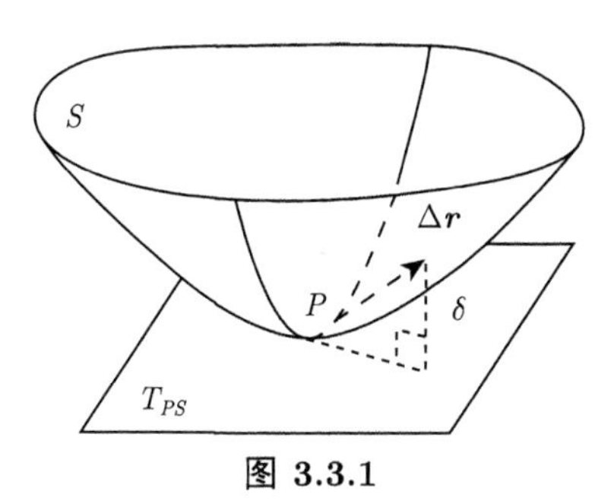

图 3.3.1

例 3.3.1　求平面和柱面的第二基本形式.

解　平面参数方程为 $\boldsymbol{r}(u, v) = \{u, v, c\}$, 有 $\boldsymbol{n} = \{0, 0, 1\}$, 所以

$$II = -\langle \mathrm{d}\boldsymbol{r}, \mathrm{d}\boldsymbol{n} \rangle = 0$$

柱面参数方程为 $\boldsymbol{r}(u, v) = \{x(u), y(u), v\}$, 其中 $\{x(u), y(u)\}$ 为平面曲线, u 是它的弧长参数，即 $x_u^2 + y_u^2 = 1$. 直接计算，有

$$\boldsymbol{r}_{uu} = \{x_{uu}, y_{uu}, 0\}, \quad \boldsymbol{r}_{uv} = \{0, 0, 1\}$$

$$\boldsymbol{r}_{vv} = \{0, 0, 0\}, \quad \boldsymbol{n} = \{y_u, -x_u, 0\}$$

所以

$$L = x_{uu}y_u - x_u y_{uu}, \quad M = N = 0$$

柱面的第二基本形式为

$$II = (x_{uu}y_u - x_u y_{uu})\mathrm{d}u^2$$

这表明，平面和柱面虽然有相同的第一基本形式，但它们的第二基本形式不同，因此它们在 $\mathbb{E}^3$ 中的形状也不同.

第二基本形式 $II = L\mathrm{d}u^2 + 2M\mathrm{d}u\mathrm{d}v + N\mathrm{d}v^2$ 是关于 $\mathrm{d}u, \mathrm{d}v$ 的二次型，由二次型理论可得到如下结论.

命题 3.3.1 曲面的第二基本形式

$$II = L\mathrm{d}u^2 + 2M\mathrm{d}u\mathrm{d}v + N\mathrm{d}v^2$$

在正定或负定点 $(LN - M^2 > 0)$ 的附近, 曲面的形状是凸的 (或凹的, 由法向的选取决定), 在 $LN - M^2 < 0$ 的点附近, 曲面是马鞍型的.

证明 设 $P = \boldsymbol{r}(u_0, v_0)$ 是曲面 $S : \boldsymbol{r}(u, v)$ 上的一个点, 考虑函数 (曲面的高度函数)

$$f(u, v) = \langle \boldsymbol{r}(u, v)) - \boldsymbol{r}(u_0, v_0), \boldsymbol{n}(u_0, v_0)\rangle$$

由于

$$f_u = \langle \boldsymbol{r}_u, \boldsymbol{n}(u_0, v_0)\rangle, \quad f_v = \langle \boldsymbol{r}_v, \boldsymbol{n}(u_0, v_0)\rangle$$

所以，$f_u(u_0, v_0) = f_v(u_0, v_0) = 0$, 即 (u_0, v_0) 是 f 的临界点. 在这一点 f 的 Hessian 阵为

$$\begin{pmatrix} f_{uu} & f_{uv} \\ f_{vu} & f_{vv} \end{pmatrix}(u_0, v_0) = \begin{pmatrix} L & M \\ M & N \end{pmatrix}(u_0, v_0)$$

因此，当第二基本形式 II 在点 (u_0, v_0) 正定或负定时, $f(u_0, v_0) = 0$ 是最大值或最小值, 说明曲面 S 的形状是凸的或凹的. 而当 $LN - M^2 < 0$ 时, 第二基本形式 II 在点 (u_0, v_0) 即非正定也非负定, $f(u_0, v_0) = 0$ 既不是最大值也不是最小值, 因而在这点附近曲面 S 是马鞍型的，如图 3.3.2 所示.

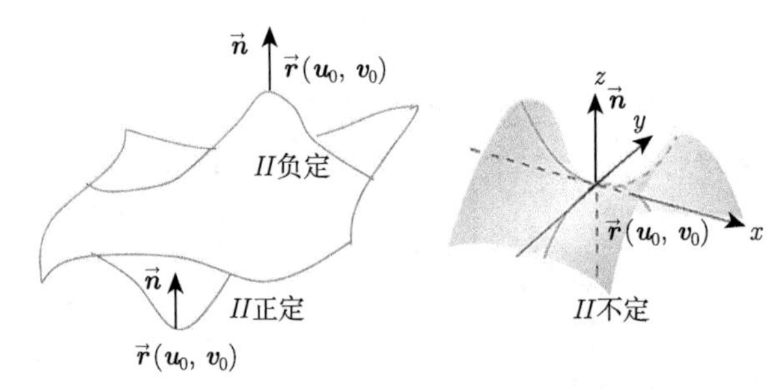

图 3.3.2

例 3.3.2 求半径为 a 的球面在球坐标参数

$$\boldsymbol{r}(\theta, \phi) = \{a\cos\theta\cos\phi, a\cos\theta\sin\phi, a\sin\theta\}$$

下的第二基本形式.

解 在球坐标下，

$$\boldsymbol{r}_{\theta\theta} = \{-a\cos\theta\cos\phi, -a\cos\theta\sin\phi, -a\sin\theta\}$$

$$\boldsymbol{r}_{\theta\phi} = \{a\sin\theta\sin\phi, -a\sin\theta\cos\phi, 0\}$$

$$\boldsymbol{r}_{\phi\phi} = \{-a\cos\theta\cos\phi, -a\cos\theta\sin\phi, 0\}$$

$$\boldsymbol{n} = \{-\cos\theta\cos\phi, -\cos\theta\sin\phi, -\sin\theta\}$$

所以 $L = a, M = 0, N = a\cos^2\theta$, 球面在球坐标参数下的第二基本形式为

$$II = a(\mathrm{d}\theta^2 + \cos^2\theta\mathrm{d}\phi^2)$$

命题 3.3.2 设 $\boldsymbol{r} = \boldsymbol{r}(u,v)$ 和 $\boldsymbol{r} = \boldsymbol{r}(u_1,v_1)$ 是曲面 S 的两个不同参数表示. 当参数变换 $\sigma : (u_1,v_1) = (u_1(u,v), v_1(u,v))$ 是同向参数变换时，第二基本形式 II 不变，即 $II(u,v) = II(u_1,v_1)$; 当参数变换 $\sigma : (u_1,v_1) = (u_1(u,v), v_1(u,v))$ 是反向参数变换时，第二基本形式 II 改变符号，即 $II(u,v) = -II(u_1,v_1)$.

证明 同向 (反向) 参数变换是指参数变换的 Jacobi 行列式大于零 (小于零). 事实上，在上述参数变换下，有

$$\boldsymbol{n}(u_1,v_1) = \mathrm{sgn}\left[\frac{\partial(u_1,v_1)}{\partial(u,v)}\right]\boldsymbol{n}(u,v)$$

利用一阶微分的形式不变性，可得

$$II(u_1,v_1) = -\langle \mathrm{d}\boldsymbol{r}(u_1,v_1), \mathrm{d}\boldsymbol{n}(u_1,v_1)\rangle = -\mathrm{sgn}\left[\frac{\partial(u_1,v_1)}{\partial(u,v)}\right]\langle \mathrm{d}\boldsymbol{r}(u,v), \mathrm{d}\boldsymbol{n}(u,v)\rangle = \pm II(u,v)$$

命题 3.3.3 设 $\boldsymbol{r} = \boldsymbol{r}(u,v)$ 是曲面 S 的参数表示. $\mathcal{T}$ 是 $\mathbb{E}^3$ 的一个合同变换，则曲面 $\tilde{S} : \tilde{\boldsymbol{r}}(u,v) = \mathcal{T}\circ\boldsymbol{r}(u,v)$ 的第二基本形式与曲面 S 的第二基本形式有如下关系：

(1) 当 $\mathcal{T}$ 是刚体运动时, $\widetilde{II}(u,v) = II(u,v)$;

(2) 当 $\mathcal{T}$ 是反向刚体运动时, $\widetilde{II}(u,v) = -II(u,v)$.

习题 3.3

1. 证明：一个曲面是平面片的充要条件是 $L = M = N = 0$.
2. 证明：曲面的第二基本形式与空间的刚体运动无关.
3. 悬链面的参数方程为

$$S : \boldsymbol{r}(u,v) = \{\sqrt{u^2+a^2}\cos v, \sqrt{u^2+a^2}\sin v, a\ln(u+\sqrt{u^2+a^2})\}$$

求它的第二基本形式.

4. 求曲面 $z = f(x,y)$ 的第二基本形式.
5. 求曲面 $z(x^2+y^2) = 2xy$ 的第二基本形式.

§3.4 法曲率

上一节引入了曲面的第二基本形式. 它在一定程度上刻画了曲面在某点的弯曲状况. 沿不同的方向，曲面弯曲的程度不同，而任给一个方向就存在一条以该方向为切向的曲面曲线，因此在给定点沿不同方向，曲面曲线以不同的速度离开切平面. 所以，要想全方位地了解在给定点曲面的弯曲性，就要借助曲面上过给定点的不同曲线来进行研究.

§3.4.1 曲面的法曲率

给出 C^2 类曲面 $S: \boldsymbol{r}=\boldsymbol{r}(u,v)$，过曲面 S 上 $P_0=\boldsymbol{r}(u_0,v_0)$ 点的任意曲线 Γ 为

$$\begin{cases} u=u(s) \\ v=v(s) \end{cases}$$

其中，s 是曲线的弧长参数, 且 P_0 对应参数 $s=0$. 用 $\boldsymbol{T}$ 和 $\boldsymbol{N}$ 表示曲线 Γ 的单位切向量和主法向量. 根据 Frenet 公式知，曲线 $\boldsymbol{r}=\boldsymbol{r}(u(s),v(s))$ 在点 P_0 的曲率向量为

$$\ddot{\boldsymbol{r}}|_{s=0}=\dot{\boldsymbol{T}}|_{s=0}=\kappa\boldsymbol{N}|_{s=0}$$

即

$$\kappa\boldsymbol{N}|_{s=0}=\left[\boldsymbol{r}_{uu}\left(\frac{\mathrm{d}u}{\mathrm{d}s}\right)^2+2\boldsymbol{r}_{uv}\frac{\mathrm{d}u}{\mathrm{d}s}\frac{\mathrm{d}v}{\mathrm{d}s}+\boldsymbol{r}_{vv}\left(\frac{\mathrm{d}v}{\mathrm{d}s}\right)^2+\boldsymbol{r}_u\frac{\mathrm{d}^2u}{\mathrm{d}s^2}+\boldsymbol{r}_v\frac{\mathrm{d}^2v}{\mathrm{d}s^2}\right]\Bigg|_{s=0}$$

其中，κ 是曲线在点 P_0 的曲率. 若以 θ 表示曲线的主法向量 $\boldsymbol{N}$ 和曲面的法向量 $\boldsymbol{n}$ 的夹角，记

$$\kappa_{\boldsymbol{n}}=\kappa\cos\theta=\kappa\langle\boldsymbol{N},\boldsymbol{n}\rangle=L(\frac{\mathrm{d}u}{\mathrm{d}s})^2+2M\frac{\mathrm{d}u}{\mathrm{d}s}\frac{\mathrm{d}v}{\mathrm{d}s}+N(\frac{\mathrm{d}v}{\mathrm{d}s})^2$$

显然 $\kappa_{\boldsymbol{n}}$ 只与曲线在 P_0 点的切向量和曲面的第二基本量有关，而与曲线的选择无关.

定义 3.4.1 称 $\kappa_{\boldsymbol{n}}=\kappa\cos\theta$ 为曲面在点 P_0 沿单位切向量 $\left(\frac{\mathrm{d}u}{\mathrm{d}s},\frac{\mathrm{d}v}{\mathrm{d}s}\right)$ 的**法曲率**.

在曲面上一点 P 处，任取一个单位切向量

$$\boldsymbol{X}=\lambda\boldsymbol{r}_u(u,v)+\nu\boldsymbol{r}_v(u,v)$$

曲面沿切向量 $\boldsymbol{X}$ 的法曲率为

$$\kappa_{\boldsymbol{n}}(\boldsymbol{X})=L\lambda^2+2M\lambda\mu+N\mu^2$$

显然任给一个非零切向量，单位化之后都可以得到一个单位向量，所以曲面在给定点沿着任何切向量的法曲率可表示为

$$\kappa_{\boldsymbol{n}}=\frac{L\mathrm{d}u^2+2M\mathrm{d}u\mathrm{d}v+N\mathrm{d}v^2}{E\mathrm{d}u^2+2F\mathrm{d}u\mathrm{d}v+G\mathrm{d}v^2}=\frac{II}{I}$$

即法曲率与曲线切向量的长度无关.

例 3.4.1　求曲面 $z=x^2+2y^2$ 在点 $(0,0)$ 沿方向 $\mathrm{d}x:\mathrm{d}y$ 的法曲率.

解　曲面的参数方程为 $\boldsymbol{r}=\{x,y,x^2+2y^2\}$. 因为

$$\boldsymbol{r}_x=\{1,0,2x\},\quad \boldsymbol{r}_y=\{0,1,4y\}$$

$$\boldsymbol{r}_{xx}=\{0,0,2\},\quad \boldsymbol{r}_{xy}=\{0,0,0\},\quad \boldsymbol{r}_{yy}=\{0,0,4\}$$

所以在点 $(0,0)$ 的基本向量为

$$E_0=1,\quad F_0=0,\quad G_0=1,\quad L_0=2,\quad M_0=0,\quad N_0=4$$

法曲率为

$$\kappa_{\boldsymbol{n}}=\frac{2\mathrm{d}x^2+4\mathrm{d}y^2}{\mathrm{d}x^2+\mathrm{d}y^2}$$

例 3.4.2　设曲面 S_1 与 S_2 的交线 Γ 的曲率为 κ, 曲面 S_1,S_2 沿 Γ 的法曲率为 κ_1,κ_2, S_1 和 S_2 沿 Γ 的法线交角为 θ. 证明

$$\kappa^2\sin^2\theta=\kappa_1^2+\kappa_2^2-2\kappa_1\kappa_2\cos\theta$$

证明　对任意 $P\in\Gamma$, 记 $\boldsymbol{T},\boldsymbol{N}$ 为曲线在 P 点的单位切向量和主法向量，$\boldsymbol{n}_1,\boldsymbol{n}_2$ 是曲面 S_1,S_2 在 P 点的单位法向量. 因为在 P 点，$\boldsymbol{n}_1,\boldsymbol{n}_2,\boldsymbol{N}$ 都垂直于切向量 $\boldsymbol{T}$, 所以 $\boldsymbol{n}_1,\boldsymbol{n}_2,\boldsymbol{N}$ 共面, 如图 3.4.1 所示.

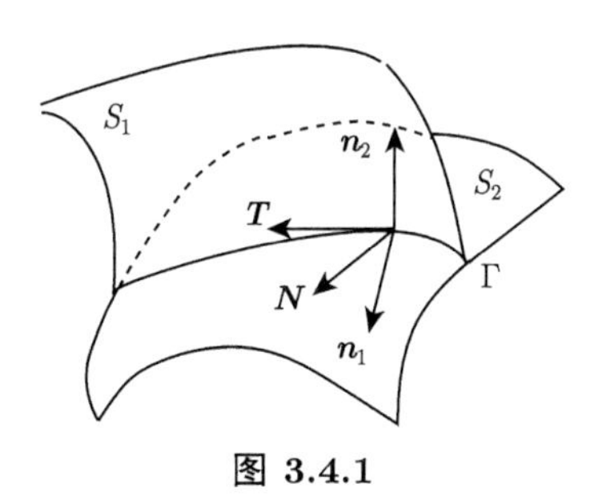

图 3.4.1

不失一般性，假设三个角的关系如图 3.4.2 所示，

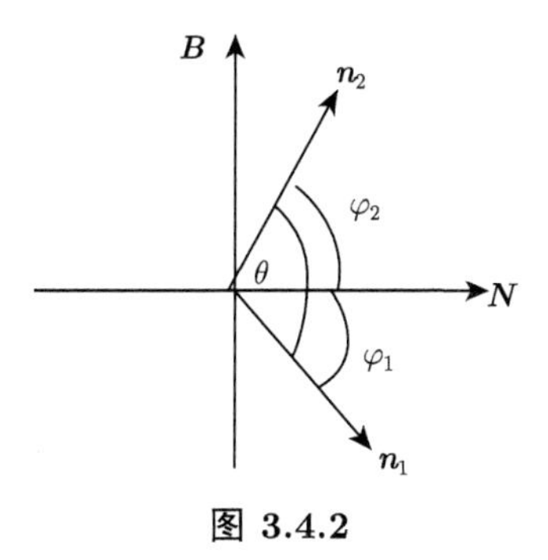

图 3.4.2

其中, $\boldsymbol{B}$ 表示曲线的副法向量，则有

$$\varphi_2+\varphi_1=\theta,\quad 即\varphi_2=\theta-\varphi_1$$

由曲线曲率与曲面法曲率的关系可得

$$\kappa_1 = \kappa \cos \varphi_1$$

$$\kappa_2 = \kappa \cos \varphi_2 = \kappa \cos(\theta - \varphi_1) = \kappa \cos \theta \cos \varphi_1 + \kappa \sin \theta \sin \varphi_1$$

整理可得

$$\kappa - \kappa_1 \cos \theta = \kappa \sin \theta \sin \varphi_1$$

所以

$$\kappa_2^2 - 2\kappa_1\kappa_2 \cos \theta + \kappa_1^2 \cos^2 \theta = \kappa^2 \sin^2 \theta \sin^2 \varphi_1$$

$$\begin{aligned} \kappa_2^2 - 2\kappa_1\kappa_2 \cos \theta + \kappa_1^2 &= \kappa^2 \sin^2 \theta \sin^2 \varphi_1 + \kappa_1^2 \sin^2 \theta \\ &= \kappa^2 \sin^2 \theta \sin^2 \varphi_1 + \kappa^2 \cos^2 \varphi_1 \sin^2 \theta \\ &= \kappa^2 \sin^2 \theta \end{aligned}$$

§3.4.2 曲面上点的分类

设曲面 S 的参数方程为 $\boldsymbol{r} = \boldsymbol{r}(u, v)$, 在 P 点, 曲面沿一个单位切向量 $\boldsymbol{w} = x\boldsymbol{r}_u + y\boldsymbol{r}_v$ 的法曲率为

$$\kappa_{\boldsymbol{n}}(\boldsymbol{w}) = Lx^2 + 2Mxy + Ny^2$$

并且 $\kappa_{\boldsymbol{n}}(\boldsymbol{w}) = \kappa_{\boldsymbol{n}}(-\boldsymbol{w})$, 我们有

(1) 如果 $LN - M^2 > 0$，沿 P 点的任何切方向的法曲率同时正或同时负. 这说明曲面在该点沿任何方向的弯曲是同向的. 这样的点称为曲面的**椭圆点**, 如图 3.4.3 所示, 原点就是一个椭圆点.

(2) 如果 $LN - M^2 < 0$，沿 P 点的任意切方向 $\boldsymbol{w}$ 的法曲率 $k_{\boldsymbol{n}} = 0$ 恰好有两个线性无关的解, 这两个方向称为曲面的**渐进方向**, 即渐近方向是使得法曲率为零的方向. 这点称为曲面的**双曲点**，如图 3.4.4 所示, 原点就是一个双曲点.

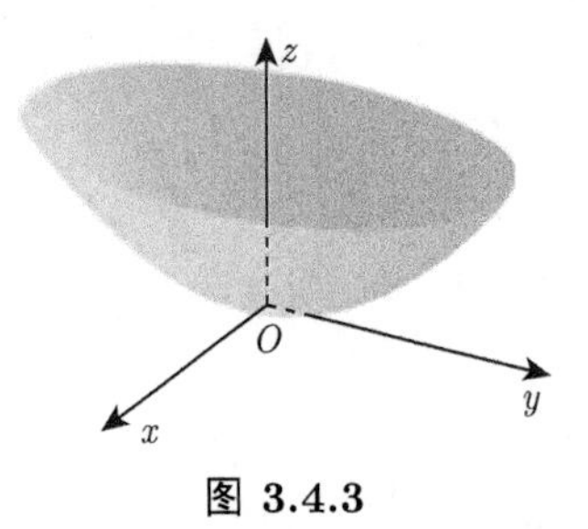

图 3.4.3

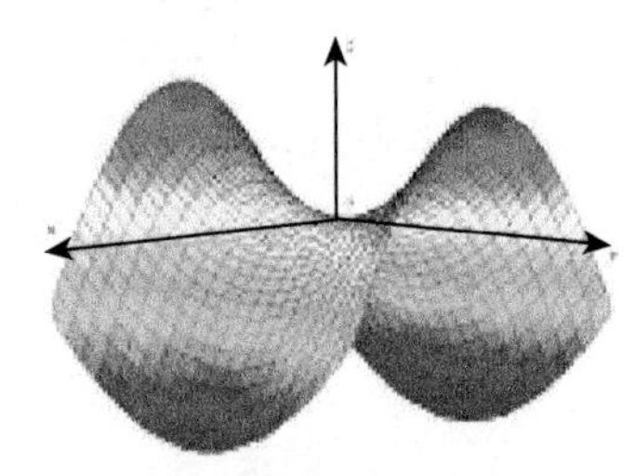

图 3.4.4

(3) 如果 $LN - M^2 = 0$，这点称为曲面的**抛物点**，如图 3.4.5 所示, z 轴上的点都是抛物点；当 L, M, N 不全为零时, 仅有一个方向使法曲率 $k_{\boldsymbol{n}}$ 为零，这个方向也称为曲面的渐进方向. 当 $L = M = N = 0$ 时，法曲率沿任何方向均为零，这样的点称为曲面的**平点**，如图 3.4.6 所示, 平面上的所有点都是平点.

设 P 是曲面的双曲点，则曲面在点 P 有两个渐近方向，其满足方程

$$L_0 \mathrm{d}u^2 + 2M_0 \mathrm{d}u\mathrm{d}v + N_0 \mathrm{d}v^2 = 0.$$

为了避免混淆，在上式中用 L_0, M_0, N_0 表示 L, M, N 在 P 点的值.

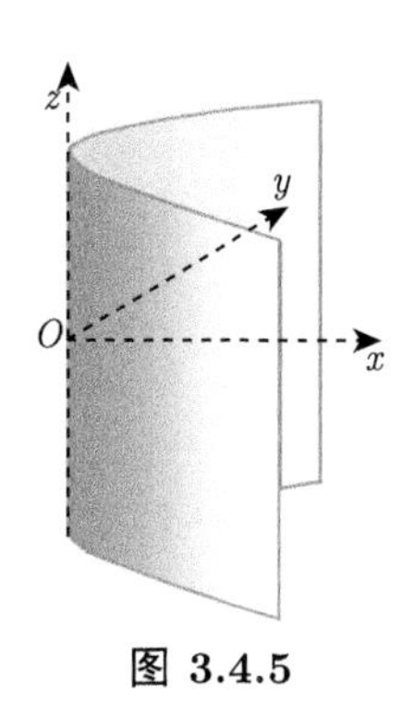

图 3.4.5

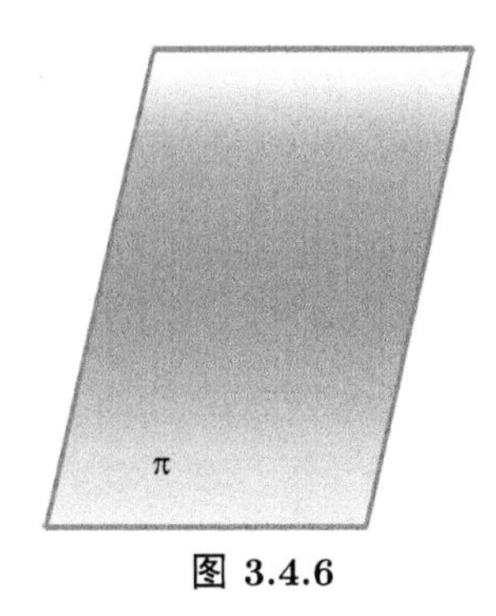

图 3.4.6

由定义可知，在抛物点处曲面没有渐近方向，在双曲点处有两个不同的渐近方向，在抛物点处有两个重合的渐近方向，在平点处每个方向都是渐近方向.

定义 3.4.2 *曲面上的一条曲线，如果它上面每一点的切方向都是渐近方向，则称之为***渐近曲线**. *渐近曲线的微分方程是*

$$L\mathrm{d}u^2 + 2M\mathrm{d}u\mathrm{d}v + N\mathrm{d}v^2 = 0$$

由此可知曲面上的直线一定是渐近曲线.

命题 3.4.1 *曲面上一条曲线 Γ 是渐近曲线的充要条件是: 它是一条直线, 或者它在每一点处的密切平面是曲面在该点的切平面 (它的副法向量与曲面的法向量重合:$\boldsymbol{B} = \pm\boldsymbol{n}$).*

证明 沿曲线 Γ 切方向的法曲率为 $\kappa_{\boldsymbol{n}} = \kappa\cos\theta$，其中 κ 为 Γ 的曲率, θ 为 Γ 的主法向量 $\boldsymbol{N}$ 和曲面的法向 $\boldsymbol{n}$ 的交角. 为此, $\kappa_{\boldsymbol{n}}$ 为零的充要条件是 $\kappa = 0(\cos\theta = 0)$, 即 $\theta = \dfrac{\pi}{2}$, 即 Γ 是直线或 $\boldsymbol{B} = \pm\boldsymbol{n}$.

§3.4.3 法曲率的几何意义

给定曲面上一点 $P(u, v)$, 则曲面在 P 点沿方向 $\mathrm{d}u : \mathrm{d}v$ 的法曲率, 正好等于曲面上过该点，且与该方向相切的曲线的曲率.

给定曲面上一点 $P(u, v)$ 和 P 点处一个切方向 $\mathrm{d}u : \mathrm{d}v$, 由切方向 $\mathrm{d}u : \mathrm{d}v$ 和曲面在该点的法向量 $\boldsymbol{n}$ 决定一平面 Π, 称为曲面在 P 点沿方向 $\mathrm{d}u : \mathrm{d}v$ 的**法截面**. 法截面 Π 与曲面的交线 Γ_0 称为曲面在 P 点沿方向 $\mathrm{d}u : \mathrm{d}v$ 的**法截线**, 如图 3.4.7、图 3.4.8 所示.

由于法截线是平面曲线，所以对于法截线 Γ_0 成立 $\boldsymbol{N}_0 = \pm\boldsymbol{n}$, 即法截线的主法向量 $\boldsymbol{N}_0$ 与曲面在该点的法向量 $\boldsymbol{n}$ 平行，所以 $\angle(\boldsymbol{N}_0, \boldsymbol{n}) = 0$ 或 π. 如果用 κ_0 表示法截线 Γ_0 的曲率，则

$$\kappa_{\boldsymbol{n}} = \pm\kappa_0, \quad \text{或者}\kappa_0 = |\kappa_{\boldsymbol{n}}|$$

因此得到如下的结论：曲面在 P 点沿方向 $\mathrm{d}u : \mathrm{d}v$ 的法曲率的绝对值，等于曲面上在该点沿该方向的法截线的曲率.

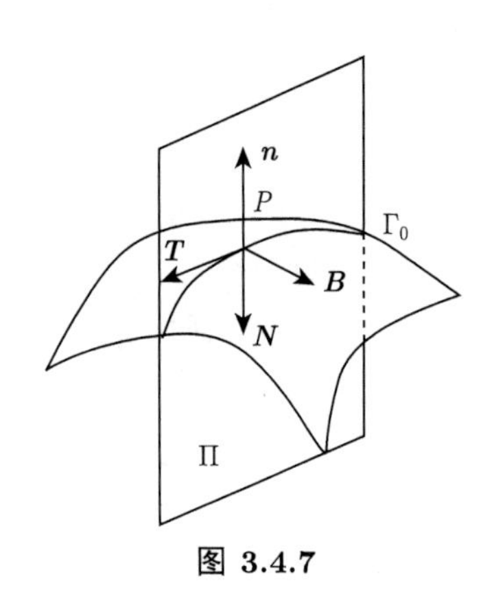

图 3.4.7

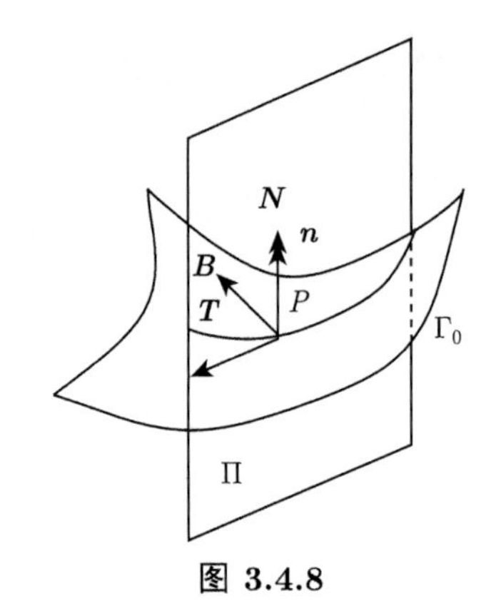

图 3.4.8

§3.4.4 曲面的 Gauss 映射

我们研究的是可定向的正则曲面片，在每一点都有法向量，因此可以给出下面的定义.

定义 3.4.3 设曲面 S 的参数表示为 $\boldsymbol{r}=\boldsymbol{r}(u,v)$, 它在每点有一个确定的单位法向量

$$\boldsymbol{n}(u,v)=\frac{(\boldsymbol{r}_u\wedge\boldsymbol{r}_v)(u,v)}{\|(\boldsymbol{r}_u\wedge\boldsymbol{r}_v)(u,v)\|}$$

平行移动 $\boldsymbol{n}$ 使之起点落在原点，则 $\boldsymbol{n}$ 的终点就落在 $\mathbb{E}^3$ 的单位球面 $S^2(1)$ 上, 如图 3.4.9 所示. 这样就得到一个映射

$$g:S\to S^2(1)$$

$$\boldsymbol{r}(u,v)\to\boldsymbol{n}(u,v)$$

映射 g 称为曲面 S 的 **Gauss 映射**.

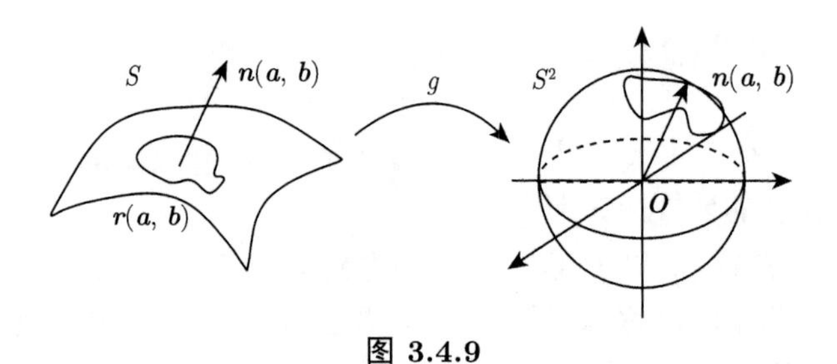

图 3.4.9

Gauss 映射 g 是可微映射，所以对任意点 $p\in S$, g 的微分诱导出切平面之间的线性映射

$$\mathrm{d}g_p:T_pS\to T_{g(p)}S^2(1)$$

因为两个切平面都是二维向量空间，且有相同的法向量，是相同的向量空间，所以 $\mathrm{d}g_p$ 可以看做 T_pS 到自身的线性映射.

例 3.4.3 求平面 $ax+by+cz+d=0$ 的 Gauss 映射和其切映射.

解　显然平面的法向量为常向量 $\boldsymbol{n}=\dfrac{(a,b,c)}{\sqrt{a^2+b^2+c^2}}$, 所以 Gauss 映射是常值映射，把平面上所有点映射为单位球面上一个点. 因此切映射 $\mathrm{d}g_p\equiv 0$.

设 $p\in S,\boldsymbol{w}\in T_pS$, $\boldsymbol{\alpha}(t)=(u(t),v(t))$ 是参数区域 D 上的一条曲线 C(平面曲线), $\Gamma:\boldsymbol{r}(t)=\boldsymbol{r}(u(t),v(t))$ 是曲面 S 上相应的曲线, 满足 $\boldsymbol{r}(0)=p,\boldsymbol{r}'(0)=\boldsymbol{w}$, 则 $\boldsymbol{n}(t)=g\circ\boldsymbol{r}\circ\boldsymbol{\alpha}(t)=\boldsymbol{n}(u(t),v(t))$ 是单位球面上的一条曲线. Gauss 映射沿这条曲线求微分，有

$$\mathrm{d}g_p(\boldsymbol{w})=\frac{\mathrm{d}\boldsymbol{n}(t)}{\mathrm{d}t}=\boldsymbol{n}_u\frac{\mathrm{d}u}{\mathrm{d}t}+\boldsymbol{n}_v\frac{\mathrm{d}v}{\mathrm{d}t}$$

由于 $\boldsymbol{n}$ 是单位向量，所以 $\left\langle\dfrac{\mathrm{d}\boldsymbol{n}}{\mathrm{d}t},\boldsymbol{n}\right\rangle=0$, 即 $\dfrac{\mathrm{d}\boldsymbol{n}(t)}{\mathrm{d}t}$ 是曲面 S 在 P 点的切向量，特别 $\boldsymbol{n}_u$ 和 $\boldsymbol{n}_v$ 都是曲面的切向量. 从上式还可以看出, 切向量 $\dfrac{\mathrm{d}\boldsymbol{n}(t)}{\mathrm{d}t}$ 只与切向 $\dfrac{\mathrm{d}u}{\mathrm{d}t}:\dfrac{\mathrm{d}v}{\mathrm{d}t}=\mathrm{d}u:\mathrm{d}v$ 有关, 而与参数 $(u(t),v(t))$ 的选取没有关系. 这样就得到了 Gauss 映射切映射的对应关系

$$\boldsymbol{r}_u\frac{du}{\mathrm{d}t}+\boldsymbol{r}_v\frac{\mathrm{d}v}{\mathrm{d}t}\to\frac{\mathrm{d}\boldsymbol{n}(t)}{\mathrm{d}t}=\boldsymbol{n}_u\frac{\mathrm{d}u}{\mathrm{d}t}+\boldsymbol{n}_v\frac{\mathrm{d}v}{\mathrm{d}t}$$

为了叙述方便，定义如下的线性变换：

$$\begin{aligned}\mathcal{W}:\ & T_PS\to T_PS\\ & \boldsymbol{w}=\lambda\boldsymbol{r}_u+\mu\boldsymbol{r}_v\to\mathcal{W}(\boldsymbol{w})=-\mathrm{d}g_p(\boldsymbol{w})=-(\lambda\boldsymbol{n}_u+\mu\boldsymbol{n}_v)\end{aligned}$$

$\mathcal{W}$ 称为曲面的 **Weingarten 变换**, 如图 3.4.10 所示.

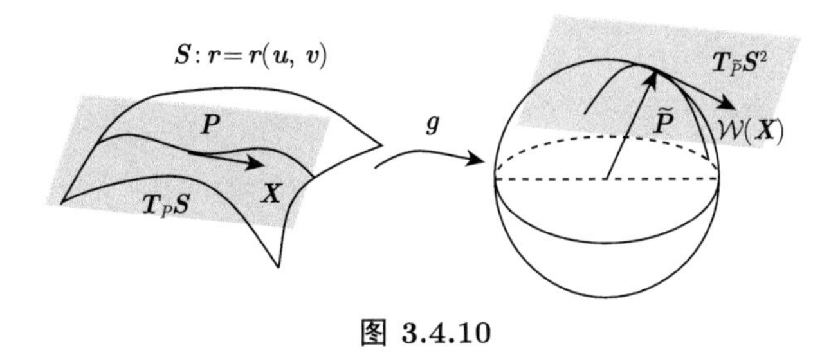

图 3.4.10

命题 3.4.2　Weingarten 变换与参数的选取无关.

证明　设 $\begin{cases}u=u(\bar{u},\bar{v})\\ v=v(\bar{u},\bar{v})\end{cases}$ 是曲面 S 的一个参数变换，并设 $\boldsymbol{w}$ 为曲面 S 的一个切向量. 设 (λ,μ) 和 (a,b) 分别是 $\boldsymbol{w}$ 在不同坐标切向量下的坐标，即 $\boldsymbol{w}=\lambda\boldsymbol{r}_u+\mu\boldsymbol{r}_v=a\boldsymbol{r}_{\bar{u}}+b\boldsymbol{r}_{\bar{v}}$, 那么由坐标变换公式有

$$\lambda=a\frac{\partial u}{\partial\bar{u}}+b\frac{\partial u}{\partial\bar{v}},\quad \mu=a\frac{\partial v}{\partial\bar{u}}+b\frac{\partial v}{\partial\bar{v}}$$

依 Weingarten 变换的定义，在参数 (u,v) 下

$$\mathcal{W}(\boldsymbol{w})=\mathcal{W}(\lambda\boldsymbol{r}_u+\mu\boldsymbol{r}_v)=-(\lambda\boldsymbol{n}_u+\mu\boldsymbol{n}_v)$$

在参数 $(\bar{u},\bar{v})$ 下

$$\mathcal{W}(\boldsymbol{w})=\mathcal{W}(a\boldsymbol{r}_{\bar{u}}+b\boldsymbol{r}_{\bar{v}})=-(a\boldsymbol{n}_{\bar{u}}+b\boldsymbol{n}_{\bar{v}})$$

由于

$$\boldsymbol{n}_{\bar{u}}=\boldsymbol{n}_u\frac{\partial u}{\partial\bar{u}}+\boldsymbol{n}_v\frac{\partial v}{\partial\bar{u}}\quad \boldsymbol{n}_{\bar{v}}=\boldsymbol{n}_u\frac{\partial u}{\partial\bar{v}}+\boldsymbol{n}_v\frac{\partial v}{\partial\bar{v}}$$

所以

$$\begin{aligned}a\boldsymbol{n}_{\bar{u}}+b\boldsymbol{n}_{\bar{v}}&=a\left(\boldsymbol{n}_u\frac{\partial u}{\partial\bar{u}}+\boldsymbol{n}_v\frac{\partial v}{\partial\bar{u}}\right)+b\left(\boldsymbol{n}_u\frac{\partial u}{\partial\bar{v}}+\boldsymbol{n}_v\frac{\partial v}{\partial\bar{v}}\right)\\&=\boldsymbol{n}_u\left(a\frac{\partial u}{\partial\bar{u}}+b\frac{\partial u}{\partial\bar{v}}\right)+\boldsymbol{n}_v\left(a\frac{\partial v}{\partial\bar{u}}+b\frac{\partial v}{\partial\bar{v}}\right)\\&=\lambda\boldsymbol{n}_u+\mu\boldsymbol{n}_v\end{aligned}$$

命题 3.4.3 对曲面 S 的任意单位切向量 $\boldsymbol{w}$，曲面 S 沿方向 $\boldsymbol{w}$ 的法曲率可表示为

$$\kappa_{\boldsymbol{n}}=\langle\mathcal{W}(\boldsymbol{w}),\boldsymbol{w}\rangle$$

证明 设曲面 S 的参数是 (u,v), 单位切向量为 $\boldsymbol{w}=\lambda\boldsymbol{r}_u+\mu\boldsymbol{r}_v$，则

$$\begin{aligned}\langle\mathcal{W}(\boldsymbol{w}),\boldsymbol{w}\rangle&=-\langle\lambda\boldsymbol{n}_u+\mu\boldsymbol{n}_v,\lambda\boldsymbol{r}_u+\mu\boldsymbol{r}_v\rangle\\&=\lambda^2L+2\lambda\mu M+\mu^2N\\&=\kappa_{\boldsymbol{n}}\end{aligned}$$

定理 3.4.1 Weingarten 变换是曲面切平面到自身的自共轭变换 (对称变换), 即 $\forall\boldsymbol{v}$, $\boldsymbol{w}\in T_PS$,

$$\langle\mathcal{W}(\boldsymbol{v}),\boldsymbol{w}\rangle=\langle\boldsymbol{v},\mathcal{W}(\boldsymbol{w})\rangle$$

证明 设 $\boldsymbol{v}=\lambda\boldsymbol{r}_u+\mu\boldsymbol{r}_v,\boldsymbol{w}=\xi\boldsymbol{r}_u+\eta\boldsymbol{r}_v$ 是 P 点的两个切向量, 由于 $\langle\boldsymbol{r}_u,\boldsymbol{n}_v\rangle=\langle\boldsymbol{r}_v,\boldsymbol{n}_u\rangle=-M$, 我们有

$$\begin{aligned}-\langle\mathcal{W}(\boldsymbol{v}),\boldsymbol{w}\rangle&=\langle\lambda\boldsymbol{n}_u+\mu\boldsymbol{n}_v,\xi\boldsymbol{r}_u+\eta\boldsymbol{r}_v\rangle\\&=\lambda\xi\langle\boldsymbol{n}_u,\boldsymbol{r}_u\rangle+\lambda\eta\langle\boldsymbol{n}_u,\boldsymbol{r}_v\rangle+\mu\xi\langle\boldsymbol{n}_v,\boldsymbol{r}_u\rangle+\mu\eta\langle\boldsymbol{n}_v,\boldsymbol{r}_v\rangle\\&=\langle\lambda\boldsymbol{r}_u+\mu\boldsymbol{r}_v,\xi\boldsymbol{n}_u+\eta\boldsymbol{n}_v\rangle\\&=-\langle\boldsymbol{v},\mathcal{W}(\boldsymbol{w})\rangle\end{aligned}$$

习题 3.4

1. 求曲面 $\boldsymbol{r}(u,v)=\{u,v,kuv\}$ 上曲线 $u=v^2$ 的法曲率.
2. 悬链面

$$S:\boldsymbol{r}(u,v)=\{\sqrt{u^2+a^2}\cos v,\sqrt{u^2+a^2}\sin v,a\ln(u+\sqrt{u^2+a^2})\}$$

求它在 $\boldsymbol{r}(0,0)$ 点处沿切向量 $\mathrm{d}\boldsymbol{r}=3\boldsymbol{r}_u+\boldsymbol{r}_v$ 的法曲率.

3. 求曲面 $z=f(x,y)$ 上的脐点所满足的条件.
4. 已知平面 Π 到单位球面 S 的中心距离为 $\rho(0<\rho<1)$, 求 Π 与 S 交线的曲率和法曲率.
5. 证明：曲面 S 在任意固定点处沿任意两个彼此正交的切方向的法曲率之和是一个常数.
6. 设曲面 S 由方程 $x^2+y^2-f(z)=0$ 给定，f 满足 $f(0)=0, f'(0)\neq 0$, 证明：S 在 $(0,0,0)$ 的法曲率为常数.
7. 求正螺面 $S: \boldsymbol{r}(u,v)=\{u\cos v, u\sin v, av\}$ 的椭圆点、双曲点和抛物点.
8. 已知曲面 $S: z=xy^2$, 求 S 上的脐点、椭圆点、双曲点和抛物点.

§3.5　主曲率和 Gauss 曲率

曲面的 Weingarten 变换是曲面切平面到自身的一个自共轭变换. 由线性代数理论知，Weingarten 变换的两个特征值是实数. 对任意 $P\in S$, 设 κ 是 Weingarten 变换 $\mathcal{W}: T_PS\to T_PS$ 的一个特征值，$\boldsymbol{w}$ 是相应的单位特征向量，由

$$\langle\mathcal{W}(\boldsymbol{w}),\boldsymbol{w}\rangle=\langle\kappa\boldsymbol{w},\boldsymbol{w}\rangle=\kappa$$

以及命题 3.4.3可知, κ 是曲面沿切方向 $\boldsymbol{w}$ 的法曲率.

定义 3.5.1　*把 Weingarten 变换在 P 点的两个特征值称为曲面 S 在 P 点的***主曲率***. 特征值对应的两个实特征方向称为曲面在 P 点的***主方向**.

由线性代数理论知，当两个主曲率不相等时，相应的两个主方向完全确定并且正交. 当两个主曲率相等时，主方向不能唯一确定，这时曲面在该点的任意切方向都是主方向.

为了计算曲面的主曲率，先要求出 Weingarten 变换在坐标切向量下的系数矩阵. 设曲面 S 的参数表示为 $\boldsymbol{r}=\boldsymbol{r}(u,v)$, 在切平面的自然基底 $\{\boldsymbol{r}_u,\boldsymbol{r}_v\}$ 下，Weingarten 变换的系数矩阵是 $\begin{pmatrix} a & b\\ c & d\end{pmatrix}$，即对任意的 $\boldsymbol{w}=\lambda\boldsymbol{r}_u+\mu\boldsymbol{r}_v=(\lambda,\mu)$，

$$\mathcal{W}(\boldsymbol{w})=(\lambda,\mu)\begin{pmatrix} a & b\\ c & d\end{pmatrix}=(\lambda a+\mu c,\lambda b+\mu d)$$

特别地，当 $\boldsymbol{w}$ 分别取做 $\boldsymbol{r}_u,\boldsymbol{r}_v$ 时，有

$$\mathcal{W}(\boldsymbol{r}_u)=-\boldsymbol{n}_u=a\boldsymbol{r}_u+b\boldsymbol{r}_v \tag{3.5.1}$$

$$\mathcal{W}(\boldsymbol{r}_v)=-\boldsymbol{n}_v=c\boldsymbol{r}_u+d\boldsymbol{r}_v \tag{3.5.2}$$

将式 (3.5.1) 分别与 $\boldsymbol{r}_u,\boldsymbol{r}_v$ 做内积得

$$L=aE+bF,\quad M=aF+bG$$

求解以上线性方程组得

$$a=\frac{LG-MF}{EG-F^2},\quad b=\frac{ME-LF}{EG-F^2}$$

类似地, 将式 (3.5.2) 分别与 $\boldsymbol{r}_u, \boldsymbol{r}_v$ 做内积得

$$M = cE + dF, \quad N = cF + dG$$

可得

$$c = \frac{MG - NF}{EG - F^2}, \quad d = \frac{NE - MF}{EG - F^2}$$

所以 Weingarten 变换的系数矩阵为

$$\begin{aligned}\begin{pmatrix} a & b \\ c & d \end{pmatrix} &= \frac{1}{EG - F^2}\begin{pmatrix} LG - MF & ME - LF \\ MG - NF & NE - MF \end{pmatrix} \\ &= \begin{pmatrix} L & M \\ M & N \end{pmatrix}\begin{pmatrix} E & F \\ F & G \end{pmatrix}^{-1}\end{aligned} \tag{3.5.3}$$

从式 (3.5.3) 可知主曲率 κ 须满足方程

$$\kappa^2 - \frac{LG - 2MF + NE}{EG - F^2}\kappa + \frac{LN - M^2}{EG - F^2} = 0$$

记曲面的两个主曲率 (即上式方程的两个根) 分别为 κ_1, κ_2.

定义 3.5.2 把 $H = \frac{1}{2}(\kappa_1 + \kappa_2)$ 称为曲面的**平均曲率**, $K = \kappa_1\kappa_2$ 称为曲面的 **Gauss 曲率**.

由根与系数的关系有

$$H = \frac{1}{2}\frac{LG - 2MF + NE}{EG - F^2} \tag{3.5.4}$$

$$K = \frac{LN - M^2}{EG - F^2} \tag{3.5.5}$$

而且不难看出, Gauss 曲率满足

$$\boldsymbol{n}_u \wedge \boldsymbol{n}_v = (ad - bc)\boldsymbol{r}_u \wedge \boldsymbol{r}_v = K\boldsymbol{r}_u \wedge \boldsymbol{r}_v$$

即，Gauss 曲率就是 Weingarten 变换在自然基底下系数矩阵的行列式.

例 3.5.1 求曲面 $z = z(x, y)$ 的 Gauss 曲率和平均曲率.

证明 由于

$$\boldsymbol{r} = \{x, y, z(x, y)\}$$

因此得

$$\boldsymbol{r}_x = \{1, 0, p\}, \quad \boldsymbol{r}_y = \{0, 1, q\}$$

$$\boldsymbol{r}_{xx} = \{0, 0, u\}, \quad \boldsymbol{r}_{xy} = \{0, 0, s\}, \quad \boldsymbol{r}_{yy} = \{0, 0, t\}$$

其中

$$p = \frac{\partial z}{\partial x}, \quad q = \frac{\partial z}{\partial y}, \quad u = \frac{\partial^2 z}{\partial x^2}, \quad s = \frac{\partial^2 z}{\partial x \partial y}, \quad t = \frac{\partial^2 z}{\partial y^2}$$

第一基本量为

$$E=1+p^2,\quad F=pq,\quad G=1+q^2$$

由于

$$\boldsymbol{n}=\frac{\boldsymbol{r}_x\wedge\boldsymbol{r}_y}{EG-F^2}=\frac{\{-p,-q,1\}}{\sqrt{1+p^2+q^2}}$$

由此得出第二基本量为

$$L=\frac{u}{\sqrt{1+p^2+q^2}},\quad M=\frac{s}{\sqrt{1+p^2+q^2}},\quad N=\frac{t}{\sqrt{1+p^2+q^2}}$$

所以

$$K=\frac{ut-s^2}{(1+p^2+q^2)^2}$$

$$H=\frac{(1+q^2)u-2pqs+(1+p^2)t}{2(1+p^2+q^2)^{3/2}}$$

定理 3.5.1　设 κ 是 $\mathcal{W}$ 变换的一个特征值，则非零向量 $\mathbf{0}\neq\boldsymbol{w}=x\boldsymbol{r}_u+y\boldsymbol{r}_v\in T_PS$ 为 κ 对应的特征向量当且仅当

$$\left[\begin{pmatrix}L & M\\ M & N\end{pmatrix}-\kappa\begin{pmatrix}E & F\\ F & G\end{pmatrix}\right]\begin{pmatrix}x\\ y\end{pmatrix}=\begin{pmatrix}0\\ 0\end{pmatrix}\tag{3.5.6}$$

证明　（必要性）设 $\mathbf{0}\neq\boldsymbol{w}=x\boldsymbol{r}_u+y\boldsymbol{r}_v\in T_PS$ 为 κ 对应的特征向量，则 $\mathcal{W}(\boldsymbol{w})=\kappa\boldsymbol{w}$，即

$$-(\boldsymbol{n}_ux+\boldsymbol{n}_vy)=\kappa(\boldsymbol{r}_ux+\boldsymbol{r}_vy)$$

上式两边分别点乘 $\boldsymbol{r}_u,\boldsymbol{r}_v$ 后可得

$$\begin{cases}Lx+My=\kappa(Ex+Fy)\\ Mx+Ny=\kappa(Fx+Gy)\end{cases}$$

则 (x,y) 应该是方程组

$$\begin{cases}(L-\kappa E)x+(M-\kappa F)y=0\\ (M-\kappa F)x+(N-\kappa G)y=0\end{cases}\tag{3.5.7}$$

的非零解，整理即得到式 (3.5.6).

（充分性）　如果式 (3.5.6) 成立，则有式 (3.5.7)，即

$$\begin{cases}\langle\boldsymbol{r}_u,\mathcal{W}(\boldsymbol{w})-\kappa\boldsymbol{w}\rangle=0\\ \langle\boldsymbol{r}_v,\mathcal{W}(\boldsymbol{w})-\kappa\boldsymbol{w}\rangle=0\end{cases}\tag{3.5.8}$$

因为 $\boldsymbol{r}_u,\boldsymbol{r}_v$ 是线性无关的，所以 $\mathcal{W}(\boldsymbol{w})-\kappa\boldsymbol{w}=\mathbf{0}$, 即 $\boldsymbol{w}$ 是 Weingarten 变换的属于特征值 κ 的特征向量.

进一步可得:

命题 3.5.1 Weingarten 变换的特征值 κ 满足方程

$$\left|\begin{pmatrix} L & M \\ M & N \end{pmatrix} - \kappa \begin{pmatrix} E & F \\ F & G \end{pmatrix}\right| = 0 \tag{3.5.9}$$

§3.5.1 主方向的计算

由上面的讨论可求出 κ_1, κ_2, 进一步利用线性代数的知识，可以求出主曲率对应的主方向 $x : y$.

(1) 当 $\kappa_1 \neq \kappa_2$ 时，将 κ_1, κ_2 逐次代替方程组 (3.5.7) 中的 κ，其相应的方程组系数矩阵的秩是 1，因此 κ_1 对应的主方向是

$$\frac{x}{y} = -\frac{M - \kappa_1 F}{L - \kappa_1 E} \quad \text{或者} \quad \frac{x}{y} = -\frac{N - \kappa_1 G}{M - \kappa_1 F}$$

κ_2 对应的主方向是

$$\frac{x}{y} = -\frac{M - \kappa_2 F}{L - \kappa_2 E} \quad \text{或者} \quad \frac{x}{y} = -\frac{N - \kappa_2 G}{M - \kappa_2 F}$$

(2) 当 $\kappa_1 = \kappa_2$ 时，主方向不定，此时任意非零数组 (x, y) 都是方程组 (3.5.7) 的解. 方程组 (3.5.7) 可以改写为

$$\begin{cases} (Lx + My) - \kappa(Ex + Fy) = 0 \\ (Mx + Ny) - \kappa(Fx + Gy) = 0 \end{cases}$$

可求得

$$\kappa = \frac{Lx + My}{Ex + Fy} = \frac{Mx + Ny}{Fx + Gy} \tag{3.5.10}$$

即

$$\begin{vmatrix} Lx + My & Ex + Fy \\ Mx + Ny & Fx + Gy \end{vmatrix} = 0 \tag{3.5.11}$$

展开可得主方向 $x : y$ 满足方程

$$(LF - ME)x^2 + (LG - NE)xy + (MG - NF)y^2 = 0$$

定义 3.5.3 曲面上一条曲线，如果它的每一点的切方向都是主方向，则称这条曲线为一条**曲率线**.

由上面的讨论可知，如果 $\boldsymbol{r} = \boldsymbol{r}(u(t), v(t))$ 是曲面的一条曲率线，$(\mathrm{d}u, \mathrm{d}v)$ 是其切方向，则其满足式 (3.5.11)，为便于记忆，可表述为

$$\begin{vmatrix} \mathrm{d}v^2 & -\mathrm{d}u\mathrm{d}v & \mathrm{d}u^2 \\ E & F & G \\ L & M & N \end{vmatrix} = 0 \tag{3.5.12}$$

式 (3.5.12) 称为曲率线微分方程.

§3.5.2　法曲率和主曲率的关系

设 $P \in S$, $\boldsymbol{e}_1, \boldsymbol{e}_2$ 是曲面在 P 点的主方向, 且 $\{\boldsymbol{e}_1, \boldsymbol{e}_2\}$ 构成 T_PS 的单位正交基, 按主方向的定义有: $\mathcal{W}(\boldsymbol{e}_i) = \kappa_i \boldsymbol{e}_i, (i = 1, 2)$. 这时对任意单位向量 $\boldsymbol{w} \in T_PS$, 设

$$\boldsymbol{w} = \cos\theta \boldsymbol{e}_1 + \sin\theta \boldsymbol{e}_2$$

其中, θ 为 $\boldsymbol{w}$ 与 $\boldsymbol{e}_1$ 的夹角, 则沿 $\boldsymbol{w}$ 方向, 曲面的法曲率为

$$\begin{aligned}\kappa_{\boldsymbol{n}}(\boldsymbol{w}) &= \langle \mathcal{W}(\boldsymbol{w}), \boldsymbol{w} \rangle \\ &= \langle \cos\theta\kappa_1 \boldsymbol{e}_1 + \sin\theta\kappa_2 \boldsymbol{e}_2, \cos\theta \boldsymbol{e}_1 + \sin\theta \boldsymbol{e}_2 \rangle \\ &= \kappa_1 \cos^2\theta + \kappa_2 \sin^2\theta\end{aligned}$$

因此有:

命题 3.5.2　(Euler 公式) *设 κ_1, κ_2 是曲面在一点 P 的主曲率, $\boldsymbol{e}_1, \boldsymbol{e}_2$ 是相应的正交主方向. 设 $\boldsymbol{w}$ 是一个单位向量, $\boldsymbol{w}$ 与 $\boldsymbol{e}_1$ 的夹角为 θ, 则曲面在 P 点沿 $\boldsymbol{w}$ 方向的法曲率为*

$$\kappa_{\boldsymbol{n}} = \kappa_1 \cos^2\theta + \kappa_2 \sin^2\theta$$

从 Euler 公式可以看出, 当主曲率 κ_1, κ_2 不等时, 法曲率在主方向上取极大或极小值; 当主曲率 κ_1, κ_2 相等时, 法曲率与切方向无关.

主方向定义为 Weingarten 变换特征值对应的两个实特征方向，当两个主曲率不相等时，相应的两个主方向完全确定并且正交.

例 3.5.2　求圆柱面 $\boldsymbol{r}(u, z) = \{R\cos u, R\sin u, z\}$ 在任意点的主方向.

证明　易得圆柱面的第一、第二基本量分别为

$$E = \boldsymbol{r}_u^2 = R^2, \quad F = 0, \quad G = 1, \quad L = -R, \quad M = N = 0$$

代入主曲率方程

$$(EG - F^2)\kappa^2 - (LG - 2MF + NE)\kappa + (LN - M^2) = 0$$

可解得 $\kappa_1 = 0, \kappa_2 = \dfrac{1}{R}$. $\kappa_1 = 0$ 表明曲面上沿这一特征方向的曲线只能是直线，圆柱面上的直线只有直母线，即直母线所在方向为一主方向. 另一个主方向为 u-曲线的切向。

例 3.5.3　求椭球面

$$x^2 + y^2 + \frac{z^2}{9} = 1$$

在 $p = \left(\dfrac{1}{\sqrt{2}}, \dfrac{1}{\sqrt{2}}, 0\right)$ 处的主方向和主曲率.

解　椭球面有参数表示

$$\boldsymbol{r}(u, v) = \{\cos u \cos v, \cos u \sin v, 3\sin u\}$$

在 $p = \left(\dfrac{1}{\sqrt{2}}, \dfrac{1}{\sqrt{2}}, 0\right)$ 处, 参数下为 $p = r\left(0, \dfrac{\pi}{4}\right)$, 计算可得

$$\boldsymbol{r}_u = \{-\sin u \cos v, -\sin u \sin v, 3\cos u\}$$

$$\boldsymbol{r}_v = \{-\cos u \sin v, \cos u \cos v, 0\}$$

$$\boldsymbol{n} = \frac{\{-3\cos u \cos v, -3\cos u \sin v, -\sin u\}}{\sqrt{8\cos^2 u + 1}}$$

$$\boldsymbol{r}_{uu} = \{-\cos u \cos v, -\cos u \sin v, -3\sin u\} = -r(u,v)$$

$$\boldsymbol{r}_{vv} = \{-\cos u \cos v, -\cos u \sin v, 0\}$$

$$\boldsymbol{r}_{uv} = \{\sin u \sin v, -\sin u \cos v, 0\}$$

在 p 点以上向量取值为

$$\boldsymbol{r}_u(p) = (0,0,3),\ \boldsymbol{r}_v(p) = (-\frac{1}{\sqrt{2}}, \frac{1}{\sqrt{2}}, 0),\ \boldsymbol{n}(p) = \boldsymbol{r}_{uu}(p) = \boldsymbol{r}_{vv}(p) = -\boldsymbol{r}(p),\ \boldsymbol{r}_{uv}(p) = 0$$

于是

$$I(p) = 9\mathrm{d}u^2 + \mathrm{d}v^2, \quad II(p) = \mathrm{d}u^2 + \mathrm{d}v^2$$

求解方程

$$\det\left[\lambda\begin{pmatrix} E & F \\ F & G \end{pmatrix}_p - \begin{pmatrix} L & M \\ M & N \end{pmatrix}_p\right] = 0$$

可得

$$\lambda_1 = 1, \quad \lambda_2 = \frac{1}{9}$$

对于 $\lambda_1 = 1$, 设 (x_1, x_2) 为其对应的主方向，则

$$\begin{pmatrix} 8 & 0 \\ 0 & 0 \end{pmatrix}\begin{pmatrix} x^1 \\ x^2 \end{pmatrix} = 0$$

计算可得 $(x_1, x_2) = (0, 1)$, 则 $\boldsymbol{e}_1 = 0\boldsymbol{r}_u(p) + 1\boldsymbol{r}_v(p) = (-\frac{1}{\sqrt{2}}, \frac{1}{\sqrt{2}}, 0)$, 此时 $\kappa_{\boldsymbol{n}}(\boldsymbol{e}_1) = 1$.

同理可得 $\lambda_2 = \dfrac{1}{9}$ 对应的主方向为

$$\boldsymbol{e}_2 = (0,0,1), \quad \kappa_{\boldsymbol{n}}(\boldsymbol{e}_2) = \frac{1}{9}$$

§3.5.3 二阶近似曲面

为了进一步了解主曲率的几何意义，借助活动标架考察曲面在一点的二阶近似, 如图 3.5.1 所示.

命题 3.5.3 设 P 是曲面 S 上一点, $\boldsymbol{e}_1, \boldsymbol{e}_2$ 是该点的单位正交主方向, 则存在 S 的参数 (u, v), 使得 $\boldsymbol{r}_u(P) = \boldsymbol{e}_1, \boldsymbol{r}_v(P) = \boldsymbol{e}_2$.

证明 设曲面 S 的参数为 $(\bar{u},\bar{v})$, 在 P 点存在可逆的常数矩阵 $\boldsymbol{A}$，使得

$$\begin{pmatrix} \boldsymbol{e}_1 \\ \boldsymbol{e}_2 \end{pmatrix} = \boldsymbol{A}\begin{pmatrix} \boldsymbol{r}_{\bar{u}} \\ \boldsymbol{r}_{\bar{v}} \end{pmatrix}(P)$$

做参数变换 $(u,v)=(\bar{u},\bar{v})\boldsymbol{A}^{-1}$，则有

$$\begin{pmatrix} \boldsymbol{r}_u \\ \boldsymbol{r}_v \end{pmatrix}(P) = \boldsymbol{A}\begin{pmatrix} \boldsymbol{r}_{\bar{u}} \\ \boldsymbol{r}_{\bar{v}} \end{pmatrix}(P) = \begin{pmatrix} \boldsymbol{e}_1 \\ \boldsymbol{e}_2 \end{pmatrix}$$

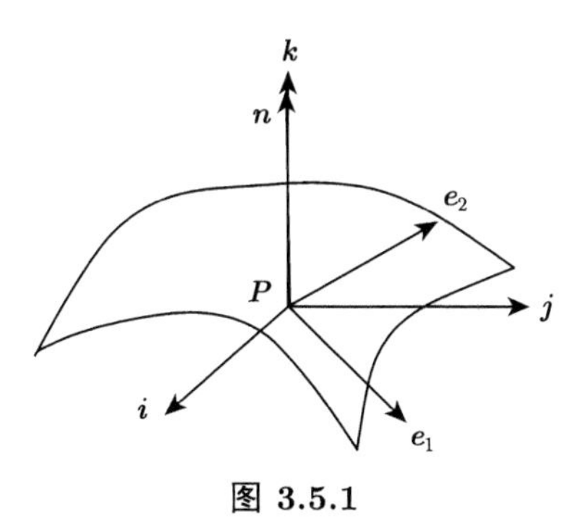

图 3.5.1

设 P 是曲面 S 上一点, 由上述命题，可以取 S 的参数 (u,v) 使得 $\boldsymbol{e}_1=\boldsymbol{r}_u(P),\boldsymbol{e}_2=\boldsymbol{r}_v(P)$ 是该点的单位正交主方向, 这时曲面在该点的第二基本形式满足

$$\begin{aligned} L(P) &= \langle \boldsymbol{r}_{uu},\boldsymbol{n}\rangle = -\langle \boldsymbol{n}_u,\boldsymbol{r}_u\rangle(P) = \langle \mathcal{W}(\boldsymbol{e}_1),\boldsymbol{e}_1\rangle = \kappa_1 \\ M(P) &= \langle \boldsymbol{r}_{uv},\boldsymbol{n}\rangle = -\langle \boldsymbol{n}_u,\boldsymbol{r}_v\rangle(P) = \langle \mathcal{W}(\boldsymbol{e}_1),\boldsymbol{e}_2\rangle = 0 \\ N(P) &= \langle \boldsymbol{r}_{vv},\boldsymbol{n}\rangle = -\langle \boldsymbol{n}_v,\boldsymbol{r}_v\rangle(P) = \langle \mathcal{W}(\boldsymbol{e}_2),\boldsymbol{e}_2\rangle = \kappa_2 \end{aligned}$$

曲面在 P 点的二阶近似可表为

$$\begin{aligned} \Delta\boldsymbol{r} &= \boldsymbol{r}(u_0+\Delta u,v_0+\Delta v)-\boldsymbol{r}(u_0,v_0) \\ &= \boldsymbol{r}_u(u_0,v_0)\Delta u+\boldsymbol{r}_v(u_0,v_0)\Delta v+\frac{1}{2}(\boldsymbol{r}_{uu}\Delta u^2+2\boldsymbol{r}_{uv}\Delta u\Delta v+\boldsymbol{r}_{vv}\Delta v^2) \\ &\quad + o(\Delta u^2+\Delta v^2) \\ &= (\Delta u+o(\sqrt{(\Delta u)^2+(\Delta v)^2}))\boldsymbol{e}_1+(\Delta v+o(\sqrt{(\Delta u)^2+(\Delta v)^2}))\boldsymbol{e}_2 \\ &\quad + \frac{1}{2}(\kappa_1\Delta u^2+\kappa_2\Delta v^2+o((\Delta u)^2+(\Delta v)^2))\boldsymbol{n} \end{aligned}$$

不妨假设 $(u_0,v_0)=(0,0)$, 则在 $\{P;\boldsymbol{e}_1,\boldsymbol{e}_2,\boldsymbol{n}\}$ 下，曲面的参数方程为

$$\begin{cases} x = u+o(\sqrt{u^2+v^2}) \\ y = v+o(\sqrt{u^2+v^2}) \\ z = \dfrac{1}{2}(\kappa_1 u^2+\kappa_2 v^2)+o(u^2+v^2) \end{cases}$$

或者

$$z=\frac{1}{2}(\kappa_1x^2+\kappa_2y^2)+o(x^2+y^2)$$

称为曲面 S 的参数方程在点 P 的**标准展式**.

当 $\kappa_1\kappa_2\neq 0$ 时，z 作为 x^2+y^2 的无穷小量，当 $x^2+y^2\to 0$ 时的主要部分是

$$z=\frac{1}{2}(\kappa_1x^2+\kappa_2y^2)$$

由此可得一个二次曲面 S^*:

$$\begin{cases} x=u \\ y=v \\ z=\dfrac{1}{2}(\kappa_1u^2+\kappa_2v^2) \end{cases}$$

这个曲面是曲面 S 在 P 点的二阶近似曲面. 当 Gauss 曲率 $K=\kappa_1\kappa_2>0$ 时，P 是椭圆点, S^* 是椭圆抛物面；当 $K<0$ 时, P 是双曲点, S^* 是双曲抛物面, 当 $K=0$ 时, P 是抛物点, S^* 是抛物柱面.

例 3.5.4 求环面

$$\boldsymbol{r}=\{(a+b\cos u)cosv,(a+b\cos u)\sin v,b\sin u\},\quad 0\leqslant u,v<2\pi,a,b\in\mathbb{R},0<b<a$$

上各种类型点的分布.

解 计算可得

$$E=b^2,\quad F=0,\quad G=(a+b\cos u)^2;\quad L=b,\quad M=0,\quad N=b\cos u(a+b\cos u)$$

则 $LN-M^2=b\cos u(a+b\cos u)$, 当 $a>b>0$ 时，$a+b\cos u>0$, 所以 $LN-M^2$ 与 $\cos u$ 符号一致.

当 $0\leqslant u<\dfrac{\pi}{2}$ 或 $\dfrac{3\pi}{2}<u\leqslant 2\pi$ 时，$LN-M^2>0$, 曲面上的点为椭圆点，即圆环面外侧的点为椭圆点；

当 $\dfrac{\pi}{2}<u<\dfrac{3\pi}{2}$ 时，$LN-M^2<0$, 曲面上的点为双曲点，即圆环面内侧的点为双曲点；

当 $u=\dfrac{\pi}{2}$ 或 $u=\dfrac{3\pi}{2}$ 时，$LN-M^2=0$, 曲面上的点为椭圆点，即圆环面的上下纬圆为椭圆点.

§3.5.4 Gauss 曲率的几何意义

命题 3.5.4 设 P 是曲面 S 上一点, σ 是曲面上含 P 点的一个小曲面域, σ 在 Gauss 映射下的像为 σ^*. 设 σ,σ^* 的面积分别是 A,A^*, 则 $|K_P|=\lim\limits_{\sigma\to P}\dfrac{A^*}{A}$, 其中 K_P 是 Gauss 曲率在 P 点的值.

证明　设曲面 $S:\boldsymbol{r}=\boldsymbol{r}(u,v),(u,v)\in D$, 曲面域 σ 对应的参数变化区域为 $D_1\subset D$, 于是有

$$A=\iint_{D_1}\|r_u\wedge\boldsymbol{r}_v\|\mathrm{d}u\mathrm{d}v$$

$$A^*=\iint_{D_1}\|\boldsymbol{n}_u\wedge\boldsymbol{n}_v\|\mathrm{d}u\mathrm{d}v=\iint_{D_1}\|K\boldsymbol{r}_u\wedge\boldsymbol{r}_v\|\mathrm{d}u\mathrm{d}v$$

由二重积分的中值定理, 存在 $Q\in D_1$ 有

$$A^*=|K_Q|\iint_{D_1}\|\boldsymbol{r}_u\wedge\boldsymbol{r}_v\|\mathrm{d}u\mathrm{d}v=|K_Q|A$$

其中 $|K_Q|$ 表示 Gauss 曲率在 Q 点的值. 当 σ 收缩为给定点 P 时, Q 点趋于 P, 于是由上式得

$$\lim_{\sigma\to P}\frac{A^*}{A}=\lim_{Q\to P}|K_Q|=|K_P|$$

最后给出 Gauss 曲率符号的几何意义. 已知

$$\boldsymbol{n}_u\wedge\boldsymbol{n}_v=K(\boldsymbol{r}_u\wedge\boldsymbol{r}_v)$$

$\boldsymbol{r}_u\wedge\boldsymbol{r}_v$ 是曲面 S 的法向量, $\boldsymbol{n}_u\wedge\boldsymbol{n}_v$ 是曲面在 Gauss 映射下的像 $g(S)=\sum$ 的法向量. $K>0$ 表示这两个法向量方向相同, 此时 $\boldsymbol{r}_u$ 到 $\boldsymbol{r}_v$ 的旋转方向和 $\boldsymbol{n}_u$ 到 $\boldsymbol{n}_v$ 的旋转方向相同; $K<0$ 表示这两个法向量方向相反, 此时 $\boldsymbol{r}_u$ 到 $\boldsymbol{r}_v$ 的旋转方向和 $\boldsymbol{n}_u$ 到 $\boldsymbol{n}_v$ 的旋转方向相反.

习题 3.5

1. 求双曲面 $z=bxy$ 上的曲率线.
2. 求曲面

$$\boldsymbol{r}(u,v)=\{\frac{a}{2}(u-v),\frac{b}{2}(u+v),\frac{uv}{2}\}$$

上的曲率线的方程.

3. 设曲面 S 在一个固定点 P 的切方向与一个主方向的交角为 θ, 该切方向所对应的法曲率记为 $\kappa_{\boldsymbol{n}}(\theta)$. 证明:

$$\frac{1}{2\pi}\int_0^{2\pi}\kappa_{\boldsymbol{n}}(\theta)\mathrm{d}\theta=H$$

其中, $H=\dfrac{\kappa_1+\kappa_2}{2}$.

4. 求曲面 $\mathrm{e}^z=\sin\sqrt{x^2+y^2}$ 的 Gauss 曲率.
5. 求曲面 $S:\boldsymbol{r}(u,v)=\{u+v,u-v,uv\}$ 的平均曲率和 Gauss 曲率，以及该曲面上的曲率线.
6. 求曲面 $z=\arctan\dfrac{y}{x}$ 上的曲率线，以及它的主曲率.

第 4 章　特殊曲面

本章讨论几类重要的曲面.

§4.1　旋转曲面

xOz 平面内的与 z 轴无交的参数曲线 $r(t)=\{f(t),0,g(t)\}$ 绕 z 轴旋转而得的旋转面

$$\boldsymbol{r}=\{f(t)\cos\theta, f(t)\sin\theta, g(t)\}$$

的第一基本量和第二基本量分别为

$$E=(f')^2+(g')^2,\quad F=0,\quad G=f^2$$

$$L=\frac{f''g'-g''f'}{\sqrt{(f')^2+(g')^2}},\quad M=0,\quad N=\frac{fg'}{\sqrt{(f')^2+(g')^2}}$$

因此，旋转曲面的 Gauss 曲率为

$$K=\frac{(f''g'-g''f')g'}{((f')^2+(g')^2)^2f}$$

平均曲率为

$$H=\frac{-(f''g'-g''f')f+((f')^2+(g')^2)g'}{2\sqrt{((f')^2+(g')^2)^3}f}$$

如果 xOz 平面上的曲线是弧长参数曲线，也就是 $(f'(t))^2+(g'(t))^2=1$, 则继续求微分得

$$f'f''+g'g''=0$$

所以

$$\begin{aligned}(f'g''-f''g')g' &= f'g'g''-f''g'g'\\ &= -f'f'f''-f''(1-f'f')\\ &= -f''\end{aligned}$$

代入 Gauss 曲率表达式，则

$$K=-\frac{f''}{f},\qquad H=\frac{1}{2}(\frac{g'}{f}-\frac{f''}{g'})$$

当旋转曲面的 Gauss 曲率为常数时，分以下三种情况.

(1) $K = c^2 > 0$. 则由常微分方程可知

$$f''(t) + c^2 f(t) = 0$$

由特征值法可知，常微分方程的解为

$$f(t) = A\cos ct + B\sin ct$$

进一步可得

$$\begin{aligned} g(t) &= \pm\int_0^t \sqrt{1-(f'(t))^2}\mathrm{d}t \\ &= \pm\int_0^t \sqrt{1-c^2(-A\sin ct + B\cos ct)^2}\mathrm{d}t \end{aligned}$$

当 $B = 0, A = \dfrac{1}{c}$ 时,

$$f(t) = \frac{1}{c}\cos ct, \qquad g(t) = \pm\frac{1}{c}\sin ct$$

这时, 曲面是一个半径为 $\dfrac{1}{c}$ 的球.

(2) $K = 0$.

当 $K = 0$, 这时相应的方程为

$$f''(t) = 0$$

它的解为

$$f(t) = At + b, \qquad g(t) = \pm\sqrt{1-A^2}t + c, \quad 0 \leqslant A \leqslant 1$$

(i) 当$A = 0$ 时，则 $f(t) = b$, $g(t) = \pm t + c$，曲面是圆柱面, 如图 4.1.1 所示.

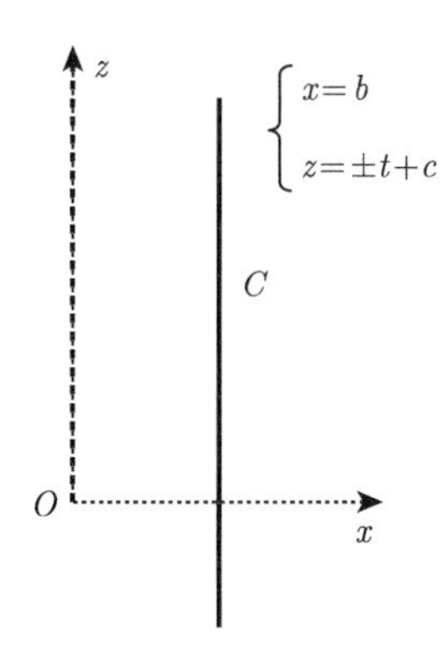

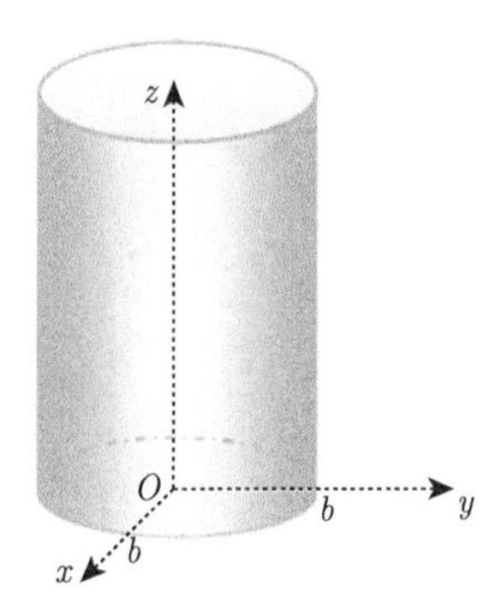

图 4.1.1

(ii) 当$A = 1$ 时，则 $f(t) = t + b$, $g(t) = c$，曲面是平面, 如图 4.1.2 所示.

(iii) 当$0 < A < 1$ 时, 则 $\begin{cases} x = At + b \\ z = Bt + c, \end{cases}$ $A^2 + B^2 = 1$, 曲面是圆锥面, 如图 4.1.3 所示.

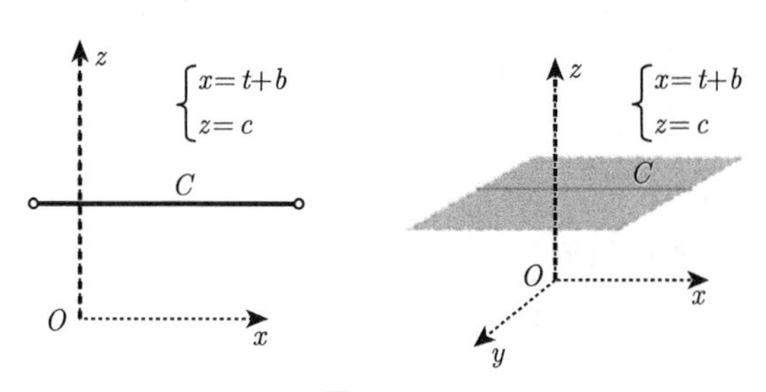

图 4.1.2

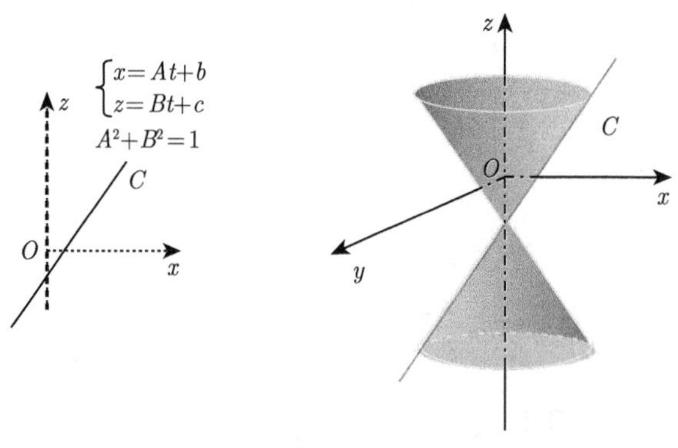

图 4.1.3

(3) $K=-c^2<0$.

当 $K=-c^2<0$ 时, 相应的方程为

$$f''(t)-c^2f=0$$

它的解为

$$f(t)=A\cosh ct+b\sinh ct$$

$$g(t)=\pm\int_0^t\sqrt{1-c^2(A\sinh ct+B\cosh ct)^2}\mathrm{d}t$$

其中

$$\sinh t=\frac{\mathrm{e}^t-\mathrm{e}^{-t}}{2};\qquad \cosh t=\frac{\mathrm{e}^t+\mathrm{e}^{-t}}{2}$$

是双曲函数.

当 $A=-B=\dfrac{1}{c}$ 时,

$$f(t)=\frac{1}{c}\mathrm{e}^{-ct},\qquad g(t)=\pm\int_0^t\sqrt{1-\mathrm{e}^{-2ct}}\mathrm{d}t$$

这时, 曲面是一个伪球面，如图 4.1.4 所示.

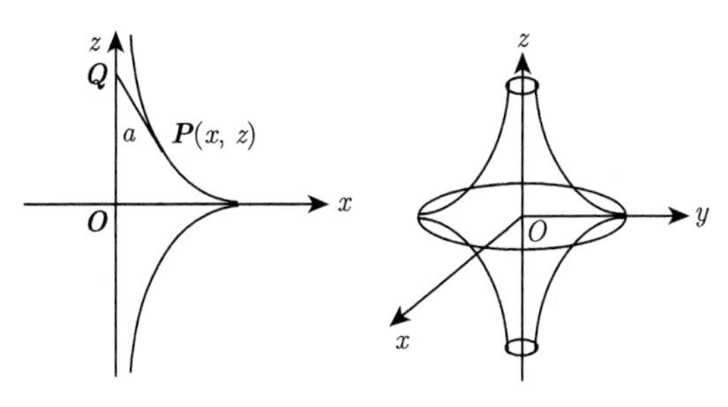

图 4.1.4

习题 4.1

1. 求曲线 $z=k\sqrt{x}, y=0$ 绕 z 轴旋转所生成的曲面的 Gauss 曲率 K 和平均曲率.
2. 设 S 是 xOz 平面上的曲线 $x^2-y^2=1$ 绕 z 轴旋转一周生成的曲面.
   (1) 写出 S 的参数方程，并求它的第一基本形式和第二基本形式；
   (2) 曲面 S 的两个主曲率 κ_1, κ_2 满足关系式 $\kappa_1+\kappa_2^3=0$.

§4.2　极小曲面

定义 4.2.1　平均曲率 H 处处为零的曲面称为**极小曲面**.

由平均曲率的计算公式 $H=\dfrac{EN-2FM+GL}{2(EG-F^2)}$ 可得:

命题 4.2.1　曲面 S 为极小曲面的充要条件是

$$EN-2FM+GL=0$$

例 4.2.1　证明：舍尔克 (Scherk) 曲面

$$az=\ln\frac{\cos(ay)}{\cos(ax)},\quad (a\text{为非零常数})$$

是极小曲面.

证明　由 $z=\dfrac{1}{a}\ln\dfrac{\cos(ay)}{\cos(ax)}$, 求导可得

$$p=\frac{\partial z}{\partial x}=\frac{\cos(ax)}{\cos(ay)}\left[-\frac{\cos(ay)(-a\sin(ax))}{a(\cos(ax))^2}\right]=\tan(ax)$$

$$q=\frac{\partial z}{\partial y}=\frac{\cos(ax)}{\cos(ay)}\frac{-a\sin(ay)}{a(\cos(ax))}=-\tan(ay)$$

所以

$$\boldsymbol{r}_u=(1,0,p),\quad \boldsymbol{r}_v=(0,1,q)$$

第一基本量为

$$E = \tan^2(ax), \quad F = -\tan(ax)\tan(ay), \quad G = \tan^2(ay)$$

$$\boldsymbol{n} = \frac{\boldsymbol{r}_u \wedge \boldsymbol{r}_v}{\|\boldsymbol{r}_u \wedge \boldsymbol{r}_v\|} = \frac{\{-p, -q, 1\}}{\sqrt{1+p^2+q^2}}$$

$$r = \frac{\partial^2 z}{\partial x^2} = a\sec^2(ax), \quad s = \frac{\partial^2 z}{\partial x \partial y} = 0, \quad t = \frac{\partial^2 z}{\partial y^2} = -a\sec^2(ay)$$

进一步计算可得

$$L = \frac{a\sec^2(ax)}{\sqrt{1+p^2+q^2}}, \quad M = 0, \quad N = \frac{-a\sec^2(ay)}{\sqrt{1+p^2+q^2}}$$

因此

$$\begin{aligned} EN - 2FM + GL &= \frac{(1+p^2)t - 2pqs + (1+q^2)r}{\sqrt{1+p^2+q^2}} \\ &= \frac{(1+\tan^2(ax))(-a\sec^2(ay)) + (1+\tan^2(ay)) \cdot a\sec^2(ax)}{\sqrt{1+p^2+q^2}} \\ &= 0 \end{aligned}$$

代入平均曲率公式得

$$H = \frac{(1+p^2)t - 2pqs + (1+q^2)r}{(1+p^2+q^2)^{\frac{3}{2}}} = 0$$

关于旋转极小曲面，有如下命题：

命题 4.2.2 悬链面是异与平面的旋转面中唯一的极小曲面.

证明 悬链面是极小曲面留作练习题, 我们仅证明命题中的唯一性.

设 S 是异与平面的极小旋转曲面，其方程可取为

$$\boldsymbol{r} = \{f(u)\cos v, f(u)\sin v, u\} \tag{4.2.1}$$

经过计算可得

$$E = 1 + (f')^2, F = 0, G = f^2, L = \frac{f''}{\sqrt{1+(f')^2}}, M = 0, N = \frac{f}{\sqrt{1+(f')^2}}$$

则当 S 是极小曲面时，基本量满足

$$\frac{f''}{1+(f')^2} = \frac{1}{f}$$

等式两边同时乘以 f' 得

$$\frac{f''f'}{1+(f')^2} = \frac{f'}{f}$$

积分可得

$$\frac{1}{2}\ln(1+(f')^2)=\ln f+C,\quad (C\text{是积分常数})$$

即

$$f=\mathrm{e}^{-C}\sqrt{1+(f')^2}=a\sqrt{1+(f')^2},\quad (\text{其中}a=\mathrm{e}^{-C})$$

计算可得

$$f'=\pm\sqrt{\left(\frac{f}{a}\right)^2-1}$$

所以

$$\mathrm{d}u=\pm\frac{\mathrm{d}f}{\sqrt{\left(\frac{f}{a}\right)^2-1}}$$

再积分并整理可得

$$\frac{u}{a}+b=\pm\cosh^{-1}\frac{f}{a}\qquad (b\text{为常数})$$

如果取正号有

$$f=a\cosh(\frac{u}{a}+b)$$

代入方程式(4.2.1)知, S 是悬链面.

例 4.2.2　证明：恩内佩尔 (Ennerper) 曲面

$$\boldsymbol{r}=\{3u(1+v^2)-u^3,3v(1+u^2)-v^3,3(u^2-v^2)\}$$

是极小曲面，而且其坐标曲线是平面曲线，并求出它们所在的平面.

证明　计算可得曲面的第一、第二基本量为

$$E=9(u^2+v^2+1)^2,\quad F=0,\quad G=9(u^2+v^2+1)^2$$

$$L=\frac{54}{9(u^2+v^2+1)^2}(u^2+v^2+1)^2=6,\quad M=0,\quad N=-6$$

代入平均曲率公式

$$H=\frac{EN-2FM+GL}{2(EG-F^2)}=0$$

所以曲面为极小曲面.

因为 $F=M=0$, 所以坐标曲线为曲率线，对 $u-$ 曲线 $(v=v_0)$, 有 $\boldsymbol{r}_u\wedge\boldsymbol{r}_{uu}=18(u^2+v_0^2+1)\{0,-1,v_0\}$, 故副法向量平行于 $\{0,-1,v_0\}$, $u-$ 曲线为平面曲线，所在平面为

$$\{0,-1,v_0\}\cdot(\rho-\boldsymbol{r}(0,v_0))=0$$

即

$$-y+v_0z+2v_0^3+3v_0=0$$

$v-$ 曲线 $(u=u_0)$ 的副法向量平行于 $\{-1,0,-u_0\}$, 故 $v-$ 曲线为平面曲线，所在平面为

$$\{-1,0,-u_0\}\cdot(\rho-\boldsymbol{r}(u_0,0))=0$$

即

$$x+u_0z-3u_0-2u_0^2=0$$

习题 4.2

1. 证明极小曲面上的点都是双曲点和平点.
2. 证明：正螺旋面 $\boldsymbol{r}(u,v)=\{u\cos v,u\sin v,bv\}$ 是极小曲面.
3. 证明：曲面 $z=c\arctan\dfrac{y}{x}$ 是极小曲面.
4. 证明：悬链面

$$\boldsymbol{r}(u,v)=\{a\cosh\frac{u}{a}\cos v,a\cosh\frac{u}{a}\sin v,u\}$$

是极小曲面.

5. 如果曲面 $z=f(x)+g(y)$ 是极小曲面，证明：在相差一个常数的情况下，它是 Scherk 曲面

$$z=\frac{1}{a}\ln\frac{\cos ay}{\cos ax}$$

6. 设 a 是常数，证明：曲面

$$\boldsymbol{r}=\{2au+\frac{auv^2}{2}-\frac{au^3}{6},2av+\frac{avu^2}{2}-\frac{av^3}{6},a(u^2-v^2)\}$$

是极小曲面，而且其坐标曲线是平面曲线.

§4.3 直纹面和可展曲面

§4.3.1 直纹面

定义 4.3.1 由直线的轨迹所形成的曲面称为**直纹面**, 这些直线称为**直母线**, S 上与所有直母线都相交的曲线称为直纹面的**导线**, 如图 4.3.1 所示.

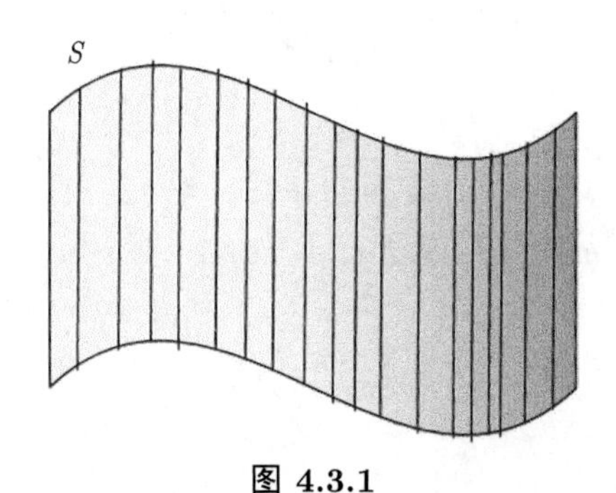

图 4.3.1

柱面、锥面、单叶双曲面、双曲抛物面、空间曲线的切线曲面等都是直纹面.

在直纹面上任取一条导线 Γ, 设其参数方程为 $\boldsymbol{a}=\boldsymbol{a}(u)$. 设 Q 是 Γ 上任意一点，记 $\boldsymbol{b}(u)$ 是曲面 S 上过 Q 点的直母线上的单位向量，则对于直母线上的任意一点 P, 设其向径为 $\boldsymbol{r}$, 由图 4.3.2 可知

$$\boldsymbol{r}(u,v)=\boldsymbol{a}(u)+v\boldsymbol{b}(u)$$

其中, v 是直纹面上点 P 到 $Q=a(u)$ 的有向距离.

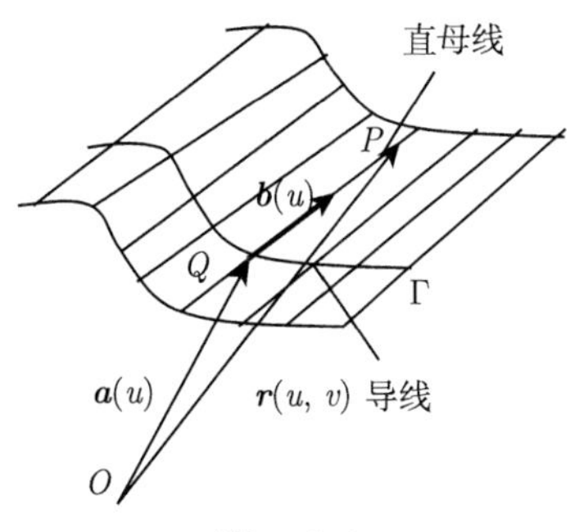

图 4.3.2

直纹面上的 $v-$ 曲线是其直母线，而 $u-$ 曲线是导线 Γ 的“平行曲线”.

例 4.3.1　单叶双曲线

$$\frac{x^2}{a^2}+\frac{y^2}{b^2}-\frac{z^2}{c^2}=1$$

就是一个直纹面. 它的一个参数为

$$\begin{aligned}\boldsymbol{r}(u,v)&=\{a(\cos u-v\sin u),b(\sin u+v\cos u),cv\}\\&=\{a\cos u,b\sin u,0\}+v\{-a\sin u,b\cos u,c\}\end{aligned}$$

对直纹面而言, 导线不唯一，比如单叶双曲面的任意平行圆都是导线，如图 4.3.3 所示.

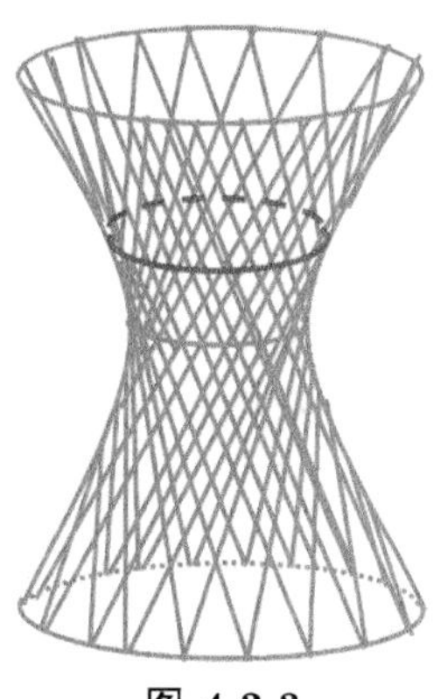

图 4.3.3

§4.3.2 可展曲面

由直纹面的参数表达式可以得

$$\boldsymbol{r}_u = \boldsymbol{a}'(u) + v\boldsymbol{b}'(u), \quad \boldsymbol{r}_v = \boldsymbol{b}(u)$$

$$\boldsymbol{r}_{uu} = \boldsymbol{a}'' + v\boldsymbol{b}''(u), \quad \boldsymbol{r}_{uv} = \boldsymbol{r}_{vu} = \boldsymbol{b}'(u), \quad \boldsymbol{r}_{vv} = 0$$

所以, $\boldsymbol{n} // \boldsymbol{r}_u \wedge \boldsymbol{r}_v = \boldsymbol{a}' \wedge \boldsymbol{b} + v\boldsymbol{b} \wedge \boldsymbol{b}', N = \langle \boldsymbol{r}_{vv}, \boldsymbol{n} \rangle = 0$, 因此直纹面的 Gauss 曲率

$$K = \frac{-M^2}{EG - F^2} \leqslant 0$$

定义 4.3.2 Gauss 曲率恒为零的直纹面称为**可展曲面**.

为给出可展曲面的分类, 首先讨论可展曲面的一些性质.

命题 4.3.1 直纹面 $\boldsymbol{r}(u,v) = \boldsymbol{a}(u) + v\boldsymbol{r}(u)$ 是可展曲面, 当且仅当它满足下列条件之一:

(1) $(\boldsymbol{a}', \boldsymbol{b}, \boldsymbol{b}') = 0$,

(2) 沿着直母线，直纹面的法向量不变，即 $\boldsymbol{n}(u, v_1) = \boldsymbol{n}(u, v_2)(v_1 \neq v_2)$.

证明 (1) 由直纹面的 Gauss 曲率表达式可知, 直纹面是可展曲面, 当且仅当 Gauss 曲率 $K = 0$, 这等价于 $M = \langle \boldsymbol{r}_{uv}, \boldsymbol{n} \rangle = \langle \boldsymbol{b}'(u), \boldsymbol{n} \rangle \equiv 0$, 而

$$\boldsymbol{n} = \frac{\boldsymbol{r}_u \wedge \boldsymbol{r}_v}{\|\boldsymbol{r}_u \wedge \boldsymbol{r}_v\|} = \frac{\boldsymbol{a}' \wedge \boldsymbol{b} + v\boldsymbol{b}' \wedge \boldsymbol{b}}{\|\boldsymbol{r}_u \wedge \boldsymbol{r}_v\|}$$

所以 $\langle \boldsymbol{b}'(u), \boldsymbol{n} \rangle \equiv 0$, 即

$$(\boldsymbol{a}', \boldsymbol{b}, \boldsymbol{b}') = 0$$

(2) 当 $\boldsymbol{r}(u,v) = \boldsymbol{a}(u) + v\boldsymbol{r}(u)$ 是可展曲面时，由 (1) 可知，$(\boldsymbol{a}', \boldsymbol{b}, \boldsymbol{b}') = 0$, 所以

$$\boldsymbol{b}' = \lambda \boldsymbol{a}' + \mu \boldsymbol{b}$$

从而 $\boldsymbol{b}' \wedge \boldsymbol{b} = \lambda \boldsymbol{a}' \wedge \boldsymbol{b}$, 法向量

$$\boldsymbol{r}_u \wedge \boldsymbol{r}_v = (1 + v\lambda)\boldsymbol{a}' \wedge \boldsymbol{b}$$

所以, 当可展曲面上的点沿着直母线移动时，v 值改变，此时法向量只改变长度，不改变方向, 即单位法向量不变，所以可展曲面沿一条直母线有同一个切平面；反之亦然. 证毕.

例 4.3.2 设直纹面 S 的参数方程为 $\boldsymbol{r}(u,v) = \boldsymbol{a}(u) + v\boldsymbol{b}(u)$，则

1. 当 $\boldsymbol{b} = \text{const.}$ 时，曲面 S 为柱面，S 的直母线全部平行；
2. 当 $\boldsymbol{b} = \boldsymbol{a}_0$ 时，S 为以 $\boldsymbol{a}_0$ 为顶点的锥面，S 过定点；
3. 当 $\boldsymbol{b}(u) = \boldsymbol{a}'(u)$ 时，其中 $\boldsymbol{a}(u)$ 为一条正则空间曲线，则直纹面

$$\boldsymbol{r}(u,v) = \boldsymbol{a}(u) + v\boldsymbol{a}'(u)$$

称为 $\boldsymbol{a}(u)$ 的**切线曲面**.

直接计算可得柱面、锥面、切线曲面都为可展曲面.

定理 4.3.1 (可展曲面的分类)　可展曲面 S 或是柱面，或锥面，或是切线曲面.

证明　设 $S: \boldsymbol{r} = \boldsymbol{a}(u) + v\boldsymbol{b}(u)$ 为可展曲面，则 $(\boldsymbol{a}', \boldsymbol{b}, \boldsymbol{b}') = 0$, 即 $\boldsymbol{a}', \boldsymbol{b}, \boldsymbol{b}'$ 三个向量共面.

1. 如果 $\boldsymbol{b}(u) \wedge \boldsymbol{b}'(u) = \boldsymbol{0}$, 则 $\boldsymbol{b}(u)$ 的方向不变，故曲面的直母线平行，所以 S 为柱面, 如图 4.3.4 所示.

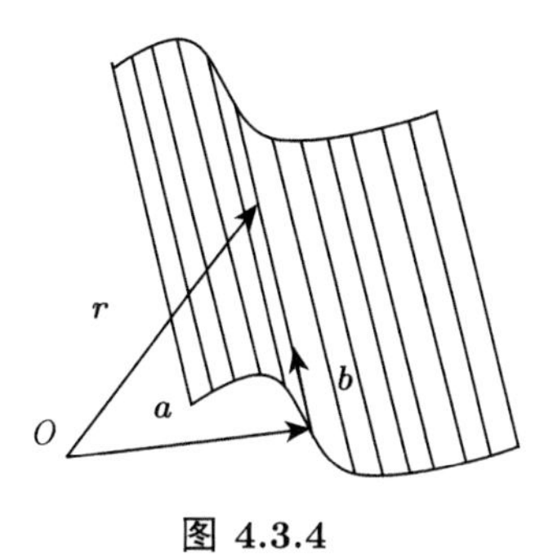

图 4.3.4

2. 如果 $\boldsymbol{b}(u) \wedge \boldsymbol{b}'(u) \neq \boldsymbol{0}$, 即 $\boldsymbol{b}(u), \boldsymbol{b}'(u)$ 线性无关，所以

$$\boldsymbol{a}' = \lambda(u)\boldsymbol{b}(u) + \mu(u)\boldsymbol{b}'(u)$$

令 $\boldsymbol{a}^* = \boldsymbol{a}(u) - \mu(u)\boldsymbol{b}(u) \neq \boldsymbol{0}$, 则

$$(\boldsymbol{a}^*)'(u) = (\lambda(u) - \mu'(u))\boldsymbol{b}(u)$$

(1) 如果 $(\boldsymbol{a}^*)'(u) \equiv 0$, 则 $\boldsymbol{a}^* =$ 常向量$\boldsymbol{a}_0$, 即

$$\boldsymbol{a}(u) = \boldsymbol{a}_0 + \mu(u)\boldsymbol{b}(u)$$

因此

$$\boldsymbol{r}(u, v) = \boldsymbol{a}_0 + (\mu(u) + v)\boldsymbol{b}(u)$$

令 $\tilde{v} = \mu(u) + v$, 可知 $\boldsymbol{r}(u, v) = \boldsymbol{a}_0 + \tilde{v}\boldsymbol{b}(u)$. 故曲面过定点，此时曲面 S 为锥面, 如图 4.3.5 所示.

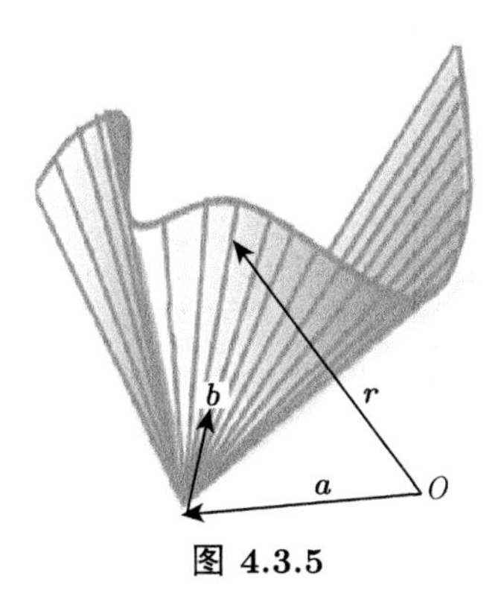

图 4.3.5

(2) 如果如果 $(\boldsymbol{a}^*)'(u)\neq 0$, 则 $\boldsymbol{a}^*(u)$ 为正则曲线，且

$$\boldsymbol{a}(u)=\boldsymbol{a}^*(u)+\mu(u)\boldsymbol{b}(u),\quad \boldsymbol{b}(u)=\frac{(\boldsymbol{a}^*)'(u)}{\lambda(u)-\mu'(u)}$$

曲面的参数方程可表示为

$$\boldsymbol{r}(u,v)=\boldsymbol{a}(u)+v\boldsymbol{b}(u)=\boldsymbol{a}^*(u)+\frac{\mu(u)+v}{\lambda(u)-\mu'(u)}(\boldsymbol{a}^*)'(u)$$

记 $\tilde{v}=\dfrac{\mu(u)+v}{\lambda(u)-\mu'(u)}$, 则在新参数下，曲面的参数表示为

$$\boldsymbol{r}(u,v)=\boldsymbol{a}^*(u)+\tilde{v}(\boldsymbol{a}^*)'(u)$$

此时曲面是切线曲面, 如图 4.3.6 所示.

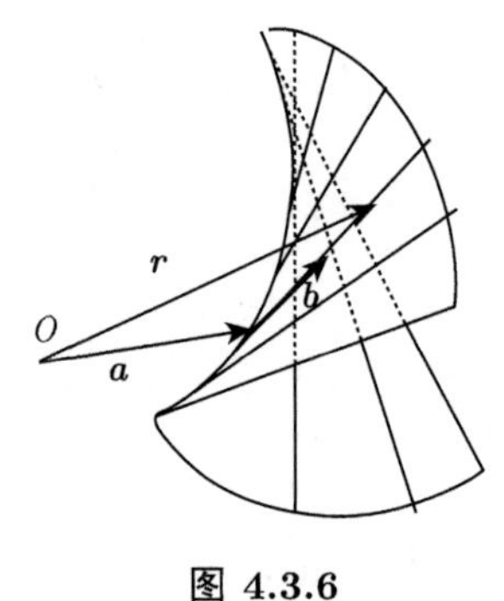

图 4.3.6

§4.3.3 可展曲面作为单参数族的包络面

包络理论对于机械工程有着重要的意义.

1. 单参数曲面族的包络面

定义 4.3.3 连续可微地依赖于一个参数 α 的一族曲面称为**单参数曲面族**. 其方程一般可写作 $F(x,y,z;\alpha)=0$. 对于每个固定的 α, 确定族中一个曲面 S_α, 整个曲面族记为 $\{S_\alpha\}$.

定义 4.3.4 已给单参数曲面族 $\{S_\alpha\}$, 其方程为 $F(x,y,z;\alpha)=0$, 且 $\dfrac{\partial F}{\partial x},\dfrac{\partial F}{\partial y},\dfrac{\partial F}{\partial z}$ 不同时为零，其中 α 是族 $\{S_\alpha\}$ 的参数. 如果存在曲面 S 满足下列条件:

(1) 对于 S 上每一点，都有族 $\{S_\alpha\}$ 中一个曲面在该点与 S 相切;

(2) 族 $\{S_\alpha\}$ 中的每一个曲面都与 S 相切,

则曲面 S 称为族 $\{S_\alpha\}$ 的**包络面**，简称为族 $\{S_\alpha\}$ 的包络.

注记 4.3.1 曲面 $S:F(x,y,z)=0$ 上满足 $F_x=F_y=F_z=0$ 的点称为**奇点**.

定理 4.3.2 设单参数曲面族 $\{S_\alpha\}$, 其方程为 $F(x,y,z;\alpha)=0$, 如果存在包络面 S, 则从

$$\begin{cases} F(x,y,z;\alpha(x,y,z))=0 \\ F_\alpha(x,y,z;\alpha(x,y,z))=0 \end{cases} \tag{4.3.1}$$

中消去参数 α 得到的曲面 $S^*:\phi(x,y,z)=0$(称为**判别曲面**). 包络面 S 就是从判别曲面 S^* 上去掉所有 S_α 的奇点后得到的曲面.

证明 假设曲面族 $\{S_\alpha\}$ 存在包络面 S, 则 $\forall P\in S$, P 必在族中某个曲面 S_α 上，而这个曲面由参数 α 确定，即包络面 S 上每一点对应于 α 的一个确定的值，因此 α 为 S 上点的坐标的函数，即 $\alpha=\alpha(x,y,z)$. 所以, 对于包络面上任意一点，均有

$$F(x,y,z;\alpha(x,y,z))=0$$

另一方面，对于 S 上任何一条曲线 $\Gamma:\boldsymbol{r}(t)=\{x(t),y(t),z(t)\}$, 每一个参数值 t 都有 S 上一个点 $P(t)\in\Gamma$ 和它对应. 而根据包络面的定义，$\{S_\alpha\}$ 中有一个曲面 S_α 在 P 点和 S 相切. 因此曲线上点的坐标满足方程

$$F(x(t),y(t),z(t);\alpha(t))=0$$

上式对 t 求导得

$$F_x\frac{\mathrm{d}x}{\mathrm{d}t}+F_y\frac{\mathrm{d}y}{\mathrm{d}t}+F_z\frac{\mathrm{d}z}{\mathrm{d}t}+F_{\boldsymbol{\alpha}}\frac{\mathrm{d}\alpha}{\mathrm{d}t}=0 \tag{4.3.2}$$

$\nabla F=(F_x,F_y,F_z)$ 是曲面 S 的法向量，而 $\boldsymbol{r}'(t)=\left\{\dfrac{\mathrm{d}x}{\mathrm{d}t},\dfrac{\mathrm{d}y}{\mathrm{d}t},\dfrac{\mathrm{d}z}{\mathrm{d}t}\right\}$ 是曲线 Γ 的切向量. 根据包络面的定义，$S_\alpha(t)$ 与 S 在 $P(t)$ 点有共同的切平面，所以

$$\nabla F\cdot\boldsymbol{r}'(t)=F_x\frac{\mathrm{d}x}{\mathrm{d}t}+F_y\frac{\mathrm{d}y}{\mathrm{d}t}+F_z\frac{\mathrm{d}z}{\mathrm{d}t}=0 \tag{4.3.3}$$

把式(4.3.3)代入式(4.3.2), 可得

$$F_\alpha\frac{\mathrm{d}\alpha}{\mathrm{d}t}=0$$

等式对包络面上任意一条曲线都成立. 由曲线 Γ 的任意性, 可以适当选取曲线使得 $\dfrac{\mathrm{d}\alpha}{\mathrm{d}t}\neq 0$, 因此 $F_\alpha=0$, 即

$$F_\alpha(x,y,z;\alpha)=0$$

综合可得包络面上点的坐标满足

$$\begin{cases} F(x,y,z;\alpha(x,y,z))=0 \\ F_\alpha(x,y,z;\alpha(x,y,z))=0 \end{cases} \tag{4.3.4}$$

从方程组中消去参数 α 便得到判别曲面 S^* 的方程 $\phi(x,y,z)=0$.

这样就证明了如果曲面族存在包络面 S,则 S 必包含在判别曲面 S^* 内. 反之,判别曲面上的点不一定是包络面上的点,这是因为式(4.3.4)的第二式是由两曲面相切条件式(4.3.3)所确定的，如果判别曲面 S^* 含有曲面 S_α 的奇点 P，则式(4.3.3)自然成立，但在 P 点曲面 S 的切平面不确定，因此在 P 点 S_α 不会与 S 相切, 则由包络面定义 P 点不在 S 上.

如果从 S^* 中去掉所有 S_α 的奇点，则所得到的曲面满足包络面定义，即为所求包络面.

定义 4.3.5 对于给定的 α, 由方程组

$$\Gamma_\alpha:\begin{cases} F(x,y,z;\alpha(x,y,z))=0 \\ F_\alpha(x,y,z;\alpha(x,y,z))=0 \end{cases}$$

所确定的曲线 Γ_α(去掉奇点后) 叫做**包络面 S 的特征线**.

显然，特征线 Γ_α 在包络面 S 上，又在 S_α 上，并且 S_α 与 S 沿 Γ_α 相切.

命题 4.3.2 特征线是曲面族 $\{S_\alpha\}$ 中相邻曲面交线的极限.

证明 设曲面族 $\{S_\alpha\}$ 中，相邻曲面的交线 L 为

$$\begin{cases} F(x,y,z;\alpha)=0 \\ F(x,y,z;\alpha+\triangle\alpha)=0 \end{cases}$$

方程组中第二式减去第一式可得

$$F(x,y,z;\alpha+\triangle\alpha)-F(x,y,z;\alpha)=0 \tag{4.3.5}$$

显然, 交线 L 上点的坐标也满足方程组

$$\begin{cases} F(x,y,z;\alpha(x,y,z))=0 \\ \dfrac{F(x,y,z;\alpha(x,y,z)+\triangle\alpha)-F(x,y,z;\alpha)}{\triangle\alpha}=0 \end{cases} \tag{4.3.6}$$

当 $\triangle\alpha\to 0$ 时，式(4.3.6)变为

$$\begin{cases} F(x,y,z;\alpha(x,y,z))=0 \\ F_\alpha(x,y,z;\alpha(x,y,z))=0 \end{cases}$$

可见, 交线 L 随 $\triangle\alpha\to 0$ 而趋近于特征线 Γ_α.

2. 单参数平面族的包络面

给定单参数曲面族，如果其中每个曲面均为平面，就称它为**单参数平面族**，记做 $\{\pi_\alpha\}$. 设 $\{\pi_\alpha\}$ 中某一平面 π_α 的方程为

$$F=A(\alpha)x+B(\alpha)y+C(\alpha)z+D(\alpha)=0$$

这里, $\boldsymbol{n}(\alpha)=\{A,B,C\}$ 是 π_α 的法向量，$\boldsymbol{r}=\{x,y,z\}$ 是 π_α 上任一点的向径.

如果 $\boldsymbol{n}(\alpha)$ 是常向量，这族平面的法线相互平行，是一族平行平面，所以不存在包络面，因此下面假设 $\boldsymbol{n}(\alpha)$ 不是常向量.

命题 4.3.3　*曲面 S 是可展曲面的充要条件为 S 是单参数平面族的包络面.*

证明　(必要性) 如果曲面 S 是可展曲面，则它沿着直母线的切平面只有一个，而且只依赖一个参数 v，所以可展曲面 S 是单参数平面族的包络面.

(充分性) 设单参数平面族为

$$A(\alpha)x + B(\alpha)y + C(\alpha)z + D(\alpha) = 0$$

则特征线 Γ_α 的方程为

$$\begin{cases} F(x,y,z;\alpha(x,y,z)) = A(\alpha)x + B(\alpha)y + C(\alpha)z + D(\alpha) = 0 \\ F_\alpha(x,y,z;\alpha(x,y,z)) = A'(\alpha)x + B'(\alpha)y + C'(\alpha)z + D'(\alpha) = 0 \end{cases}$$

它是平面与平面的交线，因此 Γ_α 是直线，它的方向向量可以取为 $\boldsymbol{n}(\alpha)\wedge\boldsymbol{n}'(\alpha)$, 所以包络面是由直线族 Γ_α 组成的.

如果 Γ_α 都重合, 则包络面 S 退化为一条直线，原来的平面族为平面束.

如果 Γ_α 不重合，则在包络面上可选取一条曲线 $\Gamma:\boldsymbol{r}=\boldsymbol{r}(\alpha)$ 与每条特征直线相交于一点，这个包络面就是一个直纹面. 下面证明它是可展曲面.

由于包络面沿特征线 Γ_α(现为直母线) 与族中平面 π_α 相切，即直纹面沿直母线只有一个切平面，所以曲面 S 是可展曲面.

例 4.3.3　求平面族 $\{\pi_\alpha\}:\alpha^2x+3\alpha y+3z=3\alpha$ 的包络面.

证明　令 $F(x,y,z,\alpha)=\alpha^2x+3\alpha y+3z=3\alpha$, 则由方程组

$$\begin{cases} F(x,y,z,\alpha) = \alpha^2x+3\alpha y+3z=3\alpha \\ F_\alpha(x,y,z,\alpha) = 2x\alpha+3y=3 \end{cases}$$

第二个式子可得 $\alpha=\dfrac{3(1-y)}{2x}$, 代入方程组中第一式消去参数 α, 可得判别曲面方程为

$$3(y-1)^2-4xz=0$$

因为 $F_z=3\neq 0$, 平面族没有奇点, 所以判别曲面就是所求包络面 S，它是一个锥面，锥顶为 $(0,1,0)$.

习题 4.3

1. 证明：曲面 $\boldsymbol{r}(u,v)=\left\{u^2+\dfrac{1}{3}v, 2u^2+uv, u^4+\dfrac{2}{3}u^2v\right\}$ 是可展曲面.
2. 证明：曲面 $z=(x+y)+(x+y)^2+(x+y)^3$ 是可展曲面.
3. 证明：双曲抛物面 $\boldsymbol{r}(u,v)=\{a(u+v),b(u-v),uv\}$ 不是可展曲面.
4. 求平面族 $\{\pi_\alpha\}:x\cos\alpha-2y\sin\alpha-z\sin\alpha-3=0$ 的包络面.
5. 求平面族 $\{\pi_\alpha\}:\alpha^2+2x\alpha^2+\alpha y+z=0$ 的包络面.

§4.4 全脐点曲面

曲面上主曲率 $\kappa_1 = \kappa_2$ 的点称为曲面的**脐点**，特别, $\kappa_1 = \kappa_2 = 0$ 的脐点是**平点**, $\kappa_1 = \kappa_2 \neq 0$ 的脐点是**圆点**.

在脐点 P 处有

$$\frac{L}{E} = \frac{M}{F} = \frac{N}{G} = \kappa$$

直观地讲，在脐点处，曲面沿任何方向的弯曲程度是一样的. 如果曲面 S 上的点全都是脐点，则称曲面为**全脐点曲面**.

命题 4.4.1 曲面是球面的充要条件是它的第二基本形式是第一基本形式的非零倍 (即曲面是全脐点曲面当且仅当它是平面或球面).

证明 必要性显然, 下面证充分性. 设曲面 S 的参数方程为 $\boldsymbol{r} = \boldsymbol{r}(u,v)$, 则存在函数 $k(u,v)$ 使得

$$L = kE, \quad M = kF, \quad N = kG$$

因此

$$\langle \boldsymbol{n}_u + k\boldsymbol{r}_u, \boldsymbol{r}_u \rangle = -L + kE = 0$$

$$\langle \boldsymbol{n}_u + k\boldsymbol{r}_u, \boldsymbol{r}_v \rangle = -M + kF = 0$$

同时有

$$\langle \boldsymbol{n}_u + k\boldsymbol{r}_u, \boldsymbol{n} \rangle = 0$$

由于 $\boldsymbol{r}_u, \boldsymbol{r}_v, \boldsymbol{n}$ 线性无关, 上述三式意味着

$$\boldsymbol{n}_u + k\boldsymbol{r}_u = 0 \tag{4.4.1}$$

同理有

$$\boldsymbol{n}_v + k\boldsymbol{r}_v = 0 \tag{4.4.2}$$

对式 (4.4.1) 和式 (4.4.2) 求偏导得

$$\boldsymbol{n}_{uv} + k\boldsymbol{r}_{uv} + k_v\boldsymbol{r}_u = 0$$

$$\boldsymbol{n}_{vu} + k\boldsymbol{r}_{vu} + k_u\boldsymbol{r}_v = 0$$

上面两式相减，有

$$k_v\boldsymbol{r}_u - k_u\boldsymbol{r}_v = 0$$

因为 $\boldsymbol{r}_u$ 与 $\boldsymbol{r}_v$ 线性无关，所以 $k_u = k_v = 0$, 即 k 是常值函数. 又因为 $k \neq 0$, 由式(4.4.1)和式(4.4.2)可知, $(\boldsymbol{n}+k\boldsymbol{r})_u = (\boldsymbol{n}+\kappa\boldsymbol{r})_v = 0$, 因而 $\boldsymbol{n}+k\boldsymbol{r}$ 是常向量, 设它为 $\boldsymbol{a}$, 即 $\boldsymbol{r} = \dfrac{1}{k}(\boldsymbol{a}-\boldsymbol{n})$, 则

$$\left\| \boldsymbol{r} - \frac{\boldsymbol{a}}{k} \right\|^2 = \left\| \frac{\boldsymbol{n}}{k} \right\|^2 = \frac{1}{k^2}$$

这时 S 是以 $\dfrac{\boldsymbol{a}}{k}$ 为中心，以 $\dfrac{1}{|k|}$ 为半径的球面.

第 5 章　曲面论基本定理

在曲线论中，可借助 Frenet 公式研究曲线的基本性质，该公式在证明曲线论基本定理中起着极其重要的作用. 本章旨在曲面论中建立类似的公式，并导出一些重要结果，为证明曲面论基本定理提供条件.

给定正则曲面的方程 $S:\boldsymbol{r}=\boldsymbol{r}(u,v)$，可求出它的第一、第二基本形式. 曲面的许多性质都与这两个基本形式有关. 自然的问题就是，如果给定了参数 (u,v) 的两个二次微分式

$$\phi=E(u,v)\mathrm{d}u^2+2F(u,v)\mathrm{d}u\mathrm{d}v+G(u,v)\mathrm{d}v^2 \tag{5.0.1}$$

$$\psi=L(u,v)\mathrm{d}u^2+2M(u,v)\mathrm{d}u\mathrm{d}v+N(u,v)\mathrm{d}v^2 \tag{5.0.2}$$

其中 ϕ 正定, 那么能否确定三维欧氏空间中的一个正则曲面 S，使得它分别以给定的二次形式 ϕ,ψ 为第一、第二**基本形式**?

一般情况下不能确定曲面 S，因为

$$S:\boldsymbol{r}(u,v)=\{x(u,v),y(u,v),z(u,v)\}$$

确定曲面 S 仅需要 3 个函数，但式 (5.0.1) 和式 (5.0.2) 中有 6 个函数，条件太多!

本章目的是判断 E,F,G,L,M,N 在什么条件下可以确定一个曲面 S，以它们为第一、第二**基本量**.

§5.1　自然标架运动方程

为了书写和证明的方便，先介绍一些新符号.

记 $u^1=u,u^2=v$，$\boldsymbol{r}=\boldsymbol{r}(u_1,u_2)$, $\boldsymbol{r}_1=\dfrac{\partial\boldsymbol{r}}{\partial u^1},\boldsymbol{r}_2=\dfrac{\partial\boldsymbol{r}}{\partial u^2}$.

Einstein **求和约定**: 凡是在一个表达式中，某一项上、下指标相同的，就表示对该指标从 1 到 2 求和，此时可以省略求和符号，例如

$$\sum_{i=1}^{2}a^ib_i=a^1b_1+a^2b_2=a^ib_i$$

$$\sum_{j=1}^{2}a^{ij}b_{jk}=a^{i1}b_{1k}+a^{i2}b_{2k}=a^{ij}b_{jk}$$

在该约定下，曲面的第一、第二基本量分别记为

$$g_{11}=E,\quad g_{12}=g_{21}=F,\quad g_{22}=G,\quad g=g_{11}g_{22}-(g_{12})^2$$

$$b_{11}=L, \quad b_{12}=b_{21}=M, \quad b_{22}=N$$

第一、第二基本形式可表述为

$$I=g_{11}\mathrm{d}u^1\mathrm{d}u^1+2g_{12}\mathrm{d}u^1\mathrm{d}u^2+g_{22}\mathrm{d}u^2\mathrm{d}u^2=g_{ij}\mathrm{d}u^i\mathrm{d}u^j$$

$$II=b_{11}\mathrm{d}u^1\mathrm{d}u^1+2b_{12}\mathrm{d}u^1\mathrm{d}u^2+b_{22}\mathrm{d}u^2\mathrm{d}u^2=b_{ij}\mathrm{d}u^i\mathrm{d}u^j$$

定义 5.1.1 设曲面 S 的参数表示为 $\boldsymbol{r}=\boldsymbol{r}(u^1,u^2)$，在曲面上任意一点 $\boldsymbol{r}(u^1,u^2)$ 处，$\{\boldsymbol{r};\boldsymbol{r}_1,\boldsymbol{r}_2,\boldsymbol{n}\}$ 构成空间 $\mathbb{E}^3$ 的一个标架，称为曲面 S 上**自然标架**.

对正则曲面而言，向量 $\boldsymbol{r}_1,\boldsymbol{r}_2,\boldsymbol{n}$ 是线性无关的. 下面研究这个标架随参数 (u^1,u^2) 的变化规律, 即对 $\boldsymbol{r}_1,\boldsymbol{r}_2,\boldsymbol{n}$ 求导，得到偏微商 $\boldsymbol{r}_{ij}$ 和 $\boldsymbol{n}_i$, 它们可用 $\boldsymbol{r}_1,\boldsymbol{r}_2,\boldsymbol{n}$ 线性表示. 下面用待定系数法计算该组合表达式. 设

$$\begin{cases}\boldsymbol{r}_{ij}=\Gamma_{ij}^k\boldsymbol{r}_k+C_{ij}\boldsymbol{n}\\ \boldsymbol{n}_i=D_i^j\boldsymbol{r}_j\end{cases} \tag{5.1.1}$$

其中, $\Gamma_{ij}^k,C_{ij},D_i^j$ 是 u^1,u^2 的光滑函数.

将式(5.1.1)中第一个等式两端同时与 $\boldsymbol{n}$ 做内积，并注意到 $\boldsymbol{n}\cdot\boldsymbol{r}_k=0$, 所以有

$$C_{ij}=\boldsymbol{n}\cdot\boldsymbol{r}_{ij}=b_{ij}$$

将式(5.1.1)中第二个等式两端同时与 $\boldsymbol{r}_l$ 做内积，有

$$-b_{il}=\boldsymbol{n}_i\cdot\boldsymbol{r}_l=D_i^j\boldsymbol{r}_j\cdot\boldsymbol{r}_l=D_i^jg_{jl}$$

即 $-b_{il}=D_i^jg_{jl}=D_i^1g_{1l}+D_i^2g_{2l}$, 用矩阵表示为

$$-\begin{pmatrix}b_{11}&b_{12}\\b_{21}&b_{22}\end{pmatrix}=\begin{pmatrix}D_1^1&D_1^2\\D_2^1&D_2^2\end{pmatrix}\begin{pmatrix}g_{11}&g_{12}\\g_{21}&g_{22}\end{pmatrix}$$

$$\begin{aligned}\begin{pmatrix}D_1^1&D_1^2\\D_2^1&D_2^2\end{pmatrix}&=-\begin{pmatrix}b_{11}&b_{12}\\b_{21}&b_{22}\end{pmatrix}\begin{pmatrix}g_{11}&g_{12}\\g_{21}&g_{22}\end{pmatrix}^{-1}\\&=-\begin{pmatrix}b_{11}&b_{12}\\b_{21}&b_{22}\end{pmatrix}\begin{pmatrix}g_{11}&g_{12}\\g_{21}&g_{22}\end{pmatrix}\end{aligned}$$

即

$$D_i^j=-b_{ik}g^{kj}$$

用 E,F,G,L,M,N 表示 D_i^j 有

$$D_1^1=\frac{-LG+MF}{EG-F^2}, \quad D_1^2=\frac{LF-ME}{EG-F^2}$$

$$D_2^1=\frac{NF-MG}{EG-F^2}, \quad D_2^2=\frac{-NE+MF}{EG-F^2}$$

特别地，对于曲面上的曲率线网，$F = M = 0$, 所以

$$D_1^1 = -\frac{L}{E} = -\kappa_1, \quad D_1^2 = D_2^1 = 0, \quad D_2^2 = -\frac{N}{G} = -\kappa_2$$

这里, κ_1, κ_2 是曲面的主曲率函数.

等式(5.1.1)两端同时与 $\boldsymbol{r}_l$ 做内积得

$$\boldsymbol{r}_{ij} \cdot \boldsymbol{r}_l = \Gamma_{ij}^k \boldsymbol{r}_k \cdot \boldsymbol{r}_l = \Gamma_{ij}^k g_{kl}$$

对 $g_{ij} = \boldsymbol{r}_i \cdot \boldsymbol{r}_j$ 求偏导，就有

$$\frac{\partial g_{ij}}{\partial u^k} = \boldsymbol{r}_{ik} \cdot \boldsymbol{r}_j + \boldsymbol{r}_{jk} \cdot \boldsymbol{r}_i \tag{5.1.2}$$

同理可得

$$\frac{\partial g_{ik}}{\partial u^j} = \boldsymbol{r}_{ij} \cdot \boldsymbol{r}_k + \boldsymbol{r}_{kj} \cdot \boldsymbol{r}_i \tag{5.1.3}$$

$$\frac{\partial g_{jk}}{\partial u^i} = \boldsymbol{r}_{ji} \cdot \boldsymbol{r}_k + \boldsymbol{r}_{ki} \cdot \boldsymbol{r}_j \tag{5.1.4}$$

式(5.1.2)和式(5.1.3)相加，再减去式(5.1.4)，得

$$\boldsymbol{r}_{ij} \cdot \boldsymbol{r}_l = \frac{1}{2}\left(\frac{\partial g_{ik}}{\partial u^j} + \frac{\partial g_{jk}}{\partial u^i} - \frac{\partial g_{ij}}{\partial u^k}\right) \tag{5.1.5}$$

因此

$$\Gamma_{ij}^k g_{kl} = \frac{1}{2}\left(\frac{\partial g_{ik}}{\partial u^j} + \frac{\partial g_{jk}}{\partial u^i} - \frac{\partial g_{ij}}{\partial u^k}\right) \tag{5.1.6}$$

由 $\Gamma_{ij}^k = \Gamma_{ij}^l \delta_l^k = \Gamma_{ij}^l g_{lp} g^{pk}$ 及式(5.1.6) 可得

$$\Gamma_{ij}^k = \frac{1}{2} g^{kl}\left(\frac{\partial g_{il}}{\partial u^j} + \frac{\partial g_{jl}}{\partial u^i} - \frac{\partial g_{ij}}{\partial u^l}\right) \tag{5.1.7}$$

从式(5.1.7)可知，系数 Γ_{ij}^k 由曲面的第一基本量以及它们的一阶偏导数完全确定. Γ_{ij}^k 称为**曲面的 Christoffel 符号**.

定义 5.1.2　称

$$\Gamma_{kij} = \Gamma_{ij}^k g_{kl} = \frac{1}{2}\left(\frac{\partial g_{ik}}{\partial u^j} + \frac{\partial g_{jk}}{\partial u^i} - \frac{\partial g_{ij}}{\partial u^k}\right) \tag{5.1.8}$$

为曲面的**第二类 Christoffel 符号**.

命题 5.1.1　因为 $g_{ij} = g_{ji}, g^{ij} = g^{ji}$，所以 Γ_{ij}^k 关于下标对称，即 $\Gamma_{ij}^k = \Gamma_{ji}^k$.

因此, 可知 Christoffel 符号 Γ_{ij}^k 只有 6 个. 于是可得曲面的基本公式

$$\begin{cases} \dfrac{\partial \boldsymbol{r}}{\partial u_i} = \boldsymbol{r}_i \\ \dfrac{\partial \boldsymbol{r}_i}{\partial u^j} = \boldsymbol{r}_{ij} = \Gamma_{ij}^k \boldsymbol{r}_k + b_{ij} \boldsymbol{n} \quad \text{(Gauss 公式)} \\ \dfrac{\partial \boldsymbol{n}}{\partial u_i} = \boldsymbol{n}_i = -b_i^j \boldsymbol{r}_j = -b_{ik} g^{kj} \boldsymbol{r}_j \quad \text{(Weingarten 公式)} \end{cases}$$

注记 5.1.1 系数矩阵 $-(b_i^j)$ 就是 Weingarten 变换在基底 $\{\boldsymbol{r}_1, \boldsymbol{r}_2\}$ 下的矩阵. 因为

$$g^{11} = \frac{g^{22}}{g} = \frac{G}{EG - F^2}, \quad g^{22} = \frac{g^{11}}{g} = \frac{E}{EG - F^2}$$

$$g^{12} = g^{21} = \frac{-g^{12}}{g} = \frac{-F}{EG - F^2}$$

$$\frac{\partial g_{11}}{\partial u^1} = \frac{\partial E}{\partial u} = E_u, \quad \frac{\partial g_{11}}{\partial u^2} = \frac{\partial E}{\partial v} = E_v$$

$$\frac{\partial g_{12}}{\partial u^1} = \frac{\partial g_{21}}{\partial u^1} = \frac{\partial F}{\partial u} = F_u, \quad \frac{\partial g_{12}}{\partial u^2} = \frac{\partial g_{21}}{\partial u^2} = \frac{\partial F}{\partial v} = F_v$$

$$\frac{\partial g_{22}}{\partial u^1} = \frac{\partial G}{\partial u} = G_u, \quad \frac{\partial g_{22}}{\partial u^2} = \frac{\partial G}{\partial v} = G_v$$

所以, Γ_{ij}^k 的表达式为

$$\Gamma_{11}^1 = \frac{GE_u - F(2F_u - E_v)}{2(EG - F^2)}, \quad \Gamma_{11}^2 = \frac{E(2F_u - E_v) - FE_u}{2(EG - F^2)}$$

$$\Gamma_{12}^1 = \frac{GE_v - FG_u}{2(EG - F^2)}, \quad \Gamma_{12}^2 = \frac{EG_u - FE_v}{2(EG - F^2)}$$

$$\Gamma_{22}^1 = \frac{G(2F_v - G_u) - FG_v}{2(EG - F^2)}, \quad \Gamma_{22}^2 = \frac{EG_v - F(2F_v - G_u)}{2(EG - F^2)}$$

对于正交曲线网，$F = 0$, Γ_{ij}^k 可简化为

$$\begin{cases} \Gamma_{11}^1 = \dfrac{E_u}{2E}, \quad \Gamma_{12}^1 = \dfrac{E_v}{2E}, \quad \Gamma_{22}^1 = -\dfrac{G_u}{2E} \\ \Gamma_{11}^2 = -\dfrac{E_v}{2G}, \quad \Gamma_{12}^2 = \dfrac{G_u}{2G}, \quad \Gamma_{22}^2 = \dfrac{G_v}{2G} \end{cases} \tag{5.1.9}$$

例 5.1.1 求单位球面在球极投影下的 Christoffel 符号和 Weingarten 变换的系数阵.

解 单位球面在球极投影下的参数方程为

$$\boldsymbol{r}(u, v) = \left\{\frac{2u}{1 + u^2 + v^2}, \frac{2v}{1 + u^2 + v^2}, \frac{u^2 + v^2 - 1}{1 + u^2 + v^2}\right\}$$

计算可得第一基本形式为

$$I = \frac{4}{(1 + u^2 + v^2)^2}(\mathrm{d}u^2 + \mathrm{d}v^2)$$

$$E = G = \frac{4}{(1 + u^2 + v^2)^2}, \quad F = 0$$

直接计算可得单位球面在球极投影参数下的 Christoffel 符号为

$$\Gamma_{11}^1 = \Gamma_{12}^2 = \Gamma_{21}^1 = -\frac{2u}{1 + u^2 + v^2}$$

$$\Gamma_{22}^2=\Gamma_{12}^1=\Gamma_{21}^2=-\frac{2v}{1+u^2+v^2}$$

$$\Gamma_{11}^2=\frac{2v}{1+u^2+v^2},\quad \Gamma_{22}^1=\frac{2u}{1+u^2+v^2}$$

进一步计算可得单位法向量为

$$\boldsymbol{n}=\frac{\boldsymbol{r}_u\wedge\boldsymbol{r}_v}{|\boldsymbol{r}_u\wedge\boldsymbol{r}_v|}=-\boldsymbol{r}(u,v)$$

$$L=-\langle\boldsymbol{r}_u,\boldsymbol{n}_u\rangle=E,M=0,N=-\langle\boldsymbol{r}_v,\boldsymbol{n}_v\rangle=G$$

$$(b_i^j)=(b_{ik}g^{kj})=II\cdot I^{-1}=I\cdot I^{-1}=\boldsymbol{I}_2$$

其中 I,II 分别表示第一、第二基本形式对应的系数矩阵.

习题 5.1

1. 证明：$\sum\limits_{i,j}g^{ij}g_{ij}=2$.
2. 求曲面 $z=f(x,y)$ 的 Christoddel 符号.
3. 设曲面 $S:\boldsymbol{r}(u^1,u^2)$ 有参数变换 $u^\alpha=u^\alpha(\tilde{u}^1,\tilde{u}^2),\alpha=1,2$, 记 $a_i^\alpha=\dfrac{\partial u^\alpha}{\partial\tilde{u}^i},\tilde{a}_\alpha^i=\dfrac{\partial\tilde{u}^i}{\partial u^\alpha}(1\leqslant\alpha,i\leqslant 2)$, S 在参数 $(\tilde{u}^1,\tilde{u}^2)$ 下的第一、第二基本形式为 $\{\tilde{g}_{ij}\},\{\tilde{b}_{ij}\}$, 证明：
   (1) $\tilde{g}_{ij}=g_{\alpha\beta}a_i^\alpha a_j^\beta,\tilde{b}_{ij}=b_{\alpha\beta}a_i^\alpha a_j^\beta,g^{\alpha\beta}=\tilde{g}^{ij}a_i^\alpha a_j^\beta$;
   (2) $\tilde{\Gamma}_{ij}^k=\Gamma_{\alpha\beta}^\gamma a_i^\alpha a_j^\beta\tilde{a}_\gamma^k+\dfrac{\partial a_i^\alpha}{\partial\tilde{u}^j}a_\alpha^k$.
4. 在极坐标系下，平面的第一基本形式为 $I=\mathrm{d}\rho^2+\rho^2\mathrm{d}\theta^2$. 计算其 Christoffel 符号.
5. 证明下列恒等式：
   (1) $g^{ij}\Gamma_{jk}^l+g^{lj}\Gamma_{jk}^i=\dfrac{\partial g^{il}}{\partial u^k}$;
   (2) $\Gamma_{ij}^j=\dfrac{1}{2}\dfrac{\partial\ln g}{\partial u^i}$, 其中 $g=g_{11}g_{22}-g_{12}^2$.

§5.2　曲面的结构方程

上一节已经求出自然标架的运动方程，它们完全由曲面的第一、第二基本量确定. 下面着手研究曲面的第一、第二基本量之间满足的关系.

§5.2.1　曲面基本方程的推导

设曲面的参数表示为 $S:\boldsymbol{r}=\boldsymbol{r}(u^1,u^2)$，是 C^3 类曲面. 已知 Guass 公式为

$$\boldsymbol{r}_{ij}=\Gamma_{ij}^k\boldsymbol{r}_k+b_{ij}\boldsymbol{n}$$

求导并代入 Gauss 公式和 Weingarten 公式计算，有

$$\begin{aligned}(\boldsymbol{r}_{ij})_l &= \sum_{k=1}^{2}\left(\frac{\partial \Gamma_{ij}^k}{\partial u^l}\boldsymbol{r}_k + \Gamma_{ij}^k \boldsymbol{r}_{kl}\right) + \frac{\partial b_{ij}}{\partial u^l}\boldsymbol{n} + b_{ij}\boldsymbol{n}_l \\ &= \sum_{k=1}^{2}\frac{\partial \Gamma_{ij}^k}{\partial u^l}\boldsymbol{r}_k + \sum_{k=1}^{2}\Gamma_{ij}^k\left(\sum_{m=1}^{2}\Gamma_{kl}^m \boldsymbol{r}_m + b_{kl}\boldsymbol{n}\right) + \frac{\partial b_{ij}}{\partial u^l}\boldsymbol{n} - b_{ij}\left(\sum_{m,k=1}^{2} b_{lm}g^{mk}\boldsymbol{r}_k\right) \\ &= \sum_{k=1}^{2}\left(\frac{\partial \Gamma_{ij}^k}{\partial u^l} + \sum_{p=1}^{2}\Gamma_{ij}^p\Gamma_{pl}^k - \sum_{m=1}^{2} b_{ij}b_{lm}g^{mk}\right)\boldsymbol{r}_k + \left(\sum_{k=1}^{2}\Gamma_{ij}^k b_{kl} + \frac{\partial b_{ij}}{\partial u^l}\right)\boldsymbol{n}\end{aligned}$$

同理可得

$$(\boldsymbol{r}_{il})_j = \sum_{k=1}^{2}\left(\frac{\partial \Gamma_{il}^k}{\partial u^j} + \sum_{p=1}^{2}\Gamma_{il}^p\Gamma_{pj}^k - \sum_{m=1}^{2} b_{il}b_{jm}g^{mk}\right)\boldsymbol{r}_k + \left(\sum_{k=1}^{2}\Gamma_{il}^k b_{kj} + \frac{\partial b_{il}}{\partial u^j}\right)\boldsymbol{n}$$

由于 $\boldsymbol{r}_{ijl} = \boldsymbol{r}_{ilj}$, 以及 $\boldsymbol{r}_i, \boldsymbol{r}_j, \boldsymbol{n}$ 线性无关，比较切向和法向系数可以得到下面的等式.

(1) **Gauss 方程**

$$\frac{\partial \Gamma_{ij}^k}{\partial u^l} - \frac{\partial \Gamma_{il}^k}{\partial u^j} + \sum_{p=1}^{2}(\Gamma_{ij}^p\Gamma_{pl}^k - \Gamma_{il}^p\Gamma_{pj}^k) = \sum_{m=1}^{2} g^{mk}(b_{ij}b_{lm} - b_{il}b_{jm}) \tag{5.2.1}$$

其中, $i,j,k,l=1,2$.

(2) **Codazzi 方程**

$$\frac{\partial b_{ij}}{\partial u^l} - \frac{\partial b_{il}}{\partial u^j} = \sum_{k=1}^{2}(\Gamma_{il}^k b_{kj} - \Gamma_{ij}^k b_{kl}), \qquad i,j,l=1,2 \tag{5.2.2}$$

引入符号

$$R_{ijk}^l = \frac{\partial \Gamma_{ij}^l}{\partial u^k} - \frac{\partial \Gamma_{ik}^l}{\partial u^j} + \sum_{p=1}^{2}(\Gamma_{ij}^p\Gamma_{pk}^l - \Gamma_{ik}^p\Gamma_{pj}^l)$$

命题 5.2.1 R_{ijk}^l 有下列性质：

(1) R_{ijk}^l 关于 j,k 反称, 即 $R_{ijk}^l = -R_{ikj}^l$, 所以 $R_{ijj}^l = 0$;

(2) $R_{ijk}^l + R_{jki}^l + R_{kij}^l = 0$.

定义 5.2.1 曲面上 Riemann 曲率张量的定义为

$$R_{mijk} = \sum_{l=1}^{2} g_{ml}R_{ijk}^l, \qquad i,j,k,m=1,2$$

展开可得

$$R_{mijk} = \sum_{l=1}^{2} g_{ml}\left(\frac{\partial \Gamma_{ij}^l}{\partial u^k} - \frac{\partial \Gamma_{ik}^l}{\partial u^j} + \sum_{p=1}^{2}(\Gamma_{ij}^p\Gamma_{pk}^l - \Gamma_{ik}^p\Gamma_{pj}^l)\right)$$

$$= \frac{1}{2}\left(\frac{\partial^2 g_{mj}}{\partial u^k \partial u^i} + \frac{\partial^2 g_{ik}}{\partial u^m \partial u^j} - \frac{\partial^2 g_{ij}}{\partial u^k \partial u^m} - \frac{\partial^2 g_{mk}}{\partial u^j \partial u^i}\right) + \Gamma_{ik}^l \Gamma_{lmj} - \Gamma_{ij}^l \Gamma_{lmk}$$

其中

$$\Gamma_{lij} = g_{lk}\Gamma_{ij}^k = \frac{1}{2}\left\{\frac{\partial g_{il}}{\partial u^j} + \frac{\partial g_{jl}}{\partial u^i} - \frac{\partial g_{ij}}{\partial u^l}\right\}$$

是曲面的第二类 Christoffel 符号.

§5.2.2　Gauss 曲率的内蕴性质

由 Riemann 曲率的定义可知，R_{mijk} 关于前两个指标反称，关于后两个指标也反称，即

命题 5.2.2

(1) $R_{ijkl} = -R_{jikl}$,　$R_{ijkl} = -R_{ijlk}$;

(2) $R_{ijkl} = R_{klij}$;

(3) $R_{mijk} + R_{mjki} + R_{mkij} = 0$.

此时，Gauss 方程 (5.2.1) 可以改写为

$$R_{mijk} = g_{ml}g^{pl}(b_{ij}b_{pk} - b_{ik}b_{pj}) = (b_{ij}b_{mk} - b_{ik}b_{mj}) \tag{5.2.3}$$

由 Riemann 曲率的性质可知 Gauss 方程 (5.2.1) 中，只有一个独立方程

$$R_{1212} = -(b_{11}b_{22} - (b_{12})^2) \tag{5.2.4}$$

Codazzi 方程 (5.2.2) 中，当 $j = l$ 时，它为平凡的等式，于是 Codazzi 方程中独立的只有两个

$$\begin{cases} \dfrac{\partial b_{11}}{\partial u^2} - \dfrac{\partial b_{12}}{\partial u^1} = b_{1i}\Gamma_{12}^i - b_{2i}\Gamma_{11}^i \\ \dfrac{\partial b_{21}}{\partial u^2} - \dfrac{\partial b_{22}}{\partial u^1} = b_{1i}\Gamma_{22}^i - b_{2i}\Gamma_{21}^i \end{cases} \tag{5.2.5}$$

在正交参数系下，Gauss 方程可简化为

$$K = \frac{LN - M^2}{EG} = -\frac{1}{\sqrt{EG}}\left\{\left(\frac{(\sqrt{E})_v}{\sqrt{G}}\right)_v + \left(\frac{(\sqrt{G})_u}{\sqrt{E}}\right)_u\right\} \tag{5.2.6}$$

Codazzi 方程简化为

$$\begin{cases} \left(\dfrac{L}{\sqrt{E}}\right)_v - \left(\dfrac{M}{\sqrt{E}}\right)_u - N\dfrac{(\sqrt{E})_v}{G} - M\dfrac{(\sqrt{G})_u}{\sqrt{EG}} = 0 \\ \left(\dfrac{N}{\sqrt{G}}\right)_u - \left(\dfrac{M}{\sqrt{G}}\right)_v - L\dfrac{(\sqrt{G})_u}{E} - M\dfrac{(\sqrt{E})_v}{\sqrt{EG}} = 0 \end{cases} \tag{5.2.7}$$

利用 Gauss 方程可得 Gauss 的一个著名定理，即

定理 5.2.1 曲面的 Gauss 曲率 K 是内蕴量.

证明 因为 Γ_{ij}^k 是内蕴量，所以 R_{ijk}^l 是内蕴量，从而 $R_{ijkl}(i,j,k,l=1,2)$ 也是内蕴量. 由 Gauss 方程得

$$R_{1212}=b_{21}b_{21}-b_{11}b_{22}=M^2-LN$$

所以 Gauss 曲率

$$K=\frac{LN-M^2}{EG-F^2}=-\frac{R_{1212}}{EG-F^2}$$

等式右端是一个内蕴量，所以 K 是内蕴量.

习题 5.2

1. 用 E,F,G 表示 R_{121}^2, R_{2121}.
2. 证明：当 (u,v) 是曲面的正交曲率线网时，Codazzi 方程可简化为

$$L_v=HE_v,\quad N_u=HG_u$$

3. 平均曲率为常数的曲面或为全脐点曲面，或者其第一、第二基本形式分别为

$$I=\lambda(\mathrm{d}u^2+\mathrm{d}v^2),\quad II=(1+\lambda H)\mathrm{d}u^2-(1-\lambda H)\mathrm{d}v^2$$

4. 如果曲面的第一基本形式为 $I=\lambda^2(\mathrm{d}u^2+\mathrm{d}v^2)$, 则称相应的坐标网为等温坐标网. 证明: 在等温坐标网下，Gauss 曲率为

$$K=-\frac{1}{\lambda^2}\Delta(\ln\lambda)$$

其中, $\Delta=\dfrac{\partial^2}{\partial u^2}+\dfrac{\partial^2}{\partial v^2}$ 为 Laplace 算子.

5. 证明：如果曲面的第一基本形式为

$$I=\frac{\mathrm{d}u^2+\mathrm{d}v^2}{(u^2+v^2+c^2)^2}$$

则 Gauss 曲率为常数 $4c^2$.

6. 证明：以 $I=E\mathrm{d}u^2+\mathrm{d}v^2$ 为第一基本形式的曲面的 Gauss 曲率为

$$K=-\frac{1}{\sqrt{E}}\cdot\frac{\partial^2\sqrt{E}}{\partial v^2}$$

§5.3 曲面论基本定理

本节主要证明曲面论基本定理.

定理 5.3.1　设

$$\phi = g_{11}\mathrm{d}u^1\mathrm{d}u^1 + 2g_{12}\mathrm{d}u^1\mathrm{d}u^2 + g_{22}\mathrm{d}u^2\mathrm{d}u^2 = g_{\alpha\beta}\mathrm{d}u^\alpha\mathrm{d}u^\beta$$

$$\psi = b_{11}\mathrm{d}u^1\mathrm{d}u^1 + 2b_{12}\mathrm{d}u^1\mathrm{d}u^2 + b_{22}\mathrm{d}u^2\mathrm{d}u^2 = b_{\alpha\beta}\mathrm{d}u^\alpha\mathrm{d}u^\beta$$

是给定的二次形式，其中 ϕ 正定. 若 g_{ij}, b_{ij} 对称且满足 Gauss-Codazzi 方程，则除了空间中位置的区别外，在 $\mathbb{E}^3$ 中存在唯一的一个曲面 S 以 ϕ, ψ 为其第一、第二基本形式.

注记 5.3.1　定理中的唯一性是指：如果两个曲面 S 和 $\bar{S}$ 同时以给定的 g_{ij}, b_{ij} 为它们的第一、第二基本量，则经过空间的一个刚体运动后 S 和 $\bar{S}$ 完全重合.

证明　第一步，证明满足定理要求的曲面是存在的.

(1) 以 g_{ij}, b_{ij} 为系数构造偏微分方程组

$$\begin{cases} \dfrac{\partial R}{\partial u^i} = R_i \\ \dfrac{\partial R_i}{\partial u^j} = \displaystyle\sum_{k=1}^{2} \Gamma_{ij}^k R_k + b_{ij} N \\ \dfrac{\partial N}{\partial u^i} = \displaystyle\sum_{j,k=1}^{2} b_{ij} g^{jk} R_k \end{cases} \tag{5.3.1}$$

其中, $i, j, k = 1, 2$, Γ_{ij}^k 是曲面的 Christoffel 符号，g^{jk} 是矩阵 (g_{ij}) 的逆矩阵的元素.

根据微分方程的理论，式(5.3.1)有解的充分必要条件是

$$R_{ij} = R_{ji} \tag{5.3.2}$$

$$\begin{cases} (R_i)_{jk} = (R_i)_{kj} \\ N_{ij} = N_{ji} \end{cases} \tag{5.3.3}$$

由 $g_{ij} = g_{ji}$ 可得 $\Gamma_{ij}^k = \Gamma_{ji}^k$. 又 $b_{ij} = b_{ji}$，故式(5.3.2) 自然成立. 由本章第二节 Gauss-Codazzi 方程的推导过程知，式(5.3.3)等价于 Gauss-Codazzi 方程, 二者同时成立, 即方程组(5.3.1)有解的条件都满足，因此在给定初值条件后，它的解唯一存在.

因此, 对任意取定的 (u_0^1, u_0^2), 给定一个初始右手标架 $\{\boldsymbol{r}_0; (\boldsymbol{r}_1)_0, (\boldsymbol{r}_2)_0, \boldsymbol{n}_0\}$, 其中 $\boldsymbol{r}_0$ 是任意的，$(\boldsymbol{r}_1)_0, (\boldsymbol{r}_2)_0, \boldsymbol{n}_0$ 满足条件

$$\begin{cases} (\boldsymbol{r}_i)_0 \cdot (\boldsymbol{r}_j)_0 = g_{ij}(u_0^1, u_0^2) \\ \boldsymbol{n}_0 \cdot (\boldsymbol{r}_i)_0 = 0 \\ \boldsymbol{n}_0^2 = 1 \end{cases} \tag{5.3.4}$$

又因为是右手标架，所以 $((\boldsymbol{r}_1)_0, (\boldsymbol{r}_2)_0, \boldsymbol{n}_0) > 0$, 今取初值条件为

$$\begin{cases} R(u_0^1, u_0^2) = \boldsymbol{r}_0 \\ R_i(u_0^1, u_0^2) = (\boldsymbol{r}_i)_0 \\ N(u_0^1, u_0^2) = \boldsymbol{n}_0 \end{cases} \tag{5.3.5}$$

所以，方程组(5.3.1)存在满足初值条件式(5.3.5)的唯一一组解为

$$\begin{cases} \boldsymbol{r} = \boldsymbol{r}(u^1, u^2) \\ \boldsymbol{r}_i = \boldsymbol{r}_i(u^1, u^2) \\ \boldsymbol{n}_i = \boldsymbol{n}_i(u^1, u^2) \end{cases} \tag{5.3.6}$$

(2) 验证式(5.3.6)这组解满足定理的要求

① 在曲面 $S : \boldsymbol{r} = \boldsymbol{r}(u^1, u^2)$ 上的每一点，式(5.3.6)中的函数满足

$$\begin{cases} \boldsymbol{r}_i \cdot \boldsymbol{r}_j = g_{ij} \\ \boldsymbol{n} \cdot \boldsymbol{r}_i = 0 \\ \boldsymbol{n}^2 = 1 \\ (\boldsymbol{r}_1, \boldsymbol{r}_2, \boldsymbol{n}) > 0 \end{cases} \tag{5.3.7}$$

为此，再做下述的一阶线性偏微分方程组，它是由式(5.3.1)导出的，且以 $(R_i \cdot R_j), (N \cdot R_i), N^2$ 为未知函数.

$$\begin{cases} \dfrac{\partial(R_i \cdot R_j)}{\partial u^k} = \displaystyle\sum_{p=1}^{2} \Gamma_{ik}^p R_p \cdot R_j + \sum_{p=1}^{2} \Gamma_{jk}^p R_i \cdot R_p + b_{ik} N \cdot R_j + b_{jk} N \cdot R_i \\ \dfrac{\partial(N \cdot R_i)}{\partial u^j} = -\displaystyle\sum_{k,p=1}^{2} b_{jk} g^{kp} R_p \cdot R_i + \sum_{k=1}^{2} \Gamma_{ij}^k N \cdot R_k + b_{ik} N^2 \\ \dfrac{\partial N^2}{\partial u^i} = -2 \displaystyle\sum_{k,j=1}^{2} b_{ik} g^{kj} N \cdot R_j \end{cases} \tag{5.3.8}$$

其中, $i, j, k = 1, 2$.

由式(5.3.1)的解做出的函数 $R_i \cdot R_j, N \cdot R_i$ 及 N^2 必是式(5.3.8)的解，于是由式(5.3.6)做出的函数

$$\boldsymbol{r}_i \cdot \boldsymbol{r}_j, \boldsymbol{n} \cdot \boldsymbol{r}_i, \boldsymbol{n}^2 \tag{5.3.9}$$

是式(5.3.8)满足初值条件

$$\begin{cases} R_i \cdot R_j(u_0^1, u_0^2) = g_{ij}(u_0^1, u_0^2) \\ N \cdot R_i(u_0^1, u_0^2) = 0 \\ N^2(u_0^1, u_0^2) = \boldsymbol{n}_0^2 = 1 \end{cases} \tag{5.3.10}$$

的一组解.

另一方面，可以直接验证函数

$$g_{ij}, N \cdot R_i, N^2 = 1 \tag{5.3.11}$$

是式(5.3.8)满足式(5.3.10)的解.

根据微分方程的理论，方程组(5.3.8)满足同一初值条件式(5.3.10)的解是唯一的. 因此，式(5.3.9)与式(5.3.11)应该完全相同，即

$$\boldsymbol{r}_i \cdot \boldsymbol{r}_j = g_{ij}, \quad \boldsymbol{n} \cdot \boldsymbol{r}_i = 0, \quad \boldsymbol{n}^2 = 1$$

进一步还有

$$(\boldsymbol{r}_1, \boldsymbol{r}_2, \boldsymbol{n})^2 = \begin{vmatrix} \boldsymbol{r}_1^2 & \boldsymbol{r}_1 \cdot \boldsymbol{r}_2 & \boldsymbol{r}_1 \cdot \boldsymbol{n} \\ \boldsymbol{r}_2 \cdot \boldsymbol{r}_1 & \boldsymbol{r}_2^2 & \boldsymbol{r}_2 \cdot \boldsymbol{n} \\ \boldsymbol{n} \cdot \boldsymbol{r}_1 & \boldsymbol{n} \cdot \boldsymbol{r}_2 & \boldsymbol{n}^2 \end{vmatrix} = g_{11}g_{22} - g_{12}^2 > 0$$

即 $(\boldsymbol{r}_1, \boldsymbol{r}_2, \boldsymbol{n}) \neq 0$. 根据连续函数的性质及条件 $((\boldsymbol{r}_1)_0, (\boldsymbol{r}_2)_0, \boldsymbol{n}_0) > 0$, 可得

$$(\boldsymbol{r}_1, \boldsymbol{r}_2, \boldsymbol{n}) > 0$$

因此 g_{ij} 是曲面 S 的第一基本量，即

$$I = \sum_{i,j=1}^{2} g_{ij} \mathrm{d}u^i \mathrm{d}u^j$$

是曲面的第一基本形式，且

$$\boldsymbol{n} = \frac{\boldsymbol{r}_1 \wedge \boldsymbol{r}_2}{\|\boldsymbol{r}_1 \wedge \boldsymbol{r}_2\|}$$

是 S 的单位法向量.

② $\boldsymbol{n} \cdot \boldsymbol{r}_{ij} = b_{ij}$ 是曲面 S 的第二基本量. 事实上，因为式(5.3.6)是式(5.3.1)的解，所以

$$\boldsymbol{r}_{ij} = \sum_{k=1}^{2} \Gamma_{ij}^k \boldsymbol{r}_k + b_{ij} \boldsymbol{n}$$

等式两端与 $\boldsymbol{n}$ 做内积得 $\boldsymbol{n} \cdot \boldsymbol{r}_{ij} = b_{ij}$, 因而 $II = \sum\limits_{i,j=1}^{2} b_{ij} \mathrm{d}u^i \mathrm{d}u^j$ 是 S 的第二基本形式.

因此符合定理要求的曲面 S 是存在的.

第二步，证明除了空间位置差别外，满足定理要求的曲面是唯一的.

设 $\bar{S}$ 是另一个满足定理要求的曲面，即 $\bar{S}$ 的第一、第二基本量分别是 g_{ij}, b_{ij}. 对于 (u_0^1, u_0^2), 在 S 和 $\bar{S}$ 上各确定一点，设为 P_0 和 $\bar{P}_0$. 由于 S 在 P_0 点和 $\bar{S}$ 在 $\bar{P}_0$ 点的第一基本量均为 $g_{ij}(u_0^1, u_0^2)$, 因而在这两点处它们的标架的形状一样，所以可以经过空间的一个刚体运动，使得这两个标架完全重合，成为 $\{\boldsymbol{r}_0; (\boldsymbol{r}_1)_0, (\boldsymbol{r}_2)_0, \boldsymbol{n}_0\}$.

经过刚体运动后，$\bar{S}$ 的方程为 $\bar{\boldsymbol{r}} = \bar{\boldsymbol{r}}(u^1, u^2)$. 求出其坐标向量 $\bar{\boldsymbol{r}}_i = \dfrac{\partial \bar{\boldsymbol{r}}}{\partial u^i} (i = 1, 2)$ 及单位法向量 $\bar{\boldsymbol{r}}$. 从 $\bar{S}$ 的基本公式知函数组

$$\bar{\boldsymbol{r}}(u^1, u^2), \bar{\boldsymbol{r}}_1(u^1, u^2), \bar{\boldsymbol{r}}_2(u^1, u^2), \bar{\boldsymbol{n}}(u^1, u^2) \tag{5.3.12}$$

也是方程组(5.3.1)满足初值条件式(5.3.5)的解.

由于满足初始条件的解是唯一的，所以式(5.3.12)就是式(5.3.6), 即

$$\bar{\boldsymbol{r}}(u^1,u^2)=\boldsymbol{r}(u^1,u^2),\bar{\boldsymbol{r}}_1(u^1,u^2)=\boldsymbol{r}_1(u^1,u^2),\bar{\boldsymbol{r}}_2(u^1,u^2)=\boldsymbol{r}_2(u^1,u^2),\bar{\boldsymbol{n}}(u^1,u^2)=\boldsymbol{n}(u^1,u^2)$$

于是曲面 $\bar{S}$ 与 S 完全重合，唯一性得证.

曲面论基本定理阐明了一个重要事实：曲面的一切性质 (除了空间位置外)，可以由它的两个基本形式完全确定，同时也突出了 Gauss-Codazzi 方程在曲面论中的作用. 可以用这些方程来判断已知的六个函数或两个二次微分式是否为某一曲面的基本量或基本形式.

例 5.3.1 判断是否存在曲面以

$$E=1,\quad F=0,\quad G=\cos^2 u,\quad L=1,\quad M=0,\quad N=\cos^2 u \tag{5.3.13}$$

为它的第一、第二基本量.

证明 因为 $F=M=0$, 所以 Gauss 方程简化为

$$\frac{LN}{EG}=-\frac{1}{\sqrt{EG}}\left\{\left(\frac{(\sqrt{E})_v}{\sqrt{G}}\right)_v+\left(\frac{(\sqrt{G})_u}{\sqrt{E}}\right)_u\right\}$$

计算可得等式两边都等于 $1(K=1)$. 所以, Gauss 方程满足.

又当 $F=M=0$ 时，Codazzi 方程可简化为

$$\begin{cases} L_v=\Gamma_{12}^1 L-\Gamma_{11}^2 N\\ N_u=\Gamma_{12}^2 N-\Gamma_{22}^1 L\end{cases}$$

计算可得

$$\Gamma_{12}^1=0=\Gamma_{22}^1,\quad \Gamma_{12}^2=-\tan u,\quad \Gamma_{22}^1=\cos u\sin u$$

$$L_v=0,\quad N_u=-2\cos u\sin u$$

代入 Codazzi 方程可知，Codazzi 方程也成立，所以满足式 (5.3.13) 的曲面存在.

习题 5.3

1. 判断 $\mathbb{E}^3$ 中是否存在曲面以 ϕ,ψ 为第一、第二基本形式?

$$\phi=(1+\cos^2 u)\mathrm{d}u^2+\sin^2 u\mathrm{d}v^2,\quad \phi=\frac{\sin u}{\sqrt{1+\cos^2 u}}(\mathrm{d}u^2+\mathrm{d}v^2)$$

2. 判断是否存在曲面以

$$I=(1+u^2)\mathrm{d}u^2+u^2\mathrm{d}v^2,\quad II=\frac{\mathrm{d}u^2+u^2\mathrm{d}v^2}{\sqrt{1+u^2}}$$

为其第一、第二基本形式.

3. 已知二次微分式 ϕ,ψ 为

$$\phi=E(u,v)\mathrm{d}u^2+G(u,v)\mathrm{d}v^2,\quad \psi=\lambda(u,v)\phi$$

其中, 函数 $E(u,v)>0, G(u,v)>0$. 若 ϕ,ψ 能够作为空间 $\mathbb{E}^3$ 中一块曲面的第一、第二基本形式，则函数 $E(u,v),\lambda(u,v),G(u,v)$ 应该满足什么条件? 如果 $E(u,v)=G(u,v)$, 写出一组 $E(u,v),\lambda(u,v),G(u,v)$ 满足上述条件的函数的具体表达式.

4. 已知二次微分式 ϕ,ψ 为

$$\phi=\mathrm{d}u^2+\mathrm{d}v^2,\quad \psi=\lambda(u,v)\mathrm{d}u^2+\mu(u,v)\mathrm{d}v^2$$

求函数 $\lambda(u,v),\mu(u,v)>0$ 应该满足什么条件, 使得 ϕ,ψ 成为 $\mathbb{E}^3$ 中一个曲面的第一、第二基本形式.

5. 设有两个二次微分式

$$\phi=\cos^2\theta\mathrm{d}u^2+\sin^2\theta\mathrm{d}v^2,\quad \psi=\sin\theta\cos\theta(\mathrm{d}u^2-\mathrm{d}v^2)$$

其中, θ 是 u,v 的函数，且 $0<\theta(u,v)<\dfrac{\pi}{2}$. 证明：在 $\mathbb{E}^3$ 中存在正则参数曲面以 ϕ,ψ 为它的第一、第二基本形式的充分必要条件是函数 θ 满足微分方程

$$\frac{\partial^2\theta}{\partial u^2}-\frac{\partial^2\theta}{\partial v^2}=\frac{1}{2}\sin 2\theta$$

第 6 章　张　量

张量的概念是 G.Ricci 在 19 世纪末提出来的, 研究张量的目的是为几何性质和物理规律的表达式寻求一种在坐标变换下不变的形式.

§6.1　张量积

§6.1.1　对偶空间

$\boldsymbol{V}^n$ 是实向量空间, $\{\boldsymbol{e}_1, \cdots, \boldsymbol{e}_n\}$ 为基底, 则 $\forall \boldsymbol{x} \in \boldsymbol{V}, \boldsymbol{x} = \sum_{i=1}^{n} x^i \boldsymbol{e}_i$, 称 x^i 为向量 $\boldsymbol{x}$ 在基底 $\{\boldsymbol{e}_i\}$ 下的分量. 由 Einstein 约定，向量也可简记为

$$\boldsymbol{x} = x^i \boldsymbol{e}_i = x^1 \boldsymbol{e}_1 + x^2 \boldsymbol{e}_2 + \cdots + x^n \boldsymbol{e}_n$$

定义 6.1.1　设 $f: \boldsymbol{V} \to \mathbb{R}$ 是函数, 如果 $\forall \boldsymbol{x}, \boldsymbol{y} \in \boldsymbol{V}, a \in \mathbb{R}$ 有

$$f(\boldsymbol{x}+\boldsymbol{y}) = f(\boldsymbol{x}) + f(\boldsymbol{y}), \quad f(a\boldsymbol{x}) = af(\boldsymbol{x})$$

则称 f 为 $\boldsymbol{V}$ 上的线性函数.

取定向量空间 $\boldsymbol{V}$ 的一组基底 $\{\boldsymbol{e}_i\}_{i=1}^n$, 可在 $\boldsymbol{V}$ 上定义 n 个函数 $\boldsymbol{\omega}^j (j = 1, \cdots, n)$, 即

$$\boldsymbol{\omega}^j : \boldsymbol{V} \to \mathbb{R}, \quad \boldsymbol{\omega}^j(\boldsymbol{x}) = x^j$$

显然, $\boldsymbol{\omega}^j$ 是线性的, 并且与基底 $\{\boldsymbol{e}_i\}_{i=1}^n$ 选取有关.

特别

$$\boldsymbol{\omega}^j(\boldsymbol{e}_i) = \delta_i^j = \begin{cases} 0, & i \neq j \\ 1, & i = j \end{cases}$$

其中, δ_i^j 是 Kronecker 符号, 与基底选取无关.

定义 6.1.2　如果 f, g 是 $\boldsymbol{V}$ 上的线性函数，$a, b \in \mathbb{R}$, 则 $af + bg$ 也是 $\boldsymbol{V}$ 上的线性函数，因此 $\boldsymbol{V}$ 上全体线性函数的集合关于加法和数乘运算封闭, 该集合是一个新的向量空间, 记为 $\boldsymbol{V}^*$, 称为 $\boldsymbol{V}$ 的**对偶空间**.

关于对偶空间，有如下命题.

命题 6.1.1　向量空间 $\boldsymbol{V}^*$ 是一个 n 维向量空间，并且 $\boldsymbol{\omega}^1, \cdots, \boldsymbol{\omega}^n$ 为 $\boldsymbol{V}^*$ 的一组基底, 称为 $\boldsymbol{e}_1, \cdots, \boldsymbol{e}_n$ 的**对偶基底**.

证明　首先证明 $\boldsymbol{\omega}^1,\boldsymbol{\omega}^2,\cdots,\boldsymbol{\omega}^n$ 是线性无关的.

假定存在 n 个实数 $a_1,\cdots,a_n\in\mathbb{R}$, 使得 $a_1\boldsymbol{\omega}^1+\cdots+a_n\boldsymbol{\omega}^n=0$, 左端为 $\boldsymbol{V}$ 上的线性函数, 作用在 $\boldsymbol{e}_k(k=1,2,\cdots,n)$ 上, 有

$$\sum_{i=1}^n a_i\boldsymbol{\omega}^i(\boldsymbol{e}_k)=\sum_{i=1}^n a_i\delta_k^i=a_k=0,\quad \forall k=1,2,\cdots,n$$

所以, $\boldsymbol{\omega}^1,\boldsymbol{\omega}^2,\cdots,\boldsymbol{\omega}^n$ 是线性无关.

对任意的 $\boldsymbol{f}\in V^*,\boldsymbol{x}\in\boldsymbol{V}$, 有

$$\boldsymbol{f}(\boldsymbol{x})=\boldsymbol{f}\left(\sum_{i=1}^n x^i\boldsymbol{e}_i\right)=\sum_{i=1}^n x^i\boldsymbol{f}(\boldsymbol{e}_i)\triangleq\sum_{i=1}^n x^i f_i=\sum_{i=1}^n\boldsymbol{\omega}^i(\boldsymbol{x})f_i=\sum_{i=1}^n f_i\boldsymbol{\omega}^i(\boldsymbol{x})$$

这里, $\boldsymbol{f}_i=\boldsymbol{f}(\boldsymbol{e}_i)\in\mathbb{R}$, 由 $\boldsymbol{x}$ 的任意性, 可知 $\boldsymbol{f}=\sum\limits_{i=1}^n f_i\boldsymbol{\omega}^i$, 即 $\boldsymbol{f}$ 可表示为 $\boldsymbol{\omega}^i$ 的线性组合.

所以 $\boldsymbol{\omega}^1,\boldsymbol{\omega}^2,\cdots,\boldsymbol{\omega}^n$ 是 $\boldsymbol{V}^*$ 的一组基底，$\boldsymbol{V}^*$ 是一个 n 维向量空间. $\boldsymbol{V}$ 上的线性函数也称为**一次形式** 或者1− **形式**.

$\boldsymbol{V}$ 和 $\boldsymbol{V}^*$ 的对偶关系是相互的，即

注记 6.1.1　对偶空间的对偶空间 $(\boldsymbol{V}^*)^*=\{\phi|\boldsymbol{V}^*\text{上的线性函数}\}$ 与向量空间 $\boldsymbol{V}$ 同构.

§6.1.2　1 阶张量

设 $\tilde{\boldsymbol{e}}_\alpha(1\leqslant\alpha\leqslant n)$ 是向量空间 $\boldsymbol{V}$ 上的另一组基底, 则向量 $\boldsymbol{x}$ 在新旧基底下的表示为

$$\boldsymbol{x}=(\boldsymbol{e}_1,\cdots,\boldsymbol{e}_n)\begin{pmatrix}x^1\\ \vdots\\ x^n\end{pmatrix}=\tilde{x}^\alpha\tilde{\boldsymbol{e}}_\alpha=(\tilde{\boldsymbol{e}}_1,\cdots,\tilde{\boldsymbol{e}}_n)\begin{pmatrix}\tilde{x}^1\\ \vdots\\ \tilde{x}^n\end{pmatrix}$$

假定基底之间的关系为

$$\tilde{\boldsymbol{e}}_\alpha=\sum_{i=1}^n a_\alpha^i\boldsymbol{e}_i,\quad \text{即}\quad \begin{pmatrix}\tilde{\boldsymbol{e}}_1\\ \vdots\\ \tilde{\boldsymbol{e}}_n\end{pmatrix}=\begin{pmatrix}a_1^1&\cdots&a_1^n\\ \vdots&&\vdots\\ a_n^1&\cdots&a_n^n\end{pmatrix}\begin{pmatrix}\boldsymbol{e}_1\\ \vdots\\ \boldsymbol{e}_n\end{pmatrix}\tag{6.1.1}$$

将上式的系数矩阵记为 $\boldsymbol{A}=(a_\alpha^i)$，则

$$\boldsymbol{x}=(\boldsymbol{e}_1,\cdots,\boldsymbol{e}_n)\begin{pmatrix}x^1\\ \vdots\\ x^n\end{pmatrix}=(\boldsymbol{e}_1,\cdots,\boldsymbol{e}_n)\boldsymbol{A}^{\mathrm{T}}\begin{pmatrix}\tilde{x}^1\\ \vdots\\ \tilde{x}^n\end{pmatrix}$$

即

$$\begin{pmatrix}x^1\\ \vdots\\ x^n\end{pmatrix}=\begin{pmatrix}a_1^1&\cdots&a_n^1\\ \vdots&&\vdots\\ a_1^n&\cdots&a_n^n\end{pmatrix}\begin{pmatrix}\tilde{x}^1\\ \vdots\\ \tilde{x}^n\end{pmatrix}=\boldsymbol{A}^{\mathrm{T}}\begin{pmatrix}\tilde{x}^1\\ \vdots\\ \tilde{x}^n\end{pmatrix}$$

于是

$$\begin{pmatrix} \tilde{x}^1 \\ \vdots \\ \tilde{x}^n \end{pmatrix} = (\boldsymbol{A}^{\mathrm{T}})^{-1} \begin{pmatrix} x^1 \\ \vdots \\ x^n \end{pmatrix}$$

注记 6.1.2 假如新基底 $\tilde{\boldsymbol{e}}_\alpha$ 用旧基底 $\boldsymbol{e}_i$ 线性表示时其系数矩阵记为 $\boldsymbol{A}$, 则向量 $\boldsymbol{x}$ 的新分量 $\tilde{x}^\alpha$ 用旧分量 x^i 线性表示时的系数矩阵是 $(\boldsymbol{A}^{\mathrm{T}})^{-1}$, 称向量 $\boldsymbol{x}$ 的分量遵从**反变变换规律**.

定义 6.1.3 线性函数

$$\boldsymbol{g}: \boldsymbol{V}^* \to \mathbb{R} \quad \Leftrightarrow \quad \boldsymbol{g} \in \boldsymbol{V}$$

的分量遵从反变规律, 称 V 中元素为**一阶反变张量**.

记 $\{\tilde{\boldsymbol{e}}_\alpha\}_{\alpha=1}^n$ 的对偶基底为 $\{\tilde{\boldsymbol{\omega}}^\beta\}_{\beta=1}^n$, 则

$$\tilde{\boldsymbol{\omega}}^\beta(\tilde{\boldsymbol{e}}_\alpha) = \delta_\alpha^\beta = \begin{cases} 1, & \alpha = \beta \\ 0, & \alpha \neq \beta \end{cases}$$

于是

$$\boldsymbol{\omega}^i(\tilde{\boldsymbol{e}}_\alpha) = \boldsymbol{\omega}^i\left(\sum_{j=1}^n a_\alpha^j \boldsymbol{e}_j\right) = a_\alpha^i = \sum_{\beta=1}^n a_\beta^i \tilde{\boldsymbol{\omega}}^\beta(\tilde{\boldsymbol{e}}_\alpha)$$

即

$$\boldsymbol{\omega}^i = \sum_{\beta=1}^n a_\beta^i \tilde{\boldsymbol{\omega}}^\beta \tag{6.1.2}$$

等价于

$$\begin{pmatrix} \boldsymbol{\omega}^1 \\ \vdots \\ \boldsymbol{\omega}^n \end{pmatrix} = \begin{pmatrix} a_1^1 & a_2^1 & \cdots & a_n^1 \\ a_1^2 & a_2^2 & \cdots & a_n^2 \\ \vdots & \vdots & & \vdots \\ a_1^n & a_2^n & \cdots & a_n^n \end{pmatrix} \begin{pmatrix} \tilde{\boldsymbol{\omega}}^1 \\ \tilde{\boldsymbol{\omega}}^2 \\ \vdots \\ \tilde{\boldsymbol{\omega}}^n \end{pmatrix} = \boldsymbol{A}^{\mathrm{T}} \begin{pmatrix} \tilde{\boldsymbol{\omega}}^1 \\ \tilde{\boldsymbol{\omega}}^2 \\ \vdots \\ \tilde{\boldsymbol{\omega}}^n \end{pmatrix} \tag{6.1.3}$$

$\forall \boldsymbol{f} \in V^*$, 设 $\boldsymbol{f}$ 在基底 $\{\tilde{\boldsymbol{\omega}}^\beta\}_{\beta=1}^n$ 的分量为 $\tilde{\boldsymbol{f}}_\alpha(\alpha = 1, \cdots, n)$, 则

$$\tilde{\boldsymbol{f}}_\alpha = \boldsymbol{f}(\tilde{\boldsymbol{e}}_\alpha) = \sum_{i=1}^n a_\alpha^i \boldsymbol{f}_i \tag{6.1.4}$$

把式 (6.1.2) 和式 (6.1.4) 用矩阵表示，有

$$\begin{pmatrix} \tilde{\boldsymbol{\omega}}^1 \\ \vdots \\ \tilde{\boldsymbol{\omega}}^n \end{pmatrix} = (\boldsymbol{A}^{\mathrm{T}})^{-1} \begin{pmatrix} \boldsymbol{\omega}^1 \\ \vdots \\ \boldsymbol{\omega}^n \end{pmatrix}$$

$$\begin{pmatrix} \tilde{f}_1 \\ \vdots \\ \tilde{f}_n \end{pmatrix} = \boldsymbol{A} \begin{pmatrix} f_1 \\ \vdots \\ f_n \end{pmatrix}$$

注记 6.1.3 向量空间 $\boldsymbol{V}$ 上的线性函数 $\boldsymbol{f}$ 的分量的变换规律与 $\boldsymbol{V}$ 的基底变换规律一致，称 $\boldsymbol{f}$ 的分量遵从**协变变换规律**.

定义 6.1.4 线性函数

$$\boldsymbol{f}:\boldsymbol{V}\to\mathbb{R} \quad \Leftrightarrow \quad \boldsymbol{f}\in\boldsymbol{V}^*$$

的分量遵从协变规律，称 $\boldsymbol{V}^*$ 中元素为**一阶协变张量**.

§6.1.3 2 阶张量

定义 6.1.5 设 $\boldsymbol{V}$ 是实数域 $\mathbb{R}$ 上 n 维向量空间, 映射 $\boldsymbol{f}:\boldsymbol{V}\times\boldsymbol{V}\to\mathbb{R}$，如果 $\boldsymbol{f}$ 对于每个变量都是线性的, 即

(1) $\boldsymbol{f}(\lambda_1\boldsymbol{v}_1+\lambda_2\boldsymbol{v}_2,\boldsymbol{u})=\lambda_1\boldsymbol{f}(\boldsymbol{v}_1,\boldsymbol{u})+\lambda_2\boldsymbol{f}(\boldsymbol{v}_2,\boldsymbol{u})$,

(2) $\boldsymbol{f}(\boldsymbol{v};\mu_1\boldsymbol{u}_1+\mu_2\boldsymbol{u}_2)=\mu_1\boldsymbol{f}(\boldsymbol{v},\boldsymbol{u}_1)+\mu_2\boldsymbol{f}(\boldsymbol{v},\boldsymbol{u}_2)$,

其中 $\lambda_1,\lambda_2,\mu_1,\mu_2\in\mathbb{R},\boldsymbol{v},\boldsymbol{v}_1,\boldsymbol{v}_2,\boldsymbol{u},\boldsymbol{u}_1,\boldsymbol{u}_2\in V$，则称 $\boldsymbol{f}$ 为 $\boldsymbol{V}$ 上的一个**双线性函数**.

记 $\boldsymbol{T}^{(0,2)}=\{\boldsymbol{f}|\boldsymbol{f}是\boldsymbol{V}上的双线性函数\}$. 在 $\boldsymbol{T}^{(0,2)}$ 上引进函数的加法和数乘, 则 $\boldsymbol{T}^{(0,2)}$ 构成一个线性空间. $\boldsymbol{T}^{(0,2)}$ 中的元素也称为**二阶协变张量**. 为了更好地了解 $\boldsymbol{T}^{(0,2)}$, 引进下面一类特殊的双线性函数.

定义 6.1.6 设 $\boldsymbol{f},\boldsymbol{g}\in V^*$, 称 $\boldsymbol{f}\otimes\boldsymbol{g}$ 为 $\boldsymbol{f}$ 与 $\boldsymbol{g}$ 的**张量积**, 其中 $\boldsymbol{f}\otimes\boldsymbol{g}$ 定义为

$$\boldsymbol{f}\otimes\boldsymbol{g}(\boldsymbol{u},\boldsymbol{v})\triangleq\boldsymbol{f}(\boldsymbol{u})\boldsymbol{g}(\boldsymbol{v}),\forall\boldsymbol{u},\boldsymbol{v}\in\boldsymbol{V}$$

由定义可知, $\boldsymbol{f}\otimes\boldsymbol{g}\in T^{(0,2)}$, 但一般情况下 $\boldsymbol{f}\otimes\boldsymbol{g}\neq\boldsymbol{g}\otimes\boldsymbol{f}$.

设 $\boldsymbol{e}_1,\cdots,\boldsymbol{e}_n$ 是 $\boldsymbol{V}$ 的基底, $\boldsymbol{\omega}^1,\cdots,\boldsymbol{\omega}^n$ 为对偶基底，则

(1) $\boldsymbol{\omega}^i\otimes\boldsymbol{\omega}^j(\boldsymbol{e}_k,\boldsymbol{e}_l)=\boldsymbol{\omega}^i(\boldsymbol{e}_k)\cdot\boldsymbol{\omega}^j(\boldsymbol{e}_l)=\delta_k^i\delta_l^j$;

(2) 设$\boldsymbol{u}=\sum\limits_{k=1}^{n}a^k\boldsymbol{e}_k,\boldsymbol{v}=\sum\limits_{l=1}^{n}b^l\boldsymbol{e}_l\in\boldsymbol{V}$, 则$\boldsymbol{\omega}^i\otimes\boldsymbol{\omega}^j(\boldsymbol{u},\boldsymbol{v})=\boldsymbol{\omega}^i(\boldsymbol{u})\cdot\boldsymbol{\omega}^j(\boldsymbol{v})=a^ib^j$;

(3) 设$\boldsymbol{f}=\sum\limits_{i=1}^{n}a_i\boldsymbol{\omega}^i,\boldsymbol{g}=\sum\limits_{j=1}^{n}b_j\boldsymbol{\omega}^j\in\boldsymbol{V}^*$, 有

$$\boldsymbol{f}\otimes\boldsymbol{g}=\sum_{i,j=1}^{n}a_ib_j\boldsymbol{\omega}^i\otimes\boldsymbol{\omega}^j \tag{6.1.5}$$

事实上, 对任意的$\boldsymbol{e}_k,\boldsymbol{e}_l\in\boldsymbol{V}$, 有

$$\boldsymbol{f}\otimes\boldsymbol{g}(\boldsymbol{e}_k,\boldsymbol{e}_l)=\boldsymbol{f}(\boldsymbol{e}_k)\cdot\boldsymbol{g}(\boldsymbol{e}_l)=a_kb_l=\left(\sum_{i,j=1}^{n}a_ib_j\boldsymbol{\omega}^i\otimes\boldsymbol{\omega}^j\right)(\boldsymbol{e}_k,\boldsymbol{e}_l)$$

由 $\boldsymbol{e}_k,\boldsymbol{e}_l$ 的任意性可得式 (6.1.5), 进一步可得

定理 6.1.1 $\{\boldsymbol{\omega}^i \otimes \boldsymbol{\omega}^j | i,j=1,2\cdots,n\}$ 构成 $\boldsymbol{T}^{(0,2)}$ 的一组基.

证明留作习题.

定义 6.1.7 设 $\boldsymbol{f} \in \boldsymbol{T}^{(0,2)}$, 如果 $\forall \boldsymbol{u},\boldsymbol{v} \in \boldsymbol{V}$, $\boldsymbol{f}(\boldsymbol{u},\boldsymbol{v}) = \boldsymbol{f}(\boldsymbol{v},\boldsymbol{u})$, 则 $\boldsymbol{f}$ 称为 $\boldsymbol{V}$ 上的**二阶对称协变张量**; $\boldsymbol{f}(\boldsymbol{u},\boldsymbol{v}) = -\boldsymbol{f}(\boldsymbol{v},\boldsymbol{u}), \forall \boldsymbol{u},\boldsymbol{v} \in \boldsymbol{V}$, 则 $\boldsymbol{f}$ 称为 $\boldsymbol{V}$ 上的**二阶反称协变张量**.

注记 6.1.4 设 $\boldsymbol{f} = \sum_{i,j} a_{ij}\boldsymbol{\omega}^i \otimes \boldsymbol{\omega}^j \in \boldsymbol{T}^{(0,2)}$, 则

(1) $\boldsymbol{f}$ 是二阶对称协变张量当且仅当 $a_{ij} = a_{ji}$;

(2) $\boldsymbol{f}$ 是二阶反称协变张量当且仅当 $a_{ij} = -a_{ji}$.

换句话说, $\boldsymbol{f}$ 是对称 (反称) 的, 当且仅当 $\boldsymbol{f}$ 在一组基下的系数关于其指标是对称 (反称) 的.

用 $\boldsymbol{P}(2)$ 表示 2 阶置换群，则

$$\boldsymbol{P}(2) = \left\{ \sigma_1 = \begin{pmatrix} 1 & 2 \\ 1 & 2 \end{pmatrix}, \sigma_2 = \begin{pmatrix} 1 & 2 \\ 2 & 1 \end{pmatrix} \right\}$$

对于 $\sigma \in \boldsymbol{P}(2), \boldsymbol{f} \in \boldsymbol{T}^{(0,2)}$，可以定义映射 $\sigma(\boldsymbol{f})$ 为

$$\sigma(\boldsymbol{f})(\boldsymbol{v}_1,\boldsymbol{v}_2) = \boldsymbol{f}(\boldsymbol{v}_{\sigma(1)}, v_{\sigma(2)})$$

显然，$\sigma : \boldsymbol{T}^{(0,2)} \to \boldsymbol{T}^{(0,2)}$ 是线性映射. 如果 $\boldsymbol{f} \in \boldsymbol{T}^{(0,2)}$ 是反称的，则

$$\boldsymbol{f}(\boldsymbol{v}_{\sigma(1)}, \boldsymbol{v}_{\sigma(2)}) = \mathrm{sgn}(\sigma) \cdot \boldsymbol{f}(\boldsymbol{v}_1, \boldsymbol{v}_2)$$

其中, $\mathrm{sgn}(\sigma)$ 是置换 σ 的符号, 即

$$\mathrm{sgn}(\sigma) = \begin{cases} 1, & \sigma\text{是偶置换} \\ -1, & \sigma\text{是奇置换} \end{cases}$$

设 $\{\boldsymbol{e}_i | i=1,\cdots n\}$ 和 $\{\tilde{\boldsymbol{e}}_\alpha | \alpha=1,\cdots n\}$ 是 $\boldsymbol{V}$ 的两组基, $\tilde{\boldsymbol{e}}_\alpha = \sum_{i=1}^{n} a_\alpha^i \boldsymbol{e}_i$，$\boldsymbol{\omega}^i, \tilde{\boldsymbol{\omega}}^\alpha$ 分别是 $\boldsymbol{e}_i, \tilde{\boldsymbol{e}}_\alpha$ 的对偶基. $\forall \boldsymbol{f} \in \boldsymbol{T}^{(0,2)}$,

$$\boldsymbol{f} = \sum_{i,j=1}^{n} b_{ij}\boldsymbol{\omega}^i \otimes \boldsymbol{\omega}^j = \sum_{\alpha,\beta=1}^{n} \tilde{b}_{\alpha\beta}\tilde{\boldsymbol{\omega}}^\alpha \otimes \tilde{\boldsymbol{\omega}}^\beta$$

则可得 $\tilde{b}_{\alpha\beta} = \sum_{k,l=1}^{n} b_{kl} a_\alpha^k a_\beta^l$.

例 6.1.1 讨论向量空间 $\boldsymbol{V}$ 到自身的线性变换在不同基底下分量的变换规律.

证明 设映射 $\boldsymbol{f} : \boldsymbol{V} \to \boldsymbol{V}$ 向量空间 $\boldsymbol{V}$ 到自身的线性变换，即它满足

$$\begin{cases} \boldsymbol{f}(\boldsymbol{v}_1 + \boldsymbol{v}_2) = \boldsymbol{f}(\boldsymbol{v}_1) + \boldsymbol{f}(\boldsymbol{v}_2) \\ \boldsymbol{f}(\lambda \boldsymbol{v}) = \lambda \cdot \boldsymbol{f}(\boldsymbol{v}) \end{cases}$$

线性变换 $\boldsymbol{f}$ 由它在基底向量 $\{\boldsymbol{e}_i\}$ 上的值唯一确定. 设

$$\boldsymbol{f}(\boldsymbol{e}_i)=\sum_{j=1}^{n}b_i^j\boldsymbol{e}_j$$

则称 (b_i^j) 为 $\boldsymbol{f}$ 在基底 $\{\boldsymbol{e}_i\}$ 下的矩阵, 它的元素 b_i^j 称为 $\boldsymbol{f}$ 的分量.

假设 $\{\tilde{\boldsymbol{e}}_\alpha\}$ 是 $\boldsymbol{V}$ 的另一组基底, $\tilde{\boldsymbol{e}}_\alpha=\sum\limits_{j=1}^{n}a_\alpha^j\boldsymbol{e}_j$, 记 $\tilde{b}_\alpha^\beta$ 为 $\boldsymbol{f}$ 在基底 $\{\tilde{\boldsymbol{e}}_\alpha\}$ 下的. 则

$$f(\tilde{\boldsymbol{e}}_\alpha)=\sum_{j=1}^{n}a_\alpha^j f(\boldsymbol{e}_j)=\sum_{j=1}^{n}a_\alpha^j\left(\sum_{k=1}^{n}b_j^k\boldsymbol{e}_k\right)=\sum_{\beta=1}^{n}\tilde{b}_\alpha^\beta\tilde{\boldsymbol{e}}_\beta=\sum_{k,\beta=1}^{n}\tilde{b}_\alpha^\beta a_\beta^k\boldsymbol{e}_k$$

即

$$\tilde{b}_\alpha^\beta=a_\alpha^l a_k^\beta b_l^k$$

称 $\boldsymbol{f}$ 的分量 b_i^j 遵从一次反变, 一次协变的变换规律.

线性变换 $\boldsymbol{f}$ 也可诱导 $\boldsymbol{V}^*\times\boldsymbol{V}$ 上的 2 重线性函数 $\tilde{\boldsymbol{f}}:\boldsymbol{V}^*\times\boldsymbol{V}\to\mathbb{R}$, 定义为 $\forall(\alpha,\boldsymbol{v})\in\boldsymbol{V}^*\times\boldsymbol{V}$,

$$\tilde{\boldsymbol{f}}(\alpha,\boldsymbol{v})=\alpha(\boldsymbol{f}(\boldsymbol{v}))$$

$\tilde{\boldsymbol{f}}$ 关于各个自变量的线性性质是明显的.

反过来，若有 2 重线性函数 $\tilde{\boldsymbol{f}}:\boldsymbol{V}^*\times\boldsymbol{V}\to\mathbb{R}$，可以定义

$$\boldsymbol{f}(\boldsymbol{v})=\sum_{i=1}^{n}\tilde{\boldsymbol{f}}(\boldsymbol{\omega}^i,\boldsymbol{v})\boldsymbol{e}_i$$

容易证明, 右端与基底选取无关, 故映射 $\boldsymbol{f}:\boldsymbol{V}\to\boldsymbol{V}$ 定义合理. $\boldsymbol{f}$ 的分量为

$$b_i^j=\tilde{\boldsymbol{f}}(\boldsymbol{\omega}^i,\boldsymbol{e}_i)$$

其中, $\{\boldsymbol{\omega}^i\}_{i=1}^n$ 是 $\{\boldsymbol{e}_i\}_{i=1}^n$ 的对偶基底.

定义 6.1.8　称双线性函数 $\tilde{\boldsymbol{f}}:\boldsymbol{V}^*\times\boldsymbol{V}\to\mathbb{R}$ 为 $\boldsymbol{V}$ 上的 $(1,1)$ 阶张量.

类似地，可以定义向量空间 $\boldsymbol{V}$ 上的 2 阶反变张量，因为后面章节与协变张量的相关性比较强，反变张量的性质这里不再展开探讨，下面仅仅给出基本概念.

定义 6.1.9　设 $\boldsymbol{V}$ 是实数域 $\mathbb{R}$ 上 n 维线性空间, 如果 $\boldsymbol{f}:\boldsymbol{V}^*\times\boldsymbol{V}^*\to\mathbb{R}$ 是 $\boldsymbol{V}^*$ 上的双线性函数, 则称 $\boldsymbol{f}$ 为 $\boldsymbol{V}$ 上的一个 2 **阶反变张量**.

习题 6.1

1. 证明：$\boldsymbol{g}=\langle\cdot,\cdot\rangle$ 是 $(0,2)$ 阶协变张量.
2. 设 $(\boldsymbol{V},\langle\cdot,\cdot\rangle)$ 是 n 维欧氏向量空间，映射 $\boldsymbol{\phi}:\boldsymbol{V}\to\boldsymbol{V}^*$ 把 $\forall\boldsymbol{v}\in\boldsymbol{V}$ 映为 $\boldsymbol{V}$ 上的线性函数

$$\boldsymbol{\phi}(\boldsymbol{v})=\langle\boldsymbol{v},\cdot\rangle$$

即 $\forall\boldsymbol{w}\in\boldsymbol{V},(\boldsymbol{\phi}(\boldsymbol{v}))(\boldsymbol{w})=\langle\boldsymbol{v},\boldsymbol{w}\rangle$, 证明: 映射 $\boldsymbol{\phi}$ 是自然同构 (定义和基底选择无关).

3. 设 $\boldsymbol{V}$ 是 n 维向量空间，$\{\boldsymbol{e}_i\}$ 是一组基底，在 $\boldsymbol{V}^*$ 中的对偶基底维 $\{\boldsymbol{\omega}^i\}$，假定 $\tilde{\boldsymbol{f}}$: $\boldsymbol{V}\times\boldsymbol{V}^*\to\mathbb{R}$ 是 2 重线性函数，令

$$\boldsymbol{f}(\boldsymbol{u})=\sum_{i=1}^{n}\tilde{\boldsymbol{f}}(\boldsymbol{u},\boldsymbol{\omega}^i)\boldsymbol{e}_i,\quad \forall\boldsymbol{u}\in\boldsymbol{V}$$

证明：映射 $\boldsymbol{f}:\boldsymbol{V}\to\boldsymbol{V}$ 是一个线性变换，并且它的定义与基底 $\{\boldsymbol{e}_i\}$ 的选取无关.
4. 设 $\boldsymbol{\phi}$ 是 $\boldsymbol{V}$ 上的 2 阶协变张量. 证明：$\boldsymbol{\phi}$ 可以写成一个 2 阶对称协变张量和一个 2 阶反称协变张量之和.
5. 设 $\boldsymbol{\phi}$ 是 $\boldsymbol{V}$ 上的 3 阶协变张量. 证明：如果 $\boldsymbol{\phi}$ 关于前两个自变量是对称的，关于后两个自变量是反对称的，则 $\boldsymbol{\phi}$ 必是零张量.
6. 设 $\boldsymbol{\phi}$ 是 $\boldsymbol{V}$ 上的 $(0,2)$ 型张量, $\boldsymbol{\psi}$ 是 $\boldsymbol{V}$ 上的 $(2,0)$ 型张量, 证明：如果对于任意的对称张量 $\boldsymbol{\phi}$, 都有 $\sum\limits_{i,j=1}^{n}\phi_{ij}\psi^{ij}=0$, 则 $\boldsymbol{\psi}$ 是反对称张量.
7. 证明：$\{\boldsymbol{\omega}^i\otimes\boldsymbol{\omega}^j|i,j=1,2\cdots,n\}$ 构成 $\boldsymbol{T}^{(0,2)}$ 的一组基.

§6.2 高阶张量

下面把双线性函数的相关概念推广到多重线性函数, 给出高阶张量的定义.

§6.2.1 p 阶反变 q 阶协变张量

定义 6.2.1 设 $\boldsymbol{V}_1,\boldsymbol{V}_2,\cdots,\boldsymbol{V}_r$ 是 r 个向量空间, 若 r 元函数 $\boldsymbol{f}:\boldsymbol{V}_1\times\boldsymbol{V}_2\times\cdots\times\boldsymbol{V}_r\to\mathbb{R}$ 对于每一个变量都是线性的, 即对于任意指标 $\alpha(1\leqslant\alpha\leqslant r)$ 及向量 $\boldsymbol{u}_\alpha,\boldsymbol{w}_\alpha\in V_\alpha$, 有

$$\begin{cases}\boldsymbol{f}(\cdots,\boldsymbol{u}_\alpha+\boldsymbol{w}_\alpha,\cdots)=\boldsymbol{f}(\cdots,\boldsymbol{u}_\alpha,\cdots)+\boldsymbol{f}(\cdots,\boldsymbol{w}_\alpha,\cdots)\\ \boldsymbol{f}(\cdots,\lambda\boldsymbol{u}_\alpha,\cdots)=\lambda\boldsymbol{f}(\cdots,\boldsymbol{u}_\alpha,\cdots)\end{cases}$$

其中 $\lambda\in\mathbb{R}$, 则称 $\boldsymbol{f}$ 是 $\boldsymbol{V}_1\times\boldsymbol{V}_2\times\cdots\times\boldsymbol{V}_r$ 上的r **重线性函数**.

向量空间 $\boldsymbol{V}_1\times\boldsymbol{V}_2\times\cdots\times\boldsymbol{V}_r$ 上的 r 重向量函数的集合记为 $\mathcal{L}(\boldsymbol{V}_1\times\boldsymbol{V}_2\times\cdots\times\boldsymbol{V}_r;\mathbb{R})$. 特别地, $\mathcal{L}(V;\mathbb{R})=\boldsymbol{V}^*$.

定义 6.2.2 设 $\boldsymbol{V}$ 是 n 向量空间, $\boldsymbol{V}^*$ 是它的对偶空间, (p,q) 是一对非负整数，如果

$$\boldsymbol{f}:\overbrace{\boldsymbol{V}^*\times\cdots\times\boldsymbol{V}^*}^{p\text{个}}\times\overbrace{\boldsymbol{V}\times\cdots\times\boldsymbol{V}}^{q\text{个}}\to\mathbb{R}$$

是一个 $p+q$ 重线性函数，则称 $\boldsymbol{f}$ 为 $\boldsymbol{V}$ 上的一个 p **阶反变** q **阶协变张量**.

记 $\boldsymbol{T}^{(p,q)}=\{\boldsymbol{f}|\boldsymbol{f}\text{为}\boldsymbol{V}\text{上 }p\text{ 阶反变 }q\text{ 阶协变张量}\}$ 在 $\boldsymbol{T}^{(p,q)}$ 中引入函数的加法和数乘，则 $\boldsymbol{T}^{(p,q)}$ 成为一个线性空间，称为 $\boldsymbol{V}$ 上(p,q) **阶张量空间**.

例如，上一节的低阶张量空间可表述为：

(1) $\boldsymbol{T}^{(1,0)}=\boldsymbol{V}$ 是一阶反变张量空间;

(2) $\boldsymbol{T}^{(0,1)}=\boldsymbol{V}^*$ 是一阶协变张量空间;

(3) $\boldsymbol{T}^{(1,1)}=\mathcal{L}(\boldsymbol{V},\boldsymbol{V})$, 线性空间 $\boldsymbol{V}$ 到 $\boldsymbol{V}$ 的线性变换的全体;

(4) $\boldsymbol{T}^{(0,2)}$ 是向量空间 $\boldsymbol{V}$ 上的二重线性函数空间.

高阶张量之间也可以定义张量积的运算.

定义 6.2.3 设 $\boldsymbol{\xi}\in\boldsymbol{T}^{(r_1,s_1)},\boldsymbol{\eta}\in\boldsymbol{T}^{(r_2,s_2)}$，则 $\boldsymbol{\xi}\otimes\boldsymbol{\eta}\in\boldsymbol{T}^{(r_1+r_2,s_1+s_2)}$，定义为

$$\begin{aligned}&\boldsymbol{\xi}\otimes\boldsymbol{\eta}(\boldsymbol{\phi}^1,\cdots,\boldsymbol{\phi}^{r_1+r_2},\boldsymbol{v}_1,\cdots,\boldsymbol{v}_{s_1+s_2})\\ &\quad\triangleq\boldsymbol{\xi}(\boldsymbol{\phi}^1,\cdots,\boldsymbol{\phi}^{r_1},\boldsymbol{v}_1,\cdots,\boldsymbol{v}_{s_1})\boldsymbol{\eta}(\boldsymbol{\phi}^{r_1+1},\cdots,\boldsymbol{\phi}^{r_1+r_2},\boldsymbol{v}_{s_1+1},\cdots,\boldsymbol{v}_{s_1+s_2})\end{aligned}$$

张量积是由低阶张量构造高阶张量的一种重要方法.

命题 6.2.1 张量积有下列基本性质:

(1) (双线性) $\forall\boldsymbol{\xi}_1,\boldsymbol{\xi}_2\in T^{(r_1,s_1)},\boldsymbol{\eta}\in T^{(r_2,s_2)},\lambda_1,\lambda_2\in\mathbb{R}$.

$$(\lambda_1\boldsymbol{\xi}_1+\lambda_2\boldsymbol{\xi}_2)\otimes\boldsymbol{\eta}=\lambda_1\boldsymbol{\xi}_1\otimes\boldsymbol{\eta}+\lambda_2\boldsymbol{\xi}_2\otimes\boldsymbol{\eta}$$

(2) (结合律) $\forall\boldsymbol{\xi}\in\boldsymbol{T}^{(r_1,s_1)},\boldsymbol{\eta}\in\boldsymbol{T}^{(r_2,s_2)},\zeta\in\boldsymbol{T}^{(r_3,s_3)}$

$$(\boldsymbol{\xi}\otimes\boldsymbol{\eta})\otimes\boldsymbol{\zeta}=\boldsymbol{\xi}\otimes(\boldsymbol{\eta}\otimes\boldsymbol{\zeta})$$

在 $\boldsymbol{V}$ 上可定义如下的 (p,q) 型张量

$$\boldsymbol{e}_{i_1}\otimes\cdots\otimes\boldsymbol{e}_{i_p}\otimes\boldsymbol{\omega}^{j_1}\otimes\cdots\otimes\boldsymbol{\omega}^{j_q},\quad 1\leqslant i_1,\cdots i_p,j_1,\cdots,j_q\leqslant n \tag{6.2.1}$$

定理 6.2.1 在向量空间 $\boldsymbol{V}$ 中取定基底 $\boldsymbol{e}_i$，在对偶空间 $\boldsymbol{V}^*$ 中取对偶基底 $\boldsymbol{\omega}^j$，则式 (6.2.1) 给出的 n^{p+q} 个 (p,q) 型张量构成空间 $\boldsymbol{T}^{(p,q)}$ 的基底，因此 $\dim\boldsymbol{T}^{(p,q)}=n^{p+q}$.

§6.2.2 协变张量

下面只讨论协变张量, 有时省略协变二字. 相关概念和结论同样适合于反变张量.

设 $\boldsymbol{V}$ 为 n 维线性空间,$\boldsymbol{T}^{(0,r)}$ 为 $\boldsymbol{V}$ 上 r 阶协变张量空间, 为了方便起见,记 $\boldsymbol{T}^r=\boldsymbol{T}^{(0,r)}$.

定义 6.2.4 设 $\boldsymbol{\xi}$ 是 $\boldsymbol{V}$ 上的 q 阶协变张量，即 $\boldsymbol{\xi}:\boldsymbol{V}\times\cdots\times\boldsymbol{V}\to\mathbb{R}$ 是 $\boldsymbol{V}$ 上的 q 重线性函数. 若任意交换两个自变量的位置，$\boldsymbol{\xi}$ 的值不变，则称 $\boldsymbol{\xi}$ 是**对称的** q **阶协变张量**. 若任意交换两个自变量的位置，$\boldsymbol{\xi}$ 的值只改变符号，则称 $\boldsymbol{\xi}$ 是**反对称的** q **阶协变张量**.

用 $P(r)$ 表示 r 阶置换群. 对于 $\sigma\in P(r),\boldsymbol{f}\in T^r$，可以定义映射如下:

$$\sigma(\boldsymbol{f})(\boldsymbol{v}_1,\cdots,\boldsymbol{v}_r)=\boldsymbol{f}(\boldsymbol{v}_{\sigma(1)},\cdots,\boldsymbol{v}_{\sigma(r)})$$

显然，$\sigma:\boldsymbol{T}^r\to\boldsymbol{T}^r$ 是线性映射.

由于每个置换是若干个对换的乘积，所以 $\boldsymbol{\xi}\in\boldsymbol{T}^r$ 是对称张量的充要条件是：对任意的 $\sigma\in P(r)$，有

$$\sigma(\boldsymbol{\xi})=\boldsymbol{\xi}$$

$\boldsymbol{\xi}\in\boldsymbol{T}^r$ 是反对称张量的充要条件是: $\sigma\in P(r)$，有

$$\sigma(\boldsymbol{\xi})=\operatorname{sgn}(\sigma)\cdot\boldsymbol{\xi}$$

由定义可得:

命题 6.2.2 $\boldsymbol{\xi} \in \boldsymbol{T}^r$ 是对称张量的充要条件是 $\boldsymbol{\xi}$ 的分量关于各个指标是对称的，即

$$\xi_{i_{\sigma(1)}\cdots i_{\sigma(r)}} = \xi_{i_1\cdots i_r}, \quad \forall \sigma \in P(r)$$

$\boldsymbol{\xi} \in \boldsymbol{T}^r$ 是反对称张量的充要条件是 $\boldsymbol{\xi}$ 的分量关于各个指标是反对称的，即

$$\xi_{i_{\sigma(1)}\cdots i_{\sigma(r)}} = \operatorname{sgn}(\sigma) \cdot \xi_{i_1\cdots i_r}, \quad \forall \sigma \in P(r)$$

例如, $\forall \boldsymbol{f} \in \boldsymbol{T}^2$, $\boldsymbol{f}$ 在基底下可表示为 $\boldsymbol{f} = \sum\limits_{i,j=1}^{n} f_{ij}\boldsymbol{\omega}^i \otimes \boldsymbol{\omega}^j$, 取 $\sigma = \begin{pmatrix} 1 & 2 \\ 2 & 1 \end{pmatrix}$, $\operatorname{sgn}(\sigma) = -1$. 则

$$(\sigma \boldsymbol{f}) = \sum_{i,j=1}^{n} (\sigma \boldsymbol{f})_{ij} \boldsymbol{\omega}^i \otimes \boldsymbol{\omega}^j = f_{ji}\boldsymbol{\omega}^i \otimes \boldsymbol{\omega}^j$$

其中, $f_{ij} = \boldsymbol{f}(\boldsymbol{e}_i, \boldsymbol{e}_j)$. 可见 $\sigma \boldsymbol{f} = \begin{cases} \boldsymbol{f}, & \boldsymbol{f}\text{是对称张量} \\ -\boldsymbol{f}, & \boldsymbol{f}\text{是反称张量} \end{cases}$,

注记 6.2.1 存在张量既不对称也不反称.

对任意 r 重线性函数 $\boldsymbol{f}$，可以利用置换群做**反称化和对称化**，构造出一个反称函数 $\tilde{f}$ 和一个对称函数 $[f]$.

例如：$\forall \boldsymbol{f} \in \boldsymbol{T}^2, \forall \boldsymbol{x}, \boldsymbol{y} \in \boldsymbol{V}$

$$\tilde{\boldsymbol{f}}(\boldsymbol{x}, \boldsymbol{y}) = \frac{1}{2}(\boldsymbol{f}(\boldsymbol{x}, \boldsymbol{y}) - \boldsymbol{f}(\boldsymbol{y}, \boldsymbol{x})) = \frac{1}{2}[(\sigma_1 \boldsymbol{f})(\boldsymbol{x}, \boldsymbol{y}) + \operatorname{sgn}(\sigma_2)(\sigma_2(\boldsymbol{f}))(\boldsymbol{x}, \boldsymbol{y})]$$

$$[\boldsymbol{f}](\boldsymbol{x}, \boldsymbol{y}) = \frac{1}{2}(\boldsymbol{f}(\boldsymbol{x}, \boldsymbol{y}) + \boldsymbol{f}(\boldsymbol{y}, \boldsymbol{x})) = \frac{1}{2}[(\sigma_1 \boldsymbol{f})(\boldsymbol{x}, \boldsymbol{y}) + (\sigma_2 \boldsymbol{f})(\boldsymbol{x}, \boldsymbol{y})]$$

事实上，有如下反称化算子和对称化算子：

定义 6.2.5 设 $\boldsymbol{f} \in T^r$, 令

$$A_r(\boldsymbol{f}) = \frac{1}{r!} \sum_{\sigma \in P(r)} \operatorname{sgn}(\sigma) \cdot \sigma(\boldsymbol{f})$$

$$S_r(\boldsymbol{f}) = \frac{1}{r!} \sum_{\sigma \in P(r)} \sigma(\boldsymbol{f})$$

显然 $A_r, S_r : \boldsymbol{T}^r \to \boldsymbol{T}^r$ 都是 T^r 的自同态，A_r 称为**反对称化算子**, S_r 称为**对称化算子**.

定理 6.2.2 设 $\boldsymbol{\xi} \in \boldsymbol{T}^r$, 则

$$\boldsymbol{\xi}\text{是反对称张量, 当且仅当} A_r(\boldsymbol{\xi}) = \boldsymbol{\xi}$$

$$\boldsymbol{\xi}\text{是对称张量, 当且仅当} S_r(\boldsymbol{\xi}) = \boldsymbol{\xi}$$

证明 仅证明第一个结论，第二个结论可类似证明.

设 $\boldsymbol{\xi}$ 是 r 次外形式, 则 $\forall\sigma\in P(r),\sigma(\boldsymbol{\xi})=\mathrm{sgn}(\sigma)\cdot\boldsymbol{\xi}$. 因此

$$A_r(\boldsymbol{\xi})=\frac{1}{r!}\sum_{\sigma\in P(r)}\mathrm{sgn}(\sigma)(\sigma(\boldsymbol{\xi}))=\frac{1}{r!}\sum_{\sigma\in P(r)}\mathrm{sgn}(\sigma)\mathrm{sgn}(\sigma)(\boldsymbol{\xi})=\frac{1}{r!}\sum_{\sigma\in P(r)}\boldsymbol{\xi}=\boldsymbol{\xi}$$

即 $A_r\boldsymbol{\xi}=\boldsymbol{\xi}$.

反之，要证明 $\boldsymbol{\xi}$ 是反称的, 即 $\forall\tau\in P(r),\tau(\boldsymbol{\xi})=\mathrm{sgn}(\tau)\cdot\boldsymbol{\xi}$, 如果 $A_r(\boldsymbol{\xi})=\boldsymbol{\xi}$, 则等价于要证明 $\tau(A_r(\boldsymbol{\xi}))=\mathrm{sgn}(\tau)A_r(\boldsymbol{\xi})$.

$$\begin{aligned}
\tau(A_r(\boldsymbol{\xi}))&=\tau\left(\frac{1}{r!}\sum_{\sigma\in P(r)}\mathrm{sgn}(\sigma)\cdot\sigma(\boldsymbol{\xi})\right)\\
&=\frac{1}{r!}\sum_{\sigma\in P(r)}\mathrm{sgn}(\sigma)\cdot\tau(\sigma(\boldsymbol{\xi}))\\
&=\frac{1}{r!}\sum_{\sigma\in P(r)}\mathrm{sgn}(\sigma)\cdot(\tau\circ\sigma)(\boldsymbol{\xi})\\
&=\frac{1}{r!}\sum_{\sigma\in P(r)}\mathrm{sgn}(\tau)\mathrm{sgn}(\tau\circ\sigma)\cdot(\tau\circ\sigma)(\boldsymbol{\xi})\\
&=\frac{\mathrm{sgn}(\tau)}{r!}\sum_{\tau\circ\sigma\in P(r)}\mathrm{sgn}(\tau\circ\sigma)\cdot(\tau\circ\sigma)(\boldsymbol{\xi})\\
&=\mathrm{sgn}(\tau)A_r(\boldsymbol{\xi})
\end{aligned}$$

故 $\boldsymbol{\xi}$ 是反称的.

设 $1\leqslant r<q$, $P(r)$ 是 r 阶置换群，则 $P(r)$ 是 $P(q)$ 的子群，即 $\sigma\in P(r)$ 可表示为

$$\sigma=\begin{pmatrix}1&\cdots&r\\\sigma(1)&\cdots&\sigma(r)\end{pmatrix}=\begin{pmatrix}1&\cdots&r&r+1&\cdots&q\\\sigma(1)&\cdots&\sigma(r)&r+1&\cdots&q\end{pmatrix}$$

$\sigma\in P(r)$ 在 q 阶协变张量 $\boldsymbol{\xi}$ 上的作用定义为把 σ 看做 $P(q)$ 中的元素在 $\boldsymbol{\xi}$ 上的作用, 即

$$\sigma(\boldsymbol{\xi})(\boldsymbol{v}_1,\boldsymbol{v}_2,\cdots,\boldsymbol{v}_q)=\boldsymbol{\xi}(\boldsymbol{v}_{\sigma(1)},\cdots,\boldsymbol{v}_{\sigma(r)},\boldsymbol{v}_{r+1},\cdots,\boldsymbol{v}_q),\forall\boldsymbol{v}_1,\boldsymbol{v}_2,\cdots,\boldsymbol{v}_q\in\boldsymbol{V}$$

为了区别, 可以用 a_r 表示对 q 阶协变张量的前 r 个自变量做反称化, 则 $\forall\boldsymbol{\xi}\in\boldsymbol{T}^q$，有

$$a_r(\boldsymbol{\xi})=\frac{1}{r!}\sum_{\sigma\in P(r)}\mathrm{sgn}(\sigma)\cdot\sigma(\boldsymbol{\xi})$$

此时 $a_r(\boldsymbol{\xi})$ 仍然是 q 阶协变张量，并且关于前 r 个自变量是反对称的.

引理 6.2.1 设 $1\leqslant r<q$, a_r 如上所示，则对于任意的 $\boldsymbol{\xi}\in\boldsymbol{T}^q$ 有

$$A_q\circ a_r(\boldsymbol{\xi})=A_q(\boldsymbol{\xi})$$

证明 先引入**广义 Kronecker 符号**:

$$\delta^{j_1\cdots j_q}_{i_1\cdots i_q}=\begin{cases}1, & 若 i_1,\cdots,i_q 互不相同，且 j_1,\cdots,j_q 为 i_1,\cdots,i_q 的偶排列\\ -1, & 若 i_1,\cdots,i_q 互不相同，且 j_1,\cdots,j_q 为 i_1,\cdots,i_q 的奇排列\\ 0, & 其他情形\end{cases}$$

根据定义，$\delta^{j_1\cdots j_r}_{i_1\cdots i_r}$ 关于上指标是反称的，关于下指标也是反称的, 并且对于 $\sigma\in P(q)$ 有

$$\operatorname{sgn}(\sigma)=\delta^{j_1\cdots j_q}_{i_1\cdots i_q}$$

则

$$\begin{aligned}[A_q(\boldsymbol{\xi})](\boldsymbol{v}_1,\boldsymbol{v}_2,\cdots,\boldsymbol{v}_q)&=\frac{1}{q!}\sum_{\sigma\in P(q)}\operatorname{sgn}(\sigma)\sigma(\boldsymbol{\xi})(\boldsymbol{v}_1,\boldsymbol{v}_2,\cdots,\boldsymbol{v}_q)\\&=\frac{1}{q!}\sum_{i_1,\cdots,i_q}\delta^{i_1\cdots i_q}_{1\cdots q}\boldsymbol{\xi}(\boldsymbol{v}_{i_1},\boldsymbol{v}_{i_2},\cdots,\boldsymbol{v}_{i_q})\end{aligned}$$

由 $\delta^{1\cdots q}_{i_1\cdots i_q}$ 的定义可知，只有 $i_1,\cdots,i_q$ 是 $1,2,\cdots,q$ 的一个置换时, 该项才对右端的和式有贡献. 对 $a_r(\boldsymbol{\xi})\in\boldsymbol{T}^q$, 做反称化可得

$$\begin{aligned}[A_q(a_r(\boldsymbol{\xi}))](\boldsymbol{v}_1,\boldsymbol{v}_2,\cdots,\boldsymbol{v}_q)&=\frac{1}{q!}\sum_{i_1,\cdots,i_q}\delta^{i_1\cdots i_q}_{1\cdots q}a_r(\boldsymbol{\xi})(\boldsymbol{v}_{i_1},\boldsymbol{v}_{i_2},\cdots,\boldsymbol{v}_{i_q})\\&=\frac{1}{q!}\frac{1}{r!}\sum_{i_1,\cdots,i_q}\sum_{j_1,\cdots,j_q}\delta^{i_1\cdots i_q}_{1\cdots q}\delta^{j_1\cdots j_r}_{i_1\cdots i_r}\boldsymbol{\xi}(\boldsymbol{v}_{j_1},\cdots,\boldsymbol{v}_{j_r},\boldsymbol{v}_{i_{r+1}},\cdots,\boldsymbol{v}_{i_q})\end{aligned}$$

由置换的性质可得

$$\frac{1}{r!}\sum_{i_1,\cdots,i_q}\sum_{j_1,\cdots,j_q}\delta^{j_1\cdots j_q}_{i_1\cdots i_r}\delta^{i_1\cdots i_r i_{r+1}\cdots i_q}_{1\cdots q}=\delta^{j_1\cdots j_r i_{r+1}\cdots i_q}_{1\cdots q}$$

所以对任意的 $\boldsymbol{\xi}\in\boldsymbol{T}^q$, 有

$$\begin{aligned}[A_q(a_r(\boldsymbol{\xi}))](\boldsymbol{v}_1,\boldsymbol{v}_2,\cdots,\boldsymbol{v}_q)&=\frac{1}{q!}\sum_{j_1,\cdots,j_q}\delta^{1\cdots q}_{j_1\cdots j_r i_{r+1}\cdots i_q}\boldsymbol{\xi}(\boldsymbol{v}_{j_1},\cdots,\boldsymbol{v}_{j_r},\boldsymbol{v}_{i_{r+1}},\cdots,\boldsymbol{v}_{i_q})\\&=(A_q(\boldsymbol{\xi}))(\boldsymbol{v}_1,\boldsymbol{v}_2,\cdots,\boldsymbol{v}_q)\end{aligned}$$

由 $\boldsymbol{v}_1,\boldsymbol{v}_2,\cdots,\boldsymbol{v}_q$ 的任意性可得 $A_q\circ a_r(\boldsymbol{\xi})=A_q(\boldsymbol{\xi})$.

定义 6.2.6 向量空间 $\boldsymbol{V}$ 上的反对称 r 阶协变张量，即 $\boldsymbol{V}$ 上的反对称 r 重线性函数，称为 $\boldsymbol{V}$ 上的**r 次外形式**，简称**r-形式**.

向量空间 $\boldsymbol{V}$ 上全体 r 次外形式的集合记为 $\Lambda^r(\boldsymbol{V})$, 因为外形式空间关于加法和数乘是封闭的，所以构成一个向量空间，称为 $\boldsymbol{V}$ 上的 r 次外形式空间，并且外形式之间还可以引入外积运算.

定义 6.2.7 设 $\boldsymbol{\xi}\in\Lambda^k(\boldsymbol{V}),\boldsymbol{\eta}\in\Lambda^l(\boldsymbol{V})$, 则 $\boldsymbol{\xi},\boldsymbol{\eta}$ 的**外积**$\boldsymbol{\xi}\wedge\boldsymbol{\eta}$ 是一个 $k+l$ 次的外形式，定义为

$$\boldsymbol{\xi}\wedge\boldsymbol{\eta}=\frac{(k+l)!}{k!l!}A_{k+l}(\boldsymbol{\xi}\otimes\boldsymbol{\eta})$$

例如设 $\boldsymbol{f},\boldsymbol{g}\in\boldsymbol{V}^*$, 则 $\boldsymbol{f}\wedge\boldsymbol{g}\in\Lambda^2(\boldsymbol{V})$, 定义为

$$\boldsymbol{f}\wedge\boldsymbol{g}=\frac{2!}{1!1!}A_2(\boldsymbol{f}\otimes\boldsymbol{g})=2A_2(\boldsymbol{f}\otimes\boldsymbol{g})=2\frac{1}{2!}\sum_{\sigma\in P(2)}\operatorname{sgn}(\sigma)\sigma(\boldsymbol{f}\otimes\boldsymbol{g})$$

则对于任意 $\boldsymbol{x},\boldsymbol{y}\in\boldsymbol{V}$, 有

$$\boldsymbol{f}\wedge\boldsymbol{g}(\boldsymbol{x},\boldsymbol{y})=\boldsymbol{f}\otimes\boldsymbol{g}(\boldsymbol{x},\boldsymbol{y})-\boldsymbol{f}\otimes\boldsymbol{g}(\boldsymbol{y},\boldsymbol{x})=\boldsymbol{f}(\boldsymbol{x})\boldsymbol{g}(\boldsymbol{y})-\boldsymbol{f}(\boldsymbol{y})\boldsymbol{g}(\boldsymbol{x})$$

定理 6.2.3 外积适合下列运算规律：设 $\boldsymbol{\xi},\boldsymbol{\xi}_1,\boldsymbol{\xi}_2\in\Lambda^k(\boldsymbol{V}),\boldsymbol{\eta},\boldsymbol{\eta}_1,\boldsymbol{\eta}_2\in\Lambda^l(\boldsymbol{V}),\zeta\in\Lambda^h(\boldsymbol{V})$，则有：

(1) 分配律

$$(\boldsymbol{\xi}_1+\boldsymbol{\xi}_2)\wedge\boldsymbol{\eta}=\boldsymbol{\xi}_1\wedge\boldsymbol{\eta}+\boldsymbol{\xi}_2\wedge\boldsymbol{\eta}$$

$$\boldsymbol{\xi}\wedge(\boldsymbol{\eta}_1+\boldsymbol{\eta}_2)=\boldsymbol{\xi}\wedge\boldsymbol{\eta}_1+\boldsymbol{\xi}\wedge\boldsymbol{\eta}_2$$

(2) 反交换律

$$\boldsymbol{\xi}\wedge\boldsymbol{\eta}=(-1)^{kl}\boldsymbol{\eta}\wedge\boldsymbol{\xi}$$

(3) 结合律

$$(\boldsymbol{\xi}\wedge\boldsymbol{\eta})\wedge\zeta=\boldsymbol{\xi}\wedge(\boldsymbol{\eta}\wedge\zeta)$$

证明 (1) 因为张量积和反对称算子的线性性质，可直接得到外积满足分配律.

(2) 首先注意到 $\boldsymbol{\xi}\wedge\boldsymbol{\eta}$ 是 $k+l$ 重反称线性函数，对任意的 $\boldsymbol{v}_1,\boldsymbol{v}_2,\cdots,\boldsymbol{v}_{k+l}\in\boldsymbol{V}$, $\sigma\in P(k+l)$, $\sigma(\boldsymbol{\xi}\wedge\boldsymbol{\eta})=\operatorname{sgn}(\sigma)\boldsymbol{\xi}\wedge\boldsymbol{\eta}$. 取

$$\sigma=\begin{pmatrix}1&\cdots&k&k+1&\cdots&k+l\\ l+1&\cdots&k+l&1&\cdots&l\end{pmatrix}$$

则 $\operatorname{sgn}(\sigma)=(-1)^{kl}$.

$$\begin{aligned}&\boldsymbol{\xi}\wedge\boldsymbol{\eta}(\boldsymbol{v}_{\sigma(1)},\boldsymbol{v}_{\sigma(2)},\cdots,\boldsymbol{v}_{\sigma(k+l)})\\ =&\operatorname{sgn}(\sigma)\sigma(\boldsymbol{\xi}\wedge\boldsymbol{\eta})(\boldsymbol{v}_1,\boldsymbol{v}_2,\cdots,\boldsymbol{v}_{k+l})\\ =&(-1)^{kl}\boldsymbol{\xi}\wedge\boldsymbol{\eta}(\boldsymbol{v}_{\sigma(1)},\boldsymbol{v}_{\sigma(2)},\cdots,\boldsymbol{v}_{\sigma(k+l)})\\ =&(-1)^{kl}\boldsymbol{\xi}\wedge\boldsymbol{\eta}(\boldsymbol{v}_{l+1},\cdots,\boldsymbol{v}_{l+k},\boldsymbol{v}_1\cdots,\boldsymbol{v}_{k+l})\\ =&\frac{(-1)^{kl}}{k!l!}\sum_{\tau\in P(k+l)}(\operatorname{sgn}\tau)\boldsymbol{\xi}(\boldsymbol{v}_{\tau(l+1)},\cdots,\boldsymbol{v}_{\tau(k+l)})\boldsymbol{\eta}(\boldsymbol{v}_{\tau(1)},\cdots,\boldsymbol{v}_{\tau(l)})\\ =&\frac{(-1)^{kl}}{k!l!}\sum_{\tau\in P(k+l)}(\operatorname{sgn}\tau)\boldsymbol{\eta}(\boldsymbol{v}_{\tau(1)},\cdots,\boldsymbol{v}_{\tau(l)})\boldsymbol{\xi}(\boldsymbol{v}_{\tau(l+1)},\cdots,\boldsymbol{v}_{\tau(k+l)})\\ =&(-1)^{kl}\boldsymbol{\eta}\wedge\boldsymbol{\xi}(\boldsymbol{v}_1,\boldsymbol{v}_2,\cdots,\boldsymbol{v}_{k+l})\end{aligned}$$

所以

$$\boldsymbol{\xi}\wedge\boldsymbol{\eta}=(-1)^{kl}\boldsymbol{\eta}\wedge\boldsymbol{\xi}$$

(3) 由外积和反称化算子的定义得

$$\begin{aligned}&(\boldsymbol{\xi}\wedge\boldsymbol{\eta})\wedge\zeta\\=&\frac{(k+l+h)!}{(k+l)!h!}A_{k+l+h}(\boldsymbol{\xi}\wedge\boldsymbol{\eta})\otimes\zeta\\=&\frac{(k+l+h)!}{(k+l)!h!}A_{k+l+h}\left[\frac{(k+l)!}{k!l!}A_{k+l}(\boldsymbol{\xi}\otimes\boldsymbol{\eta})\otimes\zeta\right]\\=&\frac{(k+l+h)!}{k!l!h!}A_{k+l+h}\circ a_{k+l}(\boldsymbol{\xi}\otimes\boldsymbol{\eta}\otimes\zeta)\\=&\frac{(k+l+h)!}{k!l!h!}A_{k+l+h}(\boldsymbol{\xi}\otimes\boldsymbol{\eta}\otimes\zeta)\end{aligned}$$

同理可得

$$\boldsymbol{\xi}\wedge(\boldsymbol{\eta}\wedge\zeta)=\frac{(k+l+h)!}{k!l!h!}A_{k+l+h}(\boldsymbol{\xi}\otimes\boldsymbol{\eta}\otimes\zeta)=(\boldsymbol{\xi}\wedge\boldsymbol{\eta})\wedge\zeta$$

注记 6.2.2 若 $\boldsymbol{\xi},\boldsymbol{\eta}\in\boldsymbol{V}^*=\Lambda^1(\boldsymbol{V})$，则由反交换律有

$$\boldsymbol{\xi}\wedge\boldsymbol{\eta}=-\boldsymbol{\eta}\wedge\boldsymbol{\xi},\quad \boldsymbol{\xi}\wedge\boldsymbol{\xi}=\boldsymbol{\eta}\wedge\boldsymbol{\eta}=0$$

一般地，如果一个外积多项式含有两个相同的因子，则该式必为零.

例 6.2.1 设 $\boldsymbol{f},\boldsymbol{g},\boldsymbol{h}\in\boldsymbol{V}^*$, 求它们的外积求值公式.

解 $\forall\boldsymbol{x},\boldsymbol{y},\boldsymbol{z}\in\boldsymbol{V}$, 由定义可得

$$\begin{aligned}&\boldsymbol{f}\wedge\boldsymbol{g}\wedge\boldsymbol{h}(\boldsymbol{x},\boldsymbol{y},\boldsymbol{z})\\=&\boldsymbol{f}\otimes\boldsymbol{g}\otimes\boldsymbol{h}(\boldsymbol{x},\boldsymbol{y},\boldsymbol{z})+\boldsymbol{f}\otimes\boldsymbol{g}\otimes\boldsymbol{h}(\boldsymbol{y},\boldsymbol{z},\boldsymbol{x})+\boldsymbol{f}\otimes\boldsymbol{g}\otimes\boldsymbol{h}(\boldsymbol{z},\boldsymbol{x},\boldsymbol{y})-\boldsymbol{f}\otimes\boldsymbol{g}\otimes\boldsymbol{h}(\boldsymbol{y},\boldsymbol{x},\boldsymbol{z})-\\&\boldsymbol{f}\otimes\boldsymbol{g}\otimes\boldsymbol{h}(\boldsymbol{x},\boldsymbol{z},\boldsymbol{y})-\boldsymbol{f}\otimes\boldsymbol{g}\otimes\boldsymbol{h}(\boldsymbol{z},\boldsymbol{y},\boldsymbol{x})\\=&\boldsymbol{f}(\boldsymbol{x})\boldsymbol{g}(\boldsymbol{y})\boldsymbol{h}(\boldsymbol{z})+\boldsymbol{f}(\boldsymbol{y})\boldsymbol{g}(\boldsymbol{z})\boldsymbol{h}(\boldsymbol{x})+\boldsymbol{f}(\boldsymbol{z})\boldsymbol{g}(\boldsymbol{x})\boldsymbol{h}(\boldsymbol{y})-\boldsymbol{f}(\boldsymbol{y})\boldsymbol{g}(\boldsymbol{x})\boldsymbol{h}(\boldsymbol{z})\\&-\boldsymbol{f}(\boldsymbol{x})\boldsymbol{g}(\boldsymbol{z})\boldsymbol{h}(\boldsymbol{y})-\boldsymbol{f}(\boldsymbol{z})\boldsymbol{g}(\boldsymbol{y})\boldsymbol{h}(\boldsymbol{x})\\=&\begin{vmatrix}\boldsymbol{f}(\boldsymbol{x})&\boldsymbol{f}(\boldsymbol{y})&\boldsymbol{f}(\boldsymbol{z})\\\boldsymbol{g}(\boldsymbol{x})&\boldsymbol{g}(\boldsymbol{y})&\boldsymbol{g}(\boldsymbol{z})\\\boldsymbol{h}(\boldsymbol{x})&\boldsymbol{h}(\boldsymbol{y})&\boldsymbol{h}(\boldsymbol{z})\end{vmatrix}\end{aligned}$$

事实上，可以用数学归纳法证明. 如果 $\boldsymbol{f}^1,\cdots,\boldsymbol{f}^r\in\boldsymbol{V}^*$, 则

$$\boldsymbol{f}^1\wedge\boldsymbol{f}^2\wedge\cdots\wedge\boldsymbol{f}^r=r!A_r(\boldsymbol{f}^1\otimes\cdots\otimes\boldsymbol{f}^r)=\delta^{1\cdots r}_{i_1\cdots i_r}\boldsymbol{f}^{i_1}\otimes\cdots\otimes\boldsymbol{f}^{i_r}$$

类似地，对 r 次外形式，也可借助行列式给出计算表达式.

设 $\boldsymbol{f}^1,\cdots,\boldsymbol{f}^r\in\boldsymbol{V}^*$, 则 $\boldsymbol{f}^1\wedge\cdots\wedge\boldsymbol{f}^r\in\Lambda^r(\boldsymbol{V})$, $\forall\boldsymbol{x}_1,\cdots,\boldsymbol{x}_r\in\boldsymbol{V}$,

$$\boldsymbol{f}^1\wedge\cdots\wedge\boldsymbol{f}^r(\boldsymbol{x}_1,\cdots,\boldsymbol{x}_r)=\begin{vmatrix}\boldsymbol{f}^1(\boldsymbol{x}_1)&\cdots&\boldsymbol{f}^1(\boldsymbol{x}_r)\\\vdots&\vdots&\vdots\\\boldsymbol{f}^r(\boldsymbol{x}_1)&\cdots&\boldsymbol{f}^r(\boldsymbol{x}_r)\end{vmatrix}$$

特别地，如果 $\boldsymbol{f}^{j_l}=\boldsymbol{\omega}^{j_l},\boldsymbol{x}_{i_r}=\boldsymbol{e}_{i_r},1<l,r<n$, 则

$$\boldsymbol{\omega}^{j_1}\wedge\cdots\wedge\boldsymbol{\omega}^{j_r}(\boldsymbol{x}_{i_1},\cdots,\boldsymbol{x}_{i_r})=\begin{vmatrix}\boldsymbol{\omega}^{j_1}(\boldsymbol{x}_{i_1}) & \cdots & \boldsymbol{\omega}^{j_1}(\boldsymbol{x}_{i_r})\\ \vdots & \vdots & \vdots\\ \boldsymbol{\omega}^{j_r}(\boldsymbol{x}_{i_1}) & \cdots & \boldsymbol{\omega}^{j_r}(\boldsymbol{x}_{i_r})\end{vmatrix}=\begin{vmatrix}\delta_{i_1}^{j_1} & \cdots & \delta_{i_r}^{j_1}\\ \vdots & \vdots & \vdots\\ \delta_{i_1}^{j_r} & \cdots & \delta_{i_r}^{j_r}\end{vmatrix}\triangleq\delta_{i_1\cdots i_r}^{j_1\cdots j_r}$$

设 V 是 n 向量空间，$\boldsymbol{e}_1,\cdots,\boldsymbol{e}_n$ 是 V 的基底, $\boldsymbol{\omega}^1,\cdots,\boldsymbol{\omega}^n$ 是 V^* 上的对偶基, 则

$$\{\boldsymbol{\omega}^{i_1}\wedge\cdots\wedge\boldsymbol{\omega}^{i_r}|1\leqslant i_1,\cdots,i_r\leqslant n\}$$

不是线性无关的, 例如 $\boldsymbol{\omega}^1\wedge\boldsymbol{\omega}^2=-\boldsymbol{\omega}^2\wedge\boldsymbol{\omega}^1$, 故不能作为基底.

定理 6.2.4 r 次外形式空间 $\Lambda^r(\boldsymbol{V})$ 是一个向量空间，$\{\boldsymbol{\omega}^{i_1}\wedge\cdots\wedge\boldsymbol{\omega}^{i_r}|1\leqslant i_1<i_2<\cdots<i_r\leqslant n\}$ 是 $\Lambda^r(\boldsymbol{V})$ 的基底，则 $\dim\Lambda^r(\boldsymbol{V})=C_n^r$. 当 $r>n$ 时，$\Lambda^r(\boldsymbol{V})=0$.

证明 (1) 首先证明 $\{\boldsymbol{\omega}^{i_1}\wedge\cdots\wedge\boldsymbol{\omega}^{i_r}\}(1\leqslant i_1<i_2<\cdots<i_r\leqslant n)$ 线性无关.

如果存在一组实数 $a_{j_1\cdots j_r}\in\mathbb{R},1\leqslant j_1<\cdots<j_r\leqslant n$, 使得

$$0=\sum_{1\leqslant j_1<j_2<\cdots<j_r\leqslant n}a_{j_1\cdots j_r}\boldsymbol{\omega}^{j_1}\wedge\cdots\wedge\boldsymbol{\omega}^{j_r}$$

将这个零函数作用在向量 $(\boldsymbol{e}_{i_1},\cdots,\boldsymbol{e}_{i_r})(1\leqslant i_1<i_2<\cdots<i_r\leqslant n)$, 计算可得

$$\begin{aligned}0&=\sum_{1\leqslant j_1<j_2<\cdots<j_r\leqslant n}a_{j_1\cdots j_r}\boldsymbol{\omega}^{j_1}\wedge\cdots\wedge\boldsymbol{\omega}^{j_r}(\boldsymbol{e}_{i_1},\cdots,\boldsymbol{e}_{i_r})\\&=\sum_{1\leqslant j_1<j_2<\cdots<j_r\leqslant n}a_{j_1\cdots j_r}\delta_{i_1\cdots i_r}^{j_1\cdots j_r}\\&=a_{i_1\cdots i_r}\end{aligned}$$

上式对任意 $1\leqslant i_1<i_2<\cdots<i_r\leqslant n$ 都成立. 所以 $\{\boldsymbol{\omega}^{i_1}\wedge\cdots\wedge\boldsymbol{\omega}^{i_r}\}(1\leqslant i_1<i_2<\cdots<i_r\leqslant n)$ 是线性无关的.

(2) $\forall\boldsymbol{f}\in\Lambda^r(V)$, 则 $\boldsymbol{f}$ 是一个 r 重线性函数，故 $\boldsymbol{f}$ 可以表示为

$$\boldsymbol{f}=f_{j_1\cdots j_r}\boldsymbol{\omega}^{j_1}\otimes\cdots\otimes\boldsymbol{\omega}^{j_r}$$

另一方面，函数 $\boldsymbol{f}$ 是反称线性函数，则

$$\begin{aligned}\boldsymbol{f}&=A_r(\boldsymbol{f})=f_{j_1\cdots j_r}A_r(\boldsymbol{\omega}^{j_1}\otimes\cdots\otimes\boldsymbol{\omega}^{j_r})=\frac{1}{r!}f_{j_1\cdots j_r}\boldsymbol{\omega}^{j_1}\wedge\cdots\wedge\boldsymbol{\omega}^{j_r}\\&=\sum_{1\leqslant j_1<j_2<\cdots<j_r\leqslant n}f_{j_1\cdots j_r}\boldsymbol{\omega}^{j_1}\wedge\cdots\wedge\boldsymbol{\omega}^{j_r}\end{aligned}$$

因此, $\{\boldsymbol{\omega}^{i_1}\wedge\cdots\wedge\boldsymbol{\omega}^{i_r}|1\leqslant i_1<i_2<\cdots<i_r\leqslant n\}$ 是 $\Lambda^r(\boldsymbol{V})$ 的基底.

设 $\boldsymbol{V}$ 是 n 维向量空间，它上面的全体外形式的集合记为

$$\Lambda(V)=\sum_{k=0}^{n}\Lambda^k(\boldsymbol{V})$$

其元素是各次外形式的形式和. 在集合 $\Lambda(\boldsymbol{V})$ 中有加法和外积运算，并且外积运算满足分配律、结合律和反交换律，所以从代数上讲，$\Lambda(\boldsymbol{V})$ 是一个结合代数，称为向量空间 $\boldsymbol{V}$ 上的外代数. 外代数的概念最初是 Grassmann 为了研究线性子空间而引进，后来 E.Cartan 发展了外微分形式理论，成功地将它用于微分几何和微分方程的研究.

下面给出一个重要的定理，它在微分流形中是十分有用的.

定理 6.2.5(Cartan 引理) 设 $\boldsymbol{\omega}_1,\boldsymbol{\omega}_2,\cdots,\boldsymbol{\omega}_r,\boldsymbol{\theta}_1,\boldsymbol{\theta}_2,\cdots,\boldsymbol{\theta}_r$ 是 n 维向量空间 $\boldsymbol{V}$ 中 $2r$ 个 1- 次外形式，使得

$$\sum_{\alpha=1}^{r}\boldsymbol{\omega}_\alpha\wedge\boldsymbol{\theta}_\alpha=0 \tag{6.2.2}$$

如果 $\boldsymbol{\omega}_1,\boldsymbol{\omega}_2,\cdots,\boldsymbol{\omega}_r$ 线性无关，则 $\boldsymbol{\theta}_\alpha$ 可表示为它们的线性组合

$$\boldsymbol{\theta}_\alpha=\sum_{\beta=1}^{r}h_{\alpha\beta}\boldsymbol{\omega}_\beta,\quad 1\leqslant\alpha\leqslant r$$

并且

$$h_{\alpha\beta}=h_{\beta\alpha}$$

证明 因为 $\boldsymbol{\omega}_1,\boldsymbol{\omega}_2,\cdots,\boldsymbol{\omega}_r$ 线性无关，所以可以扩充为 $\boldsymbol{V}^*$ 的一组基底

$$\boldsymbol{\omega}_1,\boldsymbol{\omega}_2,\cdots,\boldsymbol{\omega}_r,\boldsymbol{\omega}_{r+1},\cdots,\boldsymbol{\omega}_n$$

在这组基底下，1− 形式 $\boldsymbol{\theta}_\alpha(1\leqslant\alpha\leqslant r)$ 可以被表示为

$$\boldsymbol{\theta}_\alpha=\sum_{\beta=1}^{r}h_{\alpha\beta}\boldsymbol{\omega}_\beta+\sum_{i=r+1}^{n}h_{\alpha i}\boldsymbol{\omega}_i$$

由题设

$$\begin{aligned}0&=\sum_{\alpha,\beta=1}^{r}h_{\alpha\beta}\boldsymbol{\omega}_\alpha\wedge\boldsymbol{\omega}_\beta+\sum_{\alpha=1}^{r}\sum_{i=r+1}^{n}h_{\alpha i}\boldsymbol{\omega}_\alpha\wedge\boldsymbol{\omega}_i\\&=\sum_{1\leqslant\alpha<\beta\leqslant t}^{r}(h_{\alpha\beta}-h_{\beta\alpha})\boldsymbol{\omega}_\alpha\wedge\boldsymbol{\omega}_\beta+\sum_{\alpha=1}^{r}\sum_{i=r+1}^{n}h_{\alpha i}\boldsymbol{\omega}_\alpha\wedge\boldsymbol{\omega}_i\end{aligned}$$

由于 $\{\boldsymbol{\omega}_i\wedge\boldsymbol{\omega}_j,1\leqslant i<j\leqslant n\}$ 是 $\Lambda^2(\boldsymbol{V}^*)$ 的一个基底，因此可得

$$h_{\alpha\beta}-h_{\beta\alpha}=0,\quad h_{\alpha i}=0$$

即

$$\boldsymbol{\theta}_\alpha=\sum_{\beta=1}^{r}h_{\alpha\beta}\boldsymbol{\omega}_\beta,\quad 且h_{\alpha\beta}=h_{\beta\alpha}$$

习题 6.2

1. 设 $\boldsymbol{\alpha},\boldsymbol{\beta},\boldsymbol{\gamma},\boldsymbol{\tau}\in \boldsymbol{V}^*$, 求它们的外积求值公式.
2. 设 $\boldsymbol{V}$ 是 n 维向量空间，$\{\boldsymbol{e}_i\}$ 是一组基底，在 V^* 中的对偶基底为 $\{\boldsymbol{\omega}^i\}$，则

$$\boldsymbol{g}=g_{ij}\boldsymbol{\omega}^i\otimes\boldsymbol{\omega}^j$$

其中 $\boldsymbol{g}$ 的分量 g_{ij} 是

$$g_{ij}=\boldsymbol{g}(\boldsymbol{e}_i,\boldsymbol{e}_j)=\langle\boldsymbol{e}_i,\boldsymbol{e}_j\rangle$$

张量 $\boldsymbol{g}$ 的对称性、正定性表现为矩阵 (g_{ij}) 的对称性和正定性. 用 (g^{ij}) 表示 (g_{ij}) 的逆矩阵，证明：g^{ij} 遵循 2 阶反变张量的规律.

3. 设 $\boldsymbol{V}$ 是 n 维向量空间，$\boldsymbol{V}$ 中 k 个向量的外积可以用 k 次子空间的基底线性表出，即

$$\boldsymbol{u}_1\wedge\cdots\wedge\boldsymbol{u}_k=\sum_{1\leqslant i_1<\cdots<i_k\leqslant n}\begin{vmatrix}a_{1i_1} & \cdots & a_{1i_k}\\ \cdots & \cdots & \\ a_{ki_1} & \cdots & a_{ki_k}\end{vmatrix}\boldsymbol{e}_{i_1}\wedge\cdots\wedge\boldsymbol{e}_{i_k}$$

其中, $\boldsymbol{u}_i=\sum\limits_{j=1}^{n}a_{ij}\boldsymbol{e}_j,i=1,\cdots,k,a_{ij_l}\in\mathbb{R}$.

4. $\boldsymbol{V}$ 中 k 个向量 $\boldsymbol{u}_1,\cdots,\boldsymbol{u}_k$ 线性无关的充要条件是外积不等于 0，即

$$\boldsymbol{u}_1\wedge\cdots\wedge\boldsymbol{u}_k\neq 0$$

5. 设 $\boldsymbol{V}$ 是 n 维向量空间，$\{\boldsymbol{e}_i\}$ 是一组基底，设 $\boldsymbol{\phi}=\boldsymbol{e}_1\wedge\cdots\wedge\boldsymbol{e}_k\in\boldsymbol{V}^k$. 求证：如果 $\boldsymbol{\psi}\in\boldsymbol{V}$ 满足 $\boldsymbol{\phi}\wedge\boldsymbol{\psi}=0$，则 $\boldsymbol{\psi}$ 是 $\boldsymbol{e}_1,\cdots,\boldsymbol{e}_k$ 的线性组合.
6. 设 $\boldsymbol{V}$ 是 $n\geqslant 2k$ 维向量空间，$\{\boldsymbol{e}_i\}_{i=1}^n$ 是一组基底，设 $\boldsymbol{\phi}=\boldsymbol{e}_1\wedge\boldsymbol{e}_2+\cdots+\boldsymbol{e}_{2k-1}\wedge\boldsymbol{e}_{2k}\in\boldsymbol{V}^2$, 用 $\boldsymbol{\phi}^2$ 表示 $\boldsymbol{\phi}\wedge\boldsymbol{\phi}$, 依次类推，称为外乘幂. 求证：$\boldsymbol{\phi}^k\neq 0,\boldsymbol{\phi}^{k+1}=0$.
7. 设 $\boldsymbol{V}$ 是 n 维向量空间，$\boldsymbol{\xi}\in\boldsymbol{V}^*,\boldsymbol{\eta}\in\Lambda^r(\boldsymbol{V}^*)$. 证明：对任意的 $\boldsymbol{u}_1,\cdots,\boldsymbol{u}_{r+1}\in\boldsymbol{V}$ 有

$$\boldsymbol{\xi}\wedge\boldsymbol{\eta}(\boldsymbol{u}_1,\cdots,\boldsymbol{u}_{r+1})=\sum_{i=1}^{n+1}(-1)^{i+1}\boldsymbol{\xi}(u_i)\boldsymbol{\eta}(\boldsymbol{u}_1,\cdots,\widehat{\boldsymbol{u}}_i,\cdots,\boldsymbol{u}_{r+1})$$

$\widehat{u_i}$ 表示去除这一项.

第 7 章　活动标架法

第 5 章在自然标架下研究了曲面的几何性质，本章主要介绍活动标架和外微分法在微分几何中的应用.

§7.1　外微分法

§7.1.1　外微分法

设 S 是 $\mathbb{E}^3$ 中一个正则曲面，参数表示为 $\boldsymbol{r} = \boldsymbol{r}(u,v)$，其中 (u,v) 是 S 的曲纹坐标，u-曲线的切向量记为 $\boldsymbol{r}_u$, v-曲线的切向量记为 $\boldsymbol{r}_v$, 则切空间 T_pS 的基底为 $\{\boldsymbol{r}_u, \boldsymbol{r}_v\}$, 其对偶空间记为 T_p^*S, 称为余切空间，其上基底记为 $\{\mathrm{d}u, \mathrm{d}v\}$.

上面的讨论可以搬到欧氏空间 $\mathbb{E}^2$ 的一个区域 D 上，可得到平面区域 D 上曲纹坐标的概念. 设 (x^1, x^2) 是平面区域 D 上的笛卡尔直角坐标系，(u^1, u^2) 是另一个平面区域 U 上的笛卡尔直角坐标系. 如果存在 U 到 D 的双射 $f: U \to D$

$$f(u^1,u^2) = (f^1(u^1,u^2), f^2(u^1,u^2)) = (x^1, x^2)$$

及逆映射 $g = f^{-1}: D \to U$

$$g(x^1,x^2) = (g^1(x^1,x^2), g^2(x^1,x^2)) = (u^1, u^2)$$

并且 $f^\alpha(u^1,u^2), g^\alpha(x^1,x^2)(\alpha = 1,2)$ 都是连续可微的，则称 (u^1,u^2) 是平面区域 D 上的**曲纹坐标系**.

如果让 $u^2 = u_0^2$ 固定，而让 u^1 变化，则在平面区域 D 上得到一条曲线，称为平面区域 D 上的一条 u^1- 曲线. 同理可得平面区域 D 上的一条 u^2- 曲线. 由于区域 D 和 U 之间是一一对应，因此过平面区域 D 上任意一点 p 只有一条 u^1- 曲线，也只有一条 u^2- 曲线. 把 u^1- 曲线的切向量记为 $\dfrac{\partial}{\partial u^1}$, 把 u^2- 曲线的切向量记为 $\dfrac{\partial}{\partial u^2}$, 它们构成区域 D 在 p 点的切空间 T_pD 的基底，记为 $\left\{\dfrac{\partial}{\partial u^1}, \dfrac{\partial}{\partial u^2}\right\}$, 同时区域 D 在 p 点的余切空间的基底记为 $\{\mathrm{d}u^1, \mathrm{d}u^2\}$.

显然，上述讨论可以推广到高维欧氏空间. 设 D 是 n 维欧氏空间 $\mathbb{E}^n$ 中的一个区域，$(u^1, \cdots, u^n)$ 是区域 D 上的曲纹坐标系, 如果取 $V = T_pD$, 则 T_pD 上的自然基底为

$$\left\{\frac{\partial}{\partial u^1}, \cdots, \frac{\partial}{\partial u^n}\right\}$$

其对偶空间上的基底可记为

$$\{\mathrm{d}u^1,\mathrm{d}u^2,\cdots,\mathrm{d}u^n\}$$

可以定义 T_pD 上的外代数 $\Lambda(D)=\bigoplus\limits_{k=0}^{n}\Lambda^k(D)$, 在每个 r 维 $(0\leqslant r\leqslant n)$ 子空间 $\Lambda^r(D)$ 中，元素具有形式

$$\omega=\sum_{1\leqslant i_1<\cdots<i_r\leqslant n}a_{i_1\cdots i_r}\mathrm{d}u^{i_1}\wedge\cdots\wedge\mathrm{d}u^{i_r}$$

定义 7.1.1　设 $D\subset\mathbb{R}^n$ 是 n 维欧氏空间的区域，$(u^1,\cdots,u^n)$ 是区域 D 上的曲纹坐标. 如果 ω 以连续可微的方式在每一点 $p=(u^1,\cdots,u^n)\in D$ 定义一个 r 次外形式

$$\begin{aligned}\omega(p)&=\frac{1}{r!}\phi_{i_1\cdots i_r}(u^1,\cdots,u^n)\mathrm{d}u^{i_1}\wedge\cdots\wedge\mathrm{d}u^{i_r}\\&=\sum_{1\leqslant i_1<\cdots<i_r\leqslant n}\phi_{i_1\cdots i_r}(u^1,\cdots,u^n)\mathrm{d}u^{i_1}\wedge\cdots\wedge\mathrm{d}u^{i_r}\end{aligned}$$

其中, $\phi_{i_1\cdots i_r}(u^1,\cdots,u^n)$ 关于下标反称，则称 ω 是定义在 D 上的 r **次外微分式**.

注记 7.1.1　“ω 以连续可微的方式”指的是 $\phi_{i_1\cdots i_r}(u^1,\cdots,u^n)$ 是 $(u^1,\cdots,u^n)$ 的光滑函数.

(1) D 上全体 r 次外微分形式记为 $\Lambda^r(D)$;

(2) 称 D 上的光滑函数为 D 上的 0-次外微分形式;

(3) 称 D 上的 1-次外微分形式

$$\omega=a_1(u^1,\cdots,u^n)\mathrm{d}u^1+\cdots+a_n(u^1,\cdots,u^n)\mathrm{d}u^n$$

为 D 上的 Pfaff 形式.

例如，下面两个例子：

(1) 设 $f:D\to\mathbb{R}$ 是 D 上的光滑函数，则它的微分

$$\mathrm{d}f=\frac{\partial f}{\partial u^i}\mathrm{d}u^i$$

为 D 上一个 1– 次外微分式.

(2) 设 $S\subset\mathbb{R}^3$ 是 $\mathbb{R}^3$ 中正则曲面，参数方程为 $\boldsymbol{r}=\boldsymbol{r}(u^1,u^2)$, 其第一基本形式为 $I=g_{ij}\mathrm{d}u^i\otimes\mathrm{d}u^j$, 则 S 的面积元

$$\mathrm{d}\sigma=\sqrt{g_{11}g_{22}-g_{12}^2}\mathrm{d}u^1\wedge\mathrm{d}u^2$$

为 S 上一个 2-次外微分式.

区域上的任意两个同次外微分形式可以用逐点计算的方法做加法和外积运算，但更重要的一种运算是外微分.

定义 7.1.2　**外微分**是一个映射 $\mathrm{d}:\Lambda^r(D)\to\Lambda^{r+1}(D)$, $\forall\omega_p=\sum\limits_{1\leqslant i_1<\cdots<i_r\leqslant n}a_{i_1\cdots i_r}\mathrm{d}u^{i_1}\wedge\cdots\wedge\mathrm{d}u^{i_r}\in\Lambda^r(D)$, 其外微分定义为

$$\mathrm{d}\omega_p = \sum_{1\leqslant i_1<\cdots<i_r\leqslant n} \mathrm{d}a_{i_1\cdots i_r}\wedge \mathrm{d}u^i\wedge \mathrm{d}u^{i_1}\wedge\cdots\wedge \mathrm{d}u^{i_r}$$

$$= \sum_{1\leqslant i_1<\cdots<i_r\leqslant n}\sum_{i=1}^{n}\frac{\partial a_{i_1\cdots i_r}}{\partial u^i}\mathrm{d}u^i\wedge \mathrm{d}u^{i_1}\wedge\cdots\wedge \mathrm{d}u^{i_r}$$

显然，如果 $r=n$, $\mathrm{d}\omega\equiv 0$.

外微分运算可推广到整个 $\Lambda(D)$ 上，即

$$\forall \quad \omega=\omega_0+\omega_1+\cdots+\omega_n,\quad \omega_i\in\Lambda^i(D)$$

$$\mathrm{d}\omega=\mathrm{d}\omega_0+\mathrm{d}\omega_1+\cdots+\mathrm{d}\omega_n$$

例如，当 $n=1,2$ 时，外微分运算如下所示：

(1) 当 $D\subset\mathbb{R}$ 时，

$$\omega_0=f(x),\quad \mathrm{d}\omega_0=f'(x)\mathrm{d}x$$

$$\omega_1=g(x)\mathrm{d}x,\quad \mathrm{d}\omega_1=g'(x)\mathrm{d}x\wedge\mathrm{d}x=0$$

(2) 当 $D\subset\mathbb{R}^2$ 时，

$$\omega_0=f(x,y),\quad \mathrm{d}\omega_0=\frac{\partial f}{\partial x}\mathrm{d}x+\frac{\partial f}{\partial y}\mathrm{d}y$$

$$\omega_1=P(x,y)\mathrm{d}x+Q(x,y)\mathrm{d}y,\quad \mathrm{d}\omega_1=\left(\frac{\partial Q}{\partial x}-\frac{\partial P}{\partial y}\right)\mathrm{d}x\wedge\mathrm{d}y$$

$$\omega_2=\phi(x,y)\mathrm{d}x\wedge\mathrm{d}y,\quad \mathrm{d}\omega_2=0$$

定理 7.1.1 外微分运算 d 满足下列性质：

(1) d 是线性算子，即 $\forall\phi_1,\phi_2\in\Lambda(D)$, 有

$$\mathrm{d}(\phi_1+\phi_2)=\mathrm{d}\phi_1+\mathrm{d}\phi_2,\quad \mathrm{d}(c\phi_1)=c\mathrm{d}\phi_1,\quad c\in\mathbb{R}$$

(2) $\forall\phi\in\Lambda^r(D),\psi\in\Lambda(D)$, 有

$$\mathrm{d}(\phi\wedge\psi)=\mathrm{d}\phi\wedge\psi+(-1)^r\phi\wedge\mathrm{d}\psi$$

(3) (Poincare 引理) $\mathrm{d}\circ\mathrm{d}=0$, 即 $\forall\omega\in\Lambda(D),\mathrm{d}(\mathrm{d}\omega)=0$.

证明 (1) 由外微分算子的定义可知线性是显然的.

(2) 因为 d 是线性的，所以对单项式验证即可.

设 $\omega=a\mathrm{d}u^{i_1}\wedge\cdots\wedge\mathrm{d}u^{i_r},\phi=b\mathrm{d}u^{j_1}\wedge\cdots\wedge\mathrm{d}u^{j_s}$, 其中 a,b 是光滑函数，由外微分算子的定义可得

$$\begin{aligned}\mathrm{d}(\omega\wedge\phi)&=\mathrm{d}[(ab\mathrm{d}u^{i_1}\wedge\cdots\wedge\mathrm{d}u^{i_r})\wedge(\mathrm{d}u^{j_1}\wedge\cdots\wedge\mathrm{d}u^{j_s})]\\&=(b\mathrm{d}a+a\mathrm{d}b)\mathrm{d}u^{i_1}\wedge\cdots\wedge\mathrm{d}u^{i_r}\wedge\mathrm{d}u^{j_1}\wedge\cdots\wedge\mathrm{d}u^{j_s}\\&=(\mathrm{d}a\wedge\mathrm{d}u^{i_1}\wedge\cdots\wedge\mathrm{d}u^{i_r})\wedge(b\mathrm{d}u^{j_1}\wedge\cdots\wedge\mathrm{d}u^{j_s})+\\&\quad(-1)^r(a\mathrm{d}u^{i_1}\wedge\cdots\wedge\mathrm{d}u^{i_r})\wedge(\mathrm{d}b\wedge\mathrm{d}u^{j_1}\wedge\cdots\wedge\mathrm{d}u^{j_s})\\&=\mathrm{d}\omega\wedge\phi+(-1)^r\omega\wedge\mathrm{d}\phi\end{aligned}$$

(3) 设 $\omega = a\mathrm{d}u^{i_1}\wedge\cdots\wedge\mathrm{d}u^{i_r}$, 故

$$\mathrm{d}\omega = \mathrm{d}a\wedge\mathrm{d}u^{i_1}\wedge\cdots\wedge\mathrm{d}u^{i_r} = \sum_{i=1}^{n}\frac{\partial a}{\partial u^i}\mathrm{d}u^i\wedge\mathrm{d}u^{i_1}\wedge\cdots\wedge\mathrm{d}u^{i_r}$$

再做一次外微分，则

$$\begin{aligned}\mathrm{d}(\mathrm{d}\omega) &= \mathrm{d}(\mathrm{d}a)\wedge\mathrm{d}u^{i_1}\wedge\cdots\wedge\mathrm{d}u^{i_r}\\ &= \sum_{i,j=1}^{n}\mathrm{d}\left(\frac{\partial a}{\partial u^i}\right)\wedge\mathrm{d}u^i\wedge\mathrm{d}u^{i_1}\wedge\cdots\wedge\mathrm{d}u^{i_r}\\ &= \sum_{i,j=1}^{n}\frac{\partial^2 a}{\partial u^j\partial u^i}\mathrm{d}u^j\wedge\mathrm{d}u^i\wedge\mathrm{d}u^{i_1}\wedge\cdots\wedge\mathrm{d}u^{i_r}\\ &= \sum_{j\leqslant i}\left(\frac{\partial^2 a}{\partial u^j\partial u^i}-\frac{\partial^2 a}{\partial u^i\partial u^j}\right)\mathrm{d}u^j\wedge\mathrm{d}u^i\wedge\mathrm{d}u^{i_1}\wedge\cdots\wedge\mathrm{d}u^{i_r}\end{aligned}$$

因为函数 a 是光滑函数，所以混合偏导数相等，因此 $\mathrm{dd}(\omega)=0$.

§7.1.2　微分形式的积分

下面从微分形式的角度去看一下数学分析上的几个比较重要的积分公式.

在实数轴上给定闭区间 $D=[a,b]$, 区间 D 的边界为 $\partial D=\{a,b\}$, 定义 D 的正向为 a 到 b 的方向，在 ∂D 上的诱导定向在 b 点为正向，在 a 点为负向. 对区间 D 而言，其上的 0 次外微分形式为光滑函数 $f(x)$, 则 $f(x)$ 的外微分是 D 上的 1 次外微分形式，著名的牛顿–莱布尼茨公式为

$$\int_a^b \mathrm{d}f(x) = f(b)-f(a)$$

该公式给出了区间上一次外微分形式 $\mathrm{d}f$ 的积分，等于函数 $f(x)$ 在边界上的增量.

当 D 是二维欧氏空间中的有界闭区域，其边界 ∂D 是一条平面闭曲线，正向是指当我们沿着 ∂D 的正向前进时，区域 D 总在我们的左侧. 区域 D 上的一次外微分形式为

$$\omega_1 = P(x,y)\mathrm{d}x + Q(x,y)\mathrm{d}y$$

则

$$\mathrm{d}\omega_1 = \left(\frac{\partial Q}{\partial x}-\frac{\partial P}{\partial y}\right)\mathrm{d}x\wedge\mathrm{d}y$$

则有经典的 Green 公式

$$\int_{\partial D} P\mathrm{d}x + Q\mathrm{d}y = \iint_D \left(\frac{\partial Q}{\partial x}-\frac{\partial P}{\partial y}\right)\mathrm{d}x\wedge\mathrm{d}y$$

设 Γ 是三维欧氏空间中的闭曲线，其围成的区域是三维欧氏空间中的有界曲面片 M，曲线的正向和曲面的法向符合右手法则. 设 $\omega_1 = P\mathrm{d}x+Q\mathrm{d}y+R\mathrm{d}z$, 则

$$\mathrm{d}\omega_1 = \left(\frac{\partial R}{\partial y}-\frac{\partial Q}{\partial z}\right)\mathrm{d}y\wedge\mathrm{d}z + \left(\frac{\partial P}{\partial z}-\frac{\partial R}{\partial x}\right)\mathrm{d}z\wedge\mathrm{d}x + \left(\frac{\partial Q}{\partial x}-\frac{\partial P}{\partial y}\right)\mathrm{d}x\wedge\mathrm{d}y$$

经典的 Stokes 公式可表示为

$$\begin{aligned}&\int_\Gamma P\mathrm{d}x+Q\mathrm{d}y+R\mathrm{d}z\\=&\iint_M\left(\frac{\partial R}{\partial y}-\frac{\partial Q}{\partial z}\right)\mathrm{d}y\wedge\mathrm{d}z+\left(\frac{\partial P}{\partial z}-\frac{\partial R}{\partial x}\right)\mathrm{d}z\wedge\mathrm{d}x+\left(\frac{\partial Q}{\partial x}-\frac{\partial P}{\partial y}\right)\mathrm{d}x\wedge\mathrm{d}y\end{aligned}$$

如果 G 是三维欧氏空间的区域，∂G 是三维欧氏空间中的闭曲面，设

$$\omega=P\mathrm{d}y\wedge\mathrm{d}z+Q\mathrm{d}z\wedge\mathrm{d}x+R\mathrm{d}x\wedge\mathrm{d}y$$

计算可得其外微分为

$$\mathrm{d}\omega=\left(\frac{\partial P}{\partial x}+\frac{\partial Q}{\partial y}+\frac{\partial R}{\partial z}\right)\mathrm{d}x\wedge\mathrm{d}y\wedge\mathrm{d}z$$

则有经典的 Gauss 公式

$$\begin{aligned}&\iint_{\partial G}P\mathrm{d}y\wedge\mathrm{d}z+Q\mathrm{d}z\wedge\mathrm{d}x+R\mathrm{d}x\wedge\mathrm{d}y\\=&\iiint_G\left(\frac{\partial P}{\partial x}+\frac{\partial Q}{\partial y}+\frac{\partial R}{\partial z}\right)\mathrm{d}x\wedge\mathrm{d}y\wedge\mathrm{d}z\end{aligned}$$

这些公式的共同特点可以用下面的 Stokes 公式统一表述.

定理 7.1.2 设 $G\subset\mathbb{R}^n$ 中一 p- 维带边区域 $(1\leqslant p\leqslant n)$, ∂G 是 G 的边界，具有从 G 诱导的定向，ω 是 G 上的 $p-1$ 次外微分形式，则

$$\int_{\partial G}\omega=\int_G\mathrm{d}\omega$$

习题 7.1

1. 设 $U=\{(x,y,z)|x,y,z\in\mathbb{R}\}$, 已知 $\phi=2y\mathrm{d}x+z\mathrm{d}y+x^2\mathrm{d}z,\psi=yz\mathrm{d}x+xz\mathrm{d}y+zy\mathrm{d}z$, 求 $\mathrm{d}(\phi\wedge\psi)$.
2. 设 $\phi=yz\mathrm{d}x+\mathrm{d}y,\psi=\cos z\mathrm{d}x+\sin z\mathrm{d}y,\eta=z\mathrm{d}x+x\mathrm{d}y+y\mathrm{d}z$, 计算 (1) $\phi\wedge\psi,\psi\wedge\eta$; (2) $\mathrm{d}\phi,\mathrm{d}\psi,\mathrm{d}\eta$.
3. 设 f,g 是光滑函数，利用外微分的运算法则将下列各式化简：
   (1) $\mathrm{d}(f\mathrm{d}g+g\mathrm{d}f)$;　(2) $\mathrm{d}[(2f-3g)(\mathrm{d}g-\mathrm{d}f)]$;　(3) $\mathrm{d}[(f\mathrm{d}g)\wedge(g\mathrm{d}f)]$.
4. 构造 n 个 $(n-1)$ 次外形式 ω, 使得

$$\mathrm{d}\omega=\mathrm{d}x^1\wedge\mathrm{d}x^2\wedge\cdots\wedge\mathrm{d}x^n$$

5. 给定二形式 $\omega=\sum\limits_{1\leqslant i<j\leqslant n}a_{ij}\mathrm{d}x^i\wedge\mathrm{d}x^j,a_{ij}=-a_{ji}$, 求证：

$$\mathrm{d}\omega=\sum_{1\leqslant i<j<k\leqslant n}\left(\frac{\partial a_{ij}}{\partial x_k}+\frac{\partial a_{ki}}{\partial x_j}+\frac{\partial a_{jk}}{\partial x_i}\right)\mathrm{d}x^i\wedge\mathrm{d}x^j\wedge\mathrm{d}x^k$$

6. 设 u, v, w 是 x, y, z 的光滑函数，证明：

$$\mathrm{d}u \wedge \mathrm{d}v \wedge \mathrm{d}w = \frac{\partial(u, v, w)}{\partial(x, y, z)} \mathrm{d}x \wedge \mathrm{d}y \wedge \mathrm{d}z$$

7. 证明：外微分形式的外积定义以及外微分运算定义均与变量选择无关.

§7.2　$\mathbb{E}^3$ 的正交标架

定义 7.2.1　$\mathbb{E}^3$ 的正交标架是由一个点 $\boldsymbol{x} \in \mathbb{E}^3$ 以及以点 $\boldsymbol{x}$ 为起点、两两正交的三个单位向量 $\boldsymbol{e}_1, \boldsymbol{e}_2, \boldsymbol{e}_3$ 构成，记为

$$\{\boldsymbol{x}; \boldsymbol{e}_1, \boldsymbol{e}_2, \boldsymbol{e}_3\}$$

下面考虑 $\mathbb{E}^3$ 中依赖 p 个参数的单位正交右手标架族.

定义 7.2.2　光滑依赖于 p 个参数 $u^1, \cdots, u^p$ 的空间标架 $\{\boldsymbol{r}; \boldsymbol{e}_1, \boldsymbol{e}_2, \boldsymbol{e}_3\}$ 称为p **参数活动标架**. 给出初始条件则存在唯一的 p 参数活动标架

$$\{\boldsymbol{r}(u^1, \cdots, u^p); \boldsymbol{e}_i(u^1, \cdots, u^p)\}, \quad i = 1, 2, 3$$

本书约定：　$\mathbb{J} = \{\mathbb{E}^3$ 上 p 参数活动标架 $\{\boldsymbol{r}; \boldsymbol{e}_1, \boldsymbol{e}_2, \boldsymbol{e}_3\}\}$.

直观上看，$\forall \{\boldsymbol{r}; \boldsymbol{e}_1, \boldsymbol{e}_2, \boldsymbol{e}_3\} \in \mathbb{J}$, 三个参数确定位置向量 $\boldsymbol{r}$, 2 个参数可以确定单位向量 $\boldsymbol{e}_1$, 再有一个参数确定单位向量 $\boldsymbol{e}_2$, 而 $\boldsymbol{e}_3$ 完全由 $\boldsymbol{e}_1$, $\boldsymbol{e}_2$ 确定, 所以 p 参数活动标架的自由度小于等于 6，即 $p \leqslant 6$.

例 7.2.1　构造 p 参数活动标架 $(p = 1, 2)$.

解　空间曲线的 Frenet 标架 $\{\boldsymbol{r}(s); \boldsymbol{T}(s), \boldsymbol{N}(s), \boldsymbol{B}(s)\}$ 构成单参数活动标架，s 为弧长参数.

在正则曲面上取正交坐标网 (u, v)，设 $\boldsymbol{n}(u, v)$ 为 $\boldsymbol{r}(u, v)$ 点的单位法向量，令

$$\boldsymbol{e}_1 = \frac{\boldsymbol{r}_u}{|\boldsymbol{r}_u|}, \quad \boldsymbol{e}_2 = \frac{\boldsymbol{r}_v}{|\boldsymbol{r}_v|}, \quad \boldsymbol{e}_3 = \boldsymbol{n}(u, v)$$

则

$$\{\boldsymbol{r}(u, v); \boldsymbol{e}_1(u, v), \boldsymbol{e}_2(u, v), \boldsymbol{e}_3(u, v)\}$$

构成双参数活动标架.

§7.2.1　活动标架的相对分量

活动标架 $\{\boldsymbol{x}; \boldsymbol{e}_1, \boldsymbol{e}_2, \boldsymbol{e}_3\}$ 的第一个重要性质是标架的无穷小位移, 即微分. $\mathrm{d}\boldsymbol{x}, \mathrm{d}\boldsymbol{e}_i, (i = 1, 2, 3)$ 是向量值的一阶微分形式，可以表示为 $\{\boldsymbol{e}_1, \boldsymbol{e}_2, \boldsymbol{e}_3\}$ 的以一阶微分形式为系数的线性组合. 令

$$\begin{cases} \mathrm{d}\boldsymbol{x} = \displaystyle\sum_{i=1}^{3} \omega^i \boldsymbol{e}_i = \omega^1 \boldsymbol{e}_1 + \omega^2 \boldsymbol{e}_2 + \omega^3 \boldsymbol{e}_3 \\ \mathrm{d}\boldsymbol{e}_i = \displaystyle\sum_{j=1}^{3} \omega_i^j \boldsymbol{e}_j = \omega_i^1 \boldsymbol{e}_1 + \omega_i^2 \boldsymbol{e}_2 + \omega_i^3 \boldsymbol{e}_3 \end{cases} \quad (i = 1, 2, 3) \tag{7.2.1}$$

其中, $\omega^i=\langle \mathrm{d}\boldsymbol{r},\boldsymbol{e}_i\rangle,\omega_i^j=\langle \mathrm{d}\boldsymbol{e}_i,\boldsymbol{e}_j\rangle(i,j=1,2,3)$ 都是一阶微分形式, 称 ω^i,ω_i^j 为正交标架 $\{\boldsymbol{x};\boldsymbol{e}_i\}$ 的**相对分量**.

对 $\langle \boldsymbol{e}_i,\boldsymbol{e}_j\rangle=\delta_{ij}$ 微分可得

$$\langle \mathrm{d}\boldsymbol{e}_i,\boldsymbol{e}_j\rangle+\langle \boldsymbol{e}_i,\mathrm{d}\boldsymbol{e}_j\rangle=0$$

即

$$\omega_i^j+\omega_j^i=0$$

所以有

$$\omega_1^1=\omega_2^2=\omega_3^3=0$$

独立的相对分量 ω^i,ω_i^j 只有六个:

$$\omega^1,\quad \omega^2,\quad \omega^3,\quad \omega_1^2,\quad \omega_1^3,\quad \omega_2^3$$

§7.2.2 活动标架的结构方程

活动标架的第二个要点是它的结构方程. 由 Poincare 引理可知，$\mathrm{d}(\mathrm{d}\boldsymbol{x})=0$，即

$$\begin{aligned}0=\mathrm{d}(\mathrm{d}\boldsymbol{x})&=\sum_{i=1}^{3}(\mathrm{d}\omega^i\boldsymbol{e}_i-\omega^i\wedge \mathrm{d}\boldsymbol{e}_i)\\&=\sum_{i=1}^{3}\left[\mathrm{d}\omega^i\boldsymbol{e}_i-\omega^i\wedge\left(\sum_{j=1}^{3}\omega_i^j\boldsymbol{e}_j\right)\right]\\&=\mathrm{d}\omega^1\boldsymbol{e}_1+\mathrm{d}\omega^2\boldsymbol{e}_2-\sum_{i=1}^{3}[\omega^i\wedge(\omega_i^1\boldsymbol{e}_1+\omega_i^2\boldsymbol{e}_2+\omega_i^3\boldsymbol{e}_3)]\\&=(\mathrm{d}\omega^1-\omega^i\wedge\omega_i^1)\boldsymbol{e}_1+(\mathrm{d}\omega^2-\omega^i\wedge\omega_i^2)\boldsymbol{e}_2-(\mathrm{d}\omega^3-\omega^i\wedge\omega_i^3)\boldsymbol{e}_3\end{aligned}$$

因为 $\boldsymbol{e}_1,\boldsymbol{e}_2,\boldsymbol{e}_3$ 线性无关，比较系数可得

$$\mathrm{d}\omega^i=\sum_{j=1}^{3}\omega^j\wedge\omega_j^i,\quad i=1,2,3 \tag{7.2.2}$$

由 Poincare 引理知 $\mathrm{d}(\mathrm{d}\boldsymbol{e}_i)=0$, 有

$$\begin{aligned}0=\mathrm{d}(\mathrm{d}\boldsymbol{e}_i)&=\sum_{j=1}^{3}(\mathrm{d}\omega_i^j\boldsymbol{e}_j-\omega_i^j\wedge \mathrm{d}\boldsymbol{e}_j)\\&=\sum_{j=1}^{3}\left[\mathrm{d}\omega_i^j\boldsymbol{e}_j-\omega_i^j\wedge\left(\sum_{k=1}^{3}\omega_j^k\boldsymbol{e}_k\right)\right]\\&=\sum_{k=1}^{3}\mathrm{d}\omega_i^k\boldsymbol{e}_k-\sum_{j=1}^{3}\omega_i^j\wedge\left(\sum_{k=1}^{3}\omega_j^k\boldsymbol{e}_k\right)\end{aligned}$$

$$= \sum_{k=1}^{3} \left(d\omega_i^k - \sum_{j=1}^{3} \omega_i^j \wedge \omega_j^k \right) \boldsymbol{e}_k$$

因此有

$$d\omega_i^k = \sum_{j=1}^{3} \omega_i^j \wedge \omega_j^k, \quad i,k=1,2,3 \tag{7.2.3}$$

定义 7.2.3　活动标架 $\{\boldsymbol{x};\boldsymbol{e}_1,\boldsymbol{e}_2,\boldsymbol{e}_3\}$ 的相对分量 ω^i, ω_i^j 满足

$$d\omega^i = \sum_{j=1}^{3} \omega_j^i \wedge \omega^j, \quad \omega_i^j + \omega_j^i = 0, i,j=1,2,3$$

$$d\omega_i^j = \sum_{k=1}^{3} \omega_i^k \wedge \omega_k^j, \quad i,j=1,2,3$$

称为 $\mathbb{E}^3$ 的活动标架的结构方程.

§7.2.3　活动标架基本定理

定理 7.2.1　如果 p 参数一次外微分形式

$$\omega^1, \quad \omega^2, \quad \omega^3, \quad \omega_1^2, \quad \omega_1^3, \quad \omega_2^3$$

它们满足结构方程

$$d\omega^i = \omega^j \wedge \omega_j^i$$
$$d\omega_i^j = \omega_i^k \wedge \omega_k^j$$

并且 $\omega_i^j = -\omega_j^i$, 则在相差一个空间合同变换的意义下，存在唯一的 p 参数活动标架

$$\{\boldsymbol{r}(u^1,u^2,\cdots,u^p);\boldsymbol{e}_1(u^1,u^2,\cdots,u^p),\boldsymbol{e}_2(u^1,u^2,\cdots,u^p),\boldsymbol{e}_3(u^1,u^2,\cdots,u^p)\}$$

以给定的外微分形式为它的相对分量.

注记 7.2.1　当 $p=1$ 时，就得到了空间曲线的基本定理；当 $p=2$ 时，就得到了空间曲面的基本定理.

例 7.2.2　用活动标架法研究空间 $\mathbb{E}^3$ 中曲线 $\Gamma : \boldsymbol{r} = \boldsymbol{r}(s)$, 其中 s 为有向弧长, $\kappa(s), \tau(s)$ 表示曲线的曲率和挠率.

解　(1) 命

$$\boldsymbol{e}_1 = \frac{d\boldsymbol{r}}{ds} = \boldsymbol{T}, \quad \boldsymbol{e}_2 = \frac{d\boldsymbol{e}_1}{ds} \bigg/ \left|\frac{d\boldsymbol{e}_1}{ds}\right| = \boldsymbol{N}, \quad \boldsymbol{e}_3 = \boldsymbol{e}_1 \wedge \boldsymbol{e}_2 = \boldsymbol{B} \tag{7.2.4}$$

则 $\{\boldsymbol{e}_1,\boldsymbol{e}_2,\boldsymbol{e}_3\}$ 为单位正交右手坐标系. 所以 Γ 上动点与单参数活动标架 $\{\boldsymbol{r}(s);\boldsymbol{e}_1(s),\boldsymbol{e}_2(s),\boldsymbol{e}_3(s)\}$ 一一对应.

(2) 求相对分量

$$\mathrm{d}\boldsymbol{r}=\frac{\mathrm{d}\boldsymbol{r}}{\mathrm{d}s}\cdot\mathrm{d}s=\mathrm{d}s\cdot\boldsymbol{e}_1\ \Rightarrow\ \omega^1=\mathrm{d}s,\omega^2=\omega^3=0$$

$$\boldsymbol{e}_1=\boldsymbol{T},\quad \frac{\mathrm{d}\boldsymbol{e}_1}{\mathrm{d}s}=\dot{\boldsymbol{T}}=\kappa(s)\boldsymbol{N}(s)\quad \text{即}\quad \mathrm{d}\boldsymbol{e}_1=\kappa(s)\boldsymbol{N}(s)\mathrm{d}s=\kappa(s)\mathrm{d}s\boldsymbol{e}_2$$

所以

$$\omega_1^2=\kappa(s)\mathrm{d}s,\quad \omega_1^1=\omega_3^1=0$$

$$\mathrm{d}\boldsymbol{e}_2=\frac{\mathrm{d}\boldsymbol{N}(s)}{\mathrm{d}s}\cdot\mathrm{d}s=\dot{\boldsymbol{N}}(s)\mathrm{d}s=-\kappa(s)\boldsymbol{T}(s)\mathrm{d}s+\tau(s)\boldsymbol{B}(s)\mathrm{d}s=-\kappa(s)\mathrm{d}s\boldsymbol{e}_1+\tau(s)\mathrm{d}s\boldsymbol{e}_3$$

可得

$$\omega_1^2=\omega_2^2=0,\quad \omega_2^3=\tau(s)\mathrm{d}s$$

$$\mathrm{d}\boldsymbol{e}_3=\mathrm{d}\boldsymbol{B}(s)=-\tau(s)\boldsymbol{N}(s)\mathrm{d}s=-\tau(s)\mathrm{d}s\boldsymbol{e}_2\ \Rightarrow\ \omega_3^1=\omega_3^3=0,\quad \omega_3^2=-\tau(s)\mathrm{d}s$$

所以

$$\begin{cases}\omega^1=\mathrm{d}s,\quad \omega^2=\omega^3=0\\ \omega_1^1=\omega_2^2=\omega_3^3=\omega_3^1=\omega_1^3=0\\ \omega_1^2=-\omega_2^1=\kappa(s)\mathrm{d}s,\quad \omega_2^3=-\omega_3^2=\tau(s)\mathrm{d}s\end{cases}\tag{7.2.5}$$

反之，$\forall\kappa(s)\geqslant 0,\tau(s)\in C^\infty$ 函数, 则可按式(7.2.4)构造一次外微分式 ω^i,ω_i^j.

(3) 求结构方程.

因为 ω^i,ω_i^j 仅依赖于一个自变量 s, 所以它们的外积和外微分自动为零，即结构方程为恒等式，则 $\mathbb{E}^3$ 存在一个单参数正交标架族以 ω^i,ω_i^j 为它的相对分量. 该标架的原点轨迹是 $\mathbb{E}^3$ 的一条正则曲线，它以 s 为弧长参数, 以 $\kappa(s)$ 为曲率, 以 $\tau(s)$ 为挠率, 且除在 $\mathbb{E}^3$ 中位置不同外唯一确定, 曲线论基本定理成立.

习题 7.2

1. 求 $\mathbb{E}^3$ 中由球坐标系给出的自然标架场所对应的单位正交标架，并求出它们的相对分量.
2. 设 f 是定义在 $\mathbb{E}^3$ 上的连续可微函数，令

$$\boldsymbol{e}_1=\frac{\sqrt{2}}{2}\{\sin f,1,-\cos f\}$$

$$\boldsymbol{e}_2=\frac{\sqrt{2}}{2}\{\sin f,-1,-\cos f\}$$

$$\boldsymbol{e}_3=\{-\cos f,1,-\sin f\}$$

验证 $\{\boldsymbol{r};\boldsymbol{e}_1,\boldsymbol{e}_2,\boldsymbol{e}_3\}$ 是 $\mathbb{E}^3$ 中的单位正交标架场，并且求它的相对分量.

3. 设曲面的第一基本形式为 $I=\dfrac{1}{v^2}(\mathrm{d}u^2+\mathrm{d}v^2),v>0$, 求该曲面上关于一个一阶标架场的相对分量 $\omega^1,\omega^2,\omega_1^2$ 和 Gauss 曲率.

§7.3　活动标架法的应用

本节用活动标架法研究三维欧氏空间中的曲面.

§7.3.1　曲面的活动标架场

定义 7.3.1　曲面 S 上的一个 (光滑) **向量场**是指定义在 S 上的一个映射 $\boldsymbol{w}$, 使得对曲面上任意一点 P, $\boldsymbol{w}(P)$ 是从 P 出发的一个向量, 并且 $\boldsymbol{w}$ 光滑地依赖于参数 (u,v).

定义 7.3.2　对于任意点 $P=\boldsymbol{r}(u,v)\in S$, 如果 $\boldsymbol{w}(u,v)\in T_PS$ 是 P 点的切向量, 则称 $\boldsymbol{w}(u,v)$ 是曲面 S 的**切向量场**; 如果 $\boldsymbol{w}(u,v)$ 是 P 点的法向量, 则称 $\boldsymbol{w}(u,v)$ 是曲面 S 的**法向量场**.

例 7.3.1　在曲面 $S:\boldsymbol{r}=\boldsymbol{r}(u,v)$ 上, $\boldsymbol{r}_u,\boldsymbol{r}_v$ 是两个自然的切向量场，$\boldsymbol{n}$ 是曲面 S 的单位法向量场.

定义 7.3.3　对于正则曲面，$\boldsymbol{r}_u,\boldsymbol{r}_v,\boldsymbol{n}$ 线性无关，因此 $\{\boldsymbol{r}_u,\boldsymbol{r}_v,\boldsymbol{n}\}$ 构成了以 $\boldsymbol{r}(u,v)$ 为原点的一个标架，这些标架的全体称为参数曲面 S 的**自然标架场**.

定义 7.3.4　**曲面 S 的活动标架场**是指以曲面上的点为原点的 $\mathbb{E}^3$ 的坐标系

$$\{\boldsymbol{r}(u,v);\boldsymbol{x}_1(u,v),\boldsymbol{x}_2(u,v),\boldsymbol{x}_3(u,v)\}$$

其中 $\boldsymbol{x}_1,\boldsymbol{x}_2,\boldsymbol{x}_3$ 是曲面上的处处线性无关的向量场. 一般要求 $(\boldsymbol{x}_1,\boldsymbol{x}_2,\boldsymbol{x}_3)>0$，以保证这些标架是正定向的. 特别地，如果 $\{\boldsymbol{x}_1,\boldsymbol{x}_2,\boldsymbol{x}_3\}$ 是单位正交标架，则称 $\{\boldsymbol{r}(u,v);\boldsymbol{x}_1,\boldsymbol{x}_2,\boldsymbol{x}_3\}$ 为曲面的**正交活动标架**.

当利用正交标架研究 $\mathbb{E}^3$ 的曲面 S 时，没有必要沿着 S 取 $\mathbb{E}^3$ 得全体正交标架，只需沿着曲面 S 取合适的部分标架.

例 7.3.2　证明：曲面上正交标架的存在性.

证明　设曲面 S 的参数方程为 $\boldsymbol{r}=\boldsymbol{r}(u,v)$，对自然标架 $\{\boldsymbol{r}_u,\boldsymbol{r}_v\}$ 进行 Schmidt 正交化，有

$$\boldsymbol{e}_1=\frac{\boldsymbol{r}_u}{\|\boldsymbol{r}_u\|}=\frac{\boldsymbol{r}_u}{\sqrt{E}},\quad \boldsymbol{e}_2=\frac{\boldsymbol{r}_v-\langle\boldsymbol{r}_v,\boldsymbol{e}_1\rangle\boldsymbol{e}_1}{\|\boldsymbol{r}_v-\langle\boldsymbol{r}_v,\boldsymbol{e}_1\rangle\boldsymbol{e}_1\|}=\frac{E\boldsymbol{r}_v-F\boldsymbol{r}_u}{\sqrt{E}\sqrt{EG-F^2}}$$

是切平面的单位正交基底. 令

$$\boldsymbol{e}_3=\boldsymbol{e}_1\wedge\boldsymbol{e}_2=\boldsymbol{n}$$

则 $\{\boldsymbol{r};\boldsymbol{e}_1,\boldsymbol{e}_2,\boldsymbol{e}_3\}$ 是曲面 S 的一个正定向的正交标架.

设曲面 S 的参数方程为 $\boldsymbol{r}=\boldsymbol{r}(u,v)((u,v)\in D),\forall P\in S$, 由于 $\{\boldsymbol{r}_u,\boldsymbol{r}_v\}$ 和 $\{\boldsymbol{e}_1,\boldsymbol{e}_2\}$ 都是切平面的基底，因此有

$$\begin{cases}\boldsymbol{r}_u=a_{11}\boldsymbol{e}_1+a_{12}\boldsymbol{e}_2\\ \boldsymbol{r}_v=a_{21}\boldsymbol{e}_1+a_{22}\boldsymbol{e}_2\end{cases}\tag{7.3.1}$$

即

$$\begin{pmatrix}\boldsymbol{r}_u\\ \boldsymbol{r}_v\end{pmatrix}=\begin{pmatrix}a_{11}&a_{12}\\ a_{21}&a_{22}\end{pmatrix}\begin{pmatrix}\boldsymbol{e}_1\\ \boldsymbol{e}_2\end{pmatrix}=\boldsymbol{A}\begin{pmatrix}\boldsymbol{e}_1\\ \boldsymbol{e}_2\end{pmatrix}$$

$$
\begin{aligned}
\mathrm{d}\boldsymbol{r} &= (a_{11}\boldsymbol{e}_1 + a_{12}\boldsymbol{e}_2)\mathrm{d}u + (a_{21}\boldsymbol{e}_1 + a_{22}\boldsymbol{e}_2)\mathrm{d}v \\
&= (a_{11}\mathrm{d}u + a_{21}\mathrm{d}v)\boldsymbol{e}_1 + (a_{12}\mathrm{d}u + a_{22}\mathrm{d}v)\boldsymbol{e}_2
\end{aligned}
$$

记

$$
\begin{cases}
\omega^1 = \langle \mathrm{d}\boldsymbol{r}, \boldsymbol{e}_1 \rangle = a_{11}\mathrm{d}u + a_{21}\mathrm{d}v \\
\omega^2 = \langle \mathrm{d}\boldsymbol{r}, \boldsymbol{e}_2 \rangle = a_{12}\mathrm{d}u + a_{22}\mathrm{d}v
\end{cases}
\tag{7.3.2}
$$

显然

$$
(\omega^1, \omega^2) = (\mathrm{d}u, \mathrm{d}v)\boldsymbol{A} \tag{7.3.3}
$$

命题 7.3.1 ω^1, ω^2 是定义在 (u, v) 参数区域上的一阶微分形式, 并且是 $\boldsymbol{e}_1, \boldsymbol{e}_2$ 的对偶基底，此时

$$
\mathrm{d}\boldsymbol{r} = \omega^1 \boldsymbol{e}_1 + \omega^2 \boldsymbol{e}_2
$$

事实上，已知 $\mathrm{d}u, \mathrm{d}v$ 是 $\boldsymbol{r}_u, \boldsymbol{r}_v$ 的对偶基底，即

$$
\mathrm{d}u(\boldsymbol{r}_u) = 1, \quad \mathrm{d}u(\boldsymbol{r}_v) = 0, \quad \mathrm{d}v(\boldsymbol{r}_u) = 0, \quad \mathrm{d}v(\boldsymbol{r}_v) = 1
$$

$$
\boldsymbol{e}_1 = \frac{\boldsymbol{r}_u}{\sqrt{E}}, \quad \boldsymbol{e}_2 = \frac{E\boldsymbol{r}_v - F\boldsymbol{r}_u}{\sqrt{E}\sqrt{EG - F^2}}
$$

则

$$
\begin{aligned}
1 = \mathrm{d}u(\boldsymbol{r}_1) = \mathrm{d}u(a_{11}\boldsymbol{e}_1 + a_{21}\boldsymbol{e}_2) &= a_{11}\mathrm{d}u\left(\frac{\boldsymbol{r}_1}{\sqrt{E}}\right) + a_{12}\mathrm{d}u\left(\frac{E\boldsymbol{r}_2 - F\boldsymbol{r}_1}{\sqrt{E}\sqrt{EG - F^2}}\right) \\
&= \frac{a_{11}}{\sqrt{E}} + \frac{-Fa_{12}}{\sqrt{E}\sqrt{EG - F^2}}
\end{aligned}
$$

$$
0 = \mathrm{d}v(\boldsymbol{r}_1) = a_{11}\mathrm{d}v\left(\frac{\boldsymbol{r}_1}{\sqrt{E}}\right) + a_{12}\mathrm{d}v\left(\frac{E\boldsymbol{r}_2 - F\boldsymbol{r}_1}{\sqrt{E}\sqrt{EG - F^2}}\right) = \frac{Ea_{12}}{\sqrt{E}\sqrt{EG - F^2}}
$$

故 $a_{12} = 0, a_{11} = \sqrt{E}$.

$$
0 = \mathrm{d}u(\boldsymbol{r}_2) = \mathrm{d}u(a_{11}\boldsymbol{e}_1 + a_{21}\boldsymbol{e}_2) = \frac{a_{21}}{\sqrt{E}} + \frac{-Fa_{22}}{\sqrt{E}\sqrt{EG - F^2}}
$$

$$
1 = \mathrm{d}v(\boldsymbol{r}_2) = \mathrm{d}v(a_{21}\boldsymbol{e}_1 + a_{22}\boldsymbol{e}_2) = \frac{Ea_{22}}{\sqrt{E}\sqrt{EG - F^2}}
$$

故 $a_{22} = \dfrac{\sqrt{EG - F^2}}{\sqrt{E}}, a_{21} = \dfrac{F}{\sqrt{E}}$. 所以

$$
\omega^1 = \sqrt{E}\mathrm{d}u + \frac{F}{\sqrt{E}}\mathrm{d}v
$$

$$
\omega^2 = \frac{\sqrt{EG - F^2}}{\sqrt{E}}\mathrm{d}v
$$

计算可得

$$
\omega^i(\boldsymbol{e}_j) = \delta_{ij}, \quad i, j = 1, 2
$$

即 $\{\omega^1, \omega^2\}$ 是 $\{\boldsymbol{e}_1, \boldsymbol{e}_2\}$ 的对偶基底.

§7.3.2　曲面的结构方程

曲面 S 上的标架中 $\boldsymbol{e}_3=\boldsymbol{n}$, 但 $\mathrm{d}\boldsymbol{r}$ 是切向量，所以 $\omega^3=\langle\mathrm{d}\boldsymbol{r},\boldsymbol{e}_3\rangle=0$, 称 ω^i,ω_i^j 为曲面上正交标架 $\{\boldsymbol{r};\boldsymbol{e}_i\}$ 的**相对分量**，独立的相对分量只有以下 5 个：

$$\omega^1,\quad \omega^2,\quad \omega_1^2,\quad \omega_1^3,\quad \omega_2^3$$

这时 $\mathbb{E}^3$ 的正交标架的运动方程和结构方程简化为

$$\begin{cases}\mathrm{d}\omega^1=\omega^2\wedge\omega_2^1\\ \mathrm{d}\omega^2=\omega^1\wedge\omega_1^2\end{cases}\tag{7.3.4}$$

$$\begin{cases}\mathrm{d}\omega_1^2=\omega_1^3\wedge\omega_3^2\\ \mathrm{d}\omega_1^3=\omega_1^2\wedge\omega_2^3\\ \mathrm{d}\omega_2^3=\omega_2^1\wedge\omega_1^3\end{cases}\tag{7.3.5}$$

式(7.3.4)和式(7.3.5)通称曲面的**正交标架的结构方程式**.

命题 7.3.2

$$\mathrm{d}\omega_1^2=\omega_1^3\wedge\omega_3^2\tag{7.3.6}$$

为正则曲面的 Gauss 方程,

$$\begin{cases}\mathrm{d}\omega_1^3=\omega_1^2\wedge\omega_2^3\\ \mathrm{d}\omega_2^3=\omega_2^1\wedge\omega_1^3\end{cases}\tag{7.3.7}$$

为正则曲面的 Codazzi 方程.

证明　取 (u,v) 为曲面的正交参数，有

$$I=E\mathrm{d}u^2+G\mathrm{d}v^2$$

则 $\omega^1=\sqrt{E}\mathrm{d}u,\omega^2=\sqrt{G}\mathrm{d}v$ 是 $\boldsymbol{e}_1=\dfrac{r_u}{\sqrt{E}},\boldsymbol{e}_2=\dfrac{r_v}{\sqrt{G}}$ 的对偶基底. 因为 ω_1^2 是一次外微分形式，所以可设为

$$\omega_1^2=f\mathrm{d}u+g\mathrm{d}v$$

利用 $\mathrm{d}\omega^1=\omega^2\wedge\omega_2^1$, 有

$$(\sqrt{E})_v\mathrm{d}v\wedge\mathrm{d}u=-(\sqrt{E})_v\mathrm{d}u\wedge\mathrm{d}v=(f\mathrm{d}u+g\mathrm{d}v)\wedge\sqrt{G}\mathrm{d}v=f\sqrt{G}\mathrm{d}u\wedge\mathrm{d}v$$

可求得 $f=-\dfrac{(\sqrt{E})_v}{\sqrt{G}}$.

由公式 $\mathrm{d}\omega^2=\omega^1\wedge\omega_1^2$ 可得

$$(\sqrt{G})_u\mathrm{d}u\wedge\mathrm{d}v=\sqrt{E}\mathrm{d}u\wedge(f\mathrm{d}u+g\mathrm{d}v)=g\sqrt{E}\mathrm{d}u\wedge\mathrm{d}v$$

可求出 $g=\dfrac{(\sqrt{G})_u}{\sqrt{E}}$. 所以

$$\omega_1^2=-\frac{(\sqrt{E})_v}{\sqrt{G}}\mathrm{d}u+\frac{(\sqrt{G})_u}{\sqrt{E}}\mathrm{d}v$$

同理可得

$$\omega_1^3 = \frac{1}{\sqrt{E}}(L\mathrm{d}u + M\mathrm{d}v), \quad \omega_2^3 = \frac{1}{\sqrt{G}}(M\mathrm{d}u + N\mathrm{d}v)$$

在正交自然标架下 ($F=0$)，Gauss 方程为

$$K = \frac{LN-M^2}{EG} = -\frac{1}{\sqrt{EG}}\left\{\left(\frac{(\sqrt{E})_v}{\sqrt{G}}\right)_v + \left(\frac{(\sqrt{G})_u}{\sqrt{E}}\right)_u\right\} \tag{7.3.8}$$

下面证明 $\mathrm{d}\omega_1^2 = \omega_1^3 \wedge \omega_3^2$ 与式 (7.3.8) 是等价的.

$$\mathrm{d}\omega_1^2 = \left[\left(\frac{(\sqrt{E})_v}{\sqrt{G}}\right)_v + \left(\frac{(\sqrt{G})_u}{\sqrt{E}}\right)_u\right]\mathrm{d}u \wedge \mathrm{d}v = -\sqrt{EG}K\mathrm{d}u \wedge \mathrm{d}v$$

$$\omega_1^3 \wedge \omega_3^2 = -\frac{LN-M^2}{\sqrt{EG}}\mathrm{d}u \wedge \mathrm{d}v$$

由式 (7.3.6) 可知，上面两式的右端为

$$K = \frac{LN-M^2}{EG}$$

这正是式 (7.3.8).

Codazzi 方程的证明留作习题.

§7.3.3 曲面的基本形式

曲面的第一基本形式可用 ω^1, ω^2 表示为

$$I = \langle \mathrm{d}\boldsymbol{r}, \mathrm{d}\boldsymbol{r} \rangle = (\omega^1)^2 + (\omega^2)^2$$

例 7.3.3 设 $S: \boldsymbol{r} = \boldsymbol{r}(u,v), (u,v)$ 是曲面的正交参数网, 取

$$\boldsymbol{e}_1 = \frac{\boldsymbol{r}_u}{\sqrt{E}}, \quad \boldsymbol{e}_2 = \frac{\boldsymbol{r}_v}{\sqrt{G}}, \quad \boldsymbol{e}_3 = \boldsymbol{n}$$

则其对偶基底为

$$\omega^1 = \sqrt{E}\mathrm{d}u, \quad \omega^2 = \sqrt{G}\mathrm{d}v$$

曲面的有向面积元

$$\mathrm{d}A = \sqrt{EG}\mathrm{d}u^1 \wedge \mathrm{d}u^2 = \omega^1 \wedge \omega^2$$

为曲面的一个内蕴量.

由方程(7.3.3)可知

$$I = (\omega^1)^2 + (\omega^2)^2 = (\omega^1, \omega^2)\begin{pmatrix} \omega^1 \\ \omega^2 \end{pmatrix} = (\mathrm{d}u, \mathrm{d}v)(\boldsymbol{A}\boldsymbol{A}^{\mathrm{T}})\begin{pmatrix} \mathrm{d}u \\ \mathrm{d}v \end{pmatrix}$$

$$= (\mathrm{d}u, \mathrm{d}v) \begin{pmatrix} E & F \\ F & G \end{pmatrix} \begin{pmatrix} \mathrm{d}u \\ \mathrm{d}v \end{pmatrix}$$

即曲面第一基本形式的系数矩阵可表示为 $\boldsymbol{A}\boldsymbol{A}^{\mathrm{T}}$，即

$$\begin{pmatrix} E & F \\ F & G \end{pmatrix} = \boldsymbol{A}\boldsymbol{A}^{\mathrm{T}} \tag{7.3.9}$$

曲面的第二基本形式是

$$\begin{aligned} II = -\mathrm{d}\boldsymbol{r} \cdot \mathrm{d}\boldsymbol{e}_3 &= -(\omega^1 \boldsymbol{e}_1 + \omega^2 \boldsymbol{e}_2)(\omega_3^1 \boldsymbol{e}_1 + \omega_3^2 \boldsymbol{e}_2) \\ &= -\omega^1 \cdot \omega_3^1 - \omega^2 \cdot \omega_3^2 \\ &= \omega^1 \cdot \omega_1^3 + \omega^2 \cdot \omega_2^3 \end{aligned}$$

设 $\{\boldsymbol{r}; \bar{\boldsymbol{e}}_1, \bar{\boldsymbol{e}}_2, \boldsymbol{e}_3 = \boldsymbol{n}\}$ 是曲面的另一组标架, $\theta(u, v) = \angle(\boldsymbol{e}_1, \bar{\boldsymbol{e}}_1)$, 则

$$\begin{aligned} \bar{\boldsymbol{e}}_1 &= \cos\theta \boldsymbol{e}_1 + \sin\theta \boldsymbol{e}_2 \\ \bar{\boldsymbol{e}}_2 &= -\sin\theta \boldsymbol{e}_1 + \cos\theta \boldsymbol{e}_2 \end{aligned}$$

即

$$\begin{pmatrix} \bar{\boldsymbol{e}}_1 \\ \bar{e}_2 \end{pmatrix} = \begin{pmatrix} \cos\theta & \sin\theta \\ -\sin\theta & \cos\theta \end{pmatrix} \begin{pmatrix} \boldsymbol{e}_1 \\ \boldsymbol{e}_2 \end{pmatrix}.$$

引理 7.3.1　设 $\{\boldsymbol{r}; \bar{\boldsymbol{e}}_2, \bar{\boldsymbol{e}}_2, \boldsymbol{e}_3 = \boldsymbol{n}\}$ 是曲面的另一组标架，$\{\bar{\omega}^1, \bar{\omega}^2, \bar{\omega}_1^2, \bar{\omega}_1^3, \bar{\omega}_2^3\}$ 为其相对分量，则

$$\begin{aligned} \bar{\omega}^1 &= \cos\theta\omega^1 + \sin\theta\omega^2 \\ \bar{\omega}^2 &= -\sin\theta\omega^1 + \cos\theta\omega^2 \\ \bar{\omega}_1^3 &= \cos\theta\omega_1^3 + \sin\theta\omega_2^3 \\ \bar{\omega}_2^3 &= -\sin\theta\omega_1^3 + \cos\theta\omega_2^3 \\ \bar{\omega}_1^2 &= \omega_1^2 + \mathrm{d}\theta \end{aligned}$$

利用 $\omega^i = \langle \mathrm{d}\boldsymbol{r}, \boldsymbol{e}_i \rangle, \omega_i^j = \langle \mathrm{d}\boldsymbol{e}_i, \boldsymbol{e}_j \rangle$ 可得上面的结论.

定理 7.3.1　曲面第一基本形式与正交标架的选取无关；曲面第二基本形式与同法向的正交标架选取无关.

证明　由引理 7.3.1 ，新旧标架下曲面的第一基本形式为

$$\begin{aligned} I &= (\bar{\omega}^1)^2 + (\bar{\omega}^2)^2 \\ &= (\cos\theta\omega^1 + \sin\theta\omega^2)^2 + (-\sin\theta\omega^1 + \cos\theta\omega^2)^2 \\ &= (\omega^1)^2 + (\omega^2)^2 \end{aligned}$$

第二基本形式为

$$
\begin{aligned}
II &= \bar{\omega}^1 \cdot \bar{\omega}_1^3 + \bar{\omega}^2 \cdot \bar{\omega}_2^3 \\
&= (\cos\theta\omega^1 + \sin\theta\omega^2)(\cos\theta\omega_1^3 + \sin\theta\omega_2^3) + (-\sin\theta\omega^1 + \cos\theta\omega^2)(-\sin\theta\omega_1^3 + \cos\theta\omega_2^3) \\
&= (\cos^2\theta + \sin^2\theta)\omega^1 \cdot \omega_1^3 + (\cos^2\theta + \sin^2\theta)\omega^2 \cdot \omega_2^3 \\
&= \omega^1 \cdot \omega_1^3 + \omega^2 \cdot \omega_2^3
\end{aligned}
$$

例 7.3.4 球面的参数方程为

$$
\boldsymbol{r}(u, v) = \{R\cos u\cos v, R\cos u\sin v, R\sin u\}
$$

(1) 求球面的一组正交活动标架；(2) 求相应的诸微分形式；(3) 求球面第二基本形式.

解 球面的自然标架为 $\{\boldsymbol{r}; \boldsymbol{r}_v, \boldsymbol{r}_u, \boldsymbol{n} = \boldsymbol{r}\}$, 易验证它们两两正交.

(1) 要得到正交标架，自然标架单位化即可.

$$
\begin{aligned}
\boldsymbol{e}_1 &= \frac{\boldsymbol{r}_v}{|\boldsymbol{r}_v|} = \{-\sin v, \cos v, 0\} \\
\boldsymbol{e}_2 &= \frac{\boldsymbol{r}_u}{|\boldsymbol{r}_u|} = \{-\sin u\cos v, -\sin u\sin v, \cos u\} \\
\boldsymbol{e}_3 &= \boldsymbol{n} = \{\cos u\cos v, \cos u\sin v, \sin u\}
\end{aligned}
$$

(2) $\mathrm{d}\boldsymbol{r} = \boldsymbol{r}_v\mathrm{d}v + \boldsymbol{r}_u\mathrm{d}u = R\cos u\mathrm{d}v\boldsymbol{e}_1 + R\mathrm{d}u\boldsymbol{e}_2 = \omega^1\boldsymbol{e}_1 + \omega^2\boldsymbol{e}_2$, 所以 $\boldsymbol{e}_1, \boldsymbol{e}_2$ 的对偶基底为

$$
\omega^1 = R\cos u\mathrm{d}v, \quad \omega^2 = R\mathrm{d}u
$$

利用 ω_i^j 的定义有

$$
\begin{aligned}
\mathrm{d}\boldsymbol{e}_1 &= \{-\cos v, -\sin v, 0\}\mathrm{d}v \\
\mathrm{d}\boldsymbol{e}_2 &= \{-\cos u\cos v, -\cos u\sin v, -\sin u\}\mathrm{d}u + \{\sin u\sin v, -\sin u\cos v, 0\}\mathrm{d}v
\end{aligned}
$$

则

$$
\begin{aligned}
\omega_1^2 &= \langle \mathrm{d}\boldsymbol{e}_1, \boldsymbol{e}_2\rangle = \{-\cos v, -\sin v, 0\} \cdot \{-\sin u\cos v, -\sin u\sin v, \cos u\}\mathrm{d}v = \sin u\mathrm{d}v \\
\omega_1^3 &= \langle \mathrm{d}\boldsymbol{e}_1, \boldsymbol{e}_3\rangle = -\cos u\mathrm{d}v \\
\omega_2^3 &= \langle \mathrm{d}\boldsymbol{e}_2, \boldsymbol{e}_3\rangle = -\mathrm{d}u
\end{aligned}
$$

(3) 球面的第二基本形式为

$$
\begin{aligned}
II &= \omega^1 \cdot \omega_1^3 + \omega^2 \cdot \omega_2^3 = R\cos u\mathrm{d}v \cdot (-\cos u\mathrm{d}v) + R\mathrm{d}u \cdot (-\mathrm{d}u) \\
&= -R\cos^2 u(\mathrm{d}v)^2 - R(\mathrm{d}u)^2
\end{aligned}
$$

§7.3.4 曲面的 Gauss 曲率和平均曲率

在曲面 S 上，ω^1, ω^2 为一阶微分形式空间 $A^1(D)$ 的基底，$\omega^3 = 0$, 所以

$$
0 = \mathrm{d}\omega^3 = \omega^1 \wedge \omega_1^3 + \omega^2 \wedge \omega_2^3
$$

由 Cartan 引理 6.2.2 可得

$$\begin{cases} \omega_1^3 = h_{11}^3\omega^1 + h_{12}^3\omega^2 \\ \omega_2^3 = h_{21}^3\omega^1 + h_{22}^3\omega^2 \end{cases} \tag{7.3.10}$$

其中，h_{ij}^3 是 S 上的光滑函数，并且 $h_{ij}^3 = h_{ji}^3$.

$$\begin{aligned} II &= \omega^1\omega_1^3 + \omega^2\omega_2^3 = (\omega^1, \omega^2)\begin{pmatrix} \omega_1^3 \\ \omega_2^3 \end{pmatrix} \\ &= (\omega^1, \omega^2)\begin{pmatrix} h_{11}^3 & h_{12}^3 \\ h_{21}^3 & h_{22}^3 \end{pmatrix}\begin{pmatrix} \omega^1 \\ \omega^2 \end{pmatrix} = (\mathrm{d}u, \mathrm{d}v)\begin{pmatrix} L & M \\ M & N \end{pmatrix}\begin{pmatrix} \mathrm{d}u \\ \mathrm{d}v \end{pmatrix} \end{aligned} \tag{7.3.11}$$

由式 (7.3.3) 和式 (7.3.11) 可知

$$\boldsymbol{D} = \begin{pmatrix} L & M \\ M & N \end{pmatrix} = \boldsymbol{A}\begin{pmatrix} h_{11}^3 & h_{12}^3 \\ h_{21}^3 & h_{22}^3 \end{pmatrix}\boldsymbol{A}^{\mathrm{T}} \triangleq \boldsymbol{A}\boldsymbol{B}\boldsymbol{A}^{\mathrm{T}}$$

则 $\boldsymbol{B} = \boldsymbol{A}^{-1}\boldsymbol{D}(\boldsymbol{A}^{\mathrm{T}})^{-1}$, 所以

$$\det \boldsymbol{B} = \det[\boldsymbol{A}^{-1}\boldsymbol{D}(\boldsymbol{A}^{\mathrm{T}})^{-1}] = \det[\boldsymbol{D}(\boldsymbol{A}\boldsymbol{A}^{\mathrm{T}})^{-1}]$$

$$\mathrm{Trace}\boldsymbol{B} = \mathrm{Trace}[\boldsymbol{D}(\boldsymbol{A}\boldsymbol{A}^{\mathrm{T}})^{-1}]$$

而

$$\begin{aligned} \boldsymbol{D}(\boldsymbol{A}\boldsymbol{A}^{\mathrm{T}})^{-1} &= \begin{pmatrix} L & M \\ M & N \end{pmatrix}\begin{pmatrix} E & F \\ F & G \end{pmatrix}^{-1} \\ &= \frac{1}{EG - F^2}\begin{pmatrix} LG - MF & ME - LF \\ MG - LF & NE - MF \end{pmatrix} \end{aligned}$$

而这正好是 Weingarten 变换在自然基底下的系数矩阵

$$\det \boldsymbol{B} = \frac{LN - M^2}{EG - F^2} = K = h_{11}^3 h_{22}^3 - (h_{12}^3)^2$$

$$\mathrm{Trace}\boldsymbol{B} = \frac{1}{2}\frac{EN - 2FM + GL}{EG - F^2} = H = \frac{1}{2}(h_{11}^3 + h_{22}^3)$$

定义 7.3.5 矩阵

$$\boldsymbol{B} = \begin{pmatrix} h_{11}^3 & h_{12}^3 \\ h_{21}^3 & h_{22}^3 \end{pmatrix}$$

称为第二基本形式在正交标架下的系数矩阵.

定理 7.3.2 正交标架下，第二基本形式的系数矩阵 B 的特征值是曲面的主曲率，且曲面的 Gauss 曲率

$$K = h_{11}^3 h_{22}^3 - (h_{12}^3)^2$$

平均曲率

$$H = \frac{1}{2}(h_{11}^3 + h_{22}^3)$$

例 7.3.5 已知曲面的第一基本形式为

$$I = (f(u) + g(v))(\mathrm{d}u^2 + \mathrm{d}v^2)$$

求曲面的相对分量 $\omega^1, \omega^2, \omega_1^2$ 和 Gauss 曲率 K.

解 曲面的第一基本形式的表达式为

$$I = (f(u) + g(v))(\mathrm{d}u^2 + \mathrm{d}v^2) = (\omega^1)^2 + (\omega^2)^2$$

因此可以取

$$\omega^1 = \sqrt{f(u) + g(v)}\mathrm{d}u, \quad \omega^2 = \sqrt{f(u) + g(v)}\mathrm{d}v$$

此时曲面的对应切向量场为

$$\boldsymbol{e}_1 = \frac{1}{\sqrt{f(u) + g(v)}}\boldsymbol{r}_u$$

$$\boldsymbol{e}_2 = \frac{1}{\sqrt{f(u) + g(v)}}\boldsymbol{r}_v$$

设 $\omega_1^2 = a(u,v)\mathrm{d}u + b(u,v)\mathrm{d}v$, 利用 $\mathrm{d}\omega^1 = \omega^2 \wedge \omega_2^1, \mathrm{d}\omega^2 = \omega^1 \wedge \omega_1^2$，计算可得

$$\omega_1^2 = -\frac{g'(v)}{2(f(u) + g(v))}\mathrm{d}u + \frac{f'(u)}{2(f(u) + g(v))}\mathrm{d}v$$

$$K = -\frac{\mathrm{d}\omega_1^2}{\omega^1 \wedge \omega^2} = \frac{1}{2}\left\{\frac{[f'(u)]^2 + [g'(v)]^2}{[f(u) + g(v)]^3} - \frac{f''(u) + g''(v)}{[f(u) + g(v)]^2}\right\}$$

习题 7.3

1. 设 (u,v) 是曲面 S 的正交标架，$\boldsymbol{e}_1 = \dfrac{\boldsymbol{r}_u}{\sqrt{E}}, \boldsymbol{e}_2 = \dfrac{\boldsymbol{r}_v}{\sqrt{G}}$. 证明: 方程(7.3.7)与 Codazzi 方程等价.
2. 证明：$\dfrac{\mathrm{d}\omega_1^2}{\omega^1 \wedge \omega^2}$ 与正交标架 $\boldsymbol{e}_1, \boldsymbol{e}_2$ 的选取无关.
3. 在旋转曲面 $\boldsymbol{r}(u,v) = \{u\cos v, u\sin v, f(u)\}$ 上建立正交标架场 $\{\boldsymbol{e}_1, \boldsymbol{e}_2, \boldsymbol{e}_3\}$, 并求它的相对分量.
4. 用活动标架验证是否存在曲面，以 ϕ 和 ψ 为第一、第二基本形式.
   (1) $\phi = \mathrm{d}u^2 + \mathrm{d}v^2, \psi = v^2\mathrm{d}u^2$;
   (2) $\phi = (1 + \cos^2 u)\mathrm{d}u^2 + \sin^2 u\mathrm{d}v^2, \psi = \dfrac{\sin u}{\sqrt{1 + \cos^2 u}}(\mathrm{d}u^2 + \mathrm{d}v^2)$.

5. 已知曲面 S 的两个基本形式为

$$I = (a^2 + 2v^2)\mathrm{d}u^2 + 4uv\mathrm{d}u\mathrm{d}v + (a^2 + 2u^2)\mathrm{d}v^2$$

$$II = -\frac{2a}{\sqrt{a^2 + 2(u^2 + v^2)}}\mathrm{d}u\mathrm{d}v$$

求该平面上一个一阶标架场的相对分量 ω^i, ω_i^j, 并验证它们满足曲面的结构方程.

6. 求 Weingarten 变换在正交标架 $\{\boldsymbol{e}_1, \boldsymbol{e}_2, \boldsymbol{e}_3\}$ 下的系数矩阵.

第 8 章　曲面的内蕴几何

第 5 章研究了曲面在自然标架下的运动方程和结构方程 (Gauss-Codazzi 方程), 熟知的“Gauss-绝妙定理”是 Gauss 方程的一个重要推论，即：曲面的 Gauss 曲率是一个内蕴量.

本章研究曲面由第一基本形式决定的几何，即曲面内蕴几何学.

§8.1　曲面的等距变换

定义 8.1.1　设 $f: S \to S^*$ 是正则曲面 S 到 S^* 的光滑映射，如果它保持曲面上任意曲线的长度 (弧长) 不变，则称 f 为**等距变换**, 称曲面 S 和 S^* 是等距的.

定理 8.1.1　两个曲面之间的变换是等距变换的充要条件是，适当地选取参数后，它们有相同的第一基本形式.

证明　充分性易证，下面只证必要性.

设 S 和 S^* 的参数表示分别为

$$\boldsymbol{r} = \boldsymbol{r}(u,v), (u,v) \in D, \quad \boldsymbol{r}^* = \boldsymbol{r}^*(u^*,v^*), (u^*,v^*) \in D^*$$

它们之间的参数变换为 $\begin{cases} u^* = u^*(u,v) \\ v^* = v^*(u,v) \end{cases}$，则

$$\boldsymbol{r}^* = \boldsymbol{r}^*(u^*,v^*) = \boldsymbol{r}^*(u^*(u,v), v^*(u,v))$$

即曲面 S 和 S^* 可用相同的参数 (u,v) 表示. 设它们的第一基本形式分别为

$$I = E\mathrm{d}u^2 + 2F\mathrm{d}u\mathrm{d}v + G\mathrm{d}v^2, \quad I^* = E^*\mathrm{d}u^2 + 2F^*\mathrm{d}u\mathrm{d}v + G^*\mathrm{d}v^2$$

曲面 S 上任意一条曲线 $\Gamma: \boldsymbol{r}(t) = \boldsymbol{r}(u(t),v(t))(t \in (a,b))$, 它在 S^* 上的对应曲线 Γ^* 的参数表示为

$$\boldsymbol{r}^*(t) = \boldsymbol{r}^*(u^*(u(t),v(t)), v^*(u(t),v(t))), \quad t \in (a,b)$$

于是，对于任意的 $s \in (a,b)$，有

$$\int_{t_0}^{s} \sqrt{E\left(\frac{\mathrm{d}u}{\mathrm{d}t}\right)^2 + 2F\frac{\mathrm{d}u}{\mathrm{d}t}\frac{\mathrm{d}v}{\mathrm{d}t} + G\left(\frac{\mathrm{d}v}{\mathrm{d}t}\right)^2}\mathrm{d}t = \int_{t_0}^{s} \sqrt{E^*\left(\frac{\mathrm{d}u}{\mathrm{d}t}\right)^2 + 2F^*\frac{\mathrm{d}u}{\mathrm{d}t}\frac{\mathrm{d}v}{\mathrm{d}t} + G^*\left(\frac{\mathrm{d}v}{\mathrm{d}t}\right)^2}\mathrm{d}t$$

将上式两边对 s 求导，再平方可得

$$E\mathrm{d}u^2 + 2F\mathrm{d}u\mathrm{d}v + G\mathrm{d}v^2 = E^*\mathrm{d}u^2 + 2F^*\mathrm{d}u\mathrm{d}v + G^*\mathrm{d}v^2$$

因为上式对曲面 S 和 S^* 上的任意一对对应曲线都成立，即上述等式对任意一点和任意一方向 $\mathrm{d}u:\mathrm{d}v$ 成立，所以 $E=E^*,F=F^*,G=G^*$ 对于曲面上任意一对对应点都成立.

注记 8.1.1　根据这个定理可知，仅由第一基本形式所确定的曲面的性质在等距变换下保持不变. 曲线的弧长、交角、曲面域的面积都是等距不变量.

例 8.1.1　证明正螺面

$$\boldsymbol{r}=\{u\cos v,u\sin v,av\},\quad(-\infty<u,v<\infty)$$

和悬链面

$$\boldsymbol{r}=\left\{a\coth\frac{t}{a}\cos\theta,a\coth\frac{t}{a}\sin\theta,t\right\},\quad(0<\theta<2\pi,-\infty<t<\infty)$$

之间可以建立等距变换.

证明　正螺面的第一基本形式是

$$I=\mathrm{d}u^2+(a^2+u^2)\mathrm{d}v^2$$

而由悬链面方程可知

$$\boldsymbol{r}_t=\left\{\sinh\frac{t}{a}\cos\theta,\sinh\frac{t}{a}\sin\theta,1\right\}$$

$$\boldsymbol{r}_\theta=\left\{-a\cosh\frac{t}{a}\sin\theta,a\cosh\frac{t}{a}\cos\theta,0\right\}$$

$$E=\sinh^2\frac{t}{a}+1=\cosh^2\frac{t}{a},\quad F=0,\quad G=a^2\cosh^2\frac{t}{a}$$

所以悬链面的第一基本形式为

$$I=\cosh^2\frac{t}{a}(\mathrm{d}t^2+a^2\mathrm{d}\theta^2)$$

如果令

$$\begin{cases}u=a\sinh\dfrac{t}{a}\\ v=\theta\end{cases}\tag{8.1.1}$$

则

$$u^2+a^2=a^2\cosh^2\frac{t}{a},\quad \mathrm{d}u=\cosh\frac{t}{a}\mathrm{d}t,\ \mathrm{d}v=\mathrm{d}\theta$$

代入悬链面第一基本形式得

$$I=\mathrm{d}u^2+(a^2+u^2)\mathrm{d}v^2$$

这与正螺面的第一基本形式一致. 就是说，上述参数之间的对应关系，给出了悬链面和正螺面之间的一个等距变换.

学习曲面的第一基本形式时已经计算得知，平面和柱面在合适的参数下有相同的第一基本形式，所以平面和柱面是等距的. 另外，在第 1 章学习过三维欧氏空间中的合同变换，显然合同变换一定是等距变换，但等距变换不一定是合同变换.

定义 8.1.2 曲面之间的一个变换, 如果使曲面上对应曲线的交角相等, 则称这个映射为**共形变换**或**保角变换**.

共形变换也可定义如下.

定义 8.1.3 设 $f: S \to S^*$ 是正则曲面 S 到 S^* 的光滑映射, 如果 $\forall p \in S, \boldsymbol{w}_1, \boldsymbol{w}_2 \in T_pS$, 都有

$$\langle \boldsymbol{w}_1, \boldsymbol{w}_2 \rangle_p = \lambda^2 \langle \mathrm{d}f_p(\boldsymbol{w}_1), \mathrm{d}f_p(\boldsymbol{w}_2) \rangle_{f(p)}$$

则称这个映射为**共形变换**, 这里 λ^2 是曲面 S 上处处非零的光滑函数.

定理 8.1.2 两个曲面 S, S_1 之间的变换是共形变换的充要条件是在适当的参数变换下它们的第一基本形式成比例, 即 $I_1 = \lambda^2(u,v)I, (\lambda(u,v) \neq 0)$ 成立, 或 $\dfrac{E}{E_1} = \dfrac{F}{F_1} = \dfrac{G}{G_1} = \lambda^2$ 成立.

证明 (充分性) 将

$$E_1 = \lambda^2 E, \quad F = \lambda^2 F, \quad G_1 = \lambda^2 G$$

代入曲面曲线的交角公式, 可知曲面 S 和 S_1 上对应曲线间的交角相等.

(必要性) 设曲面 S 和 S_1 之间的变换是共形变换，则两曲面可以用相同的参数 (u, v) 表示, 并且对应曲线有相同的参数方程, 对应方向可以用相同的微分 $\mathrm{d}u : \mathrm{d}v$ 来表示. 因为在共形变换下, 两曲线的正交性保持不变, 所以对于任意两个正交方向 $\mathrm{d}u : \mathrm{d}v, \delta u : \delta v$ 必同时成立

$$E\mathrm{d}u\delta u + F(\mathrm{d}u\delta v + \mathrm{d}v\delta u) + G\mathrm{d}v\delta v = 0$$

$$E_1\mathrm{d}u\delta u + F_1(\mathrm{d}u\delta v + \mathrm{d}v\delta u) + G_1\mathrm{d}v\delta v = 0$$

消去 $\delta u, \delta v$, 则有

$$\frac{E\mathrm{d}u + F\mathrm{d}v}{E_1\mathrm{d}u + F_1\mathrm{d}v} = \frac{F\mathrm{d}u + G\mathrm{d}v}{F_1\mathrm{d}u + G_1\mathrm{d}v}$$

由于 $\mathrm{d}u, \mathrm{d}v$ 的任意性, 当 $\mathrm{d}v = 0$ 时得 $\dfrac{E}{E_1} = \dfrac{F}{F_1}$，而当 $\mathrm{d}u = 0$ 时得 $\dfrac{G}{G_1} = \dfrac{F}{F_1}$. 所以有

$$\frac{E}{E_1} = \frac{F}{F_1} = \frac{G}{G_1} = \lambda^2(u, v)$$

注记 8.1.2 等距变换是共形变换的特例.

例 8.1.2(麦卡托投影) 设球面的参数方程是

$$r(\theta, \phi) = \{a\cos\theta\cos\phi, a\cos\theta\sin\phi, a\sin\theta\}, \quad -\frac{\pi}{2} < \theta < \frac{\pi}{2}, 0 < \phi < 2\pi$$

第一基本形式为

$$I = a^2\cos^2\phi\mathrm{d}\theta^2 + a^2\mathrm{d}\phi^2 = a^2\cos^2\phi\left(\mathrm{d}\phi^2 + \left(\frac{\mathrm{d}\theta}{\cos\phi}\right)^2\right)$$

其中，ϕ 线和 θ 线分别是球面的纬线和经线. 令 $\mathrm{d}u=\dfrac{\mathrm{d}\theta}{\cos\phi}$, 则 $u=\ln\left|\tan\left(\dfrac{\phi}{2}+\dfrac{\pi}{4}\right)\right|+c$, 由此可取参数变换

$$\begin{cases} x=\theta \\ y=\ln\tan\left(\dfrac{\phi}{2}+\dfrac{\pi}{4}\right) \end{cases}$$

球面的第一基本形式在新参数下变为

$$I=\rho(x,y)(\mathrm{d}x^2+\mathrm{d}y^2)$$

所以整个球面可共形变换到 xOy 平面上一个带形区域

$$\begin{cases} 0<x<2\pi \\ -\infty<y<\infty \end{cases}$$

球面上的经线 $\theta=\text{const.}$ 和 xOy 平面上 y 轴的平行线对应, 纬线 $\phi=\text{const.}$ 和 x 轴的平行线段对应.

16 世纪, 麦卡托最早用上述方法制出世界地图.

定理 8.1.3　*在局部范围内, 任何曲面总可以和平面之间建立共形变换. 即曲面的第一基本形式可在合适的坐标系下表述为 $I=\lambda^2(u,v)(\mathrm{d}u^2+\mathrm{d}v^2)$.*

推论 8.1.1　*局部上，任意两个曲面之间总可以建立共形变换.*

习题 8.1

1. 证明：微分同胚 $f:S_1\to S_2$ 是等距变换，当且仅当 $\forall p\in S,\boldsymbol{w}_1,\boldsymbol{w}_2\in T_pS$, 都有

$$\langle\boldsymbol{w}_1,\boldsymbol{w}_2\rangle_p=\langle\mathrm{d}f_p(\boldsymbol{w}_1),\mathrm{d}f_p(\boldsymbol{w}_2)\rangle_{f(p)}$$

2. 证明：螺旋面

$$\boldsymbol{r}(u,v)=\{u\cos v,u\sin v,u+v\}$$

与旋转曲面

$$\boldsymbol{r}=\{\rho\cos\theta,\rho\sin\theta,\sqrt{\rho^2-1}\},(\rho\geqslant 1,0\leqslant\theta\leqslant 2\pi)$$

可建立等距对应：$\theta=\arctan u+v,\rho=\sqrt{u^2+1}$.

3. 设曲面 $\boldsymbol{r}_1=\boldsymbol{r}_1(u,v),\boldsymbol{r}_2=\boldsymbol{r}_2(u,v)$ 等距 (在对应点有相同的参数)，则对任意不同时为零的常数 λ,μ, 曲面

$$\boldsymbol{r}(u,v)=\lambda\boldsymbol{r}_1(u,v)+\mu\boldsymbol{r}_2(u,v),\quad g(u,v)=\mu\boldsymbol{r}_1(u,v)+\lambda\boldsymbol{r}_2(u,v)$$

等距.

4. 设曲面的第一基本量恒为常数，即

$$E(u,v)\equiv E,\quad F(u,v)\equiv F,\quad G(u,v)\equiv G$$

证明：曲面 S 与平面等距.

5. 证明：圆锥面

$$S:\boldsymbol{r}(u,v)=\left\{av\cos\frac{u}{a},av\sin\frac{u}{a},\sqrt{1-a^2}v\right\}$$

与圆柱面

$$\bar{S}:\bar{\boldsymbol{r}}(\bar{u},\bar{v})=\{\cos\bar{u},\sin\bar{u},\bar{v}\}$$

等距.

6. 证明：下列曲面的 Gauss 曲率为 -1，并求出它们之间的等距变换.

$$\begin{aligned} S_1: \quad & I_1=\frac{1}{y^2}(\mathrm{d}x^2+\mathrm{d}y^2) \\ S_2: \quad & I_2=\mathrm{d}u^2+\mathrm{e}^{2u}\mathrm{d}v^2 \\ S_3: \quad & I_3=\mathrm{d}s^2+\cosh^2 s\mathrm{d}t^2 \end{aligned}$$

7. 设 $\boldsymbol{\alpha}_1:I\to\mathbb{E}^3,\boldsymbol{\alpha}_2:I\to\mathbb{E}^3$ 是正则弧长参数曲线，假设曲线 $\boldsymbol{\alpha}_1$ 的曲率 κ_1 和 $\boldsymbol{\alpha}_2$ 的曲率 κ_2 满足 $\kappa_1(s)=\kappa_2(s)\neq 0(s\in I)$. 设

$$S_1:\boldsymbol{r}_1(s,v)=\boldsymbol{\alpha}_1(s)+v\boldsymbol{\alpha}_1'(s),\quad S_2:\boldsymbol{r}_2(s,v)=\boldsymbol{\alpha}_2(s)+v\boldsymbol{\alpha}_2'(s)$$

是它们的切线面. 证明：S_1 和 S_2 是等距的.

8. 球面 $S^2(a)$ 和圆柱面 S 的参数方程为

$$S^2:\boldsymbol{r}(u,v)=\{a\cos v\cos u,a\cos v\sin u,a\sin v\}$$

$$S:\bar{\boldsymbol{r}}(\bar{u},\bar{v})=\{a\cos\bar{u},a\sin\bar{u},\bar{v}\}$$

证明：球面 S^2 与圆柱面 S 成共形变换.

9. 设 S_1,S_2,S_3 是正则曲面，证明：(1) 如果 $f:S_1\to S_2$ 是个等距变换，则 $f^{-1}:S_2\to S_1$ 也是个等距变换；(2) 如果 $f:S_1\to S_2,g:S_2\to S_3$ 是等距变换，则 $g\circ f:S_1\to S_3$ 也是个等距变换. 这表明正则曲面上的等距变换自然构成一个群，称为曲面 S 的**等距变换群**.

§8.2 测地曲率和测地线

本节进一步研究曲面上的曲线.

§8.2.1 曲面曲线的测地曲率和测地挠率

设 Γ 是 S 上一条弧长参数曲线, 参数方程为 $u^\alpha=u^\alpha(s)(\alpha=1,2)$, 即

$$\boldsymbol{r}=\boldsymbol{r}(s)=\boldsymbol{r}(u^1(s),u^2(s))$$

对空间曲线，可利用 Frenet 标架 $\{\boldsymbol{r}(s);\boldsymbol{T}(s),\boldsymbol{N}(s),\boldsymbol{B}(s)\}$ 研究曲线的性质. 对曲面曲线，曲线的 Frenet 标架和 Frenet 公式不能反映曲线与曲面的相互约束关系. 为此，沿曲

线 Γ 建立一个新的正交标架场 $\{\boldsymbol{r}(s);\boldsymbol{e}_1,\boldsymbol{e}_2,\boldsymbol{e}_3\}$, 其中 $\boldsymbol{e}_1=\dfrac{\mathrm{d}\boldsymbol{r}}{\mathrm{d}s}=\dot{\boldsymbol{r}}(s)$ 为 Γ 的单位切向量，$\boldsymbol{e}_3=\boldsymbol{n}(s)$ 为曲面沿曲线 Γ 的单位法向量场，$\boldsymbol{e}_2=\boldsymbol{n}(s)\wedge\boldsymbol{e}_1$，如图 8.2.1 所示.

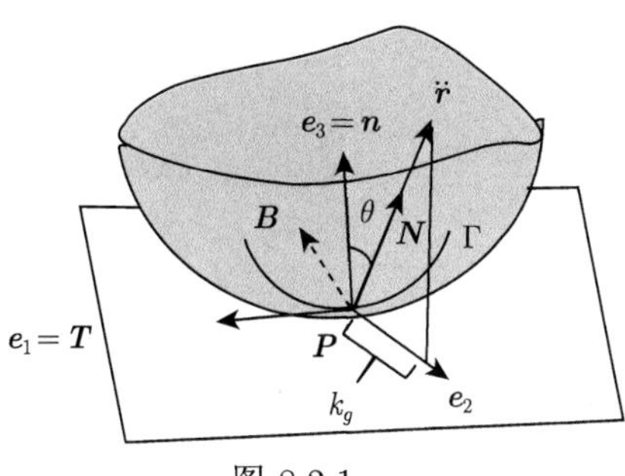

图 8.2.1

正交标架 $\{\boldsymbol{r}(s);\boldsymbol{e}_1,\boldsymbol{e}_2,\boldsymbol{e}_3\}$ 沿 Γ 的运动方程为

$$\begin{cases}\dot{\boldsymbol{r}}=\boldsymbol{e}_1\\ \dot{\boldsymbol{e}}_1=\kappa_g\boldsymbol{e}_2+\kappa_{\boldsymbol{n}}\boldsymbol{e}_3\\ \dot{\boldsymbol{e}}_2=-\kappa_g\boldsymbol{e}_1+\tau_g\boldsymbol{e}_3\\ \dot{\boldsymbol{e}}_3=-\kappa_{\boldsymbol{n}}\boldsymbol{e}_1-\tau_g\boldsymbol{e}_2\end{cases}\tag{8.2.1}$$

其中，$\kappa_g=\langle\dot{\boldsymbol{e}}_1,\boldsymbol{e}_2\rangle,\kappa_{\boldsymbol{n}}=\langle\dot{\boldsymbol{e}}_1,\boldsymbol{e}_3\rangle=\langle\ddot{\boldsymbol{r}},\boldsymbol{n}\rangle,\tau_g=\langle\dot{\boldsymbol{e}}_2,\boldsymbol{n}\rangle$ 为曲面上光滑函数.

定义 8.2.1　曲面 S 上弧长参数曲线 $\boldsymbol{r}=\boldsymbol{r}(s)$ 的测地曲率定义为

$$\kappa_g=\langle\dot{\boldsymbol{e}}_1,\boldsymbol{e}_2\rangle=\left\langle\frac{\mathrm{d}^2\boldsymbol{r}}{\mathrm{d}s^2},\boldsymbol{e}_2\right\rangle$$

称 $\boldsymbol{\kappa}_g=\kappa_g\boldsymbol{e}_2$ 为曲线的**测地曲率向量**. 曲面曲线的测地挠率 τ_g 定义为

$$\tau_g=\langle\dot{\boldsymbol{e}}_2,\boldsymbol{n}\rangle$$

注记 8.2.1　测地曲率为内蕴几何量，即其只与曲面的第一基本形式有关.

下面给出 κ_g,τ_g 的表达式.

$$\kappa_g=\ddot{r}\cdot\boldsymbol{e}_2=\ddot{\boldsymbol{r}}\cdot(\boldsymbol{n}\wedge\dot{\boldsymbol{r}})=(\boldsymbol{n},\dot{\boldsymbol{r}},\ddot{\boldsymbol{r}})=\kappa\boldsymbol{B}\cdot\boldsymbol{n}$$

另一方面

$$\kappa_{\boldsymbol{n}}=\kappa\boldsymbol{N}\cdot\boldsymbol{n}=\kappa\cos\theta,\quad\theta=\angle(\boldsymbol{N},\boldsymbol{n})$$

其中，κ 是曲线的曲率，$\kappa_{\boldsymbol{n}}$ 是曲面沿曲线的法曲率, $\boldsymbol{N},\boldsymbol{B}$ 是曲线的主法向量和副法向量. 所以

$$\kappa_g=\kappa\sin\left(\frac{\pi}{2}\pm\theta\right)=\pm\kappa\sin\theta\tag{8.2.2}$$

注记 8.2.2　曲面的法曲率刻画了曲面在空间 $\mathbb{E}^3$ 中的弯曲程度, 测地曲率刻画了曲线在曲面内的弯曲程度.

命题 8.2.1 曲面曲线 Γ 在 P 点的曲率的平方等于相应的测地曲率与法曲率的平方和，即

$$\kappa^2 = \kappa_{\boldsymbol{n}}^2 + \kappa_g^2$$

证明 由 $\kappa_{\boldsymbol{n}} = \kappa \cos\theta$ 及式(8.2.2)有

$$\kappa_g^2 + \kappa_{\boldsymbol{n}}^2 = \kappa^2 \sin^2\theta + \kappa^2 \cos^2\theta = \kappa^2$$

测地挠率的表达式为

$$\tau_g = \langle \dot{\boldsymbol{e}}_2, \boldsymbol{n} \rangle = \left\langle \frac{\mathrm{d}(\boldsymbol{n} \wedge \dot{\boldsymbol{r}})}{\mathrm{d}s}, \boldsymbol{n} \right\rangle = (\dot{\boldsymbol{n}}, \dot{\boldsymbol{r}}, \boldsymbol{n}) = (\boldsymbol{n}, \dot{\boldsymbol{n}}, \dot{\boldsymbol{r}})$$

§8.2.2 测地曲率的计算公式

在自然标架下有

$$\begin{aligned}\frac{\mathrm{d}^2\boldsymbol{r}}{\mathrm{d}s^2} &= \frac{\mathrm{d}}{\mathrm{d}s}\left(\boldsymbol{r}_1\frac{\mathrm{d}u^1}{\mathrm{d}s} + \boldsymbol{r}_2\frac{\mathrm{d}u^2}{\mathrm{d}s}\right) = \frac{\mathrm{d}}{\mathrm{d}s}\left(\sum_{\alpha=1}^{2}\boldsymbol{r}_\alpha\frac{\mathrm{d}u^\alpha}{\mathrm{d}s}\right)\\ &= \sum_{\alpha,\beta,\gamma=1}^{2}\Gamma_{\alpha\beta}^{\gamma}\frac{\mathrm{d}u^\alpha}{\mathrm{d}s}\frac{\mathrm{d}u^\beta}{\mathrm{d}s}\boldsymbol{r}_\gamma + \sum_{\alpha=1}^{2}\frac{\mathrm{d}^2u^\alpha}{\mathrm{d}s^2}\boldsymbol{r}_\alpha + \sum_{\alpha,\beta=1}^{2}b_{\alpha\beta}\frac{\mathrm{d}u^\alpha}{\mathrm{d}s}\frac{\mathrm{d}u^\beta}{\mathrm{d}s}\boldsymbol{n}\end{aligned}$$

因此测地曲率向量为

$$\boldsymbol{\kappa}_g = \sum_{\alpha=1}^{2}\left(\frac{\mathrm{d}^2u^\alpha}{\mathrm{d}s^2} + \sum_{\beta,\gamma=1}^{2}\Gamma_{\beta\gamma}^{\alpha}\frac{\mathrm{d}u^\beta}{\mathrm{d}s}\frac{\mathrm{d}u^\gamma}{\mathrm{d}s}\right)\boldsymbol{r}_\alpha$$

测地曲率为

$$\kappa_g = \langle \boldsymbol{\kappa}_g, \boldsymbol{e}_2 \rangle = \left\langle \boldsymbol{\kappa}_g, \boldsymbol{n} \wedge \frac{\mathrm{d}\boldsymbol{r}}{\mathrm{d}s} \right\rangle$$

特别地，如果曲面的坐标网为正交网，测地曲率公式就变得较为简单，此时可得 Liouville 公式.

定理 8.2.1 设 (u,v) 是曲面 S 的正交参数，$I = E\mathrm{d}u^2 + G\mathrm{d}v^2$，$\Gamma: u = u(s), v = v(s)$ 是曲面 S 上一条弧长参数曲线. 设 Γ 与 $u-$ 曲线夹角为 θ，即 $\theta = \angle(\dot{\boldsymbol{r}}(s), \boldsymbol{r}_u(u,v))$，则 Γ 的测地曲率为

$$\kappa_g = \frac{\mathrm{d}\theta}{\mathrm{d}s} - \frac{1}{2\sqrt{G}}\frac{\partial \log E}{\partial v}\cos\theta + \frac{1}{2\sqrt{E}}\frac{\partial \log G}{\partial u}\sin\theta$$

证明 在曲面上取正交标架 $\boldsymbol{e}_1 = \dfrac{\boldsymbol{r}_u}{\sqrt{E}}, \boldsymbol{e}_2 = \dfrac{\boldsymbol{r}_v}{\sqrt{G}}$，如图 8.2.2 所示. 则 $\omega^1 = \sqrt{E}\mathrm{d}u$，$\omega^2 = \sqrt{G}\mathrm{d}v$. 利用 $\mathrm{d}\omega^1 = \omega^2 \wedge \omega_2^1$ 和 $\mathrm{d}\omega^2 = \omega^1 \wedge \omega_1^2$ 可得

$$\omega_1^2 = -\frac{(\sqrt{E})_v}{\sqrt{G}}\mathrm{d}u + \frac{(\sqrt{G})_u}{\sqrt{E}}\mathrm{d}v$$

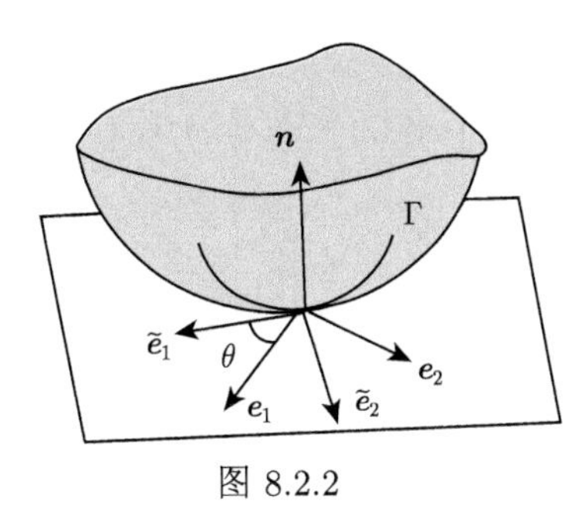

图 8.2.2

由于 Γ 与 $\boldsymbol{e}_1$ 的夹角为 θ, 沿曲线 Γ 取

$$\tilde{\boldsymbol{e}}_1 = \frac{\mathrm{d}\boldsymbol{r}}{\mathrm{d}s} = \cos\theta\boldsymbol{e}_1 + \sin\theta\boldsymbol{e}_2, \quad \tilde{\boldsymbol{e}}_2 = -\sin\theta\boldsymbol{e}_1 + \cos\theta\boldsymbol{e}_2$$

因为

$$\tilde{\boldsymbol{e}}_1 = \boldsymbol{T} = \boldsymbol{r}_u\frac{\mathrm{d}u}{\mathrm{d}s} + \boldsymbol{r}_v\frac{\mathrm{d}v}{\mathrm{d}s} = \cos\theta\frac{1}{\sqrt{E}}\boldsymbol{r}_u + \sin\theta\frac{1}{\sqrt{G}}\boldsymbol{r}_v$$

所以 $\cos\theta = \sqrt{E}\frac{\mathrm{d}u}{\mathrm{d}s}, \sin\theta = \sqrt{G}\frac{\mathrm{d}v}{\mathrm{d}s}$, 曲线的测地曲率 $\kappa_g = \left\langle\frac{\mathrm{d}\tilde{\boldsymbol{e}}_1}{\mathrm{d}s}, \tilde{\boldsymbol{e}}_2\right\rangle$.

$$\frac{\mathrm{d}\tilde{\boldsymbol{e}}_1}{\mathrm{d}s} = (-\sin\theta\boldsymbol{e}_1 + \cos\theta\boldsymbol{e}_2)\frac{\mathrm{d}\theta}{\mathrm{d}s} + \cos\theta\frac{\mathrm{d}\boldsymbol{e}_1}{\mathrm{d}s} + \sin\theta\frac{\mathrm{d}\boldsymbol{e}_2}{\mathrm{d}s} = \tilde{\boldsymbol{e}}_2\frac{\mathrm{d}\theta}{\mathrm{d}s} + \cos\theta\frac{\mathrm{d}\boldsymbol{e}_1}{\mathrm{d}s} + \sin\theta\frac{\mathrm{d}\boldsymbol{e}_2}{\mathrm{d}s}$$

$$\begin{aligned}
\kappa_g &= \left\langle\frac{\mathrm{d}\tilde{\boldsymbol{e}}_1}{\mathrm{d}s}, \tilde{\boldsymbol{e}}_2\right\rangle \\
&= \frac{\mathrm{d}\theta}{\mathrm{d}s} + \cos^2\theta\left\langle\frac{\mathrm{d}\boldsymbol{e}_1}{\mathrm{d}s}, \boldsymbol{e}_2\right\rangle - \sin^2\theta\left\langle\frac{\mathrm{d}\boldsymbol{e}_2}{\mathrm{d}s}, \boldsymbol{e}_1\right\rangle \\
&= \frac{\mathrm{d}\theta}{\mathrm{d}s} + \frac{\omega_1^2}{\mathrm{d}s}
\end{aligned}$$

将 ω_1^2 代入上式，即可证明 Lioiville 公式.

§8.2.3　曲面上的测地线

定义 8.2.2　设 Γ 是曲面 S 上一条曲线, 如果 Γ 在每一点的测地曲率都为 0, 即 $\kappa_g \equiv 0$, 则称 Γ 为曲面的**测地线**.

测地曲率向量为曲线曲率向量 $\frac{\mathrm{d}^2\boldsymbol{r}}{\mathrm{d}s^2}$ 的切向部分

$$\boldsymbol{\kappa}_g = \sum_{\alpha=1}^{2}\left(\frac{\mathrm{d}^2u^\alpha}{\mathrm{d}s^2} + \sum_{\beta,\gamma=1}^{2}\Gamma_{\beta\gamma}^{\alpha}\frac{\mathrm{d}u^\beta}{\mathrm{d}s}\frac{\mathrm{d}u^\gamma}{\mathrm{d}s}\right)\boldsymbol{r}_\alpha$$

所以，Γ 为测地线，当且仅当 $\boldsymbol{\kappa}_g \equiv \boldsymbol{0}$.

设曲面 S 的参数方程为 $\boldsymbol{r}=\boldsymbol{r}(u^1,u^2)$, 曲面上弧长参数曲线 Γ 的参数方程为 $\boldsymbol{r}=\boldsymbol{r}(u^1(s),u^2(s))$, 则 Γ 是测地线，当且仅当 $(u^1(s),u^2(s))$ 满足方程组

$$\begin{cases} \dfrac{\mathrm{d}^2u^1}{\mathrm{d}s^2}+\displaystyle\sum_{\alpha,\beta=1}^{2}\Gamma^1_{\alpha\beta}\frac{\mathrm{d}u^\alpha}{\mathrm{d}s}\frac{\mathrm{d}u^\beta}{\mathrm{d}s}=0 \\ \dfrac{\mathrm{d}^2u^2}{\mathrm{d}s^2}+\displaystyle\sum_{\alpha,\beta=1}^{2}\Gamma^2_{\alpha\beta}\frac{\mathrm{d}u^\alpha}{\mathrm{d}s}\frac{\mathrm{d}u^\beta}{\mathrm{d}s}=0 \end{cases} \tag{8.2.3}$$

上式称为**测地线微分方程组**.

当曲纹坐标网是正交网时，由 Liouville 公式可得曲面上测地线的方程组为

$$\begin{cases} \dfrac{\mathrm{d}\theta}{\mathrm{d}s}=\dfrac{1}{2\sqrt{G}}\dfrac{\partial\log E}{\partial v}\cos\theta-\dfrac{1}{2\sqrt{E}}\dfrac{\partial\log G}{\partial u}\sin\theta \\ \dfrac{\mathrm{d}u}{\mathrm{d}s}=\dfrac{1}{\sqrt{E}}\cos\theta \\ \dfrac{\mathrm{d}v}{\mathrm{d}s}=\dfrac{1}{\sqrt{G}}\sin\theta \end{cases} \tag{8.2.4}$$

定理 8.2.2(测地线存在唯一性定理) 过曲面 S 上任意一点 P，给定点 P 的一个单位切向量 $\boldsymbol{v}\in T_PS$，则 S 上存在唯一一条过 P 的测地线，测地线在点 P 与 $\boldsymbol{v}$ 相切.

证明 由式 (8.2.3) 可知，测地线方程组是一个二阶常微分方程组. 设曲面的参数方程为 $\boldsymbol{r}=\boldsymbol{r}(u^1,u^2)$, 点 $P=P(u_0^1,u_0^2)$, 切向量 $\boldsymbol{v}=a\boldsymbol{r}_1+b\boldsymbol{r}_2\in T_PS$, 定理相当于求方程组 (8.2.3) 在初值条件

$$\begin{cases} u^1(s_0)=u_0^1 \\ u^2(s_0)=u_0^2 \end{cases},\quad \begin{cases} \left.\dfrac{\mathrm{d}u^1}{\mathrm{d}s}\right|_{s=s_0}=a \\ \left.\dfrac{\mathrm{d}u^2}{\mathrm{d}s}\right|_{s=s_0}=b \end{cases}$$

下的解. 根据常微分方程解的存在唯一性定理可知,满足这个初值条件的解是唯一存在的.

由 Liouville 公式可知，测地曲率是一个内蕴量，所以在等距变换下保持不变，因而有如下结论.

定理 8.2.3 设 σ 是曲面 S 与曲面 $\tilde{S}$ 之间的一个等距变换, γ 是曲面 S 的测地线，则 $\sigma\circ\gamma$ 是曲面 $\tilde{S}$ 的测地线.

例 8.2.1 求圆柱面上的测地线.

解 将圆柱面沿任意直母线剪开，就得到了圆柱面到平面的一个等距变换. 平面的测地线是直线，所以圆柱面上的测地线就是把平面卷起来后，由平面直线变过来的曲线，因此圆柱面上的测地线为平行圆、圆柱螺线或者直母线，如图 8.2.3 所示.

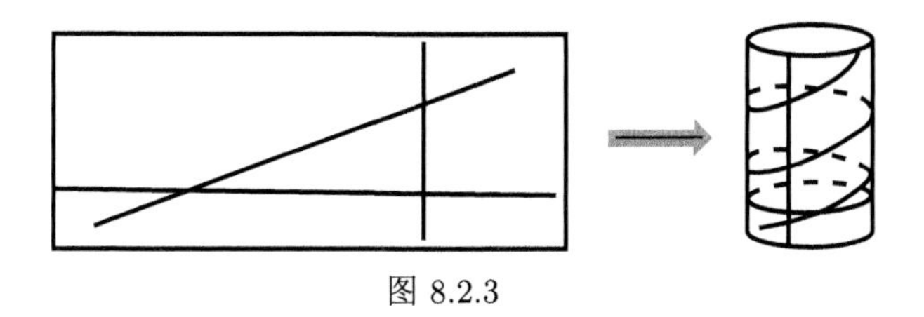

图 8.2.3

定理 8.2.4　曲面上的正则曲线 Γ 是测地线当且仅当沿着曲线 Γ，曲线的主法向量与曲面的法向量平行.

推论 8.2.1　任何曲面上的直线都是测地线.

例 8.2.2　球面上的曲线 Γ 是测地线，当且仅当曲线 Γ 是球面上的大圆.

证明　对于球面上任意一点 P 以及 P 点的切向量 $\boldsymbol{w}$, 球心与 P 构成的向量 $\overrightarrow{OP}$ 和 $\boldsymbol{w}$ 张成的平面与球面交于一个大圆 Γ. 容易看出，Γ 的主法线和球面的法线重合，所以 Γ 是球面的测地线. 由测地线存在唯一性定理可知，球面的测地线就是过球心的平面与球面所交的圆.

§8.2.4　变分法

定义 8.2.3　设 $\Gamma: \boldsymbol{r} = \boldsymbol{r}(s)$ 是曲面 S 上的一条曲线，其中 $s \in [0, l]$ 是曲线的弧长参数. 如果存在定义在区域 $[0, l] \times (-\varepsilon, \varepsilon)$ 上的可微映射

$$\gamma: [0, l] \times (-\varepsilon, \varepsilon) \to S, \quad \gamma(s, t) = \boldsymbol{r}_t(s)$$

满足 $\boldsymbol{r}_0(s) = \boldsymbol{r}(s)$, 则称曲线 $\boldsymbol{r}_t(s)$ 是曲线 $\boldsymbol{r}(s)$ 的一个**变分**, 如图 8.2.4 所示. 如果变分 $\boldsymbol{r}_t(s)$ 还满足

$$\boldsymbol{r}_t(0) = \boldsymbol{r}(0), \quad \boldsymbol{r}_t(l) = \boldsymbol{r}(l), \quad \forall t \in (-\varepsilon, \varepsilon)$$

则称该变分是**定端变分**.

对变分 $\boldsymbol{r}_t(s) = \gamma(s, t) = \boldsymbol{r}(u^1(s, t), u^2(s, t))$, 定义向量场

$$\begin{aligned}\boldsymbol{X}(s) &= \left.\frac{\mathrm{d}\gamma(s, t)}{\mathrm{d}t}\right|_{t=0} = \left.\frac{\mathrm{d}\boldsymbol{r}(u^1(s, t), u^2(s, t))}{\mathrm{d}t}\right|_{t=0} \\ &= \left.\frac{\mathrm{d}u^1}{\mathrm{d}t}\right|_{t=0}\frac{\partial \boldsymbol{r}}{\partial u^1} + \left.\frac{\mathrm{d}u^2}{\mathrm{d}t}\right|_{t=0}\frac{\partial \boldsymbol{r}}{\partial u^2} = x^1(s)\frac{\partial \boldsymbol{r}}{\partial u^1} + x^2(s)\frac{\partial \boldsymbol{r}}{\partial u^2}\end{aligned}$$

称 $\boldsymbol{X}(s)$ 是 $\boldsymbol{r}(s)$ 的一个**变分向量场**，如图 8.2.5 所示.

对任意给定的 $t \in (-\varepsilon, \varepsilon)$, 其切向量为

$$\frac{\partial \boldsymbol{r}_t(s)}{\partial s} = \frac{\mathrm{d}u^1}{\mathrm{d}s}\frac{\partial \boldsymbol{r}}{\partial u^1} + \frac{\mathrm{d}u^2}{\mathrm{d}s}\frac{\partial \boldsymbol{r}}{\partial u^2} = \frac{\mathrm{d}u^1}{\mathrm{d}s}\boldsymbol{r}_1 + \frac{\mathrm{d}u^2}{\mathrm{d}s}\boldsymbol{r}_2$$

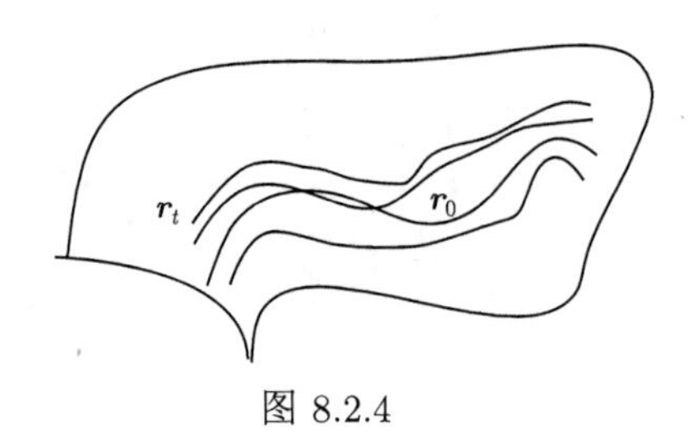

图 8.2.4

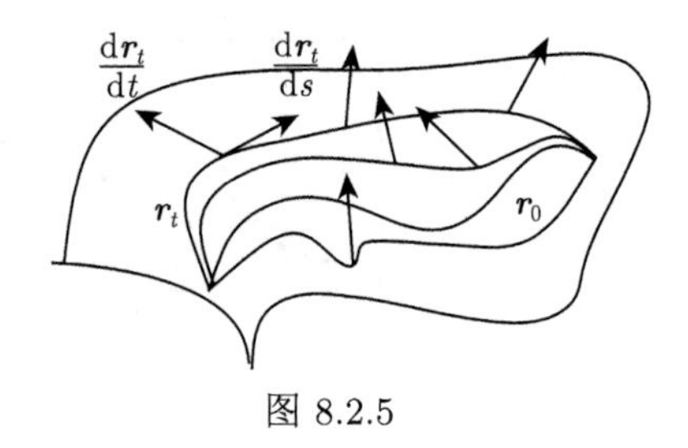

图 8.2.5

设曲面的第一基本形式为

$$I=\sum_{i,j=1}^{2} g_{ij}\mathrm{d}u^i\mathrm{d}u^j$$

由曲线弧长定义可得 $\boldsymbol{r}_t(s)$ 的弧长为

$$L(t)=\int_0^l\left\|\frac{\partial\boldsymbol{r}_t(s)}{\partial s}\right\|\mathrm{d}s=\int_0^l\sqrt{\sum_{i,j=1}^{2} g_{ij}(u^1(s,t),u^2(s,t))\frac{\mathrm{d}u^i(s,t)}{\mathrm{d}s}\frac{\mathrm{d}u^j(s,t)}{\mathrm{d}s}}\mathrm{d}s$$

s 是 $\boldsymbol{r}(s)$ 的弧长参数 ($t\neq 0$ 时，s 不一定是 $\boldsymbol{r}_t(s)$ 的弧长参数). 所以，当 $t=0$ 时

$$\sqrt{\sum_{i,j=1}^{2} g_{ij}(u^1(s,t),u^2(s,t))\frac{\mathrm{d}u^i(s,t)}{\mathrm{d}s}\frac{\mathrm{d}u^j(s,t)}{\mathrm{d}s}}\Bigg|_{t=0}=\left\|\frac{\mathrm{d}\boldsymbol{r}(s)}{\mathrm{d}s}\right\|=1$$

$$\begin{aligned}
\frac{\mathrm{d}L(t)}{\mathrm{d}t}\Big|_{t=0}&=\int_0^l\frac{\mathrm{d}}{\mathrm{d}t}\sqrt{\sum_{i,j=1}^{2} g_{ij}(u^1(s,t),u^2(s,t))\frac{\mathrm{d}u^i(s,t)}{\mathrm{d}s}\frac{\mathrm{d}u^j(s,t)}{\mathrm{d}s}}\mathrm{d}s\\
&=\frac{1}{2}\int_0^l\frac{\frac{\mathrm{d}}{\mathrm{d}t}\Big|_{t=0}\left[\sum\limits_{i,j=1}^{2} g_{ij}(u^1(s,t),u^2(s,t))\frac{\mathrm{d}u^i(s,t)}{\mathrm{d}s}\frac{\mathrm{d}u^j(s,t)}{\mathrm{d}s}\right]}{\|\dot{\boldsymbol{r}}(s)\|}\mathrm{d}s\\
&=\frac{1}{2}\int_0^l\frac{\mathrm{d}}{\mathrm{d}t}\Big|_{t=0}\left[\sum_{i,j=1}^{2} g_{ij}(u^1(s,t),u^2(s,t))\frac{\mathrm{d}u^i(s,t)}{\mathrm{d}s}\frac{\mathrm{d}u^j(s,t)}{\mathrm{d}s}\right]\mathrm{d}s\\
&=\frac{1}{2}\int_0^l\sum_{i,j=1}^{2}\left[\sum_{k=1}^{2}\frac{\partial g_{ij}}{\partial u^k}\frac{\mathrm{d}u^i(s,t)}{\mathrm{d}s}\frac{\mathrm{d}u^j(s,t)}{\mathrm{d}s}\frac{\mathrm{d}u^k(s,t)}{\mathrm{d}t}+2g_{ij}\frac{\mathrm{d}^2u^i(s,t)}{\mathrm{d}t\mathrm{d}s}\frac{\mathrm{d}u^j(s,t)}{\mathrm{d}s}\right]\Bigg|_{t=0}\mathrm{d}s\\
&=\frac{1}{2}\int_0^l\sum_{i,j=1}^{2}\left[\sum_{k=1}^{2}\frac{\partial g_{ij}}{\partial u^k}\frac{\mathrm{d}u^i(s,t)}{\mathrm{d}s}\frac{\mathrm{d}u^j(s,t)}{\mathrm{d}s}\frac{\mathrm{d}u^k(s,t)}{\mathrm{d}t}+2\frac{\mathrm{d}}{\mathrm{d}s}\left(g_{ij}\frac{\mathrm{d}u^i(s,t)}{\mathrm{d}t}\frac{\mathrm{d}u^j(s,t)}{\mathrm{d}s}\right)\right.\\
&\quad\left.-2\frac{\mathrm{d}g_{ij}}{\mathrm{d}s}\frac{\mathrm{d}u^i(s,t)}{\mathrm{d}t}\frac{\mathrm{d}u^j(s,t)}{\mathrm{d}s}-2g_{ij}\frac{\mathrm{d}u^i(s,t)}{\mathrm{d}t}\frac{\mathrm{d}^2u^j(s,t)}{\mathrm{d}s^2}\right]\Bigg|_{t=0}\mathrm{d}s.
\end{aligned}$$

因为 $x^1(s)=\frac{\mathrm{d}u^1}{\mathrm{d}t}\Big|_{t=0}, x^2(s)=\frac{\mathrm{d}u^2}{\mathrm{d}t}\Big|_{t=0}$, 所以

$$\left.\frac{\mathrm{d}L(t)}{\mathrm{d}t}\right|_{t=0}=\frac{1}{2}\int_0^l\sum_{i,j,k=1}^2\left[\frac{\partial g_{ij}}{\partial u^k}\frac{\mathrm{d}u^i}{\mathrm{d}s}\frac{\mathrm{d}u^j}{\mathrm{d}s}x^k-2\frac{\partial g_{ij}}{\partial u^k}\frac{\mathrm{d}u^j}{\mathrm{d}s}\frac{\mathrm{d}u^k}{\mathrm{d}s}x^i\right]\mathrm{d}s$$
$$+\sum_{i,j=1}^2\int_0^l\frac{\mathrm{d}}{\mathrm{d}s}\left(g_{ij}\frac{\mathrm{d}u^j}{\mathrm{d}s}x^i\right)\mathrm{d}s-\sum_{i,j=1}^2\int_0^l g_{ij}\frac{\mathrm{d}^2u^j}{\mathrm{d}s^2}x^i\mathrm{d}s$$
$$=\frac{1}{2}\sum_{i,j,k=1}^2\int_0^l\left[\frac{\partial g_{ij}}{\partial u^k}\frac{\mathrm{d}u^i}{\mathrm{d}s}\frac{\mathrm{d}u^j}{\mathrm{d}s}-\frac{\partial g_{kj}}{\partial u^i}\frac{\mathrm{d}u^j}{\mathrm{d}s}\frac{\mathrm{d}u^i}{\mathrm{d}s}-\frac{\partial g_{ki}}{\partial u^j}\frac{\mathrm{d}u^i}{\mathrm{d}s}\frac{\mathrm{d}u^j}{\mathrm{d}s}\right]x^k\mathrm{d}s$$
$$+\sum_{i,j=1}^2 g_{ij}\frac{\mathrm{d}u^j}{\mathrm{d}s}x^i\Big|_0^l-\sum_{j,k=1}^2\int_0^l g_{kj}\frac{\mathrm{d}^2u^j}{\mathrm{d}s^2}x^k\mathrm{d}s$$

由 $\Gamma_{ij}^l=\frac{1}{2}\sum\limits_{k=1}^2 g^{kl}\left(\frac{\partial g_{kj}}{\partial u^i}+\frac{\partial g_{ki}}{\partial u^j}-\frac{\partial g_{ij}}{\partial u^k}\right)$，得

$$L'(0)=\sum_{i,j=1}^2\left(g_{ij}\frac{\mathrm{d}u^j}{\mathrm{d}s}x^i\right)\Big|_0^l-\int_0^l\sum_{i,j,k,l=1}^2\Gamma_{ij}^l g_{kl}\frac{\mathrm{d}u^i}{\mathrm{d}s}\frac{\mathrm{d}u^j}{\mathrm{d}s}x^k\mathrm{d}s-\int_0^l\sum_{j,k=1}^2 g_{kj}\frac{\mathrm{d}^2u^j}{\mathrm{d}s^2}x^k\mathrm{d}s$$
$$=\sum_{i,j=1}^2\left(g_{ij}\frac{\mathrm{d}u^j}{\mathrm{d}s}x^i\right)\Big|_0^l-\int_0^l\sum_{k,m=1}^2 g_{km}\left[\sum_{i,j=1}^2\Gamma_{ij}^m\frac{\mathrm{d}u^i}{\mathrm{d}s}\frac{\mathrm{d}u^j}{\mathrm{d}s}+\frac{\mathrm{d}^2u^m}{\mathrm{d}s^2}\right]x^k\mathrm{d}s \tag{8.2.5}$$

式 (8.2.5) 是曲线弧长的**第一变分公式**.

由弧长第一变分公式，可以证明测地线的局部短程性.

定理 8.2.5 设曲线 $\Gamma:\boldsymbol{r}=\boldsymbol{r}(s)$ 是连接曲面上两点 P 和 Q 的长度最短的曲线，则 Γ 是曲面上连接 P,Q 的测地线.

证明 对任何定端变分 $\boldsymbol{r}_t(s)$, 有

$$L'(0)=-\int_0^l\sum_{k,m=1}^2 g_{km}\left[\sum_{i,j=1}^2\Gamma_{ij}^m\frac{\mathrm{d}u^i}{\mathrm{d}s}\frac{\mathrm{d}u^j}{\mathrm{d}s}+\frac{\mathrm{d}^2u^m}{\mathrm{d}s^2}\right]x^k\mathrm{d}s=0$$

取 $x^k(s)=\sin\frac{s\pi}{l}\left(\frac{\mathrm{d}^2u^k}{\mathrm{d}s^2}+\sum\limits_{i,j=1}^2\Gamma_{ij}^k\frac{\mathrm{d}u^i}{\mathrm{d}s}\frac{\mathrm{d}u^j}{\mathrm{d}s}\right)\triangleq\sin\frac{s\pi}{l}w^k$. 并且 $x^k(0)=x^k(l)=0(k=1,2)$ 是定端点变分向量场

$$0=L'(0)=-\int_0^l\sin\frac{s\pi}{l}\left(\sum_{k,m=1}^2 g_{ki}w^kw^m\right)\mathrm{d}s\leqslant 0$$

因为 (g_{ij}) 正定，当 $0<s<l$ 时，$\sin\frac{s\pi}{l}>0$, 因此

$$\sin\frac{s\pi}{l}\left(\sum_{k,m=1}^2 g_{km}w^kw^m\right)\equiv 0,\quad s\in(0,l)$$

所以 $w^k=0$, 即

$$\frac{\mathrm{d}^2u^k}{\mathrm{d}s^2}+\sum_{i,j=1}^{2}\Gamma_{ij}^k\frac{\mathrm{d}u^i}{\mathrm{d}s}\frac{\mathrm{d}u^j}{\mathrm{d}s}=0$$

所以 $\Gamma:\boldsymbol{r}=\boldsymbol{r}(s)$ 是测地线.

注记 8.2.3 反之，不成立，即：曲面上联接两点的测地线有可能不是最短线，如图 8.2.6 所示，A,B 是球面上的两点 (不是对径点)，则存在大圆联结 A,B, 劣弧 $\widehat{AB}$ 和优弧 $\widehat{AB}$ 都是联结 A,B 的测地线，但优弧 $\widehat{AB}$ 不具有短程性.

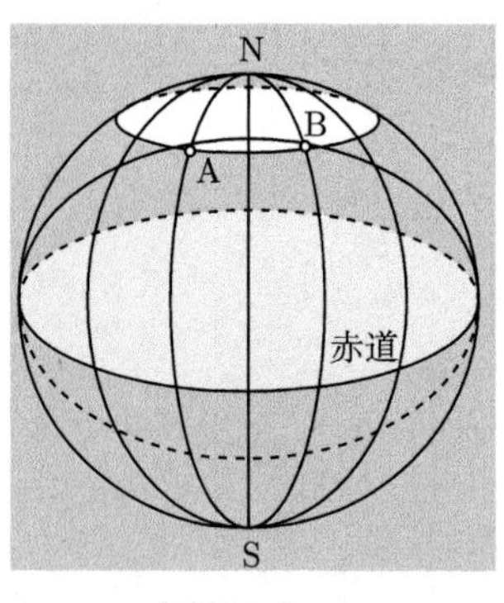

图 8.2.6

习题 8.2

1. 设 $\Gamma:\boldsymbol{\alpha}=\boldsymbol{\alpha}(s)(s\in I)$ 是 $\mathbb{E}^3$ 上任意一条以弧长为参数的正则曲线，$\boldsymbol{B}$ 是 Γ 的副法向量, 定义曲面

$$S:\boldsymbol{r}(s,v)=\boldsymbol{\alpha}(s)+v\boldsymbol{B}(s),\quad s\in I,v\in(-a,a),a>0$$

证明：$\boldsymbol{\alpha}(I)$ 是曲面 S 上的测地线, 即任意曲线都是曲面 S 上的测地线.

2. 在球面 $\boldsymbol{r}=\{a\cos u\cos v,a\cos u\sin v,a\sin u\}$ 上，

(1) 证明：曲线的测地曲率可表示为

$$\kappa_g=\frac{\mathrm{d}\theta}{\mathrm{d}s}-\sin u\frac{\mathrm{d}v}{\mathrm{d}s}$$

其中，s 是曲线 $(u(s),v(s))$ 的弧长参数，θ 是曲线与经线 ($u-$ 曲线) 的夹角；

(2) 求球面纬圆的测地曲率.

3. 求证：旋转曲面上的子午线是测地线，讨论平行纬圆何时为旋转曲面上的测地线.
4. 如果两个曲面 S 和 S^* 沿着一条曲线 Γ 相切，且 S 与 S^* 的法向量同正向，则沿曲线 $\Gamma S,S^*$ 的法曲率、测地挠率、测地曲率分别相同.
5. 设曲线 Γ 是旋转曲面 $\boldsymbol{r}(u,v)=\{f(u)\cos v,f(u)\sin v,g(u)\}$ 上的一条测地线，θ 是曲线 Γ 与 $u-$ 曲线的夹角，证明：沿 Γ 有 $f(u)\sin\theta=$ 常数.
6. 求旋转曲面 $\boldsymbol{r}(u,v)=\{f(u)\cos v,f(u)\sin v,g(u)\}$ 的测地线方程.
7. 已知曲面的第一基本形式为 $I=[\lambda(u)]^2(\mathrm{d}u^2+\mathrm{d}v^2)$, 求曲面上的测地线.

8. 设 $\boldsymbol{r}(s) = \boldsymbol{r}[u(s), v(s)]$ 是曲面 $S : \boldsymbol{r} = \boldsymbol{r}(u, v)$ 上一条以弧长 s 为参数的测地线的方程，并且 $E = E(u), F = 0, G = G(u)$. 证明 $\sqrt{G}\cos\theta = C($ 常数$)$, 其中 θ 是测地线与 $v-$ 曲线的夹角.

§8.3　曲面上向量的平行移动

设 S 是三维欧氏空间 $\mathbb{E}^3$ 中的曲面，在 S 上取正交标架

$$\{\boldsymbol{r}; \boldsymbol{e}_1, \boldsymbol{e}_2, \boldsymbol{e}_3\}$$

其中，$\boldsymbol{e}_3 = \boldsymbol{n}$ 是曲面的单位法向量. 曲面上标架的运动方程为

$$\begin{cases} \mathrm{d}\boldsymbol{e}_1 = \omega_1^2 \boldsymbol{e}_2 + \omega_1^3 \boldsymbol{e}_3 \\ \mathrm{d}\boldsymbol{e}_2 = \omega_2^1 \boldsymbol{e}_1 + \omega_2^3 \boldsymbol{e}_3 \end{cases} \tag{8.3.1}$$

定义 8.3.1　称一阶微分形式 ω_1^2 为曲面关于标架 $\{\boldsymbol{e}_1, \boldsymbol{e}_2\}$ 的**联络形式**.

内蕴几何是研究曲面由第一基本形式所决定的几何，下面给出曲面上光滑向量场协变微分的定义.

定义 8.3.2　设 $\boldsymbol{V}$ 是曲面上的光滑切向量场，则 $\boldsymbol{V}$ 的**协变微分** $\mathrm{D}\boldsymbol{V}$ 定义为

$$\mathrm{D}\boldsymbol{V} = \mathrm{d}\boldsymbol{V} - \langle \mathrm{d}\boldsymbol{V}, \boldsymbol{n} \rangle \boldsymbol{n}$$

即切向量场 $\boldsymbol{V}$ 的协变微分 $\mathrm{D}\boldsymbol{V}$ 是普通微分 $\mathrm{d}\boldsymbol{V}$ 在切平面上的投影. 如果 Γ 是曲面上的一条光滑曲线，$\boldsymbol{V} = \boldsymbol{V}(t)$ 是曲面 S 上沿 Γ 的向量场，则称 $\dfrac{\mathrm{D}\boldsymbol{V}}{\mathrm{d}t}$ 为 $\boldsymbol{V}$ 的**协变导数**.

设 $\{\boldsymbol{r}; \boldsymbol{e}_1, \boldsymbol{e}_2, \boldsymbol{e}_3\}$ 是曲面 S 上的正交标架场. **标架的协变微分**记为 $\mathrm{D}\boldsymbol{e}_\alpha (\alpha = 1, 2)$, 则

$$\mathrm{D}\boldsymbol{e}_1 = \omega_1^2 \boldsymbol{e}_2, \quad \mathrm{D}\boldsymbol{e}_2 = \omega_2^1 \boldsymbol{e}_1 \tag{8.3.2}$$

在给定的标架下，设 $\boldsymbol{V} = f_1 \boldsymbol{e}_1 + f_2 \boldsymbol{e}_2$ 是曲面上的切向量场，则 $\boldsymbol{V}$ 的协变微分 $\mathrm{D}\boldsymbol{V}$ 为

$$\mathrm{D}\boldsymbol{V} = \langle \mathrm{d}\boldsymbol{V}, \boldsymbol{e}_1 \rangle \boldsymbol{e}_1 + \langle \mathrm{d}\boldsymbol{V}, \boldsymbol{e}_2 \rangle \boldsymbol{e}_2 = (\mathrm{d}f_1 + f_2 \omega_2^1) \boldsymbol{e}_1 + (\mathrm{d}f_2 + f_1 \omega_1^2) \boldsymbol{e}_2$$

由协变微分的定义可得

命题 8.3.1　设 $\boldsymbol{V}, \boldsymbol{W}$ 是曲面 S 上的切向量场，f 是曲面上的函数，则

1. $\mathrm{D}(\boldsymbol{V} + \boldsymbol{W}) = \mathrm{D}\boldsymbol{V} + \mathrm{D}\boldsymbol{W}$;
2. $\mathrm{D}(f\boldsymbol{V}) = \mathrm{d}f\boldsymbol{V} + f\mathrm{D}\boldsymbol{V}$;
3. $\mathrm{D}\langle \boldsymbol{V}, \boldsymbol{W} \rangle = \langle \mathrm{D}\boldsymbol{V}, \boldsymbol{W} \rangle + \langle \boldsymbol{V}, \mathrm{D}\boldsymbol{W} \rangle$.

§8.3.1　平行移动

欧氏空间中向量 $\boldsymbol{V}$ 平行移动的特征是：大小和方向不变，只改变起点位置，此时平移过程中得到一族常向量 $\boldsymbol{V} = \mathrm{const}$. 如果沿着空间一条曲线 $\Gamma : \boldsymbol{r} = \boldsymbol{r}(t)$ 平移，则向量 $\boldsymbol{V}$ 的变化率为 $\dfrac{\mathrm{d}\boldsymbol{V}}{\mathrm{d}t} = 0$. 即欧氏空间的平移有如下特点：

(1) 平移保持长度不变；

(2) 平移保持两个向量夹角不变；

(3) 平移与路径无关.

下面，把欧氏空间中向量的平移概念“搬到”曲面上，给出向量沿曲面曲线平行移动的概念. 设 $\Gamma\subset S$ 是一条 C^∞ 曲面曲线, 参数表示为 $u^\alpha=u^\alpha(s)(\alpha=1,2)$, 其中 s 是弧长参数.

定义 8.3.3 设 $\boldsymbol{V}=f^1\boldsymbol{e}_1+f^2\boldsymbol{e}_2$ 是曲面 S 上的光滑向量场，Γ 是曲面上的光滑弧长参数曲线，如果

$$\frac{\mathrm{D}\boldsymbol{V}}{\mathrm{d}s}=0,\quad 即\quad \begin{cases}\dfrac{\mathrm{d}f^1}{\mathrm{d}s}+f^2\dfrac{\omega_2^1}{\mathrm{d}s}=0\\ \dfrac{\mathrm{d}f^2}{\mathrm{d}s}+f^1\dfrac{\omega_1^2}{\mathrm{d}s}=0\end{cases}\tag{8.3.3}$$

则称 $\boldsymbol{V}(u^\alpha(s))$ 是沿曲线 Γ **平行的向量场**.

命题 8.3.2 设 $\Gamma:\boldsymbol{r}(t)=\boldsymbol{r}(u(t),v(t))$ 是曲面 S 上一条曲线，$t\in[a,b]$, $\boldsymbol{r}(a)=P,\boldsymbol{r}(b)=Q$. 对任意的切向量 $\boldsymbol{V}_0=\lambda\boldsymbol{e}_1+\mu\boldsymbol{e}_2\in T_PS$，存在唯一沿曲线 $\boldsymbol{r}(t)$ 平行的切向量 $\boldsymbol{V}(t)$，使得 $\boldsymbol{V}(a)=\boldsymbol{V}_0$, 等价于说，可以将 $\boldsymbol{V}_0\in T_PS$ 沿着 Γ 平行移动.

证明 考虑关于函数 $f^1(t),f^2(t)$ 的一阶常微分方程组 (8.3.3), 给定初始值

$$f^1(0)=\lambda,\quad f^2(0)=\mu$$

根据常微分方程的理论，方程组 (8.3.3) 的解存在且唯一.

命题 8.3.3 设 $\boldsymbol{V},\boldsymbol{W}$ 是曲面 S 沿曲线 Γ 的两个平行向量场, 则沿 Γ 平行移动时, 向量的内积保持不变.

证明 设 $\boldsymbol{V}=v^1\boldsymbol{e}_1+v^2\boldsymbol{e}_2,\boldsymbol{W}=w^1\boldsymbol{e}_1+w^2\boldsymbol{e}_2$, 则它们满足方程组 (8.3.3), 即

$$\begin{cases}\dfrac{\mathrm{d}v^1}{\mathrm{d}s}+v^2\dfrac{\omega_2^1}{\mathrm{d}s}=0\\ \dfrac{\mathrm{d}v^2}{\mathrm{d}s}+v^1\dfrac{\omega_1^2}{\mathrm{d}s}=0\end{cases},\quad \begin{cases}\dfrac{\mathrm{d}w^1}{\mathrm{d}s}+w^2\dfrac{\omega_2^1}{\mathrm{d}s}=0\\ \dfrac{\mathrm{d}w^2}{\mathrm{d}s}+w^1\dfrac{\omega_1^2}{\mathrm{d}s}=0\end{cases}$$

所以

$$\begin{aligned}\frac{\mathrm{d}}{\mathrm{d}s}(\boldsymbol{V}\cdot\boldsymbol{W})&=\frac{\mathrm{d}}{\mathrm{d}s}(v^1w^1+v^2w^2)\\&=\frac{\mathrm{d}v^1}{\mathrm{d}s}w^1+v^1\frac{\mathrm{d}w^1}{\mathrm{d}s}+\frac{\mathrm{d}v^2}{\mathrm{d}s}w^2+v^2\frac{\mathrm{d}w^2}{\mathrm{d}s}\\&=(v^2w^1+w^2v^1-v^1w^2-v^2w^1)\frac{\omega_1^2}{\mathrm{d}s}=0\end{aligned}$$

因此

$$\boldsymbol{V}\cdot\boldsymbol{W}=\text{const}.$$

推论 8.3.1 设 $\boldsymbol{V},\boldsymbol{W}$ 是曲面 S 上沿曲线 Γ 的平行向量场, 则 $\|\boldsymbol{V}(s)\|=$ 常数, $\|\boldsymbol{W}\|=$ 常数，$\angle(\boldsymbol{V},\boldsymbol{W})=$ 常数.

§8.3.2　向量场沿测地线的平行移动

问题 8.3.1　曲面上的测地线与平面上直线具有相似性，如果曲线 Γ 是曲面的测地线时，向量的平行移动会怎么样？

定理 8.3.1　设曲面 S 的参数方程为 $\boldsymbol{r}=\boldsymbol{r}(u^1,u^2)$, 曲面上弧长参数曲线 Γ 的参数方程为 $\boldsymbol{r}=\boldsymbol{r}(u^1(s),u^2(s))$, 则 Γ 是测地线当且仅当其单位切向量 $\boldsymbol{T}$ 为 S 上沿着 Γ 平行的向量场.

证明　已知 Γ 的参数方程是 $\boldsymbol{r}=\boldsymbol{r}(s)=\boldsymbol{r}(u^1(s),u^2(s))$, 其单位切向量是

$$\boldsymbol{T}=\frac{\mathrm{d}u^1}{\mathrm{d}s}\boldsymbol{r}_1+\frac{\mathrm{d}u^2}{\mathrm{d}s}\boldsymbol{r}_2$$

系数分别为 $x^1=\dfrac{\mathrm{d}u^1}{\mathrm{d}s},x^2=\dfrac{\mathrm{d}u^2}{\mathrm{d}t}$, 则 $\boldsymbol{T}$ 是 S 沿曲线 Γ 平行的向量场的充要条件是系数满足方程组

$$\frac{\mathrm{d}x^\alpha}{\mathrm{d}s}+\sum_{\beta,\gamma=1}^{2}\Gamma^\alpha_{\beta\gamma}x^\beta\frac{\mathrm{d}u^\gamma}{\mathrm{d}s}=0,\quad \alpha=1,2$$

代入 x^1,x^2, 可得

$$\frac{\mathrm{d}^2u^\alpha}{\mathrm{d}s}+\sum_{\beta,\gamma=1}^{2}\Gamma^\alpha_{\beta\gamma}\frac{\mathrm{d}u^\beta}{\mathrm{d}s}\frac{\mathrm{d}u^\gamma}{\mathrm{d}s}=0,\quad \alpha=1,2$$

即 Γ 满足测地线微分方程.

命题 8.3.4　如果沿着一条测地线平行移动一个向量 $\boldsymbol{v}_0$，只要保持这个向量与测地线切向量的夹角不变，即可得到以 $\boldsymbol{v}_0$ 为初始向量的一个平行向量场.

习题 8.3

1. 证明绝对微分的运算满足下面的法则：
   (1) $\mathrm{D}(\boldsymbol{X}\cdot\boldsymbol{Y})=\mathrm{D}(\boldsymbol{X})\cdot\boldsymbol{Y}+\boldsymbol{X}\cdot\mathrm{D}(\boldsymbol{Y})$;
   (2) $\mathrm{D}(\boldsymbol{X}+\boldsymbol{Y})=\mathrm{D}\boldsymbol{X}+\mathrm{D}\boldsymbol{Y}$;
   (3) $\mathrm{D}(f\cdot\boldsymbol{X})=\mathrm{d}f\cdot\boldsymbol{X}+f\mathrm{D}\boldsymbol{X}$.
2. 求沿着球面的赤道圆，切向量的平行移动.
3. 设 Γ 是曲面 S 上以弧长为参数的曲线，$\boldsymbol{X}$ 是 Γ 的副法向量 $\boldsymbol{B}$ 的切向分量. 证明：
   (1) $\boldsymbol{X}=\left(-\dfrac{\kappa_{\boldsymbol{n}}}{\kappa}\right)\boldsymbol{n}\wedge\boldsymbol{T}$.
   (2) 证明下列条件等价：
   (i) $\boldsymbol{X}=\boldsymbol{B}$;
   (ii) Γ 是测地线;
   (iii) $\boldsymbol{X}$ 沿 Γ 是平行的.
4. 设 $\boldsymbol{X}=f^1\boldsymbol{r}_1+f^2\boldsymbol{r}_2$ 是曲面 S 的切向量. 证明：$\boldsymbol{X}$ 的协变微分是

$$\mathrm{D}\boldsymbol{X}=\left(\mathrm{d}f^i+\sum_{i,j,k=1}^{2}\Gamma^i_{jk}f^j\mathrm{d}u^k\right)\boldsymbol{r}_i$$

5. 设曲面 S 的参数可表示为 $\boldsymbol{r}=\boldsymbol{r}(u^1,u^1)$. 证明：切向量场 $\boldsymbol{a}=\dfrac{\boldsymbol{r}_1}{\sqrt{E}}$ 沿曲线 $C:(u^1(t),u^2(t))$ 是平行向量场的充要条件是沿着曲线 C 有 $\Gamma_{1i}^2\dfrac{\mathrm{d}u^i}{\mathrm{d}t}=0$.
6. 设曲面的第一基本形式为 $I=\mathrm{d}u^2+2F\mathrm{d}u\mathrm{d}v+\mathrm{d}v^2$. 证明：坐标曲线切向量 $\boldsymbol{r}_u,\boldsymbol{r}_v$ 分别是沿着坐标曲线 $u=$ 常数和 $v=$ 常数的平行向量场.
7. 设 Γ 是曲面 S 上以弧长为参数的曲线，$\boldsymbol{X}$ 是 Γ 的主法向量 $\boldsymbol{N}$ 的切向分量. 证明：

$$\boldsymbol{X}=\boldsymbol{N}-(\boldsymbol{N}\cdot\boldsymbol{n})\boldsymbol{n}$$

8. 设 S 是 $\mathbb{E}^3$ 的曲面，$\boldsymbol{n}$ 是 S 的单位法向量，$\boldsymbol{r}(t)$ 是曲面 S 上的正则曲线. 如果 $\boldsymbol{X}=\boldsymbol{X}(t),\boldsymbol{Y}=\boldsymbol{Y}(t)$ 是沿曲线 $\boldsymbol{r}(t)$ 曲面的单位切向量，θ 是 $\boldsymbol{X}$ 和 $\boldsymbol{Y}$ 的夹角，证明：

$$\left\langle\frac{\mathrm{D}\boldsymbol{Y}}{\mathrm{d}t},\boldsymbol{n}\wedge\boldsymbol{Y}\right\rangle-\left\langle\frac{\mathrm{D}\boldsymbol{X}}{\mathrm{d}t},\boldsymbol{n}\wedge\boldsymbol{X}\right\rangle=\frac{\mathrm{d}\theta}{\mathrm{d}t}$$

9. 设 N 是球面 $S^2(a)$ 的北极，A,B 是纬度为 60° 的纬圆上两点，使得子午线 $\widehat{NA}$ 和 $\widehat{NB}$ 在 N 点的夹角为 θ. 考虑子午线在点 N 的单位切向量 $\boldsymbol{V}$，并沿着由子午线 $\widehat{NB}$，纬圆 $\widehat{BA}$ 和子午线 $\widehat{AN}$ 构成的闭曲线作平行移动，确定 $\boldsymbol{V}$ 的终端位置以及它与 $\boldsymbol{V}$ 的夹角.

§8.4 测地坐标系

§8.4.1 测地平行坐标系

定义 8.4.1 曲面上的一个坐标网，如果坐标曲线满足一族曲线是测地线，另一族是这族测地线的正交轨线，则称此坐标网为**测地平行坐标网**.

命题 8.4.1 正则曲面上一点附近总存在一个测地平行坐标网.

证明 设 S 是 $\mathbb{E}^3$ 中的曲面，取曲面 S 上一点 P，Γ 是过点 P 的一条弧长参数测地线，其弧长参数记为 v，$v=0$ 对应于点 P. 由测地线存在唯一性定理知：$\forall M\in\Gamma$, 过 M 与 Γ 正交的测地线一定存在并唯一，如图 8.4.1 所示. 所以，过 Γ 上各点做与 Γ 正交的测地线，它们的弧长参数记为 u，显然 $u=0$ 就是曲线 Γ，则 (u,v) 构成点 P 附近的一个**测地平行坐标系**.

对曲面上 P 点附近的任意点 Q, 一定存在正交于 Γ 的测地线 $v=v_1$ 过 Q 点，如图8.4.1 所示. 记 Q 到交点 M 的有向弧长为 u_1, 则 Q 点在测地平行坐标网中的坐标为 (u_1,v_1). 此时测地线 Γ 类似与直角坐标系中的 y 轴，过 P 点的正交轨线类似于直角坐标系的 x 轴，而 P 就相当于坐标原点.

命题 8.4.2 在测地平行坐标系 (u,v) 下, 曲面的第一基本形式为

$$I=\mathrm{d}u^2+G(u,v)\mathrm{d}v^2$$

并且 $G(0,v)=1,G_u(0,v)=0$.

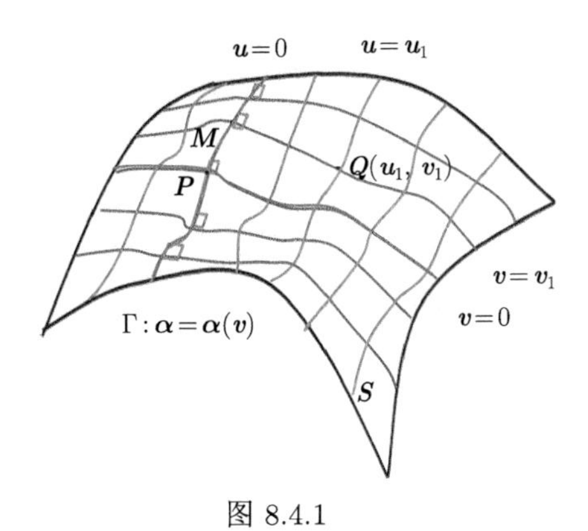

图 8.4.1

证明　设曲面在测地平行坐标系 (u,v) 下的第一基本形式为

$$I = E\mathrm{d}u^2 + 2F\mathrm{d}u\mathrm{d}v + G\mathrm{d}v^2$$

因为 u 是弧长参数，所以

$$E = \langle \boldsymbol{r}_u, \boldsymbol{r}_u \rangle = 1$$

$$\frac{\partial F}{\partial u} = \frac{\partial}{\partial u}\langle \boldsymbol{r}_u, \boldsymbol{r}_v \rangle = \langle \boldsymbol{r}_{uu}, \boldsymbol{r}_v \rangle + \langle \boldsymbol{r}_u, \boldsymbol{r}_{vu} \rangle$$

因为曲线 Γ 是测地线,可知其曲率向量的切向分量 (测地曲率向量) 为零,所以 $\langle \boldsymbol{r}_{uu}, \boldsymbol{r}_v \rangle = 0$, 又 $\langle \boldsymbol{r}_u, \boldsymbol{r}_{vu} \rangle = \dfrac{1}{2}\langle \boldsymbol{r}_u, \boldsymbol{r}_u \rangle_v = 0$，所以 $F_u = 0$.

但 $u=0$ 的曲线就是曲线 Γ，而 Γ 与所有 $u-$ 曲线正交，故

$$F(0,v) = \langle \boldsymbol{r}_u, \boldsymbol{r}_v \rangle|_{u=0} = 0$$

所以

$$F(u,v) = F(0,v) = 0$$

从而

$$I = \mathrm{d}u^2 + G(u,v)\mathrm{d}v^2$$

又因为 $u=0$ 时，v 为 Γ 的弧长参数, 所以 $G(0,v)=1$. 而由 Γ 为测地线可知其测地曲率为零，即

$$\kappa_g|_{u=0} = \frac{1}{2}\frac{\partial \log G}{\partial u}\bigg|_{u=0} = 0$$

即 $G_u(0,v)=0$.

在测地平行坐标网下，u 曲线族 ($v=$ 常数，即测地线族) 被任意两条正交轨线截得的弧长相等. 事实上，沿着测地线，有 $\mathrm{d}s^2 = \mathrm{d}u^2$, 设 $u=c_1, u=c_2$ 是任意两条正交轨线，则沿任意一条 u 曲线，有

$$s = \left|\int_{c_1}^{c_2} \mathrm{d}u\right| = |c_1 - c_2| = \text{常数}$$

注记 8.4.1 测地平行坐标系类似于平面上的直角坐标系，其定义在点 P 的一个小邻域内. 从几何上看是直观的，但严格证明测地平行坐标参数是曲面的正则参数需要用到反函数定理，这里略去证明.

§8.4.2 曲面上测地线的短程性

在测地平行坐标网下，很容易证明测地线的短程性.

定理 8.4.1 在曲面上充分小的邻域内给定两点 P, Q, 则连结 P, Q 两点的所有曲线段中，以测地线的弧长为最短.

证明 设 Γ 是曲面 S 上的一条连接 P, Q 的测地线，取测地平行坐标网 (u, v)，不妨设 Γ 在测地平行坐标网中对应参数 $v = 0$, 此时曲面的第一基本形式为

$$I = \mathrm{d}u^2 + G(u,v)\mathrm{d}v^2$$

假设 P, Q 的坐标分别为 $(u_1, 0)$ 和 $(u_2, 0)(u_1 \leqslant u_2)$, 于是沿测地线 Γ 由 P 到 Q 的弧长为

$$s(P,Q)|_\Gamma = \int_{u_1}^{u_2} \mathrm{d}u = u_2 - u_1$$

在充分小的邻域里，设连接 P, Q 的任意曲线 $\tilde{\Gamma}$ 的方程为 $v = v(u)$, 则沿着 $\tilde{\Gamma}$，PQ 的弧长为

$$s(P,Q)|_{\tilde{\Gamma}} = \int_{u_1}^{u_2} \sqrt{1 + G \cdot \left(\frac{\mathrm{d}v}{\mathrm{d}u}\right)^2} \mathrm{d}u$$

由于 $\sqrt{1 + G \cdot \left(\frac{\mathrm{d}v}{\mathrm{d}u}\right)^2} \geqslant 1$, 所以

$$\int_{u_1}^{u_2} \sqrt{1 + G \cdot \left(\frac{\mathrm{d}v}{\mathrm{d}u}\right)^2} \mathrm{d}u \geqslant \int_{u_1}^{u_2} \mathrm{d}u$$

故得

$$s(P,Q)|_{\tilde{\Gamma}} \geqslant s(P,Q)|_\Gamma$$

定理 8.4.2 具有相同常 Gauss 曲率的任意两块曲面局部上必定可以建立等距.

证明 在测地平行坐标系下，常 Gauss 曲率 $(K \equiv K_0)$ 曲面的第一基本形式满足微分方程

$$\begin{cases} \dfrac{\partial^2 \sqrt{G}}{\partial u^2} + K_0 \sqrt{G} = 0 \\ G(0,v) = 1, G_u(0,v) = 0 \end{cases} \tag{8.4.1}$$

这是二阶常系数微分方程. 解微分方程可得

$$\begin{cases} K_0 > 0, & \sqrt{G} = \cos\sqrt{K_0}u, & I = \mathrm{d}u^2 + \cos^2\sqrt{K_0}u\mathrm{d}v^2 \\ K_0 = 0, & \sqrt{G} = 1, & I = \mathrm{d}u^2 + \mathrm{d}v^2 \\ K_0 < 0, & \sqrt{G} = \cosh\sqrt{-K_0}u, & I = \mathrm{d}u^2 + \coth^2\sqrt{-K_0}u\mathrm{d}v^2 \end{cases}$$

即具有相同常 Gauss 曲率的曲面都有相同的第一基本形式，所以一定是局部等距的.

已知常 Gauss 曲率曲面局部等距，所以研究 $K = K_0$ 的曲面的局部性质时，仅需找一个代表即可，即

$$\begin{aligned} &K_0 > 0, \quad \text{球面} S^2(a) \\ &K_0 = 0, \quad \text{平面} \\ &K_0 < 0, \quad \text{伪球面或者双曲空间} \end{aligned}$$

伪球面是平面的曳物线 (tractrix) 绕 z 轴旋转所得的曲面. 伪球面参数方程为

$$\boldsymbol{r}(t,\theta) = \left\{a\sin t\cos\theta, a\sin t\sin\theta, \pm a\left(\ln\tan\frac{t}{2} + \cos t\right)\right\}$$

这里要注意 $\sin t > 0$.

$$I = \mathrm{d}s^2 = \mathrm{d}x^2 + \mathrm{d}y^2 + \mathrm{d}z^2 = a^2\cot^2 t\mathrm{d}t^2 + a^2\sin^2 t\mathrm{d}\theta^2$$

计算可得

$$K = -\frac{1}{a^2}$$

做参数变换

$$\sigma : \begin{cases} x = \theta \\ y = \dfrac{1}{\sin t} \end{cases}$$

则

$$I = a^2\sin^2 t(\mathrm{d}x^2 + \mathrm{d}y^2) = \frac{a^2}{y^2}(\mathrm{d}x^2 + \mathrm{d}y^2)$$

即 σ 是伪球面到平面的一个共形变换.

§8.4.3 测地极坐标系和法坐标系

在平面内可以建立极坐标系. 取定一个点 O, 叫作**极点**，自极点引一条射线 Ox，称该射线为**极轴**，再选定一个长度单位和角度的正方向（一般取逆时针方向为正），这样就建立了一个**极坐标系**. 给定平面上的任一点 P，可以得到如下两个量：将向量 $\overrightarrow{OP}$ 的长度记为 ρ，记极轴 Ox 到向量 $\overrightarrow{OP}$ 的有向夹角为 θ(弧度), 有序数对 (ρ,θ) 称为点 P 的**极坐标**.

借助于测地线，可以在曲面上建立类似的极坐标系.

定义 8.4.2　设 S 是 $\mathbb{E}^3$ 中的曲面，$P \in S$, $\boldsymbol{v}$ 是 P 点的一个单位切向量，则存在唯一一条从 P 出发，与 $\boldsymbol{v}$ 相切的弧长参数测地线 $\gamma_{\boldsymbol{v}}(s) = \gamma(\boldsymbol{v}, s), s \geqslant 0$. $\gamma_{\boldsymbol{v}}(s)$ 称为从 P 出发，沿 $\boldsymbol{v}$ 方向的**测地射线**.

注记 8.4.2 弧长参数 s 的取值范围可能很小，且与 $\boldsymbol{v}$ 有关. 但是

$$\{\boldsymbol{v} \in T_PS | \|\boldsymbol{v}\| = 1\} = S^1 \subset T_PS$$

是紧致集，利用常微分方程的解对初值的连续性可知，存在 $\varepsilon > 0$，使得对任意的单位切向量 $\boldsymbol{v} \in T_PS$，$\gamma_{\boldsymbol{v}}(s)$ 当 $0 \leqslant s < \varepsilon$ 时有定义.

设 S 是三维欧氏空间中的正则曲面，$\forall P \in S$，从 P 出发，固定一个方向 $\boldsymbol{w}_0$ 作为极轴，对 P 点附近的任意一点 Q, 一定存在一个切方向 v 和一条从 P 出发，沿方向 $\boldsymbol{v}$ 的**测地射线**过 Q 点，记测地射线上 PQ 的弧长为 ρ，固定方向 $\boldsymbol{w}_0$ 与 $\boldsymbol{v}$ 的有向夹角记为 θ，则 Q 点的坐标为 (ρ, θ)，这样定义的参数系称为曲面的**测地极坐标系**.

定义 8.4.3 对于非零向量 $\boldsymbol{w} \in T_PS, \|\boldsymbol{w}\| = \rho$，定义映射

$$\begin{aligned} \exp_P: \quad & T_PS \to S \\ & \boldsymbol{w} \to \exp_P(\boldsymbol{w}) = \gamma\left(\frac{\boldsymbol{w}}{\rho}, \rho\right) \end{aligned}$$

$\exp_P$ 称为 P 点的**指数映射**，当 $\|\boldsymbol{w}\| < \varepsilon$ 时 $\exp_P(\boldsymbol{w})$ 有定义.

指数映射是从切平面 T_PS 原点的一个小邻域到曲面的映射，它把 T_PS 上过原点的直线 $\rho\boldsymbol{v}(\|\boldsymbol{v}\| = 1)$ 映为曲面上的测地线 $r(\boldsymbol{v}, \rho) = \exp_P(\rho\boldsymbol{v})$.

注记 8.4.3 直观上讲，指数映射 $\exp_P$ 把切向量 $\boldsymbol{v}$ 映到曲面 S 上过点 P，以 $\boldsymbol{v}$ 为切向的测地线 Γ 上距离 P 弧长为 $\|\boldsymbol{v}\|$ 的点 Q, 即 $s(P, Q) = \|\boldsymbol{v}\|$.

例 8.4.1 求平面 $\mathbb{E}^2$ 和单位球面上的指数映射.

解 (1) 平面 $\mathbb{E}^2$，Gauss 曲率 $K = 0, \forall P \in \mathbb{E}^2, T_P\mathbb{E}^2 \cong \mathbb{E}^2$,

$$\exp_p : T_P\mathbb{E}^2 \to \mathbb{E}^2$$

$$\boldsymbol{v} \to \exp_P(\boldsymbol{v}) = \overrightarrow{OP} + \boldsymbol{v}$$

其中，$\|\boldsymbol{v}\|$ 是任意向量. 此时指数映射相当于欧氏平面上向量的平移，如图 8.4.2 所示.

(2) 单位球面 $S^2(1)$, Gauss 曲率 $K = 1$. 设 $N = (0, 0, 1) \in S^2$ 北极，$\boldsymbol{v} = \cos\theta\boldsymbol{e}_1 + \sin\theta\boldsymbol{e}_2 \in T_NS$, 如图 8.4.3 所示. 则

$$\exp_N(t\boldsymbol{v}) = \cos t \cdot N + \sin t \cdot \boldsymbol{v}$$

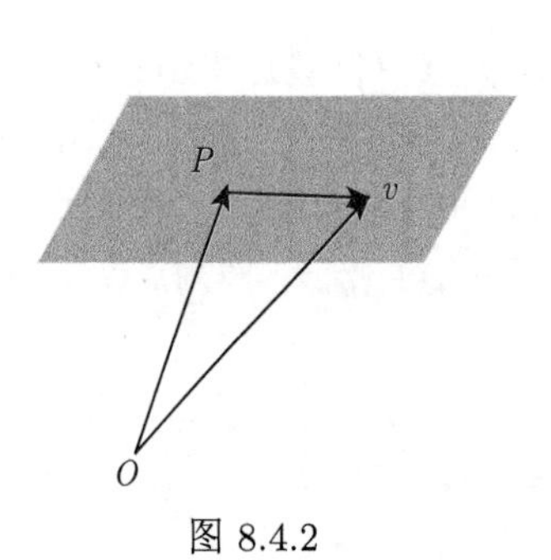

图 8.4.2

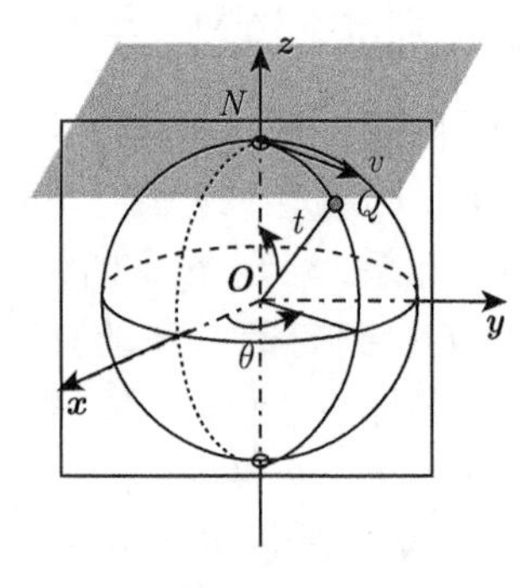

图 8.4.3

通过指数映射，可以用切平面的坐标给出曲面的如下参数表示.

定义 8.4.4　设 $\{\boldsymbol{e}_1, \boldsymbol{e}_2\}$ 是 T_PS 正交标架, 对应

$$\boldsymbol{w} = x^1\boldsymbol{e}_1 + x^2\boldsymbol{e}_2 \to \boldsymbol{r}(x^1, x^2) = \exp_P(\boldsymbol{w})$$

给出了曲面 S 在点 P 附近的参数表示 $\boldsymbol{r} = \boldsymbol{r}(x^1, x^2)$, (x^1, x^2) 称为以 P 为原点的**法坐标系**.

类似于直角坐标系与极坐标系的关系，法坐标系和测地极坐标系也有如下变换：

$$\begin{cases} x^1 = \rho\cos\theta \\ x^2 = \rho\sin\theta \end{cases}$$

在以 P 为原点的测地极坐标系 (ρ, θ) 下，$\rho-$ **线**$(\theta = \theta_0)$ 是从 P 出发，与单位切向量 $\boldsymbol{v}_0 = \cos\theta_0\boldsymbol{e}_1 + \sin\theta_0\boldsymbol{e}_2$ 相切的测地线, ρ 是弧长参数；$\theta-$ **线**$(\rho = \rho_0)$ 是 T_PS 上以原点为中心，ρ_0 为半径的圆在指数映射下的像 $\exp_P(\rho_0\boldsymbol{v})$，称为以 ρ_0 为半径的**测地圆**, 如图 8.4.4 所示.

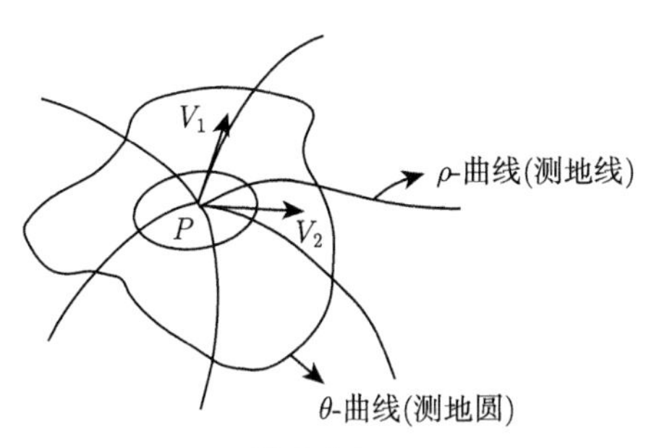

图 8.4.4

记与 $\boldsymbol{e}_1$ 成 θ 角的线为 C_θ，则 $\{C_\theta | \theta \in [0, 2\pi]\}$ 是从 P 点出发的一族测地线，$\boldsymbol{r}(\rho, \theta)$ 表示 C_θ 上弧长为 ρ 的点，这进一步说明测地极坐标系类似于平面极坐标系.

命题 8.4.3　法坐标参数 (x^1, x^2) 是曲面在点 P 附近的正则参数.

证明　等价于证明 $\boldsymbol{r}_{x^1} \wedge \boldsymbol{r}_{x^2} \neq 0$.

设 (u^1, u^2) 是曲面 S 在 P 点附近的正交参数, 即在 P 点附近，$\boldsymbol{r}_{u^1}$ 与 $\boldsymbol{r}_{u^2}$ 正交，并且

$$\boldsymbol{r}_{u^1}(P) = \boldsymbol{e}_1, \quad \boldsymbol{r}_{u^2}(P) = \boldsymbol{e}_2$$

仅需要证明存在参数变换

$$\begin{cases} u^1 = u^1(x^1, x^2) \\ u^2 = u^2(x^1, x^2) \end{cases}$$

满足

$$\det\left(\frac{\partial u^\alpha}{\partial x^\beta}\right) \neq 0$$

设 P 对应的参数是 $u^1 = u^2 = 0$, Γ 是从 P 点出发的一条测地线 ($\rho-$ 线)，其参数方程为 $\boldsymbol{r}(u^1(\rho), u^2(\rho))$. 设 Γ 与 $\boldsymbol{r}_{u^1}$ 的夹角为 θ, 它满足测地线微分方程

$$\frac{\mathrm{d}^2u^\alpha}{\mathrm{d}\rho^2} + \sum_{\beta,\gamma=1}^{2}\Gamma^\alpha_{\beta\gamma}\frac{\mathrm{d}u^\beta}{\mathrm{d}\rho}\frac{\mathrm{d}u^\gamma}{\mathrm{d}\rho} = 0, \quad \alpha = 1, 2$$

因为 Γ 在 P 点的切向量为

$$\begin{aligned}\boldsymbol{X}(\theta)&=\frac{\mathrm{d}\boldsymbol{r}}{\mathrm{d}\rho}\Big|_{\rho=0}=\boldsymbol{r}_{u^1}(P)\frac{\mathrm{d}u^1}{\mathrm{d}\rho}\Big|_{\rho=0}+\boldsymbol{r}_{u^2}(P)\frac{\mathrm{d}u^2}{\mathrm{d}\rho}\Big|_{\rho=0}\\&=\left(\boldsymbol{e}_1\frac{\mathrm{d}u^1}{\mathrm{d}\rho}+\boldsymbol{e}_2\frac{\mathrm{d}u^2}{\mathrm{d}\rho}\right)\Big|_{\rho=0}=\cos\theta\boldsymbol{e}_1+\sin\theta\boldsymbol{e}_2\end{aligned}$$

所以

$$\frac{\mathrm{d}u^1}{\mathrm{d}\rho}\Big|_{\rho=0}=\cos\theta,\quad \frac{\mathrm{d}u^2}{\mathrm{d}\rho}\Big|_{\rho=0}=\sin\theta$$

将 $u^\alpha(\rho)$ 在 $\rho=0$ 附近泰勒展开，得

$$\begin{aligned}u^\alpha(\rho)&=u^\alpha(0)+\frac{\mathrm{d}u^\alpha}{\mathrm{d}\rho}\Big|_{\rho=0}\rho+\frac{1}{2}\left(\frac{\mathrm{d}^2u^\alpha}{\mathrm{d}\rho^2}\Big|_{\rho=0}\right)\rho^2+\cdots\\&=u^\alpha(0)+x^\alpha+\frac{1}{2}\left(-\sum_{\beta,\gamma=1}^{2}\Gamma^\alpha_{\beta\gamma}\frac{\mathrm{d}u^\beta}{\mathrm{d}\rho}\frac{\mathrm{d}u^\gamma}{\mathrm{d}\rho}\Big|_{\rho=0}\right)\rho^2+\cdots\\&=u^\alpha(0)+x^\alpha-\frac{1}{2}\sum_{\beta,\gamma=1}^{2}\Gamma^\alpha_{\beta\gamma}x^\beta x^\gamma+\cdots\end{aligned}$$

因此

$$\left(\frac{\partial u^\alpha}{\partial x^\beta}\right)(P)=(\delta^\alpha_\beta)$$

所以, $\det\left(\frac{\partial u^\alpha}{\partial x^\beta}\right)(P)\neq 0$ 在 P 点附近成立，命题得证.

定理 8.4.3 设曲面在以 P 为原点的法坐标系 (x^1,x^2) 下的第一基本形式 $I=\sum\limits_{\alpha,\beta=1}^{2}g_{\alpha\beta}$ $\mathrm{d}x^\alpha\mathrm{d}x^\beta$，则

$$(g_{\alpha\beta})(P)=(\delta_{\alpha\beta}),\quad \frac{\partial g_{\alpha\beta}}{\partial x^\gamma}=0,\quad \forall\alpha,\beta,\gamma=1,2$$

证明 在以 P 为原点的法坐标系 (x^1,x^2) 下，曲面上过 P 点的测地线对应参数域 (T_PS 上一个小区域) 上从原点出发的直线 $\theta=\theta_0$，即 $x^1=\rho\cos\theta_0, x^2=\rho\sin\theta_0$ 是曲面 $\boldsymbol{r}=\boldsymbol{r}(x^1,x^2)$ 的测地线，将其代入测地线方程

$$\frac{\mathrm{d}^2x^\alpha}{\mathrm{d}\rho^2}+\sum_{\beta,\gamma=1}^{2}\Gamma^\alpha_{\beta\gamma}\frac{\mathrm{d}x^\beta}{\mathrm{d}\rho}\frac{\mathrm{d}x^\gamma}{\mathrm{d}\rho}=\sum_{\beta,\gamma=1}^{2}\Gamma^\alpha_{\beta\gamma}\frac{\mathrm{d}x^\beta}{\mathrm{d}\rho}\frac{\mathrm{d}x^\gamma}{\mathrm{d}\rho}=0$$

令 $\rho\to 0$, 则

$$\sum_{\beta,\gamma=1}^{2}\Gamma^\alpha_{\beta\gamma}(P)\frac{\mathrm{d}x^\beta}{\mathrm{d}\rho}\Big|_{\rho=0}\frac{\mathrm{d}x^\gamma}{\mathrm{d}\rho}\Big|_{\rho=0}=0$$

但是 $\left.\dfrac{\mathrm{d}x^\beta}{\mathrm{d}\rho}\right|_{\rho=0} = \cos\theta_0$ 或者 $\sin\theta_0$, 而且 θ_0 是切平面上任意一个切方向，所以

$$\Gamma^\alpha_{\beta\gamma}(P) = 0, \quad \alpha, \beta, \gamma = 1, 2 \tag{8.4.2}$$

因为过 P 点的 x^1- 曲线和 x^2- 曲线是相互正交的弧长参数测地线，所以 $(g_{\alpha\beta})(P)$ 是单位矩阵. 利用式 (8.4.2) 与 $\Gamma^\gamma_{\alpha\beta}$ 的定义，可知 $\dfrac{\partial g_{\alpha\beta}}{\partial x^\gamma}(P) = 0$.

注记 8.4.4　*法坐标系在点 P 之外未必是正交参数系.*

引理 8.4.1 (Gauss 引理)　*从点 P 出发的测地线与以点 P 为中线的测地圆是相互正交的.*

证明　设 (u^1, u^2) 是曲面在 P 点附近的一个正交参数网，并且 $P = \boldsymbol{r}(0, 0)$. 曲面在该参数下的第一基本形式为

$$I = \sum_{i,j=1}^{2} g_{ij}\mathrm{d}u^i\mathrm{d}u^j$$

对 P 点的任意切向量 $\boldsymbol{X} \in T_PS$, $\theta = \angle(\boldsymbol{r}_{u^1}, \boldsymbol{X})$ 表示 $\boldsymbol{X}$ 与 $\boldsymbol{r}_{u^1}$ 的夹角. 由测地线存在唯一性定理可知，存在与 $\boldsymbol{X}$ 相切的测地线 Γ_θ, 设其参数方程为

$$\gamma(\rho, \theta) = \boldsymbol{r}(u^1(\rho, \theta), u^2(\rho, \theta))$$

其中 ρ 是曲线的弧长参数，$u^1(\rho, \theta), u^2(\rho, \theta)$ 是 ρ, θ 的连续可微函数.

记 Γ_0 为测地线 $\theta = \theta_0$, 则 $\gamma(\rho, \theta) = \boldsymbol{r}(u^1(\rho, \theta), u^2(\rho, \theta))$ 是 Γ_0 的一个变分, 其变分向量场为

$$\boldsymbol{W}(\rho) = \left.\left[\frac{\partial u^1(\rho, \theta)}{\partial\theta}\boldsymbol{r}_{u^1} + \frac{\partial u^2(\rho, \theta)}{\partial\theta}\boldsymbol{r}_{u^2}\right]\right|_{\theta=\theta_0} \triangleq w^1(\rho)\boldsymbol{r}_{u^1} + w^2(\rho)\boldsymbol{r}_{u^2}$$

因为变分曲线都是从 P 点出发的，所以 $\gamma(0, \theta) = \boldsymbol{r}(0, 0) = P$, 从而 $\boldsymbol{W}(0) = (0, 0)$. 而 $\boldsymbol{W}(\rho_0) = \left.\left[\dfrac{\partial u^1(\rho_0, \theta)}{\partial\theta}\boldsymbol{r}_{u^1} + \dfrac{\partial u^2(\rho_0, \theta)}{\partial\theta}\boldsymbol{r}_{u^2}\right]\right|_{\theta=\theta_0}$ 是测地圆 $\gamma(\rho_0, \theta)$ 在 $\theta = \theta_0$ 处的切向量. 由曲线弧长的第一变分公式可得

$$\begin{aligned}
\left.\frac{\mathrm{d}}{\mathrm{d}\theta}\right|_{\theta=\theta_0} L(\Gamma_\theta) &= \sum_{i,j=1}^{2} g_{ij}w^i(\rho)\left.\frac{\mathrm{d}u^j}{\mathrm{d}\rho}\right|_{\rho=0}^{\rho=\rho_0} - \int_0^r \sum_{i,j=1}^{2} g_{ij}w^i\left(\frac{\mathrm{d}^2u^j}{\mathrm{d}\rho^2} + \sum_{k,l=1}^{2}\Gamma^j_{kl}\frac{\mathrm{d}u^k}{\mathrm{d}\rho}\frac{\mathrm{d}u^l}{\mathrm{d}\rho}\right)\mathrm{d}\rho \\
&= \sum_{i,j=1}^{2} g_{ij}w^i(\rho_0)\left.\frac{\mathrm{d}u^j}{\mathrm{d}\rho}\right|_{\rho=\rho_0}
\end{aligned}$$

但是每一条测地线 $\Gamma_\theta : u^i = u^i(\rho, \theta), 0 \leqslant \rho \leqslant \rho_0$ 的长度都是 ρ_0, 即 $L(\Gamma_\theta) = \rho_0$. 因此上式的最左端为零，即

$$\sum_{i,j=1}^{2} g_{ij}w^i(\rho_0)\left.\frac{\mathrm{d}u^j}{\mathrm{d}\rho}\right|_{\rho=\rho_0} = 0$$

即测地线 Γ 与半径为 ρ_0 的测地圆是彼此正交的.

定理 8.4.4 测地极坐标系 (ρ,θ) 有如下性质：

(1) $I=\mathrm{d}s^2=\mathrm{d}\rho^2+G(\rho,\theta)\mathrm{d}\theta^2$;

(2) $\lim\limits_{\rho\to 0}\sqrt{G}=0$;

(3) $\lim\limits_{\rho\to 0}(\sqrt{G})_\rho=1$.

证明 在测地极坐标系 (ρ,θ) 中 ρ 是测地线的弧长，并且是正交参数系，所以曲面的第一基本形式为

$$I=\mathrm{d}\rho^2+G(\rho,\theta)\mathrm{d}\theta^2$$

由法坐标和测地极坐标的关系可得

$$(x^1)^2+(x^2)^2=\rho^2,\quad \frac{x^2}{x^1}=\tan\theta$$

$$\mathrm{d}\rho=\frac{x^1\mathrm{d}x^1+x^2\mathrm{d}x^2}{\rho},\quad \mathrm{d}\theta=\frac{x^1\mathrm{d}x^2-x^2\mathrm{d}x^1}{\rho^2}$$

则在法坐标系下曲面的第一基本形式为

$$\begin{aligned}
I&=\left(\frac{x^1\mathrm{d}x^1+x^2\mathrm{d}x^2}{\rho}\right)^2+G(\rho,\theta)\left(\frac{x^1\mathrm{d}x^2-x^2\mathrm{d}x^1}{\rho^2}\right)^2\\
&=\left(\frac{(x^1)^2}{\rho^2}+G\frac{(x^2)^2}{\rho^4}\right)(\mathrm{d}x^1)^2+\frac{2x^1x^2}{\rho^2}\left(1-\frac{G}{\rho^2}\right)\mathrm{d}x^1\mathrm{d}x^2+\left(\frac{(x^2)^2}{\rho^2}+G\frac{(x^1)^2}{\rho^4}\right)(\mathrm{d}x^2)^2\\
&=\left(1+\frac{(x^2)^2}{\rho^2}\left(\frac{G}{\rho^2}-1\right)\right)(\mathrm{d}x^1)^2+\frac{2x^1x^2}{\rho^2}\left(1-\frac{G}{\rho^2}\right)\mathrm{d}x^1\mathrm{d}x^2\\
&\quad+\left(1+\frac{(x^1)^2}{\rho^2}\left(\frac{G}{\rho^2}-1\right)\right)(\mathrm{d}x^2)^2
\end{aligned}$$

所以法坐标系下，曲面第一基本量分别为

$$E=1+\frac{(x^2)^2}{\rho^2}\left(\frac{G}{\rho^2}-1\right)=1+\sin^2\theta\left(\frac{G}{\rho^2}-1\right)$$

$$F=\frac{2x^1x^2}{\rho^2}\left(1-\frac{G}{\rho^2}\right)=\sin\theta\cos\theta\left(1-\frac{G}{\rho^2}\right)$$

$$G=1+\frac{(x^1)^2}{\rho^2}\left(\frac{G}{\rho^2}-1\right)=1+\cos^2\theta\left(\frac{G}{\rho^2}-1\right)$$

由定理 8.4.3 可知

$$\lim_{\rho\to 0}\frac{G(\rho,\theta)}{\rho^2}=1$$

所以

$$G(\rho,\theta)=\rho^2+o(\rho^2),\quad \sqrt{G(\rho,\theta)}=\rho+o(\rho)$$

因此

$$\lim_{\rho\to 0}\sqrt{G(\rho,\theta)}=0,\quad \text{并且}\quad \lim_{\rho\to 0}(\sqrt{G(\rho,\theta)}\,)_\rho=1$$

习题 8.4

1. 如果在曲面上引进测地平行坐标系，第一基本形式为 $I=\mathrm{d}u^2+G\mathrm{d}v^2$, 求证：

$$\kappa_g\mathrm{d}s=\mathrm{d}\left[\arctan\left(\sqrt{G}\frac{\mathrm{d}v}{\mathrm{d}u}\right)\right]+\frac{\partial\sqrt{G}}{\partial u}\mathrm{d}v$$

2. 给出曲面的第一基本形式 $I=\mathrm{d}u^2+G(u,v)\mathrm{d}v^2$, 如果曲面上的测地线与 $u-$ 曲线夹角为 θ, 求证：$\dfrac{\mathrm{d}\theta}{\mathrm{d}v}=-\dfrac{\partial\sqrt{G}}{\partial u}$.
3. 如果曲面 S 有两族测地线交于定角，则 S 的 Gauss 曲率为零.
4. 如果一个旋转曲面上有一条异于纬线的测地线和经线交于固定角，则曲面是圆柱面.
5. 在常 Gauss 曲率曲面上，测地圆具有常测地曲率.
6. 设曲面的第一基本形式为 $I=\mathrm{d}u^2+G(u,v)\mathrm{d}v^2$, 且 $G(0,v)=1, G_u(0,v)=0$. 证明：

$$G(u,v)=1-u^2K(0,v)+o(u^2)$$

7. 设曲面 S 上以点 P 为中心，r 为半径的测地圆的周长为 $L(r)$, 所围区域的面积为 $A(r)$. 证明：P 点的 Gauss 曲率

$$\begin{aligned}K(P)&=\lim_{r\to0}\frac{3}{\pi}\frac{2\pi r-L(r)}{r^3}\\&=\lim_{r\to0}\frac{12}{\pi}\frac{\pi r^2-A(r)}{r^4}\end{aligned}$$

§8.5　Gauss-Bonnet 公式

设 Γ 是曲面上一条弧长参数曲线，则其测地曲率为

$$\kappa_g\mathrm{d}s=\mathrm{d}\theta+\omega_1^2 \tag{8.5.1}$$

式中，θ 是曲线切向量与曲面 $u-$ 曲线的夹角，ω_1^2 为曲面的联络形式，则由 Gauss 方程可知

$$\mathrm{d}\omega_1^2=-K\omega^1\wedge\omega^2=-K\mathrm{d}A$$

这里，$\mathrm{d}A=\omega^1\wedge\omega^2=\sqrt{EG-F^2}\mathrm{d}u\wedge\mathrm{d}v$ 是曲面的面积元.

设 D 是曲面上一单连通区域，则由 Green 公式可得

$$\iint_D K\mathrm{d}A=-\iint_D\mathrm{d}\omega_1^2=-\int_{\partial D}\omega_1^2 \tag{8.5.2}$$

定义 8.5.1　设 $\boldsymbol{r}:[0,l]\to S$ 是连续映射，并且

(1) $\boldsymbol{r}(0)=\boldsymbol{r}(l)$, 即曲线是闭曲线,

(2) $t_1\neq t_2$, 则 $\boldsymbol{r}(t_1)\neq\boldsymbol{r}(t_2)$, 即曲线是简单不自交的曲线;

(3) 存在 $[0,l]$ 的分割 $T: 0=t_0<t_1<\cdots<t_n<t_{n+1}=l$, 使得 $\boldsymbol{r}(t)$ 在每个小区间 $[t_i,t_{i+1}]$ 上为正则可微的.

则称 $\boldsymbol{r}$ 是**分段正则简单闭曲线**，其中 $\boldsymbol{r}(t_i)$ 称为曲线的**顶点**.

注记 8.5.1 由定义中的条件 3 可知，在每一个顶点 $\boldsymbol{r}(t_i)$ 处, 其左、右极限都存在，即

$$\lim_{t\to t_i^-}\boldsymbol{r}'(t)=\boldsymbol{r}'(t_i-0)\neq 0$$

$$\lim_{t\to t_i^+}\boldsymbol{r}'(t)=\boldsymbol{r}'(t_i+0)\neq 0$$

$t=t_i$ 是曲线的第一类间断点.

定义 8.5.2 假定曲面可定向，并设 $\boldsymbol{r}'(t_i-0)$ 和 $\boldsymbol{r}'(t_i+0)$ 的有向夹角记为 θ_i, $-\pi\leqslant\theta_i\leqslant\pi$，如图 8.5.1 所示, 夹角符号定义如下:

如果 $|\theta_i|\neq\pi$(即 $\boldsymbol{r}(t_i)$ 不是尖点), 则令 θ_i 的符号为行列式 $(\boldsymbol{r}'(t_i-0),\boldsymbol{r}'(t_i+0),\boldsymbol{n})$ 的符号，其中 $\boldsymbol{n}$ 为曲面的法向, $\theta_i(-\pi<\theta_i<\pi)$ 称为曲线在顶点处的**有向外角**.

如果 $|\theta_i|=\pi$, 则 θ_i 的正负号定义如下：由定义可知，存在 $\varepsilon>0$, 使得 $\forall\delta: 0<\delta<\varepsilon$, 行列式 $(\boldsymbol{r}'(t_i-\delta),\boldsymbol{r}'(t_i+\delta),\boldsymbol{n})$ 的符号保持不变. 定义 θ_i 的符号为此行列式的符号.

相应地, 顶点处的有向内角定义为 $\alpha_i=\pi-\theta_i, 0\leqslant\alpha_i\leqslant 2\pi$.

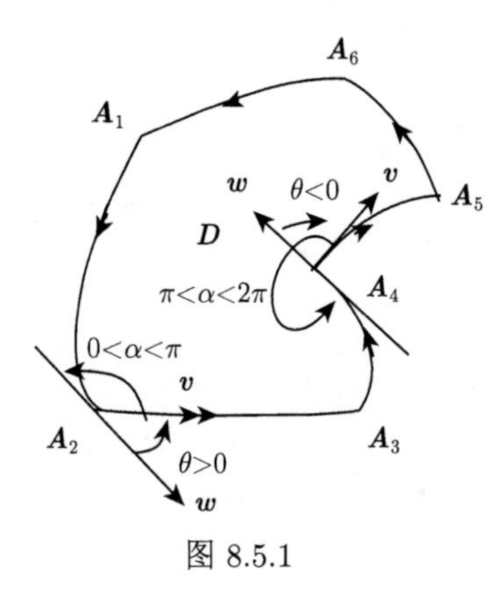

图 8.5.1

注记 8.5.2 设 S 是可定向曲面，Γ 是曲面上的分段光滑曲线，$\forall t\in[t_i,t_{i+1}]$, $\phi_i(t)$ 表示 $\boldsymbol{r}_u$ 与 $\boldsymbol{r}'(t)$ 的与曲面 S 定向相符的夹角，即 $\boldsymbol{r}_u,\boldsymbol{r}'(t),\boldsymbol{n}$ 成右手系, 则 $\phi_i:[t_i,t_{i+1}]\to\mathbb{R}$ 是一个可微函数 (在端点单侧连续可微)，且 $0\leqslant\phi_i(t)\leqslant 2\pi$.

引理 8.5.1 旋转指标定理 (第 9 章定理 9.1.2)

设 S 是可定向的单连通区域，则

$$\sum_{i=0}^{n}(\phi_i(t_{i+1})-\phi_i(t_i))+\sum_{i=0}^{n}\theta_i=\pm 2\pi$$

即

$$\sum_{i=0}^{n}\int_{t_i}^{t_{i+1}}\mathrm{d}\phi_i+\sum_{i=0}^{n}\theta_i=\pm 2\pi$$

其中，θ_i 是曲面边界曲线的有向外角.

由上面的讨论可以得到局部 Gauss-Bonnet 公式.

定理 8.5.1　设 G 为有向曲面 S 上一个单连通域，∂G 为逐段光滑闭曲线，其正向由曲面诱导 (曲线的正向与曲面的法向符合右手法则). 设顶点处外角为 $\theta_1,\cdots,\theta_n$，则有

$$\iint_G K\mathrm{d}A+\oint_{\partial G}\kappa_g\mathrm{d}s+\sum_{i=1}^{n}\theta_i=2\pi \tag{8.5.3}$$

证明　由式(8.5.1)和式(8.5.2)可得

$$\iint_G K\mathrm{d}A=-\oint_G\omega_1^2=\sum_{i=0}^{n}\int_{t_i}^{t_{i+1}}\mathrm{d}\phi_i-\oint_{\partial G}\kappa_g\mathrm{d}s \tag{8.5.4}$$

代入旋转指标定理

$$\sum_{i=0}^{n}\int_{t_i}^{t_{i+1}}\mathrm{d}\phi_i=2\pi-\sum_{i=1}^{n}\theta_i$$

就得到 Gauss-Bonnet 公式.

推论 8.5.1　如果 ∂G 为单连通区域 G 的光滑边界，则

$$\iint_G K\mathrm{d}A+\oint_{\partial G}k_g\mathrm{d}s=2\pi$$

证明　因为 ∂G 是光滑曲线，所以 $\sum\limits_{i=1}^{n}\theta_i=0$, 代入式(8.5.3)即得结论.

推论 8.5.2　G 为闭曲面 (无边), 则有

$$\iint_G KdA=4\pi$$

证明　用一条光滑闭曲线 Γ 把 G 分为两部分 G_1,G_2, 则

$$\iint_{G_1}K\mathrm{d}A+\oint_{\partial G_1}\kappa_g\mathrm{d}s=2\pi$$

$$\iint_{G_2}K\mathrm{d}A+\oint_{\partial G_2}\kappa_g\mathrm{d}s=2\pi$$

因为区域 G_1,G_2 的边界 ∂G_1 与 ∂G_2 定向相反, 所以

$$\iint_G K\mathrm{d}A=4\pi$$

下面给出 Gauss-Bonnet 公式的一些应用. 第一项应用是曲面测地三角形的内角和.

推论 8.5.3 正则曲面上测地多边形的内角和

$$\sum_{i=1}^{n}\beta_i=(n-2)\pi+\iint_G K\mathrm{d}A$$

测地三角形的内角和

$$\sum_{i=1}^{3}\beta_i=\pi+\iint_G K\mathrm{d}A$$

例 8.5.1 球面三角形的内角和大于 π，伪球面或罗氏平面上的测地三角形内角和小于 π.

证明 球面 $S^2(R)$ 的 Gauss 曲率 $K=\dfrac{1}{R^2}$, 所以球面测地三角形为

$$\sum_{i=1}^{3}\beta_i=\pi+\frac{1}{R^2}\iint_G \mathrm{d}A>\pi$$

伪球面的 Gauss 曲率 $K=-\dfrac{1}{R^2}$, 因此

$$\sum_{i=1}^{3}\beta_i=\pi-\frac{1}{R^2}\iint_G \mathrm{d}A<\pi$$

第二项应用是求曲面上向量沿闭曲线平移产生的角差.

设 Γ 是曲面 S 上的一条闭曲线，它围成一个单连通区域 D，利用 Gauss-Bonnet 公式，可以求出向量沿曲线平行移动一周后所产生的角差.

设 Γ 的弧长参数表示为 $\boldsymbol{r}=\boldsymbol{r}(s), s\in[0,l]$，$\boldsymbol{v}$ 是沿曲线 Γ 的平行单位切向量场，取 $\boldsymbol{e}_1,\boldsymbol{e}_2$ 为曲面 S 的正交标架场，$\boldsymbol{v}$ 可表示为

$$\boldsymbol{v}(s)=\cos\beta\boldsymbol{e}_1+\sin\beta\boldsymbol{e}_2$$

其中，$\beta=\angle(\boldsymbol{v}(s),\boldsymbol{e}_1)$，如图 8.5.2 所示. 由 $\boldsymbol{v}$ 的平行性可知

$$0=\frac{\mathrm{D}\boldsymbol{v}}{\mathrm{d}s}=\left(\frac{\mathrm{d}\beta}{\mathrm{d}s}+\frac{\omega_1^2}{\mathrm{d}s}\right)(-\sin\beta\boldsymbol{e}_1+\cos\beta\boldsymbol{e}_2)=\left(\frac{\mathrm{d}\beta}{\mathrm{d}s}+\frac{\omega_1^2}{\mathrm{d}s}\right)\cdot\tilde{\boldsymbol{v}}$$

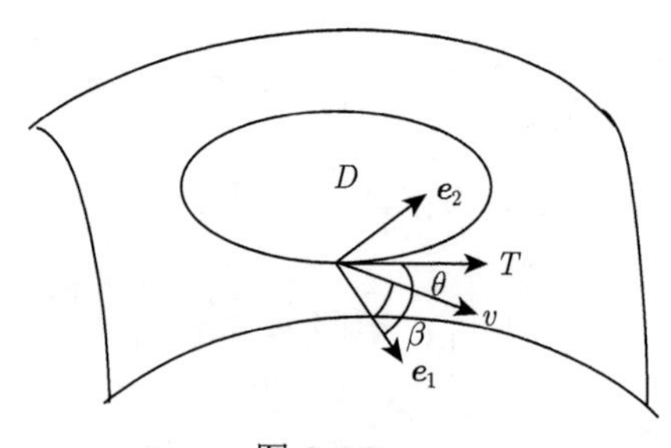

图 8.5.2

其中，$\tilde{\boldsymbol{v}}-\sin\beta\boldsymbol{e}_1+\cos\beta\boldsymbol{e}_2$ 是与 $\boldsymbol{v}(s)$ 正交的单位向量场. 由上式可知

$$\frac{\mathrm{d}\beta}{\mathrm{d}s}+\frac{\omega_1^2}{\mathrm{d}s}=0$$

即 $\mathrm{d}\beta=-\omega_1^2$.

设 θ 是曲线 Γ 与 $\boldsymbol{e}_1$ 的夹角，则

$$\kappa_g\mathrm{d}s=\mathrm{d}\theta+\omega_1^2=\mathrm{d}\theta-\mathrm{d}\beta$$

沿 Γ 积分一周，有

$$\oint_\Gamma \mathrm{d}\beta=2\pi-\oint_\Gamma\kappa_g\mathrm{d}s$$

由 Gauss-Bonnet 公式

$$\oint_\Gamma\kappa_g=2\pi-\iint_D K\mathrm{d}A$$

所以

$$\oint_\Gamma\mathrm{d}\beta=\beta(2\pi)-\beta(0)=\iint_D K\mathrm{d}A$$

向量 $\boldsymbol{v}(0)$ 沿 Γ 平移一周后得到 $\boldsymbol{v}(l)$, 其与 $\boldsymbol{v}(0)$ 的角度差为

$$\beta(2\pi)-\beta(0)=\iint_D K\mathrm{d}A$$

所以，平移产生的角差是由曲面的弯曲引起的.

例 8.5.2　对单位圆周 $S^2(1)$, 其第一基本形式为 $I=\mathrm{d}u^2+\cos^2u\mathrm{d}v^2$.

(1) 求单位切向量绕赤道圆平行移动一周的角度差.

(2) 求单位切向量绕纬圆 $u=\dfrac{\pi}{4}$ 平行移动一周的角度差.

解　(1) 取球面的外法向量，设赤道所围成的区域是上半球面，则参数区域为

$$D=\{(u,v)|0\leqslant u\leqslant\frac{\pi}{2},0\leqslant v\leqslant 2\pi\}$$

向量绕赤道平移一周的角度差为

$$\beta(2\pi)-\beta(0)=\iint_D K\mathrm{d}A=\int_0^{2\pi}\mathrm{d}v\int_0^{\frac{\pi}{2}}\sqrt{EG-F^2}\mathrm{d}u=2\pi\sin u|_0^{\frac{\pi}{2}}=2\pi$$

(2) 取球面的外法向量，设纬圆所围成的区域是上半球面上的球冠，则参数区域为

$$D=\{(u,v)|\frac{\pi}{4}\leqslant u\leqslant\frac{\pi}{2},0\leqslant v\leqslant 2\pi\}$$

向量绕纬圆 $u=\dfrac{\pi}{4}$ 平移一周的角度差为

$$\beta(2\pi)-\beta(0)=\iint_D K\mathrm{d}A=\int_0^{2\pi}\mathrm{d}v\int_{\frac{\pi}{4}}^{\frac{\pi}{2}}\sqrt{EG-F^2}\mathrm{d}u=2\pi\sin u|_{\frac{\pi}{4}}^{\frac{\pi}{2}}=(2-\sqrt{2})\pi$$

习题 8.5

1. 证明：欧氏平面上的多边形的外角和为 2π.
2. 在半径为 R 的球面上，由三个大圆弧组成的球面三角形 ABC, 如果它的三个内角都是 $\dfrac{\pi}{2}$, 试求球面三角形的面积.
3. 直接确定对于以

$$C_1' : \theta = t, \varphi = \frac{\pi}{4}, 0 \leqslant t \leqslant \frac{\pi}{2}$$
$$C_2' : \theta = \frac{\pi}{2}, \varphi = t, \frac{\pi}{4} \leqslant t \leqslant \frac{\pi}{2}$$
$$C_3' : \theta = \frac{\pi}{2} - t, \varphi = \frac{\pi}{2}, 0 \leqslant t \leqslant \frac{\pi}{2}$$
$$C_4' : \theta = 0, \varphi = \frac{\pi}{2} - t, 0 \leqslant t \leqslant \frac{\pi}{4}$$

为边的多边形，如图 8.5.3 所示. 在半径为 1 的球面

$$\boldsymbol{r} = \{\cos\theta\sin\varphi, \sin\theta\sin\varphi, \cos\varphi\}$$

上的像的 Gauss-Bonnet 公式的所有项.

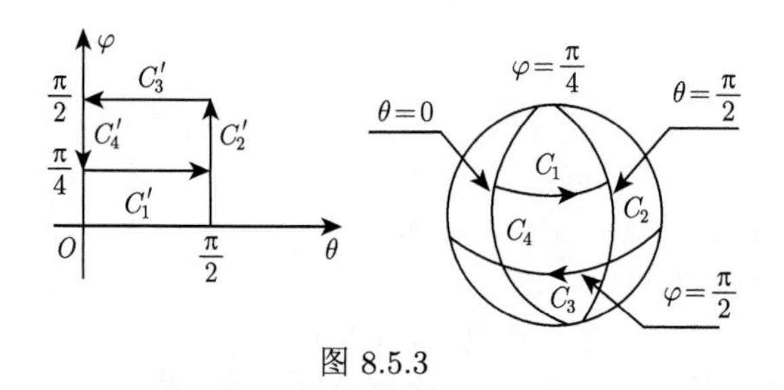

图 8.5.3

4. 证明：在一个 Gauss 曲率 $K \leqslant 0$ 的曲面上，一条光滑闭测地线不能构成曲面上的一单连通区域的完全边界.
5. 证明：在一个 Gauss 曲率 $K < 0$ 单连通曲面上，一条测地线不能有自交点，两条测地线不能有多于一个的交点.

§8.6 Riemann 度量

在讲述正则曲面 $S : \boldsymbol{r} : D \to \mathbb{E}^3$ 时，只要把曲面切平面 T_pS 上的任何向量内积看作三维欧氏空间中向量的内积, 则三维欧氏空间的自然内积在 S 的每一个切平面 $T_pS \subset \mathbb{E}^3$ 上诱导了一个内积, 这个内积对应着一个二次型 $I_p : T_pS \to \mathbb{R}$

$$I_p(\boldsymbol{w}) = \langle \boldsymbol{w}, \boldsymbol{w} \rangle_p = \|\boldsymbol{w}\|^2 \geqslant 0$$

我们称之为曲面 S 的第一基本形式. 第一基本形式的重要性在于知道了 I，就能处理正则曲面上的度量问题，比如弧长、夹角、面积等，而不必关心它的外围空间 $\mathbb{E}^3$.

进一步研究发现，在参数表示下，第一基本形式实质上是定义在曲面的参数区域 D 上的一个正定二次微分式，即

$$I_p = E(u,v)\mathrm{d}u^2 + 2F(u,v)\mathrm{d}u\mathrm{d}v + G(u,v)\mathrm{d}v^2, \quad (u,v) \in D$$

其中 $D \subset \mathbb{R}^2$ 是 $\mathbb{R}^2$ 的开集，称这个从外围空间 $\mathbb{E}^3$ 中诱导的正定二次型为曲面的 **Riemann 度量**，有时也简称其是区域 D 上的一个 Riemann 度量.

给定了曲面 S 上的一个 Riemann 度量及曲面上曲线 Γ 的参数方程

$$\boldsymbol{r} = \boldsymbol{r}(u(t), v(t)), \quad t \in (a,b)$$

就可求出曲线 Γ 上两点 $P = \boldsymbol{r}(t_0)$ 和 $Q = \boldsymbol{r}(t_1)$ 之间的弧长

$$\begin{aligned} s &= \int_{t_0}^{t_1} \frac{\mathrm{d}s}{\mathrm{d}t}\mathrm{d}t \\ &= \int_{t_0}^{t_1} \sqrt{E\left(\frac{\mathrm{d}u}{\mathrm{d}t}\right)^2 + 2F\frac{\mathrm{d}u}{\mathrm{d}t}\frac{\mathrm{d}v}{\mathrm{d}t} + G\left(\frac{\mathrm{d}v}{\mathrm{d}t}\right)^2}\mathrm{d}t \end{aligned} \tag{8.6.1}$$

可以定义曲面的面积元

$$\mathrm{d}A = \sqrt{EG - F^2}\mathrm{d}u \wedge \mathrm{d}v$$

§8.6.1　切向量场

设 $p \in S$ 是曲面 $S : \boldsymbol{r} = \boldsymbol{r}(u,v), (u,v) \in D$ 上任意一点，则曲面在 p 点的切平面可看作集合

$$T_pS = \left\{ \lambda \frac{\partial}{\partial u}\bigg|_p + \mu \frac{\partial}{\partial v}\bigg|_p \bigg| \lambda, \mu \in \mathbb{R} \right\}$$

定义 8.6.1　设 $\boldsymbol{X} : D \to \bigcup\limits_{p\in S} T_pS$ 为一个光滑映射，它在区域 D 上的每一点给定一个切向量，则称 $\boldsymbol{X}$ 为 D 上的一个**切向量场**. 它可以表示为

$$\boldsymbol{X} = f\frac{\partial}{\partial u} + g\frac{\partial}{\partial v}$$

对任意的 $p \in S$，有

$$\boldsymbol{X}(p) = f(p)\frac{\partial}{\partial u}\bigg|_p + g(p)\frac{\partial}{\partial v}\bigg|_p \in T_pS$$

其中，f, g 是 D 上的光滑函数.

记

$$T_p^*S = \{f\mathrm{d}u + g\mathrm{d}v | f, g \in C^\infty(D)\}$$

则 $\{\mathrm{d}u, \mathrm{d}v\}$ 与 $\left\{\dfrac{\partial}{\partial u}, \dfrac{\partial}{\partial v}\right\}$ 互为对偶基底，即

$$\mathrm{d}u\left(\frac{\partial}{\partial u}\right) = 1, \quad \mathrm{d}u\left(\frac{\partial}{\partial v}\right) = 0, \quad \mathrm{d}v\left(\frac{\partial}{\partial u}\right) = 0, \quad \mathrm{d}v\left(\frac{\partial}{\partial v}\right) = 1$$

对于任意的 $\theta = f\mathrm{d}u + g\mathrm{d}v \in T_p^*S, \boldsymbol{v} = \xi\frac{\partial}{\partial u} + \eta\frac{\partial}{\partial v} \in T_pS$, 有

$$\theta(v) = f \cdot \xi + g \cdot \eta$$

在活动标架下，设 $\{\boldsymbol{e}_1, \boldsymbol{e}_2\}$ 是切平面的单位正交基底，$\{\omega^1, \omega^2\}$ 为其对偶基底，即

$$\omega^1(\boldsymbol{e}_1) = \omega^2(\boldsymbol{e}_2) = 1, \quad \omega^1(\boldsymbol{e}_2) = \omega^2(\boldsymbol{e}_1) = 0$$

对于切向量 $\boldsymbol{v} = \xi^1\boldsymbol{e}_1 + \xi^2\boldsymbol{e}_2, w = \eta^1\boldsymbol{e}_1 + \eta^2\boldsymbol{e}_2$, 定义 $\boldsymbol{v}, \boldsymbol{w}$ 的内积为

$$\langle \boldsymbol{v}, \boldsymbol{w} \rangle = \xi^1\eta^1 + \xi^2\eta^2$$

在自然参数下，当 $\boldsymbol{v} = \xi\frac{\partial}{\partial u} + \eta\frac{\partial}{\partial v}$ 时，由内积定义给出

$$\langle \boldsymbol{v}, \boldsymbol{v} \rangle = E\xi^2 + 2F\xi\eta + G\eta^2$$

因此，Riemann 度量本质上是切空间的内积。

§8.6.2 Poincarè 度量

1. Klein 圆盘

参数区域是平面上的单位圆盘为

$$D = \{(u, v) | u^2 + v^2 < 1\}$$

其上的 Riemann 度量为

$$I = \mathrm{d}s^2 = \frac{4}{(1 - (u^2 + v^2)^2)^2}(\mathrm{d}u\mathrm{d}u + \mathrm{d}v\mathrm{d}v)$$

这个度量称为 Poincarè 度量. 如果引进复坐标 $z = u + \mathrm{i}v$, 这个度量可表示为

$$\mathrm{d}s^2 = \frac{4}{(1 - |z|^2)^2}\mathrm{d}z\mathrm{d}\bar{z}$$

2. 双曲平面 H

参数区域是上半平面

$$U = \{(x, y) | y > 0\}$$

其上 Riemann 度量为

$$\mathrm{d}s^2 = \frac{1}{y^2}(\mathrm{d}x\mathrm{d}x + \mathrm{d}y\mathrm{d}y)$$

同样，引入复坐标 $w = x + \sqrt{-1}y$, 有

$$\mathrm{d}s^2 = \frac{1}{(\mathrm{Im}w)^2}\mathrm{d}w\mathrm{d}\bar{w}$$

命题 8.6.1　双曲平面和 Klein 圆盘之间存在等距变换.

证明　从单位圆盘到上半平面之间有共形变换

$$w=\sqrt{-1}\frac{1-z}{1+z},\quad 或者\quad z=\frac{\sqrt{-1}-w}{\sqrt{-1}+w}$$

计算可得

$$\mathrm{d}z=\frac{-2\sqrt{-1}\mathrm{d}w}{(\sqrt{-1}+w)^2},\quad \mathrm{d}\bar{z}=\frac{2\sqrt{-1}\mathrm{d}\bar{w}}{(-\sqrt{-1}+\bar{w})^2}$$

所以

$$\begin{aligned}\frac{4}{(1-\|z\|^2)^2}\mathrm{d}z\mathrm{d}\bar{z}&=4\frac{(\sqrt{-1}+w)^2(-\sqrt{-1}+\bar{w})^2}{(4\mathrm{Im}w)^2}\frac{-2\sqrt{-1}\mathrm{d}w}{(\sqrt{-1}+w)^2}\frac{2\sqrt{-1}\mathrm{d}\bar{w}}{(-\sqrt{-1}+\bar{w})^2}\\&=\frac{1}{(\mathrm{Im}w)^2}\mathrm{d}w\mathrm{d}\bar{w}\end{aligned}$$

所以，配备了 Poincarè 度量的单位圆盘和上半平面是等距的.

Gauss 曲率 $K=-c^2<0$ 为非零负常数的曲面统称为**罗氏平面**. 下面以双曲平面 H 为例，来研究罗氏平面上的测地线.

§8.6.3　罗氏平面上的测地线

命题 8.6.2　双曲平面的测地线是平面上圆心在 x 轴的上半圆或者与 x 轴正交的上半直线.

证明　双曲平面是上半平面配备了 Poincarè 度量

$$I=\frac{a^2}{y^2}(\mathrm{d}x^2+\mathrm{d}y^2),\quad y>0$$

记 θ 为曲线与 x 轴的夹角，则双曲平面的测地线方程为

$$\begin{cases}\dfrac{\mathrm{d}\theta}{\mathrm{d}s}=-\dfrac{1}{a}\cos\theta\\[2mm]\dfrac{\mathrm{d}x}{\mathrm{d}s}=\dfrac{y}{a}\cos\theta\\[2mm]\dfrac{\mathrm{d}y}{\mathrm{d}s}=\dfrac{y}{a}\sin\theta\end{cases}$$

(1) 若 $\theta\neq\pm\dfrac{\pi}{2}$, 则 $\cos\theta\neq 0$, 故上式可改写为

$$\begin{cases}\mathrm{d}x=-y\mathrm{d}\theta\\ \mathrm{d}y=-y\tan\theta\mathrm{d}\theta\end{cases}$$

可解得 $y=c_0\cos\theta$, $(x-x_0)=-c_0\sin\theta$, 所以

$$(x-x_0)^2+y^2=c_0^2,\quad y>0$$

此时，双曲平面上的测地线是上半平面上圆心在 x 轴的上半圆周，如图 8.6.1 所示.

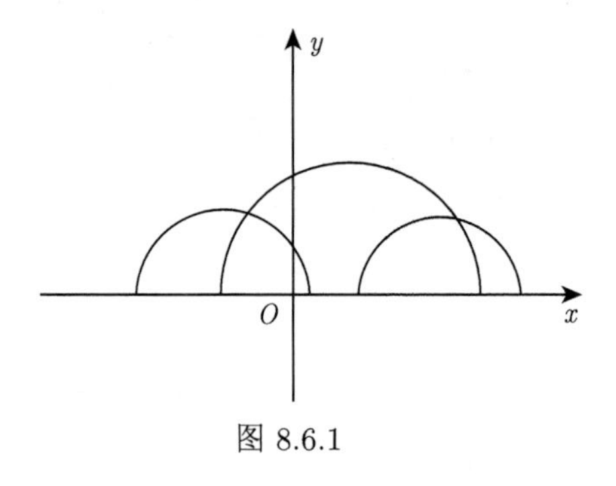

图 8.6.1

(2) 若 $\theta=\dfrac{\pi}{2}$, 则由测地线方程可知 $\mathrm{d}x=0$，即 $x=\text{const.}$, 而 $y>0$，即此时双曲平面的测地线是 xOy 平面上一条与 x 轴垂直的上半直线，如图 8.6.2 所示.

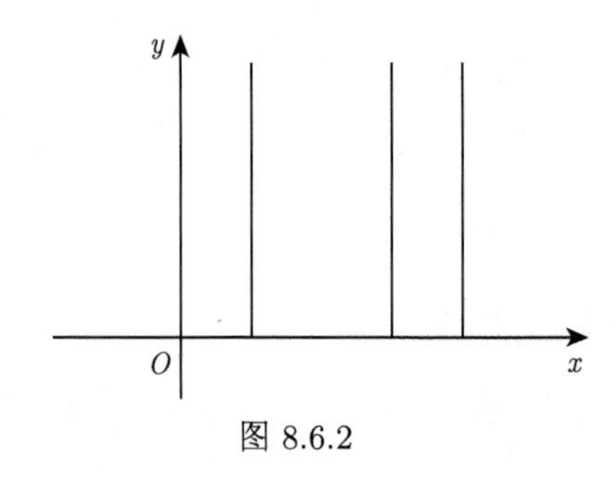

图 8.6.2

称罗氏平面上的测地线为**罗氏直线**.

§8.6.4 罗氏平面的平行公理

欧氏平面中的两条直线平行定义为永不相交；从微分几何的角度看，可理解为两条直线相交于无穷远点. 在此意义下，可以考虑罗氏平面上“罗氏直线”“平行”的概念，为此先计算出在 Poincarè 度量下罗氏平面上两点之间的距离.

设 P_1,P_2 位于某个上半圆周上，不妨设半圆的参数方程为

$$\begin{cases} x=x_0+r\cos\theta \\ y=r\sin\theta \end{cases},\quad 0<\theta<\pi$$

记 $P_1(x_1,y_1),P_2(x_2,y_2)$, 则

$$\begin{cases} x_1=x_0+r\cos\theta_1 \\ y_1=r\sin\theta_1 \end{cases},\quad \begin{cases} x_2=x_0+r\cos\theta_2 \\ y_2=r\sin\theta_2 \end{cases}$$

则 P_1P_2 的弧长为

$$s(P_1,P_2)=\int_{\widehat{P_1P_2}}\sqrt{\mathrm{d}s^2}=\int_{(x_1,y_1)}^{(x_1,y_2)}\sqrt{I}=a\int_{\theta_1}^{\theta_2}\frac{r}{y}\mathrm{d}\theta$$

$$= a\int_{\theta_1}^{\theta_2} \frac{\mathrm{d}\theta}{\sin\theta} = a \ln\tan\frac{\theta}{2}\Big|_{\theta_1}^{\theta_2}$$

$$= a\left(\ln\tan\frac{\theta_2}{2} - \ln\tan\frac{\theta_1}{2}\right)$$

$$= a\ln\frac{\tan\dfrac{\theta_2}{2}}{\tan\dfrac{\theta_1}{2}}$$

从距离的表达式可以看出，当 $\theta_1 \to 0$(等价于 $P_1 \to P_0$) 或者 $\theta_2 \to \pi$(等价于 $P_2 \to P_\infty$) 时，$s(P_1, P_2) \to +\infty$, 所以 x 轴上的点都是罗氏平面的无穷远点. 当然罗氏平面的无穷远点也包含 y 趋于无穷.

接下来研究什么样的罗氏直线会相交于无穷远点, 从而给出罗氏平面上平行的定义.

定义 8.6.2　设 L_1, L_2 是罗氏直线 (即圆心在 x 轴的上半圆周或者垂直于 x 轴的上半直线),

(1) 如果 L_1 和 L_2 都是半直线，即都垂直于 x 轴，则 $L_1 // L_2$，与 $\mathbb{R}^2$ 中平行相似;

(2) 如果 L_1, L_2 中至少有一个是上半圆周，则当它们相交于 x 轴时，称它们是平行的.

注记 8.6.1　罗氏平面中平行不具有传递性.

在欧氏空间中我们熟知的平行公理断言：过直线外一点有且仅有一条直线平行于已知直线. 在罗氏几何中，我们有如下的罗氏平行公理.

命题 8.6.3　给定罗氏平面上一条罗氏直线 (测地线)L 和不在 L 上的点 P，则经过点 P 的罗氏直线中有无穷多条不和 L 相交，有两条和 L 平行.

证明　设 L 是一个上半圆周，$L \cap x$ 轴于 A, B 两点. 显然 A, P 确定一条罗氏直线 L_2, $L_2 \cap L = A$, 所以 $L_2 // L$, B, P 确定一条罗氏直线 L_1, $L_1 \cap L = B$, 所以 $L_1 // L$. 显然，L_1, L_2 都过 P 点且平行于 L, 即过罗氏直线外一点有两条罗氏直线平行于已知直线，如图 8.6.3 所示.

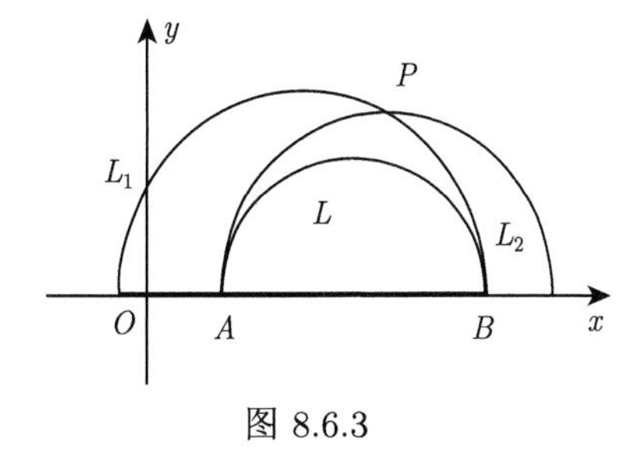

图 8.6.3

又因为 $L_1 \cap L_2 = P \in H^2$, 所以 L_1 和 L_2 不平行，即罗氏平面中平行不具传递性.

设 L_1, L_2 与 x 轴的另一个交点分别为 C, D，则 L_1 和 L_2 将一切过点 P 的罗氏直线分为两部分.

(1) 开区间 CA(或 BD) 中任意一点和点 P 确定的罗氏直线都与 L 不相交, 如图 8.6.4 中的实线曲线 (有无穷多条);

(2) 开区间 AB 中任意一点和点 P 确定的罗氏直线都与 L 相交, 例如图 8.6.4 中的虚线曲线.

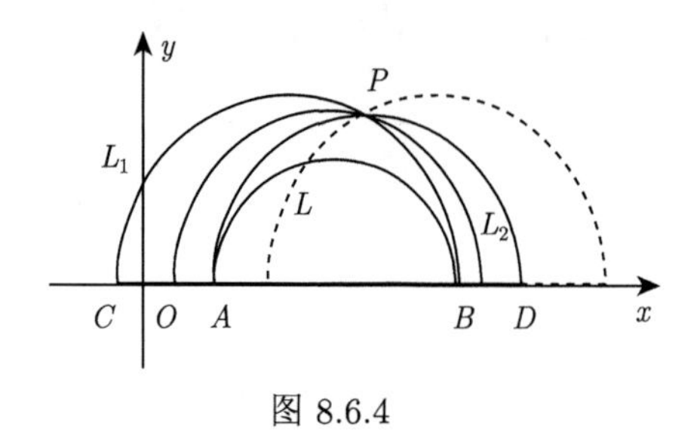

图 8.6.4

当 L 是上半直线时，同理可证.

由定理可知，在罗氏平面上存在既不相交也不平行的直线.

习题 8.6

1. 设 $\mathrm{d}s^2$ 是参数区域 $D=\{(u,v)\}$ 的一个 Riemann 度量，$\Gamma: u=u(t), v=v(t)$ 是 D 的一条正则参数曲线，$\boldsymbol{w}=u'(t)\dfrac{\partial}{\partial u}+v'(t)\dfrac{\partial}{\partial v}$ 是 Γ 的切向量. 证明：Γ 是测地线当且仅当存在函数 $f(t)$ 使得沿着 Γ，有

$$\frac{D\boldsymbol{w}}{\mathrm{d}t}+f(t)\boldsymbol{w}=0$$

2. 在区域 $D=\{(u,v)|v>0\}$ 上给定 Riemann 度量 $\mathrm{d}s^2=v(\mathrm{d}u^2+\mathrm{d}v^2)$，求它的测地线.

第 9 章　曲线的整体性质

在前几章，用微分工具研究了经典微分几何学，即曲线和曲面在一点附近的局部性质. 本章主要研究曲线的整体性质. 首先给出几个重要定义.

定义 9.0.4　设 $\Gamma: \boldsymbol{r}=\boldsymbol{r}(t), t\in[a,b]$ 是光滑曲线，如果 $\boldsymbol{r}(t)$ 及其各阶导数在 a,b 两点都相同，即

$$\boldsymbol{r}^{(k)}(a)=\boldsymbol{r}^{(k)}(b),\quad k=0,1,2,\cdots$$

则称 Γ 是 (光滑) **闭曲线**. 如果曲线 Γ 不自交，即

$$\boldsymbol{r}(t_1)\neq\boldsymbol{r}(t_2),\quad t_1\neq t_2$$

则称 Γ 为**简单闭曲线**.

设 s 是正则闭曲线 $\Gamma: \boldsymbol{r}=\boldsymbol{r}(s)$,$s\in[0,L]$ 是曲线的弧长参数，L 为曲线的长度，$\boldsymbol{T}(s)$ 为单位切向量，则曲线 $\tilde{\boldsymbol{r}}=\boldsymbol{T}(s)$ 为单位球面 S^2 上的可微曲线 $\tilde{\Gamma}$, 称为 Γ 的**切线像**.

定义 9.0.5　闭曲线 Γ 的切线像 $\tilde{\Gamma}$ 的全长

$$K=\int_0^L\|\dot{\boldsymbol{T}}(s)\|\mathrm{d}s=\int_0^L\kappa(s)\mathrm{d}s \tag{9.0.1}$$

称为闭曲线的**全曲率**，其中 $\kappa(s)$ 为 Γ 的曲率. 特别对平面闭曲线 C,

$$K_{\boldsymbol{r}}=\int_0^L\kappa_{\boldsymbol{r}}(s)\mathrm{d}s \tag{9.0.2}$$

称为平面闭曲线的**相对全曲率**，其中 $\kappa_{\boldsymbol{r}}(s)$ 为平面闭曲线 C 的相对曲率.

§9.1　平面曲线的整体性质

本节主要研究平面曲线，包括几个著名的定理以及平面闭曲线的局部性质与整体性质之间的区别和联系.

设平面曲线为

$$C:\boldsymbol{r}=\{x(s),y(s)\},\quad s\in[0,L]$$

其中，s 为弧长参数. 令 $\theta(s)$ 为 x 轴正向到曲线切向量 $\boldsymbol{T}(s)$ 的有向角，其中 $0\leqslant\theta<2\pi$, 则有连续可微函数 $\phi(s)$(参见文献 [6]), 使得

$$\phi(s)\equiv\theta(s)(\mathrm{mod}2\pi),\quad s\in[0,L]$$

为了便于描述，后文称 ϕ 为曲线的**角函数**.

由此可将切线像表述为

$$\tilde{\boldsymbol{r}}=\boldsymbol{T}(s)=\{\dot{x}(s),\dot{y}(s)\}=\{\cos\phi(s),\sin\phi(s)\}$$

两边求导，并用 Frenet 公式可得

$$\kappa_r\boldsymbol{N}=\{-\sin\phi(s),\cos\phi(s)\}\dot{\phi}=\dot{\phi}\boldsymbol{N}$$

从而 $\kappa_r=\dot{\phi}$, 并且相对全曲率

$$K_r=\int_0^L\kappa_r\mathrm{d}s=\int_0^L\dot{\phi}\mathrm{d}s=\int_C\mathrm{d}\phi$$

于是有

命题 9.1.1 平面闭曲线 C 的相对全曲率 K_r 就是切向量 $\boldsymbol{T}$ 沿曲线环行一周时角函数 ϕ 的变化.

例 9.1.1 椭圆的相对全曲率为

$$K_r=\int_C\mathrm{d}\phi=\pm2\pi$$

逆时针环行取正号，顺时针取负号. 8 字形平面闭曲线的相对全曲率为

$$K_r=\int_C\mathrm{d}\phi=0$$

§9.1.1 旋转指标

设平面上逐段正则闭曲线

$$C:\boldsymbol{r}=\{x(s),y(s)\},\quad s\in[0,L]$$

在 n 个顶点处的有向外角 θ_k 满足条件

$$-\pi<\theta_k<\pi,\quad k=0,1,\cdots,n$$

顶点的弧长参数分别为

$$0=s_0<s_1<\cdots<s_{n+1}=L$$

定义 9.1.1 平面上逐段正则闭曲线 C 的**旋转指标**或**旋转数**定义为

$$i_C=\frac{1}{2\pi}\sum_{k=1}^{n+1}(\phi(s_k)-\phi(s_{k-1}))+\frac{1}{2\pi}\sum_{k=0}^{n}\theta_k$$

由于 $\kappa_r=\dot{\phi}$, 所以

$$\int_{s_{k-1}}^{s_k}\kappa_r\mathrm{d}s=\phi(s_k)-\phi(s_{k-1})$$

由旋转指标的定义可知

定理 9.1.1　平面上逐段正则闭曲线 C 的**旋转指标**

$$i_C = \frac{1}{2\pi}\sum_{k=1}^{n+1}\int_{s_{k-1}}^{s_k}\kappa_r \mathrm{d}s + \frac{1}{2\pi}\sum_{k=0}^{n}\theta_k$$

定理 9.1.1给出了旋转指标与相对全曲率的内在联系，特别有

推论 9.1.1　平面上正则闭曲线 C 的旋转指标与相对全曲率成比例，即

$$i_C = \frac{1}{2\pi}\int_0^L \kappa_r \mathrm{d}s = \frac{1}{2\pi}K_r$$

例 9.1.2　(1) 平面上凸 n 边形的旋转指标为

$$i_C = \frac{1}{2\pi}\sum_{k=1}^{n}\theta_k = \pm 1$$

(2) 平面上正则闭曲线的旋转指标为

$$i_C = \frac{1}{2\pi}\int_0^L \kappa_r \mathrm{d}s = \frac{1}{2\pi}\int_0^L \dot{\phi}(s)\mathrm{d}s = \frac{\phi(L)-\phi(0)}{2\pi}$$

(3) 平面上 8 字形曲线的旋转指标为

$$i_C = \frac{\phi(L)-\phi(0)}{2\pi} = 0$$

注记 9.1.1　平面上正则闭曲线的旋转指标 i_C 就是切线像在单位圆上绕的圈数 n_0, 即 $i_C = n_0$.

例 9.1.3　下列闭曲线的旋转指标分别为 $1, -2, 3, 0$，如图 9.1.1 所示.

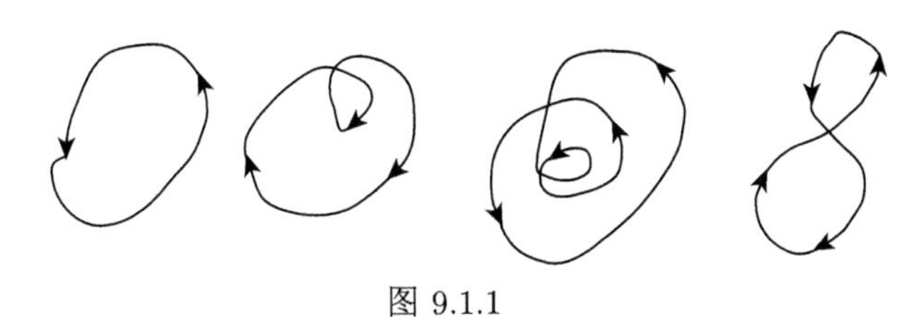

图 9.1.1

下面给出著名的旋转指标定理，证明从略，读者可以参阅文献 [1] 中的证明.

定理 9.1.2　平面上逐段正则的简单闭曲线 C 的旋转指标 $i_C = \pm 1$.

§9.1.2　等周不等式

平面闭曲线的最重要整体性质之一是下面的 Jordan 定理.

定理 9.1.3(Jordan 曲线定理)　设 C 是平面 $\mathbb{E}^2$ 上的简单闭曲线，则 $\mathbb{E}^2 \setminus C$ 恰有两个连通分支，它们以 C 为公共边界.

在等周三角形中，等边三角形面积最大，等周矩形中，正方形面积最大. 由此产生的一个几何问题是: 平面上具有等周长的一切简单闭曲线中，哪种曲线所围的区域面积最大？古希腊人早就知道答案是圆，但严格的数学证明直到 1870 年才由维尔斯特拉斯 (Weierstrass) 用变分法给出，这就是著名的等周不等式.

定理 9.1.4 设 C 是平面上正则的简单闭曲线，所围面积为 A, 周长为 L, 则有不等式

$$L^2 - 4\pi A \geqslant 0$$

等号成立当且仅当 C 是圆周.

证明 做曲线 C 的平行切线 l_1, l_2, 将 C 夹在中间. 做圆 Σ 与 l_1, l_2 相切，而与 C 相离. 设其半径为 R, 取圆心 O 为坐标原点, 做 x 轴与 l_1, l_2 正交，y 轴与 l_1, l_2 平行，如图 9.1.2 所示.

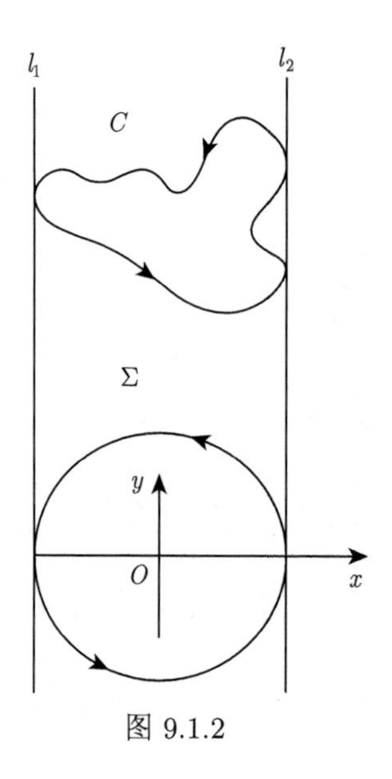

图 9.1.2

设曲线 $C: \boldsymbol{r} = \{x(s), y(s)\}$ 与 l_1, l_2 的切点分别对应弧长参数 $s = 0, s = s_1$. 设圆的方程为

$$\Sigma: \boldsymbol{r} = \{x(s), \tilde{y}(s)\}, \quad s \in [0, L]$$

其中，$x^2(s) + \tilde{y}^2(s) = R^2$, 面积为

$$\tilde{A} = \pi R^2 = -\int_0^L \tilde{y}\dot{x}\mathrm{d}s$$

所以

$$A + \pi R^2 = \int_0^L x\dot{y}\mathrm{d}s - \int_0^L \tilde{y}\dot{x}\mathrm{d}s \leqslant \int_0^L |x\dot{y} - \tilde{y}\dot{x}|\mathrm{d}s \tag{9.1.1}$$

由 Cauchy 不等式可知

$$\begin{aligned} |x\dot{y} - \tilde{y}\dot{x}| &= |\{x, -\tilde{y}\} \cdot \{\dot{y}, \dot{x}\}| \\ &\leqslant |\{x, -\tilde{y}\}| \cdot |\{\dot{y}, \dot{x}\}| = \sqrt{x^2 + \tilde{y}^2}\sqrt{\dot{x}^2 + \dot{y}^2} = R \end{aligned} \tag{9.1.2}$$

这样就有

$$\sqrt{A\cdot\pi R^2}\leqslant\frac{1}{2}(A+\pi R^2)\leqslant\frac{1}{2}\int_0^L R\mathrm{d}s=\frac{1}{2}RL$$

所以

$$L^2-4\pi A\geqslant 0$$

下面证明等号成立时，曲线是圆.

设等号成立，则上述推导过程中的不等号都应取等号，即有 $A=\pi R^2$, 从而 $L=2\pi R$, 即 R 是常数. 由式 (9.1.1) 和式 (9.1.2) 取等号可知，必有 $\{(x,-\tilde{y}\}=c\{\dot{y},\dot{x}\}$, 于是

$$\frac{\mathrm{d}y}{\mathrm{d}x}=\frac{\dot{y}}{\dot{x}}=-\frac{x}{\tilde{y}}=\pm\frac{x}{\sqrt{R^2-x^2}}$$

两边积分得

$$y=\pm\sqrt{R^2-x^2}+c_1\ (c_1\text{为积分常数})$$

因此

$$x^2+(y-c_1)^2=R^2$$

即 C 是一圆周.

§9.1.3　凸闭曲线

定义 9.1.2　设 C 是平面正则曲线，如果它总是位于其上每点的切线的同一侧，则称 C 是**凸的**.

定理 9.1.5　平面上的正则简单闭曲线是凸曲线的充要条件是其相对曲率 $\kappa_r(s)$ 不变号.

证明　因为 $\kappa_r(s)=\dfrac{\mathrm{d}\phi}{\mathrm{d}s}$, 所以相对曲率不变号等价于闭曲线的连续可微角函数 ϕ 是单调函数.

(必要性) 用反证法. 设曲线是凸曲线，但 ϕ 不单调，则有弧长参数使得

$$\phi(s_1)=\phi(s_3)\neq\phi(s_2), s_1<s_2<s_3$$

因为 C 是简单闭曲线，由定理 9.1.2, 它的切线像是一个单位圆周，所以存在 s_4, 使得

$$T(s_4)=-T(s_1)=-T(s_2)$$

三条对应切线相互平行，由曲线的凸性可知，必有两条切线重合 (否则中间一条切线的两侧都有 C 中的点, 与凸性矛盾). 因此，曲线 C 上有两点 P,Q 有相同的切线 T, 如图 9.1.3 所示.

下面证明线段 $PQ\subset C$. 假定存在点 R 在线段 PQ 上，但不在曲线 C 上. 过 R 做切线 T 的垂线 l. 由凸性可知，l 不是切线，至少交 C 于两点 G,H. 设 G 在三角形 PQH 中，则过 G 的任意直线使 P,H 和 Q 位于两侧. 因此，G 点切线两侧均有曲线 C 的点，与曲

线是凸曲线相矛盾，从而有曲线 $PQ \subset C$, 并且 P 和 Q 处切线方向相同. 由此可知，P 与 Q 处的弧长参数分别为 s_1 与 s_3, 并且

$$\phi(s) \equiv \phi(s_1), \quad s_1 \leqslant s \leqslant s_3$$

取 $s = s_2$, 有 $\phi(s_2) = \phi(s_1)$, 这与 $\phi(s_2) \neq \phi(s_1)$ 相矛盾，因此 ϕ 一定是单调函数.

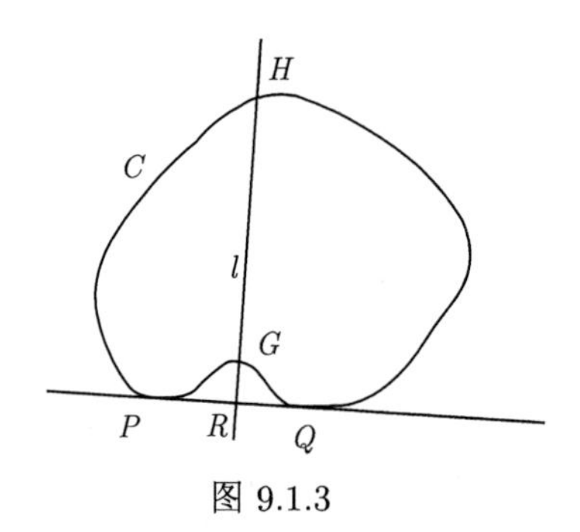

图 9.1.3

(充分性) 仍用反证法. 假设 C 不是凸曲线，则在 C 上存在点 P, 使得切线 PT 两侧均有 C 的点. 令 $\rho(s)$ 表示切线 PT 到曲线上动点的有向距离. 因为 C 是闭曲线，所以在 C 上必存在两点 P_1, P_2, 使得 $\rho(s)$ 达到极值，P_1, P_2 处切线平行于 PT, 且在 PT 两侧，如图 9.1.4 所示.

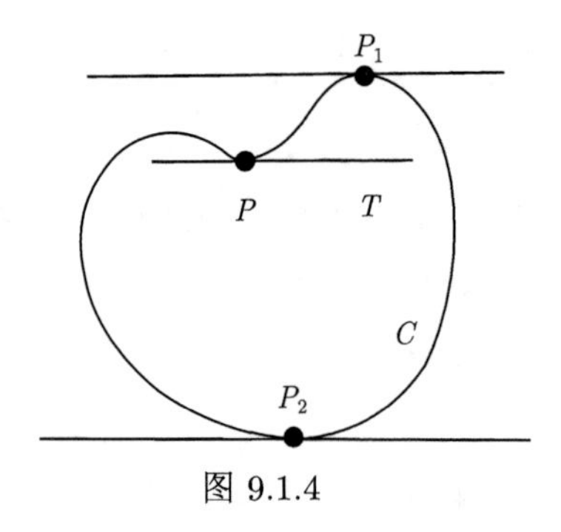

图 9.1.4

在 P, P_1, P_2 三点中，必有两点切线相同，设对应参数分别为 s_1, s_2, 则

$$T(s_1) = T(s_2)$$

其中 $s_1 < s_2$, 则有

$$\phi(s_1) = \phi(s_2) + 2k\pi$$

由平面闭曲线旋转指标定理可知，ϕ 在 $[0, L]$ 上的变化不超过 2π, 所以 $k = 0, \pm 1$.

$k = 0$ 时, $\phi(s_1) = \phi(s_2)$, 由单调性可知，$\phi(s)$ 在 $[s_1, s_2]$ 上为常数.

$k = \pm 1$ 时，由 ϕ 在 $[0, L]$ 上的变化不超过 2π, 可知 ϕ 在 $[0, s_1]$ 和 $[s_2, L]$ 上为常数.

不论哪种情况，s_1, s_2 的对应点之间必有直线段，从而切线相同，与 P, P_1, P_2 三点处切线互异相矛盾，所以 C 一定是凸曲线.

注记 9.1.2　对于有扭结的曲线，即使它的相对曲率不变号，也不是凸的，见例 9.1.3中 $i_C=-2$ 的情况. 所以定理中“简单闭曲线”是本质要求; 相对曲率不变号可分为两种情况，其唯一区别在于曲线动点的运行方向为顺时针还是逆时针.

定义 9.1.3　设 C 是平面上正则的简单闭曲线，如果 C 的相对曲率大于 0，则称 C 为**卵形线**. 曲线 C 上使相对曲率 $\kappa_{\boldsymbol{r}}$ 的微分 $\mathrm{d}\kappa_{\boldsymbol{r}}=0$ 的点称为 C 的**顶点**. 即曲线的顶点是曲线上相对曲率取极值的点.

因为相对曲率不变号，所以卵形线必为凸曲线.

例如，椭圆 $\dfrac{x^2}{a^2}+\dfrac{y^2}{b^2}=1$ 有 4 个顶点 $(\pm a,0),(0\pm b)$. 抛物线 $y^2=2px$ 有一个顶点 $(0,0)$. 而圆周的每一个点都是顶点.

定理 9.1.6(四顶点定理)　任意简单闭曲线 C 至少有 4 个顶点.

证明　设 C 是以 s 为其弧长参数的闭曲线，$\boldsymbol{r}=\boldsymbol{r}(s)$, $\boldsymbol{r}(0)=\boldsymbol{r}(L)=A$，则 C 的相对曲率 $\kappa_{\boldsymbol{r}}(s)$ 必有最大值和最小值，于是 C 上至少有两个顶点 P,Q.

设直线 PQ 方程为 l, 直线 l 把曲线分为两段曲线 C_1,C_2. 则 C_1 和 C_2 分别位于直线 l 两侧，并且除了 P,Q 外 C_1,C_2 不再与 l 有交点，如图 9.1.5 所示；否则，假设 C_1 与 l 有另一个交点 R(不同于 P,Q)，则由凸性以及 P,Q,R 是曲线上不同的点，故中间点 (不妨设为 P) 的切线与 l 重合，而且由凸性可知 l 在 P,Q,R 三点与 C 相切. 另一方面, 如果线段 RQ 不属于 C, 则 Q,R 降落在中间点 P 附近点的切线的两侧，与凸性矛盾. 因此在假设之下, 线段 $QR\subset C$, 因此在 P,Q 处 $\kappa_{\boldsymbol{r}}=0$, 这两点是曲线 C 的相对曲率的最值点，所以在 C 上 $\kappa_{\boldsymbol{r}}=0$, 这与 C 是简单闭曲线相矛盾.

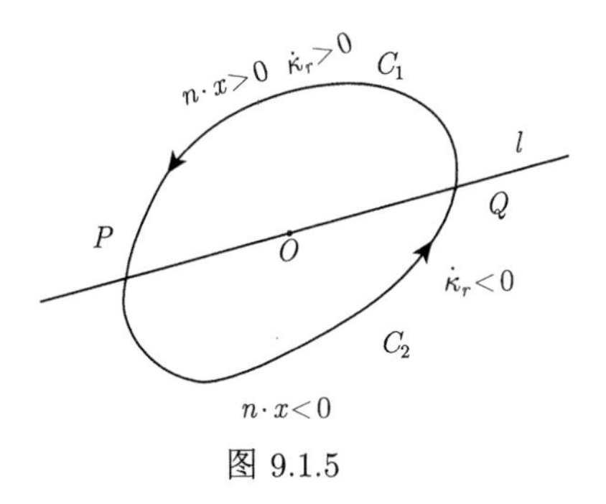

图 9.1.5

先选取坐标原点 O 在直线 l 上，设 l 的方程为 $\boldsymbol{n}\cdot\boldsymbol{x}=0$, 其中 $\boldsymbol{x}$ 是直线 l 上点的位置向量，$\boldsymbol{n}$ 是 l 的法向量. 直线 l 把平面分为两部分:

$$\pi_1:\boldsymbol{n}\cdot\boldsymbol{x}>0$$

$$\pi_2:\boldsymbol{n}\cdot\boldsymbol{x}<0$$

如果在 C_1,C_2 上不再有顶点, 则 $\mathrm{d}\kappa_{\boldsymbol{r}}(s)$ 在 C_1,C_2 上不变号. 不妨设在 C_1 上 $\mathrm{d}\kappa_r(s)>0$, 在 C_2 上 $\mathrm{d}\kappa_r(s)<0$. 于是无论在 C_1 上还是在 C_2 上都有

$$(\boldsymbol{n}\cdot\boldsymbol{x})\frac{\mathrm{d}\kappa_r(s)}{\mathrm{d}s}>0$$

沿着 C 积分，得

$$\begin{aligned}0&<\int_C(\boldsymbol{n}\cdot\boldsymbol{x})\frac{\mathrm{d}\kappa_r(s)}{\mathrm{d}s}\mathrm{d}s=\int_C\mathrm{d}[(\boldsymbol{n}\cdot\boldsymbol{x})\kappa_r]-\int_C\left(\boldsymbol{n}\cdot\frac{\mathrm{d}\boldsymbol{x}}{\mathrm{d}s}\right)\kappa_r\mathrm{d}s\\&=-\int_C\boldsymbol{n}\cdot(\kappa_r\boldsymbol{T})\mathrm{d}s=\int_C\boldsymbol{n}\cdot\frac{\mathrm{d}\boldsymbol{N}_r}{\mathrm{d}s}\mathrm{d}s\\&=\boldsymbol{n}\cdot(\boldsymbol{N}_r(L)-\boldsymbol{N}_r(0))=0\end{aligned}$$

这里 $L,\boldsymbol{T},\boldsymbol{N}_r$ 分别是 C 的长度、切向量和相对法向量，矛盾，因此曲线上不可能只有两个顶点.

既然相对曲率 κ_r 在每个顶点处变号，故顶点数必为偶数，从而至少有 4 个顶点.

注记 9.1.3 四顶点定理对平面简单闭曲线 (不一定是凸的) 也成立，但证明更困难，这里略去证明. 因为椭圆恰好有 4 个顶点，这个定理不能再改进.

§9.2 空间曲线的整体性质

§9.2.1 球面上的克罗夫顿 (Crofton) 公式

设 S^2 是 $\mathbb{E}^3$ 中的单位球面. S^2 上过球心的一个有向大圆 $S_{\boldsymbol{W}}$ 所在平面的单位法向量记为 $\boldsymbol{W}$, 它与 $S_{\boldsymbol{W}}$ 的定向构成右手系. $\boldsymbol{W}$ 的末端在单位圆周上，称为有向大圆 $S_{\boldsymbol{W}}$ 的**极点**，则 S^2 上的有向大圆和它的极点 1-1 对应.

定义 9.2.1 单位球面 S^2 上，有向大圆集合对应极点的一个集合 (S^2 上的一个点集). **有向大圆集的测度**定义为它的极点集的面积. 其中，重合有向大圆所对应的极点在计算面积时重复计算.

定理 9.2.1 (球面上的 Crofton 公式) 设曲线 C 是单位球面 S^2 上的一条长度为 L 的正则曲线，每个有向大圆 $S_{\boldsymbol{W}}$ 与曲线 C 的交点个数为 $\lambda(\boldsymbol{W})$, 则

$$\iint_{S^2}\lambda(\boldsymbol{W})\mathrm{d}A=4L$$

其中，$\mathrm{d}A$ 是 S^2 上对应极点集的面积元.

证明 设曲线 C 的位置向量为 $\boldsymbol{x}(s),0\leqslant s\leqslant L$. 在球面 S^2 上取单位内法向量 $\boldsymbol{e}_3=-\boldsymbol{x}(s)$. 曲线的单位切向量 $\boldsymbol{T}=\dfrac{\mathrm{d}\boldsymbol{x}}{\mathrm{d}s}$ 与 $\boldsymbol{e}_3$ 确定了另一个单位向量 $\boldsymbol{e}_2=\boldsymbol{e}_3\wedge\boldsymbol{T}=-\boldsymbol{x}\wedge\boldsymbol{T}$. 于是可得

$$\frac{\mathrm{d}\boldsymbol{T}}{\mathrm{d}s}=\kappa_g\boldsymbol{e}_2+\kappa_n\boldsymbol{e}_3$$

其中，κ_g 是球面曲线 C 的测地曲率，κ_n 表示 S^2 沿曲线 C 的法曲率. 单位球面在任何点沿着任何曲线的法曲率 $\kappa_n\equiv1$. 所以

$$\frac{\mathrm{d}\boldsymbol{T}}{\mathrm{d}s}=\kappa_g\boldsymbol{e}_2+\boldsymbol{e}_3$$

另外

$$\begin{aligned}\frac{\mathrm{d}\boldsymbol{e}_2}{\mathrm{d}s}&=\frac{\mathrm{d}\boldsymbol{e}_3}{\mathrm{d}s}\wedge\boldsymbol{T}+\boldsymbol{e}_3\wedge\frac{\mathrm{d}\boldsymbol{T}}{\mathrm{d}s}=-\frac{\mathrm{d}\boldsymbol{x}}{\mathrm{d}s}\wedge\boldsymbol{T}+\boldsymbol{e}_3\wedge(\kappa_g\boldsymbol{e}_2+\boldsymbol{e}_3)\\&=\kappa_g(\boldsymbol{e}_3\wedge\boldsymbol{e}_2)=-\kappa_g\boldsymbol{T}\end{aligned}$$

因此，对于沿着 C 的活动标架 $\{\boldsymbol{x};\boldsymbol{T},\boldsymbol{e}_2,\boldsymbol{e}_3\}$, 有

$$\begin{cases}\dfrac{\mathrm{d}\boldsymbol{T}}{\mathrm{d}s}=\kappa_g\boldsymbol{e}_2+\boldsymbol{e}_3\\[2mm]\dfrac{\mathrm{d}\boldsymbol{e}_2}{\mathrm{d}s}=-\kappa_g\boldsymbol{T}\\[2mm]\dfrac{\mathrm{d}\boldsymbol{e}_3}{\mathrm{d}s}=-\boldsymbol{T}\end{cases}$$

任取与 C 相交的有向大圆 $S_{\boldsymbol{W}}$, 它对应的极点为 $\boldsymbol{W}$, C 与 $S_{\boldsymbol{W}}$ 的一个交点为 $\boldsymbol{x}(s)$, 则 $\boldsymbol{W}$ 与 $\boldsymbol{x}(s)$ 正交，因此 $\boldsymbol{W},\boldsymbol{T},\boldsymbol{e}_2$ 共面.

设 θ 是 $\boldsymbol{T}$ 按逆时针方向转到 $\boldsymbol{W}$ 的有向角，如图 9.2.1 所示. 设 $\boldsymbol{W}_t$ 表示大圆 $S_{\boldsymbol{W}}$ 在与 C 的交点处的单位法向量，则

$$\boldsymbol{W}=\cos\theta\boldsymbol{T}+\sin\theta\boldsymbol{e}_2$$

如果用 ϕ 表示由 $\boldsymbol{T}$ 转到 $\boldsymbol{W}_t$ 的有向角，则 $\phi=\theta+\dfrac{\pi}{2}$, 故

$$\boldsymbol{W}=\sin\phi\boldsymbol{T}-\cos\phi\boldsymbol{e}_2$$

计算可得

$$\boldsymbol{W}_s'\wedge\boldsymbol{W}_\phi'=-\sin\phi\boldsymbol{W}$$

因此，在极点集上 S^2 的面积元

$$\mathrm{d}A=\|\boldsymbol{W}_s'\wedge\boldsymbol{W}_\phi'\|\mathrm{d}s\wedge\mathrm{d}\phi=|\sin\phi|\mathrm{d}s\wedge\mathrm{d}\phi$$

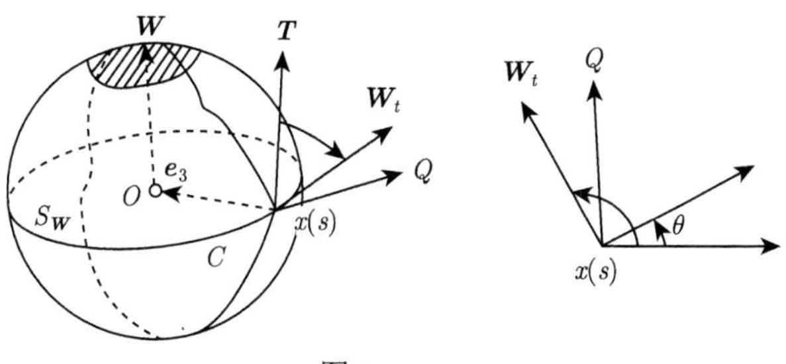

图 9.2.1

对一切与 C 相交的有向大圆取上述积分，注意到一个有向大圆与 C 相交于 P 点，则过 P 点的所有大圆都与 C 相交，所以上式右边积分为

$$\int_0^L \mathrm{d}s \int_0^{2\pi} |\sin\phi| \mathrm{d}\phi = 4L$$

如果有向大圆 $S_{\boldsymbol{W}}$ 与 C 有 $\lambda(\boldsymbol{W})$ 个交点，上述积分中的有向大圆被计算了 $\lambda(\boldsymbol{W})$ 次，所以

$$\iint_{S^2} \lambda(\boldsymbol{W}) \mathrm{d}A = 4L$$

注记 9.2.1 当 C 是 S^2 上分段光滑的曲线时，只要把这个定理应用到每段光滑弧段上，然后相加，便可得到相同的结论. 对于平面曲线也有类似的 Cauchy-Crofton 公式，详细可参考文献 [7, 8, 9].

§9.2.2 简单闭曲线的全曲率

下面证明闭曲线的芬切尔 (Fenchel) 定理. 为此，首先给出：

引理 9.2.1 在空间正则的简单闭曲线的切线中，至少有一条与给定方向垂直.

证明 取给定的方向为 z 轴方向，设曲线为

$$\Gamma : \boldsymbol{r} = \boldsymbol{r}(s) = \{x(s), y(s), z(s)\}, \quad 0 \leqslant s \leqslant L$$

其中，s 为曲线的弧长参数. 对函数 $z = z(s)$ 应用中值定理，可知存在 $\xi \in [0, L]$, 使得

$$\dot{z}(\xi) = \frac{z(L) - z(0)}{L - 0} = 0$$

所以，$\boldsymbol{T}(\xi) = \{\dot{x}(\xi), \dot{y}(\xi), 0\}$, 与给定的方向 Oz 垂直.

推论 9.2.1 在正则的简单空间闭曲线的切线中，至少有一条与两个给定方向所成的角互为补角.

证明 由引理 9.2.1 可知，存在切向量 $\boldsymbol{T}$ 与两个给定方向的单位向量之和 $\boldsymbol{e}_1 + \boldsymbol{e}_2$ 垂直. 设切向量 $\boldsymbol{T}$ 与 $\boldsymbol{e}_1$ 和 $\boldsymbol{e}_2$ 所成的角分别为 θ_1, θ_2, 则有

$$\cos\theta_1 + \cos\theta_2 = \boldsymbol{e}_1\boldsymbol{T} + \boldsymbol{e}_2\boldsymbol{T} = (\boldsymbol{e}_1 + \boldsymbol{e}_2)\boldsymbol{T} = 0$$

于是 $\theta_1 = (2k\pi - 1)\pi \pm \theta_2, \quad k = 0, \pm 1, \pm 2, \cdots$. 因为 θ_1, θ_2 都在 $[0, 2\pi]$ 内，所以 $\theta_1 = \pi - \theta_2$, 即

$$\theta_1 + \theta_2 = \pi$$

定理 9.2.2 (Fenchel 定理) 任意空间简单正则闭曲线 Γ 的全曲率不小于 2π, 即

$$\int_0^L \kappa(s) \mathrm{d}s \geqslant 2\pi$$

其中等号成立，当且仅当 Γ 为平面上简单凸闭曲线.

证明　设曲线 Γ 有自然参数表示 $\boldsymbol{r}=\boldsymbol{r}(s), s\in[0,L]$. 令 $A_0=\boldsymbol{r}(0)=\boldsymbol{r}(L)$. 在闭曲线 Γ 上，必有一点 $A_1=\boldsymbol{r}(s_1)$, 使得

$$\int_0^{s_1}\kappa(s)\mathrm{d}s=\int_{s_1}^{L}\kappa(s)\mathrm{d}s$$

由推论 9.2.1 的结论，在 Γ 上存在一点 $A_2=\boldsymbol{r}(s_2)$, 使切向量 $\boldsymbol{T}(s_2)$ 与 $\boldsymbol{T}(0),\boldsymbol{T}(s_1)$ 的两个夹角互补，即

$$\angle(\boldsymbol{T}(s_2),\boldsymbol{T}(0))+\angle(\boldsymbol{T}(s_2),\boldsymbol{T}(s_1))=\pi$$

(1) 当 $s_2\in[0,s_1)$ 时，设 A_0 和 A_2 点的切线像分别为 B_0,B_2 点，$\widehat{B_0B_2}$ 为 B_0 和 B_2 间的大圆劣弧 (测地圆弧),l 为 B_0 和 B_2 间切线像的长度，则有

$$\int_0^{s_2}\kappa(s)\mathrm{d}s=l\geqslant\widehat{B_0B_2}=\angle B_0OB_2=\angle(\boldsymbol{T}(s_2),\boldsymbol{T}(0))$$

同理

$$\int_{s_2}^{s_1}\kappa(s)\mathrm{d}s\geqslant\angle(\boldsymbol{T}(s_2),\boldsymbol{T}(s_1))$$

两式相加，可得 $\displaystyle\int_0^{s_1}\kappa(s)\mathrm{d}s\geqslant\pi$. 所以

$$\int_0^{L}\kappa(s)\mathrm{d}s=\int_0^{s_1}\kappa(s)\mathrm{d}s+\int_{s_1}^{L}\kappa(s)\mathrm{d}s=2\int_0^{s_1}\kappa(s)\mathrm{d}s\geqslant 2\pi$$

(2) 当 $s_2\in[s_1,L)$ 时，同理可得

$$\begin{aligned}\int_{s_1}^{L}\kappa(s)\mathrm{d}s&=\int_{s_1}^{s_2}\kappa(s)\mathrm{d}s+\int_{s_2}^{L}\kappa(s)\mathrm{d}s\\&\geqslant\angle(\boldsymbol{T}(s_2),\boldsymbol{T}(s_1))+\angle(\boldsymbol{T}(s_2),\boldsymbol{T}(L))=\pi\end{aligned}$$

因此

$$\int_0^{L}\kappa(s)\mathrm{d}s=2\int_{s_1}^{L}\kappa(s)\mathrm{d}s\geqslant 2\pi$$

下面考虑等式成立的充分必要条件.

(1) 充分性.　设曲线 Γ 为平面上正则的简单凸闭曲线，取正向，由旋转指标定理，有

$$\int_0^{L}\kappa(s)\mathrm{d}s=2\pi \tag{9.2.1}$$

(2) 必要性.　设式(9.2.1)成立，由上述证明过程可得

$$\int_0^{s_1}\kappa(s)\mathrm{d}s=\pi,\quad\int_{s_1}^{L}\kappa(s)\mathrm{d}s=\pi$$

这时，Γ 的切线像必为两段半个大圆弧，因此 Γ 由两段平面曲线组成. 又已知，Γ 处处有切线，故 Γ 为平面闭曲线. 选择定向，使得

$$\int_0^L \kappa_r \mathrm{d}s = 2\pi i_\Gamma = 2\pi$$

就有

$$\int_0^L (\kappa - \kappa_r)\mathrm{d}s = 0$$

既然 $\kappa - \kappa_r$ 连续且非负，所以 $\kappa - \kappa_r \equiv 0$, 从而相对曲率

$$\kappa_r = \kappa \geqslant 0$$

所以曲线 Γ 是平面凸曲线.

推论 9.2.2 如果空间正则的简单闭曲线长为 L, 曲率 $\kappa(s) \leqslant \dfrac{1}{R_0}$, 则周长

$$L \geqslant 2\pi R_0$$

推论 9.2.3(白正国) 对逐段正则的简单闭曲线也有全曲率

$$K = \int_0^L \kappa(s)\mathrm{d}s + \sum_i \theta_i \geqslant 2\pi$$

其中，θ_i 表示第 i 个顶点的外角，详见参考文献 [11, 12]

§9.2.3 有结曲线的全曲率

本小节把芬切尔定理推广到有结曲线.

定义 9.2.2 设 D 为平面圆盘，如果存在连续映射 $D \to \mathbb{E}^3$ 使得 D 的边界 S^1 正好一一地映为 C, 则 C 称为**无结曲线**，否则称为**有结曲线**.

引理 9.2.2 设 Γ 是空间正则的挠闭曲线，$\overline{\Gamma}$ 为切线像，则 S^2 上与 $\overline{\Gamma}$ 相交大圆的极点区域就是 S^2.

证明 假定存在极点 $P_0 \in S^2$, 使对应的定向大圆 S_{P_0} 与切线像 $\overline{\Gamma}$ 不相交，则 $\overline{\Gamma}$ 含于开半球面. 设 N 为北极，向径为 $\overrightarrow{ON}$, 则切线像 $\overline{\Gamma}$ 的向径 $\boldsymbol{T}$ 满足条件

$$0 \leqslant \angle(\overrightarrow{ON}, \boldsymbol{T}) < \frac{\pi}{2}$$

即 $\langle \overrightarrow{ON}, \boldsymbol{T} \rangle > 0$, 于是

$$0 < \int_0^L \langle \overrightarrow{ON}, \boldsymbol{T} \rangle \mathrm{d}s = \overrightarrow{ON} \cdot \int_0^L \dot{\boldsymbol{r}} \mathrm{d}s = \langle \overrightarrow{ON}, \boldsymbol{r} \rangle |_0^L = 0$$

矛盾.

定理 9.2.3 (法里-米尔诺 (Fary-Milnor) 定理)　设挠闭曲线 Γ 简单、正则且有结，则全曲率不小于 4π, 即

$$\int_{\Gamma} \kappa(s)\mathrm{d}s \geqslant 4\pi$$

证明　用反证法.

(1) 假定 $\int_{\Gamma} \kappa(s)\mathrm{d}s < 4\pi$. 令 $\overline{\Gamma}$ 为 Γ 的切线像. 对 $\overline{\Gamma}$, 由引理 9.2.2和球面 Crofton 公式有

$$\iint_{S^2} \lambda(P)\mathrm{d}A = 4\bar{L} = 4\int_{\Gamma} \kappa(s)\mathrm{d}s < 16\pi$$

(2) 存在 P_0, 使得 $\lambda(P_0) < 4$, 否则就有

$$\iint_{S^2} \lambda(P)\mathrm{d}A \geqslant \iint_{S^2} 4\mathrm{d}s = 16\pi$$

引出矛盾，所以 P_0 存在.

(3) 构造函数 $f(s) = \langle \boldsymbol{r}(s), P_0 \rangle$, 称为**高度函数**. 因为 $\dot{f}(s) = \langle \boldsymbol{T}(s), P_0 \rangle$, 所以 $\dot{f} = 0$ 等价于 $\boldsymbol{T} \perp P_0$, 即 $\boldsymbol{r}(s)$ 的点的切线像 $\boldsymbol{T}(s)$ 在极点 P_0 的对应大圆 S_{P_0} 上.

(4) 因为 $\lambda(P_0) < 4$, 高度函数 $f(s)$ 至多有三个驻点，其中两个是它在闭区间 $[0, L]$ 上的极大值点 s_M 和极小值点 s_m, 第三个只能是逗留点. 否则，由于极大值点间至少有一个极小值点，极小值点之间至少有一个极大值点，从而函数 $f(s)$ 至少有四个极值点，与 $\lambda(P_0) < 4$ 矛盾. 因此高度函数只有两个极值点.

(5) 不失一般性，可假设极点 P_0 的坐标为 $(0, 0, 1)$，则相应的高度函数就是曲线 Γ 的第三个坐标分量函数 $x^3(s), s \in [0, L]$. 记 $h_1 = x^3(s_M), h_2 = x^3(s_m)$, 对任意介于 h_1 和 h_2 之间的数 h, 可构造一个高度为 h 的截面 $x^3(s) = h$, 则截面与曲线 Γ 至少交于两点：一个是从极大值点 s_M 按定向到极小值点 s_m 时，与截面的交点 s_1；另一个是从 s_m 按定向到 s_M 时的交点 s_2，如图 9.2.2 所示.

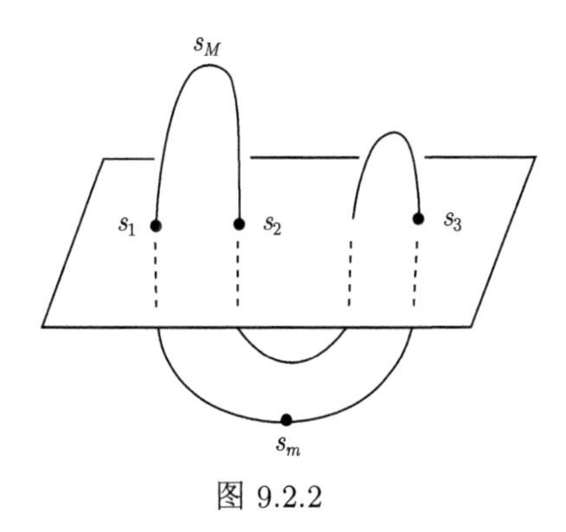

图 9.2.2

(6) 假定还有第三个交点 s_3, 不妨设 s_3 在 s_1 沿定向到 s_2 的曲线段中. 既然 $x^3(s_1) = x^3(s_3)$, 由中值定理，必有极值点位于 s_1, s_3 之间. 同理还有一个极值点位于 s_3, s_2 之间，加上极大值点 s_M, 曲线上就有三个极值点，与 (4) 矛盾. 故截面与曲线 Γ 恰有两个交点.

(7) 把所有截面的一对交点连成一组平行弦, 构成以 Γ 为边界的曲面与平面圆盘的同胚映射. 由定义知，Γ 为无结曲线，与已知矛盾，从而 $\int_\Gamma \kappa(s)\mathrm{d}s \geqslant 4\pi$.

§9.2.4 空间曲线的全挠率

定义 9.2.3 空间闭曲线的挠率 $\tau = \tau(s)$ 关于弧长的定积分

$$\bar{\tau} = \int_0^L \tau \mathrm{d}s$$

称为闭曲线的**全挠率**, 其中 L 为曲线的周长.

定理 9.2.4 球面上正则闭曲线的全挠率是 0.

证明 首先考虑单位球面 $S^2(1)$ 上的正则闭曲线 $\Gamma : \boldsymbol{r} = \boldsymbol{r}(s)$, s 为弧长. 由 $\boldsymbol{r}^2 = 1$, 连续求导得

$$\langle \boldsymbol{T}, \boldsymbol{r} \rangle = 0, \quad \kappa\langle \boldsymbol{N}, \boldsymbol{r} \rangle + 1 = 0 \tag{9.2.2}$$

继续求导可得

$$\dot{\kappa}\langle \boldsymbol{N}, \boldsymbol{r} \rangle + \kappa\langle -\kappa\boldsymbol{T} + \tau\boldsymbol{B}, \boldsymbol{r} \rangle + \kappa\langle \boldsymbol{N}, \boldsymbol{T} \rangle = 0$$

其中，$\boldsymbol{N}, \boldsymbol{B}$ 是曲面的主法向量和副法向量. 把式 (9.2.2) 代入可得

$$\dot{\kappa} = \kappa^2\tau\langle \boldsymbol{B}, \boldsymbol{r} \rangle$$

取法向量 $\boldsymbol{n} = -\boldsymbol{r}$, 则有测地曲率和法曲率

$$\kappa_g = \kappa\langle \boldsymbol{B}, \boldsymbol{n} \rangle = -\kappa\langle \boldsymbol{B}, \boldsymbol{r} \rangle, \quad \kappa_{\boldsymbol{n}} = 1$$

当 $\kappa_g \neq 0$ 时，由上面两个式子和 $\kappa_g^2 + \kappa_{\boldsymbol{n}}^2 = \kappa^2$，即得挠率

$$\tau = \frac{\dot{\kappa}}{\kappa^2\langle \boldsymbol{B}, \boldsymbol{r} \rangle} = \frac{\dot{\kappa}}{\kappa(-\kappa_g)} = \pm\frac{\dot{\kappa}}{\kappa\sqrt{\kappa^2 - 1}} \tag{9.2.3}$$

下面考虑四种情况:

(1) Γ 上 $\kappa_g \neq 0$ 时，κ_g 不变号，全挠率

$$\bar{\tau} = \pm\int_0^L \frac{\dot{\kappa}}{\kappa\sqrt{\kappa^2 - 1}}\mathrm{d}s = \mp\arcsin\frac{1}{\kappa(s)}\bigg|_0^L = 0$$

(2) 假设 Γ 在下列 n 个点处的 κ_g 等于 0，则

$$0 = s_0 < s_1 < \cdots < s_n = L$$

其余各点 κ_g 非零时，κ_g 在每个小区间 (s_i, s_{i+1}) 上不变号，因此

$$\int_{s_i}^{s_{i+1}} \tau\mathrm{d}s = \pm\int_{s_i}^{s_{i+1}} \frac{\dot{\kappa}}{\kappa\sqrt{\kappa^2 - 1}}\mathrm{d}s = \mp\arcsin\frac{1}{\kappa(s)}\bigg|_{s_i}^{s_{i+1}} = 0$$

(3) Γ 上 κ_g 为零的点为 $s_0, s_1, \cdots, s_n$ 和 $[s_i, s_{i+1}]$ 等闭区间的全部点时, 有

$$\int_{s_i}^{s_{i+1}} \tau \mathrm{d}s = \int_{s_i}^{s_{i+1}} 0 \mathrm{d}s = 0$$

(4) Γ 上 $\kappa_g \equiv 0$ 时，有

$$\bar{\tau} = \int_0^L \tau \mathrm{d}s = \int_0^L 0 \mathrm{d}s = 0$$

因此，单位球面上，正则闭曲线的全挠率为 0.

下面考虑半径为 R 的球面 $S^2(R)$ 上的正则闭曲线 $C: \boldsymbol{r}_C = R\boldsymbol{r}(s)$ 的挠率

$$\tau_C = \frac{(\boldsymbol{r}'_C, \boldsymbol{r}''_C, \boldsymbol{r}'''_C)}{(\boldsymbol{r}'_C \wedge \boldsymbol{r}''_C)^2} = \frac{R^3(\dot{\boldsymbol{r}}, \ddot{\boldsymbol{r}}, \dddot{\boldsymbol{r}})}{R^4(\dot{\boldsymbol{r}} \wedge \ddot{\boldsymbol{r}})} = \frac{\tau}{R}$$

因为相似映射是共形映射，所以 $\mathrm{d}s_C = R\mathrm{d}s$, 从而有

$$\bar{\tau}_C = \int_0^L \tau_C \mathrm{d}s_C(s) = \int_0^L \frac{\tau}{R} \cdot R\mathrm{d}s = \int_0^L \tau \mathrm{d}s = \bar{\tau} = 0$$

值得注意的是，谢尔逊 (W. Scherrer) 在 1940 年证明了逆定理.

定理 9.2.5　设 M 是 $\mathbb{E}^3$ 中的曲面. 如果曲面上任何闭曲线的全挠率为 0, 则 M 是平面片或球面片.

习题 9

1. 证明：是否存在平面简单闭曲线，其长度是 8m，面积是 5m^2？
2. 设平面简单闭曲线的长度为 L, 相对曲率 κ_r 满足 $0 \leqslant \kappa_r \leqslant \dfrac{1}{r}(r > 0$ 是常数). 证明：$L \geqslant 2\pi r$.
3. 求椭圆 $\dfrac{x^2}{a^2} + \dfrac{y^2}{b^2} = 1$ 的顶点.
4. 求椭圆曲线 C:

$$\boldsymbol{r}(t) = \{x(t), y(t)\} = \{a\cos t, b\sin t\}, \quad 0 \leqslant t \leqslant 2\pi$$

的旋转指标和相对全曲率.

5. 证明：曲率 $\kappa(s) \leqslant \dfrac{1}{r}(r > 0$ 是常数) 的最短闭曲线是半径为 r 的圆周.
6. 证明：空间正则闭曲线的切线像全长不小于 2π.
7. 验证 Crofton 公式对单位球面上大圆

$$\boldsymbol{r} = \{\cos\theta, \sin\theta, 0\}, \quad 0 \leqslant \theta \leqslant 2\pi$$

的正确性.

8. 设 Γ 是球面 S^2 上的闭曲线，其中曲率和挠率分别为 $\kappa(s), \tau(s)$, 且 $\kappa(s) \neq 0$. 证明：

$$\int_\Gamma \left(\frac{\tau}{\kappa}\right) \mathrm{d}s = 0, \quad \int_\Gamma (\tau \cdot \kappa) \mathrm{d}s = 0$$

第 10 章　曲面的整体性质

本章主要研究曲面的整体性质，导出几个重要的曲面整体定理，讲述曲面的整体性质与局部性质的区别与联系，为后续学习微分流形做好准备.

§10.1　简单曲面和光滑曲面

前面研究的都是曲面的局部性质，只用一个坐标系就可以描述. 下面研究整体性质，首先给出曲面的整体定义.

定义 10.1.1　设 S 是 $\mathbb{E}^3$ 的子集，如果 S 满足：

(1) 存在 $\mathbb{E}^2$ 中的开集族 $\{U_\alpha\}_{\alpha\in\Lambda}$ 与对应映射 ϕ_α 使得

$$\phi_\alpha : U_\alpha \mapsto S_\alpha = \phi(U_\alpha) \subset S$$

都是 $\mathbb{E}^2$ 的开集 U_α 到 S 的子集 S_α 的同胚.

(2) $\{S_\alpha\}_{\alpha\in\Lambda}$ 构成 S 的开覆盖：$S = \bigcup\limits_{\alpha\in\Lambda} S_\alpha$, S_α 称为 S 的**坐标域**，逆映射

$$\phi_\alpha^{-1} : S_\alpha \mapsto U_\alpha$$

称为 S 上的**坐标函数**, $(S_\alpha, \phi_\alpha^{-1})$ 称为曲面 S 的**局部坐标系**或**坐标卡**，全体坐标卡的集合 $\mathcal{A} = \{(S_\alpha, \phi_\alpha^{-1}) | \alpha \in \Lambda\}$ 称为**曲面的坐标图册**.

(3) 如果 $U_\alpha \cap U_\beta \neq \emptyset (\alpha, \beta \in \Lambda)$, 对于 $U_\alpha \cap U_\beta$ 上的两个坐标函数 $\phi_\alpha^{-1}, \phi_\beta^{-1}$, 则

$$\phi_\beta^{-1} \circ \phi_\alpha : \phi_\alpha^{-1}(S_\alpha \cap S_\beta) \mapsto \phi_\beta^{-1}(S_\alpha \cap S_\beta)$$

是 C^k 同胚的.

设 $U_\alpha = \phi_\alpha^{-1}(S_\alpha)$ 和 $U_\beta = \phi_\beta^{-1}(S_\beta)$ 上点的坐标为 (u_α, v_α) 和 (u_β, v_β), 则 C^k 同胚表示为

$$u_\beta = u_\beta(u_\alpha, v_\alpha), \quad v_\beta = v_\beta(u_\alpha, v_\alpha)$$

称为 $S_\alpha \cap S_\beta$ 上局部**坐标变换公式**, 如图 10.1.1 所示. 则称 S 为 C^k **类曲面**，当 $k \geqslant 1$ 时，称 S 为**光滑曲面**.

约定：下面讨论的曲面都是充分光滑的曲面.

例 10.1.1　单位球面 $x^2 + y^2 + z^2 = 1$ 是光滑曲面.

证明　将球面分成两部分

$$U = \{(x, y, z) \in S^2 | z < 1\} \quad 和 \quad V = \{(x, y, z) \in S^2 | z > -1\}$$

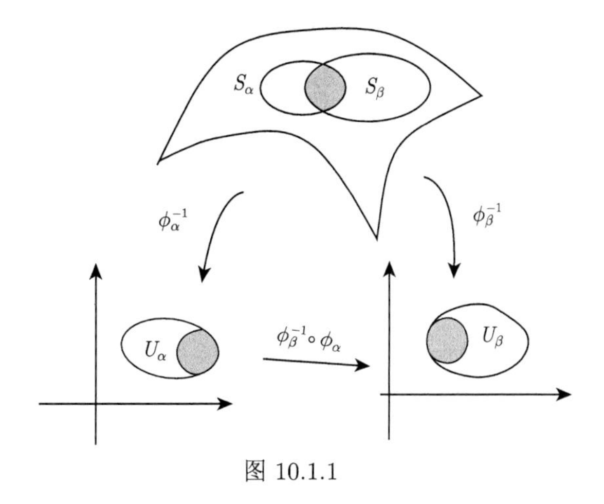

图 10.1.1

则

$$U\cap V=\{(x,y,z)\in S^2|z\neq\pm1\}$$

利用球极投影可得 $\phi:\mathbb{E}^2\mapsto U,(u_1,u_2)\mapsto(x,y,z)$

$$\phi(u_1,u_2)=\left(\frac{2u_1}{u_1^2+u_2^2+1},\frac{2u_2}{u_1^2+u_2^2+1},\frac{u_1^2+u_2^2-1}{u_1^2+u_2^2+1}\right)$$

$\psi:\mathbb{E}^2\mapsto V,(v_1,v_2)\mapsto(x,y,z)$

$$\psi(v_1,v_2)=\left(\frac{2v_1}{v_1^2+v_2^2+1},\frac{2v_2}{v_1^2+v_2^2+1},\frac{1-v_1^2-v_2^2}{v_1^2+v_2^2+1}\right)$$

逆映射分别为

$$\phi^{-1}(x,y,z)=\left(\frac{x}{1-z},\frac{y}{1-z}\right),\quad \psi^{-1}(x,y,z)=\left(\frac{x}{1+z},\frac{y}{1+z}\right)$$

坐标变换公式

$$\phi^{-1}\circ\psi:\psi^{-1}(U\cap V)\to\phi^{-1}(U\cap V)$$

$$(v_1,v_2)\mapsto\left(\frac{v_1}{v_1^2+v_2^2},\frac{v_2}{v_1^2+v_2^2}\right)$$

$\phi^{-1}\circ\psi$ 在 $\psi^{-1}(U\cap V)=\mathbb{E}^2-\{(0,0)\}$ 上是光滑映射. 同理可得 $\psi^{-1}\circ\phi$ 也是光滑映射，所以球面是光滑曲面.

在定义中虽然对连通性没有要求，以后为方便，总假定曲面是连通的. 对曲面 $S=\sum\limits_{\alpha}S_\alpha$ 而言，在每片 S_α 上有定义好的第一基本形式以及 Gauss 曲率、测地曲率等内蕴几何量，它们与参数选择无关，在 $S_\alpha\cap S_\beta$ 上，由于 S_α 和 S_β 是光滑拼接的，由 S_α 所定义的内蕴几何量和由 S_β 所定义的内蕴几何量是一致的，因此这些几何量可以定义在整个曲面 S 上.

而对第二基本形式来说，它依赖于法向的选择，因此当 $S_\alpha \cap S_\beta \neq \emptyset$ 时，如果在 S_α 和 S_β 上法向不一致，则无法通过单位法向量来整体定义曲面的第二基本形式，所以需要给出曲面定向的概念.

定义 10.1.2 如果曲面 S 上存在局部坐标图册 $\{(S_\alpha, \phi_\alpha^{-1})\}_{\alpha\in\Lambda}$，使得所有坐标变换的 Jacobi 行列式都取正值，即

$$J = \frac{\partial(u_\alpha, v_\alpha)}{\partial(u_\beta, v_\beta)} > 0$$

则称坐标图册是**定向相容的**，曲面 S 为**可定向的**，简称**定向曲面**.

例 10.1.2 单位球面是定向曲面.

证明 在例 10.1.1 中, 坐标图册为

$$\mathcal{A} = \{(U, \phi^{-1}; (u_1, u_2)), (V, \psi^{-1}; (v_1, v_2))\}$$

直接计算可得

$$J = \frac{\partial(u_1, u_2)}{\partial(v_1, v_2)} = -\frac{1}{(v_1^2 + v_2^2)^2} < 0$$

即坐标图册不是定向相容的.

下面修改其中一个参数化，使得它们定向相符，选择新的坐标映射 $\tilde{\phi}^{-1} : U \to \mathbb{R}^2$，$\tilde{\psi}^{-1} : V \to \mathbb{R}^2$，如下：

$$\tilde{\phi}^{-1}(x, y, z) = \frac{1}{1-z}(x, -y) = (u_1, u_2), \quad \tilde{\psi}^{-1}(x, y, z) = \frac{1}{1+z}(x, y) = (\tilde{v}_1, \tilde{v}_2)$$

在新的坐标映射下，有

$$J = \frac{\partial(u_1, u_2)}{\partial(\tilde{v}_1, \tilde{v}_2)} = \frac{1}{(\tilde{v}_1^2 + \tilde{v}_2^2)^2} > 0$$

所以 S^2 是可定向的.

命题 10.1.1 可定向曲面上有整体定义的第二基本形式.

定义 10.1.3 如果简单曲面 S 是 $\mathbb{E}^3$ 中的有界闭集，则称 S 为**紧致曲面**.

对紧致曲面，有下面的结论.

命题 10.1.2 (1) 曲面 S 是紧致的，当且仅当它是 $\mathbb{E}^3$ 的紧致子集；

(2) 曲面紧致，当且仅当它的任意开覆盖都有有限子覆盖.

显然二次曲面中椭球面是紧致的，因为它是三维欧氏空间中的有界闭集，椭圆抛物面和双曲抛物面都不是紧致的，因为它们无界.

定理 10.1.1 紧致曲面上必有 Gauss 曲率大于 0 的点.

证明 设 S 为紧致曲面，则 S 有界. 以原点为球心，做球面包围 S. 令 R 为这些球面半径的下确界，则以原点为球心，R 为半径的球面与 S 必有公共点 p_0. 设 $\boldsymbol{r} = (x, y, z)$ 是曲面的位置向量，则 p_0 点是曲面上函数

$$f(p) = \langle \boldsymbol{r}, \boldsymbol{r} \rangle = x^2(p) + y^2(p) + z^2(p)$$

的最大值点. 下面证明 p_0 点的 Gauss 曲率 $K(p_0) > 0$.

设 $\boldsymbol{r}=\boldsymbol{r}(u,v)$ 是曲面 S 在 p_0 附近的坐标系，$f(p_0)$ 是极大值，所以

$$\mathrm{d}f(p_0)=2\langle \mathrm{d}\boldsymbol{r}(p_0),\boldsymbol{r}(p_0)\rangle=0$$

即 $\boldsymbol{r}(p_0)$ 是曲面在 p_0 的法向量，且 $\|\boldsymbol{r}(p_0)\|\neq 0$, 所以

$$\boldsymbol{r}(p_0)=\lambda\boldsymbol{n}(p_0),\quad \lambda\neq 0\text{是常数}$$

求函数 f 的二阶普通微分，可得

$$\mathrm{d}(\mathrm{d}f)=2\langle \mathrm{d}^2\boldsymbol{r},\boldsymbol{r}\rangle+2\langle \mathrm{d}\boldsymbol{r},\mathrm{d}\boldsymbol{r}\rangle=2\langle \mathrm{d}^2\boldsymbol{r},\boldsymbol{r}\rangle+2I$$

在 p_0 点满足

$$0>\mathrm{d}(\mathrm{d}f)(p_0)=2\lambda\langle \mathrm{d}^2\boldsymbol{r}(p_0),\boldsymbol{n}(p_0)\rangle+2I(p_0)=2\lambda II(p_0)+I(p_0)\tag{10.1.1}$$

其中，I,II 表示曲面 S 的第一、第二基本形式. 因为第一基本形式 I 是正定的，所以式 (10.1.1) 等价于

$$2\lambda II(p_0)<0$$

即曲面 S 的第二基本形式在 p_0 点正定或者负定 ($II(p_0)>0$ 或者 $II(p_0)<0$). 所以在 p_0 点曲面 S 的两个主曲率都非零同号，所以

$$K(p_0)=\kappa_1(p_0)\kappa_2(p_0)>0$$

推论 10.1.1　$\mathbb{E}^3$ 中不存在 Gauss 曲率处处非正的紧致曲面.

推论 10.1.2　$\mathbb{E}^3$ 中不存在紧致的极小曲面.

§10.2　整体 Gauss-Bonnet 定理

紧致、无边的连通曲面称为闭曲面，闭曲线可以在其中连续收缩为一点的曲面称为单连通曲面，在 § 8.5 节，给出了分段光滑闭曲线围成的单连通区域上的 Gauss-Bonnet 公式

$$\int_D K\mathrm{d}A+\sum_i\int\kappa_g\mathrm{d}s+\sum_i\theta_i=2\pi$$

下面讨论更一般的情形.

§10.2.1　亏格与示性数

假设 Ω 是曲面 S 上的任意紧致区域，它的边界由 S 的互不相交的 m 条简单的分段光滑闭曲线 Γ_i 组成. 如果 Ω 可以分为有限个曲边三角形，使得有公共顶点的三角形恰好有一条公共边或者一个公共顶点，则称这样的分解为区域 Ω 的**三角剖分**.

例 10.2.1　图 10.2.1 不是三角剖分，因为 BO 不是公共边. 图 10.2.2 符合条件，是三角剖分.

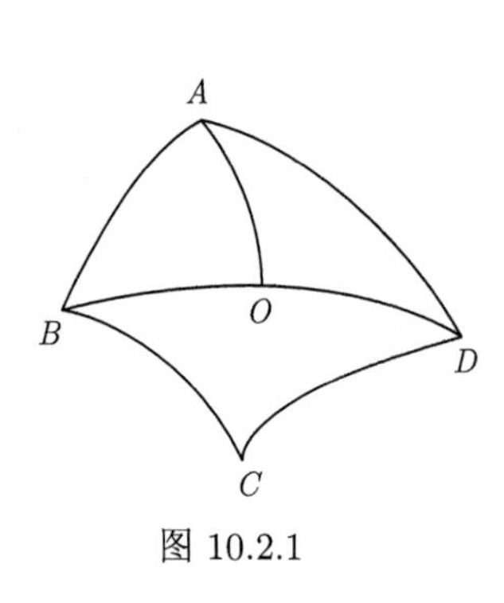

图 10.2.1

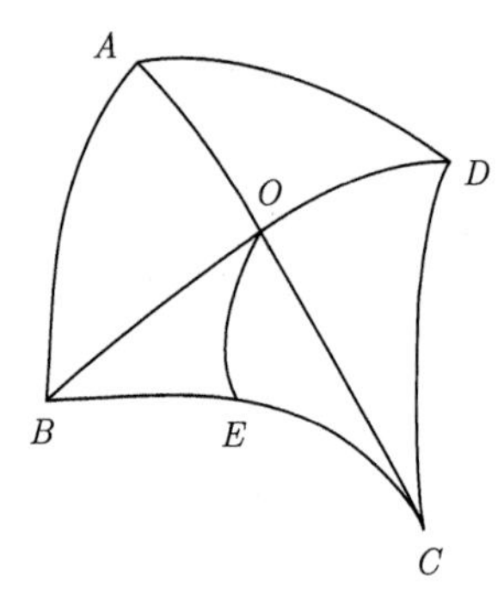

图 10.2.2

对于可定向曲面，可以用右手法则规定每个三角形边界的正向，区域内部边界的定向正好分别取得一次正向和一次负向，经过这样剖分后，可得到三个数：三角形的个数 F, 三角形边的条数 E, 三角形顶点的个数 V. 它们确定了区域 Ω 的 Euler-Poincarè 示性数

$$\chi(\Omega)=F-E+V$$

如图 10.2.3 所示, 三角剖分的 Euler-Poincarè 示性数$\chi(\Omega)=1$. 这个数和区域的三角剖分无关，是曲面的拓扑不变量.

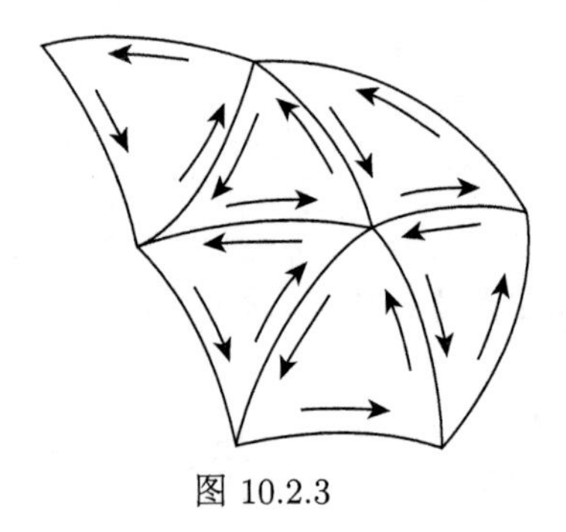
图 10.2.3

由拓扑学知，任何定向的紧致闭曲面，其 Euler-Poincarè 示性数只能取 $2,0,-2,\cdots,$ $-2g,\cdots$, 而且示性数相等的紧致曲面互相同胚. 因此，欧拉数 χ 给出了定向紧致闭曲面的完全拓扑分类. 数 $g=\dfrac{1}{2}[2-\chi(M)]$ 称为曲面 M 的**亏格**, 即 M 包含的洞的个数. 因此亏格也是一个拓扑不变量，有

$$\chi(M)=2(1-g)$$

§10.2.2 Gauss-Bonnet 公式

定理 10.2.1 设 G 是定向曲面 M 上的连通有界区域，边界 ∂G 由有限条逐段光滑简单闭曲线 $\Gamma_i(i=1,2,\cdots,m)$ 组成, $\alpha_j(j=1,2,\cdots,n)$ 为 ∂G 在角点处的内角，$\chi(G)$ 为示性数，则有

$$\iint\limits_{G} K\mathrm{d}A+\sum_{i=1}^{m}\int_{\Gamma_i}\kappa_g\mathrm{d}s+\sum_{j=1}^{n}(\pi-\alpha_j)=2\pi\chi(G)$$

其中，曲线积分沿 ∂G 的正向进行.

证明　取区域 G 的三角剖分 $G_1, G_2, \cdots, G_F$, 边界 ∂G_i 的逆时针方向为正向，在每个 G_i 上应用定理 8.5.1, 有

$$\int_{G_i} K\mathrm{d}A + \sum_{j=1}^{3}\int_{\partial\Gamma_{i_j}} \kappa_g \mathrm{d}s + \sum_{j=1}^{3}(3\pi - \alpha_{i_j}) = 2\pi \tag{10.2.1}$$

其中，$\Gamma_{i_j}(j=1,2,3)$ 表示 G 内部的三角形 G_i 的三条边，$\alpha_{i_j}(j=1,2,3)$ 表示 G_i 的三个内角，用 $\theta_{i_j} = \pi - \alpha_{i_j}(j=1,2,3)$ 表示 G_i 的三个外角，则

$$\int_{G_i} K\mathrm{d}A + \sum_{j=1}^{3}\int_{\partial\Gamma_{i_j}} \kappa_g \mathrm{d}s + \sum_{j=1}^{3}\theta_{i_j} = 2\pi \tag{10.2.2}$$

因为在 G 内部的三角形 G_i 的边界 Γ_{i_j} 恰好出现 2 次且方向相反，所以式 (10.2.2) 求和可得

$$\int_{G} K\mathrm{d}A + \sum_{i=1}^{m}\int_{\partial\Gamma_{i}} \kappa_g \mathrm{d}s + \sum_{i=1}^{F}\sum_{j=1}^{3}\theta_{i_j} = 2\pi F \tag{10.2.3}$$

由内、外角的关系可得

$$\sum_{j=1}^{F}\sum_{k=1}^{3}\theta_{j_k} = 3\pi F - \sum_{j=1}^{F}\sum_{k=1}^{3}\alpha_{j_k}$$

记 E_e = 落在 G 边界上边的总数，E_I = 落在 G 内部的边的总数，V_e = 落在 G 边界上的顶点的总数，V_I = 落在 G 内部的顶点总数. 因为任意曲线 Γ_i 都是闭的，因此有 $E_e = V_e$. 因为每条内边是两个三角形的边，每条外边仅是一个三角形的边，所以

$$3F = 2E_I + E_e$$

因此

$$\sum_{i=1}^{F}\sum_{j=1}^{3}\theta_{i_j} = 2\pi E_I + \pi E_e - \sum_{i=1}^{F}\sum_{j=1}^{3}\alpha_{i_j}$$

∂G 上的顶点分为两部分：一部分是原来 Γ_i 的顶点，它的总数记做 $V_{ec} = n$; 另一部分是由剖分产生的其他顶点，其总数记为 V_{et}, 则 $V_e = V_{ec} + V_{et}$. 对于 V_{et} 来说，内角之和为 π. 而对于任意内部顶点，内角之和为 2π, 因此

$$\begin{aligned}\sum_{j=1}^{F}\sum_{k=1}^{3}\theta_{j_k} &= 2\pi E_I + \pi E_e - 2\pi V_I - \pi V_{et} - \sum_{i=1}^{n}\alpha_i \\ &= 2\pi E_I + 2\pi E_e - 2\pi V_I - \pi E_e - \pi V_e + \sum_{i=1}^{n}(\pi - \alpha_i) \\ &= 2\pi E_I - 2\pi V_I + \sum_{i=1}^{n}(\pi - \alpha_i)\end{aligned}$$

这里 $V=V_I+V_e, E=E_I+E_e$, 所以 $E_I-V_I=E-V$, 代入式 (10.2.3) 可得

$$\int_G K\mathrm{d}A+\sum_{i=1}^{m}\int_{\partial\Gamma_i}\kappa_g\mathrm{d}s+\sum_{j=1}^{n}(\pi-\alpha_j)=2\pi(F-E+V)=2\pi\chi(G)$$

推论 10.2.1 设 M 是 $\mathbb{E}^3$ 中的紧致曲面，则

$$\int_M K\mathrm{d}A=2\pi\chi(M) \tag{10.2.4}$$

§10.2.3 Gauss-Bonnet 定理的应用

设 Γ 是曲率非零的空间正则曲线，其 Frenet 标架为 $\{\boldsymbol{r};\boldsymbol{T},\boldsymbol{N},\boldsymbol{B}\}$, 其主法向量端点在单位球面上画出一条曲线，称为曲线的**主法线像**. 因为

$$\dot{\boldsymbol{N}}=-\kappa\boldsymbol{T}+\tau\boldsymbol{B}$$

$\|\dot{\boldsymbol{N}}\|=\sqrt{\kappa^2+\tau^2}>0$, 所以主法线像是正则曲线.

定理 10.2.2 设 Γ 是曲率非零的空间正则闭曲线，则主法线像必定平分 $S^2(1)$ 的面积.

证明 设 s 和 $\bar{s}$ 分别是曲线 $\boldsymbol{r}=\boldsymbol{r}(s)$ 和主法线像 $\boldsymbol{N}=\boldsymbol{N}(\bar{s})$ 的弧长参数，则主法线像的测地曲率

$$\bar{\kappa}_g=\left(\boldsymbol{N},\frac{\mathrm{d}\boldsymbol{N}}{\mathrm{d}\bar{s}},\frac{\mathrm{d}^2\boldsymbol{N}}{\mathrm{d}\bar{s}^2}\right)$$

其中，$\dfrac{\mathrm{d}\boldsymbol{N}}{\mathrm{d}\bar{s}}=(-\kappa\boldsymbol{T}+\tau\boldsymbol{B})\dfrac{\mathrm{d}s}{\mathrm{d}\bar{s}}$ 是主法线像的单位切向量，进一步可得

$$\left(\frac{\mathrm{d}s}{\mathrm{d}\bar{s}}\right)^2=\frac{1}{\kappa^2+\tau^2}$$

$$\frac{\mathrm{d}^2\boldsymbol{N}}{\mathrm{d}\bar{s}^2}=(-\kappa\boldsymbol{T}+\tau\boldsymbol{B})\frac{\mathrm{d}^2s}{\mathrm{d}\bar{s}^2}+(-\dot{\kappa}\boldsymbol{T}+\dot{\tau}\boldsymbol{B})\left(\frac{\mathrm{d}s}{\mathrm{d}\bar{s}}\right)^2-(\kappa^2+\tau^2)\left(\frac{\mathrm{d}s}{\mathrm{d}\bar{s}}\right)^2$$

因此

$$\begin{aligned}\bar{\kappa}_g&=\frac{\mathrm{d}s}{\mathrm{d}\bar{s}}(\kappa\boldsymbol{B}+\tau\boldsymbol{T})\frac{\mathrm{d}^2\boldsymbol{N}}{\mathrm{d}\bar{s}^2}=(\kappa\dot{\tau}-\tau\dot{\kappa})\left(\frac{\mathrm{d}s}{\mathrm{d}\bar{s}}\right)^2\\&=\frac{\kappa\dot{\tau}-\tau\dot{\kappa}}{\kappa^2+\tau^2}\cdot\frac{\mathrm{d}s}{\mathrm{d}\bar{s}}=\frac{\mathrm{d}}{\mathrm{d}\bar{s}}\arctan\frac{\tau}{\kappa}\end{aligned} \tag{10.2.5}$$

设 $\boldsymbol{N}$ 围成的区域之一为 G, 其上 Gauss 曲率 $K=1$, 则 G 的面积

$$A=\int_G\mathrm{d}A=\int_G K\mathrm{d}A$$

在 G 上应用 Gauss-Bonnet 公式，可得

$$\int_G\mathrm{d}A+\int_{\partial G}\bar{\kappa}_g\mathrm{d}\bar{s}=2\pi$$

而由式 (10.2.5) 可知

$$\int_{\partial G} \bar{\kappa}_g \mathrm{d}\bar{s} = \int_{\partial G} \mathrm{d}\left(\arctan \frac{\tau}{\kappa}\right) = 0$$

所以 $A = 2\pi$, 这恰好是单位球面面积的一半.

§10.3　凸曲面和卵形面

定义 10.3.1　Gauss 曲率 K 恒正的曲面称为**凸曲面**，紧致凸曲面称为**卵形面**.

椭圆抛物面是凸曲面，但不是卵形面、闭曲面；椭球面是凸曲面、卵形面、闭曲面.

定理 10.3.1(阿达马 (Hadamard 定理))　$\mathbb{E}^3$ 中定向凸闭曲面 S 的高斯映射是双射.

证明　设 S 是 $\mathbb{E}^3$ 中的卵形面，其参数方程为 $\boldsymbol{r} = \boldsymbol{r}(u,v)$, 高斯映射 $g: S \to S^2, (u,v) \to \boldsymbol{n}(u,v)$, 其中 $\boldsymbol{n}$ 是曲面的单位法向量. 因为卵形面是紧致的，所以可定向，从而 $\boldsymbol{n}$ 可完全确定. 又因为

$$\boldsymbol{n}_u \wedge \boldsymbol{n}_v = K \boldsymbol{r}_u \wedge \boldsymbol{r}_v$$

Gauss 曲率 $K > 0$，所以高斯映射 g 的 Jacobi 行列式处处非零，故 g 是局部同胚映射，$g(S)$ 是 S^2 中的开子集. 另一方面，S 紧致且 g 连续，因此 $g(S)$ 是 S^2 的闭子集，但 S^2 是连通的，故 $g(S) = S^2$, 即 g 是满射.

假定 g 不是单射，即存在 S 上不同的两点 P, Q，使得 $g(P) = g(Q) \in S^2$, 由于 g 是局部同胚，所以有 P, Q 的邻域 $U_P, V_Q, U_P \cap V_Q = \emptyset$, 使得 $g(U_P) = g(V_Q)$, 于是 $g(S - U_P) = S^2$, 因此

$$\int_{S-U_P} K \mathrm{d}A = \int_{g(S-U_P)} \mathrm{d}\sigma = \int_{S^2} \mathrm{d}\sigma = 4\pi$$

其中, $\mathrm{d}A, \mathrm{d}\sigma$ 分别是 S 和 S^2 的面积元. 由式(10.2.4)可得

$$\int_S K \mathrm{d}A = 2\pi\chi(M) = 4\pi$$

利用 Gauss-Bonnet 公式有

$$\int_{S-U_P} K \mathrm{d}A = \int_S K \mathrm{d}A - \int_{U_P} K \mathrm{d}A = 4\pi - \int_{U_P} K \mathrm{d}A < 4\pi$$

矛盾，所以 g 又是单射.

利用 Hadamard 定理可得凸曲面的下列几何性质.

命题 10.3.1　卵形面 $S \subset E^3$ 位于曲面上任意一点切平面的同侧.

证明　对于任意一点 $x_0 \in S$, 考虑如下函数 $f: S \to \mathbb{R}$:

$$f(x) = \boldsymbol{n}(x_0) \cdot (x - x_0), \quad x \in S$$

其中，$\boldsymbol{n}(x_0)$ 是 S 在 x_0 点的单位法向量. 于是 S 位于 x_0 点的切平面的一侧等价于函数 $f(x)$ 不变号.

因为 S 紧致，所以 $f(x)$ 必达到最大值和最小值. 设 $x_1, x_2 \in S$ 分别是 $f(x)$ 的最大值点和最小值点，则

$$\mathrm{d}f(x_1) = 0, \quad \mathrm{d}f(x_2) = 0$$

又因为 $\mathrm{d}f(x) = \boldsymbol{n}(x_0) \cdot \mathrm{d}x$, 所以

$$\boldsymbol{n}(x_0) \cdot (\mathrm{d}x)_{x_1} = 0, \quad \boldsymbol{n}(x_0) \cdot (\mathrm{d}x)_{x_2} = 0$$

这表明 $\boldsymbol{n}(x_0) = \pm\boldsymbol{n}(x_1), \boldsymbol{n}(x_0) = \pm\boldsymbol{n}(x_2)$, 因为 $x_1 \neq x_2$, (否则 $f = \text{const.}$, 从而 S 是平面.) 根据 Hadamard 定理，S 的 Gauss 映射是双射，故 $\boldsymbol{n}(x_1) = -\boldsymbol{n}(x_2)$. 所以 $\boldsymbol{n}(x_0) = \boldsymbol{n}(x_1)$ 或者 $\boldsymbol{n}(x_0) = \boldsymbol{n}(x_2)$, 从而知或者 $x_0 = x_1$，或者 $x_0 = x_2$. 又因为 $f(x_0) = 0$, 故如果 $x_0 = x_1$，则对于任意 $x \in S$, 有 $f(x) \leqslant 0$; 如果 $x_0 = x_2$，则对于任意 $x \in S$, 有 $f(x) \geqslant 0$. 所以不论那种情况，函数 $f(x)$ 不变号.

§10.4 刚性曲面与 W 曲面

§10.4.1 刚性曲面

定义 10.4.1 等距变换下形状保持不变的曲面称为**刚性曲面**.

关于卵形面，有下面的刚性定理.

定理 10.4.1 (科恩-福森 Cohn-Vossen) 两个等距卵形面必定全等，即如果 $M, \overline{M}$ 是 $\mathbb{E}^3$ 中的两个卵形面，如果 $f: M \to \overline{M}$ 是一个等距对应，则 f 必为刚体运动.

先证明两个引理，再完成定理的证明.

引理 10.4.1 设二元二次多项式 $\boldsymbol{X}^{\mathrm{T}}\boldsymbol{A}\boldsymbol{X}$ 和 $\boldsymbol{X}^{\mathrm{T}}\boldsymbol{B}\boldsymbol{X}$ 正定且系数行列式 $\det \boldsymbol{A} = \det \boldsymbol{B}$, 则它们的系数差行列式非正，即

$$\det(\boldsymbol{A} - \boldsymbol{B}) \leqslant 0$$

式中，等号成立当且仅当对称矩阵 $\boldsymbol{A} = \boldsymbol{B}$, 其中 $\boldsymbol{X} = \begin{pmatrix} x \\ y \end{pmatrix}, \boldsymbol{A} = (a_{ij}), \boldsymbol{B} = (b_{ij}), i, j = 1, 2$.

证明 $\boldsymbol{X}^{\mathrm{T}}\boldsymbol{A}\boldsymbol{X}$ 正定，等价于其顺序主子式都大于 0, 即 $a_{11} > 0$, 且 $\det \boldsymbol{A} > 0$, 所以 $a_{22} > 0$, 经过满秩线性变换 $\boldsymbol{X} = \boldsymbol{P}\bar{\boldsymbol{X}} (\det \boldsymbol{P} \neq 0)$, $\boldsymbol{X}^{\mathrm{T}}\boldsymbol{A}\boldsymbol{X}$ 和 $\boldsymbol{X}^{\mathrm{T}}\boldsymbol{B}\boldsymbol{X}$ 仍保持正定且系数行列式相等.

$$\det \bar{\boldsymbol{A}} = (\det \boldsymbol{P})^2 \det \boldsymbol{A} = (\det \boldsymbol{P})^2 \det \boldsymbol{B} = \det \bar{\boldsymbol{B}} > 0 \tag{10.4.1}$$

$$\bar{a}_{ii} > 0, \quad \bar{b}_{ii} > 0, \quad (i = 1, 2) \tag{10.4.2}$$

取满秩线性变换，使得 $\bar{a}_{12} = \bar{b}_{12}$, 由式 (10.4.1) 有 $\bar{a}_{11}\bar{a}_{22} = \bar{b}_{11}\bar{b}_{22}$, 再由式 (10.4.2) 可得

$$\begin{aligned} \det(\bar{\boldsymbol{A}} - \bar{\boldsymbol{B}}) &= (\bar{a}_{11} - \bar{b}_{11})(\bar{a}_{22} - \bar{b}_{22}) - 0^2 \\ &= (\bar{a}_{11} - \bar{b}_{11}) \left(\bar{a}_{22} - \frac{\bar{a}_{11}\bar{a}_{22}}{\bar{b}_{11}} \right) \end{aligned}$$

$$= -\frac{\bar{a}_{22}}{\bar{b}_{11}}(\bar{a}_{11} - \bar{b}_{11})^2 \leqslant 0 \tag{10.4.3}$$

式中，等号成立当且仅当 $\bar{a}_{11} = \bar{b}_{11}$. 由 $\bar{a}_{12} = \bar{b}_{12}$ 和式 (10.4.1) 可得 $\bar{a}_{22} = \bar{b}_{22}$, 即 $\bar{\boldsymbol{A}} = \bar{\boldsymbol{B}}$.

既然 $\bar{\boldsymbol{A}} = \boldsymbol{P}^{\mathrm{T}}\boldsymbol{A}\boldsymbol{P}, \bar{\boldsymbol{B}} = \boldsymbol{P}^{\mathrm{T}}\boldsymbol{B}\boldsymbol{P}$, 代入式 (10.4.3) 得

$$\det(\boldsymbol{P}^{\mathrm{T}}(\boldsymbol{A} - \boldsymbol{B})\boldsymbol{P}) \leqslant 0$$

因此, $\det(\boldsymbol{A} - \boldsymbol{B}) \leqslant 0$, 且等号成立当且仅当 $\boldsymbol{P}^{\mathrm{T}}\boldsymbol{A}\boldsymbol{P} = \boldsymbol{P}^{\mathrm{T}}\boldsymbol{B}\boldsymbol{P}$, 即 $\boldsymbol{A} = \boldsymbol{B}$.

引理 10.4.2　*设 M 是 $\mathbb{E}^3$ 中的紧致曲面，它的 Gauss 曲率和平均曲率为 K 和 H, 则有*

$$\iint_M H\mathrm{d}A + \iint_M pH\mathrm{d}A = 0 \tag{10.4.4}$$

$$\iint_M H\mathrm{d}A + \iint_M pK\mathrm{d}A = 0 \tag{10.4.5}$$

其中，$p = \langle \boldsymbol{n}, \boldsymbol{r} \rangle$ 是 M 的支持函数；$\mathrm{d}A$ 是 M 的面积微元.

证明　设 M 的局部表示为 $\boldsymbol{r} = \boldsymbol{r}(u_1, u_2)$, 其参数曲线网为正交参数网. 取 M 的正交标架 $\{\boldsymbol{r}; \boldsymbol{e}_1, \boldsymbol{e}_2, \boldsymbol{e}_3\}$, 其中 $\boldsymbol{e}_1, \boldsymbol{e}_2$ 为坐标切向量，$\boldsymbol{e}_3 = \boldsymbol{n}$ 为曲面的单位法向量. 为讨论方便，不妨假设原点 O 在 M 内部，使得 $p = \langle \boldsymbol{n}, \boldsymbol{r} \rangle > 0$, 由此有

$$\boldsymbol{r} = x\boldsymbol{e}_1 + y\boldsymbol{e}_2 + z\boldsymbol{e}_3, \quad z = \langle \boldsymbol{n}, \boldsymbol{r} \rangle = p > 0$$

拓展向量的混合积，在其中加入外微分形式的运算，仍用原混合积符号表示为

$$\begin{aligned}(\mathrm{d}\boldsymbol{r}, \boldsymbol{e}_3, \mathrm{d}\boldsymbol{r}) &= (\omega^1\boldsymbol{e}_1 + \omega^2\boldsymbol{e}_2, \boldsymbol{e}_3, \omega^1\boldsymbol{e}_1 + \omega^2\boldsymbol{e}_2) \\ &= \omega^1 \wedge \omega^2(\boldsymbol{e}_1, \boldsymbol{e}_3, \boldsymbol{e}_2) + \omega^2 \wedge \omega^1(\boldsymbol{e}_2, \boldsymbol{e}_3, \boldsymbol{e}_1) \\ &= -2\omega^1 \wedge \omega^2 = -2\mathrm{d}A\end{aligned} \tag{10.4.6}$$

$$\begin{aligned}(\boldsymbol{r}, \mathrm{d}\boldsymbol{e}_3, \mathrm{d}\boldsymbol{r}) &= (x\boldsymbol{e}_1 + y\boldsymbol{e}_2 + z\boldsymbol{e}_3, \omega_3^1\boldsymbol{e}_1 + \omega_3^2\boldsymbol{e}_2, \omega^1\boldsymbol{e}_1 + \omega^2\boldsymbol{e}_2) \\ &= p(\omega_3^1 \wedge \omega^2 - \omega_3^2 \wedge \omega^1)\end{aligned} \tag{10.4.7}$$

利用结构方程

$$\begin{cases} \omega_1^3 = h_{11}^3\omega^1 + h_{12}^3\omega^2 \\ \omega_2^3 = h_{21}^3\omega^1 + h_{22}^3\omega^2 \end{cases} \tag{10.4.8}$$

其中 $\begin{pmatrix} h_{11}^3 & h_{12}^3 \\ h_{21}^3 & h_{22}^3 \end{pmatrix}$ 是 Weingarten 变换在正交基底下的系数矩阵，式 (10.4.6) 和式 (10.4.7) 相加得

$$\mathrm{d}(\boldsymbol{r}, \boldsymbol{e}_3, \mathrm{d}\boldsymbol{r}) = -2\mathrm{d}A + p(-h_{11}^3 - h_{22}^3)\omega^1 \wedge \omega^2 = -2(1 + pH)\mathrm{d}A$$

由 M 的紧致性和 Stokes 公式，就可以得到式 (10.4.4). 其中 $(\boldsymbol{r}, \boldsymbol{e}_3, d\boldsymbol{r})$ 是与局部坐标选择无关的 1 次外微分形式.

同理，由

$$\begin{aligned}\mathrm{d}(\boldsymbol{r},\boldsymbol{e}_3,\mathrm{d}\boldsymbol{e}_3)&=(\mathrm{d}\boldsymbol{r},\boldsymbol{e}_3,\mathrm{d}\boldsymbol{e}_3)+(\boldsymbol{r},\mathrm{d}\boldsymbol{e}_3,\mathrm{d}\boldsymbol{e}_3)\\&=\omega^2\wedge\omega_3^1-\omega^1\wedge\omega_3^2+2p\omega_3^1\wedge\omega_3^2\\&=[h_{11}^3+h_{22}^3+2p(h_{11}^3h_{22}^3-(h_{12}^3)^2]\omega\wedge\omega^2\\&=2(H+pK)\mathrm{d}A\end{aligned}$$

可得到式 (10.4.5).

定理 10.4.1的证明 因为 $f:M\to\overline{M}$ 是卵形面的等距变换，所以有参数表示使得两个曲面的第一基本形式相同：$I=\bar{I}$. 选择适当的标架，就有 $\omega^\alpha=\bar{\omega}^\alpha$, 并且 Gauss 曲率 $K=\bar{K}$，面积微元 $\mathrm{d}A=\mathrm{d}\bar{A}$. 计算可得

$$\begin{aligned}&\mathrm{d}(\boldsymbol{r},\boldsymbol{e}_3,\mathrm{d}\bar{\boldsymbol{e}}_3)\\&=(\omega^1\boldsymbol{e}_1+\omega^2\boldsymbol{e}_2,\boldsymbol{e}_3,\bar{\omega}_3^1\boldsymbol{e}_1+\bar{\omega}_3^2\boldsymbol{e}_2)+(x\boldsymbol{e}_1+y\boldsymbol{e}_2+p\boldsymbol{e}_3,\omega_3^1\boldsymbol{e}_1+\omega_3^2\boldsymbol{e}_2,\bar{\omega}_3^1\boldsymbol{e}_1+\bar{\omega}_3^2\boldsymbol{e}_2)\end{aligned}$$

$\bar{\omega}_1^3,\bar{\omega}_2^3$ 的对应表达式为

$$\begin{cases}\overline{\omega}_1^3=\bar{h}_{11}^3\omega^1+\bar{h}_{12}^3\omega^2\\\overline{\omega}_2^3=\bar{h}_{21}^3\omega^1+\bar{h}_{22}^3\omega^2\end{cases}\tag{10.4.9}$$

结合式 (10.4.8) 有

$$\mathrm{d}(\boldsymbol{r},\boldsymbol{e}_3,\mathrm{d}\bar{\boldsymbol{e}}_3)=\omega^1\wedge\bar{\omega}_2^3-\omega^2\wedge\bar{\omega}_1^3+p\omega_1^3\wedge\bar{\omega}_2^3-p\omega_2^3\wedge\bar{\omega}_1^3=(2\bar{H}+pJ)\mathrm{d}A$$

其中 $2\bar{H}=\bar{h}_{11}^3+\bar{h}_{22}^3$, $J=\bar{h}_{11}^3h_{22}^3+h_{11}^3\bar{h}_{22}^3-2h_{12}^3\bar{h}_{12}^3$, 利用 $K=\bar{K}$ 就有

$$\begin{aligned}&\mathrm{d}(\boldsymbol{r},\boldsymbol{e}_3,\mathrm{d}\bar{\boldsymbol{e}}_3)-2(\bar{H}+pK)\mathrm{d}A=p(J-K-\bar{K})\mathrm{d}A\\&=p[\bar{h}_{11}^3h_{22}^3+h_{11}^3\bar{h}_{22}^3-2h_{12}^3\bar{h}_{12}^3-(h_{11}^3h_{22}^3-(h_{12}^3)^2)-(\bar{h}_{11}^3\bar{h}_{22}^3-(\bar{h}_{12}^3)^2)]\mathrm{d}A\\&=-p\begin{vmatrix}h_{11}^3-\bar{h}_{11}^3 & h_{12}^3-\bar{h}_{12}^3\\h_{12}^3-\bar{h}_{12}^3 & h_{22}^3-\bar{h}_{22}^3\end{vmatrix}\mathrm{d}A\end{aligned}\tag{10.4.10}$$

记 $\boldsymbol{B}=\begin{pmatrix}h_{11}^3 & h_{12}^3\\h_{12}^3 & h_{22}^3\end{pmatrix},\boldsymbol{D}=\begin{pmatrix}\bar{h}_{11}^3 & \bar{h}_{12}^3\\\bar{h}_{12}^3 & \bar{h}_{22}^3\end{pmatrix}$, 则 $\det(\boldsymbol{B}-\boldsymbol{D})=\det\boldsymbol{B}+\det\boldsymbol{D}-J$, 所以 $p\det(\boldsymbol{B}-\boldsymbol{D})=p(\det\boldsymbol{B}+\det\boldsymbol{D}-J)$, 两边积分，利用引理 10.4.1 可知

$$2\iint_M(H-\bar{H})\mathrm{d}A=\iint_M-p\begin{vmatrix}h_{11}^3-\bar{h}_{11}^3 & h_{12}^3-\bar{h}_{12}^3\\h_{11}^3-\bar{h}_{12}^3 & h_{22}^3-\bar{h}_{22}^3\end{vmatrix}\mathrm{d}A\geqslant 0\tag{10.4.11}$$

同理可得 $\iint_M(\bar{H}-H)\mathrm{d}A\geqslant 0$. 所以 (10.4.11) 取等号，从而

$$\begin{vmatrix}h_{11}^3-\bar{h}_{11}^3 & h_{12}^3-\bar{h}_{12}^3\\h_{12}^3-\bar{h}_{12}^3 & h_{22}^3-\bar{h}_{22}^3\end{vmatrix}=0$$

由引理 10.4.1可知, $h_{11}^3=\bar{h}_{11}^3, h_{12}^3=\bar{h}_{12}^3, h_{22}^3=\bar{h}_{22}^3$. 所以 $II=\overline{II}$, 即卵形面 M 与 $\overline{M}$ 全等.

§10.4.2 Minkowski 唯一性问题

Minkowski 问题: 在单位球面 S^2 上给定正值函数 $K>0$, 是否存在 $\mathbb{E}^3$ 的凸曲面 M, 使其 Gauss 曲率恰好为 $K\circ g$, 其中 g 为 M 的 Gauss 映射.

定理 10.4.2　*设 $M,\overline{M}$ 是 $\mathbb{E}^3$ 中的两个卵形面, $f:M\to\overline{M}$ 是微分同胚, 使得在 $M,\overline{M}$ 的对应点有相同的单位内法向量和相等的 Gauss 曲率, 则 f 必为刚体运动.*

证明　在曲面 M 和 $\overline{M}$ 上取局部正交标架 $\{\boldsymbol{e}_1,\boldsymbol{e}_2,\boldsymbol{n}\}$ 和 $\{\bar{\boldsymbol{e}}_1,\bar{\boldsymbol{e}}_2,\bar{\boldsymbol{n}}\}$, 进一步还可以假定在对应点 $\bar{\boldsymbol{e}}_i=\boldsymbol{e}_i, i=1,2$. 因为 Gauss 映射是双射，所以 M 和 $\overline{M}$ 上的微分形式都可以看做 S^2 上的微分形式，为简单起见，采用相同记号.

由于 $\mathrm{d}\boldsymbol{n}=\mathrm{d}\boldsymbol{e}_3=\omega_3^i\boldsymbol{e}_i=\mathrm{d}(\bar{\boldsymbol{n}})=\bar{\omega}_3^i\boldsymbol{e}_i$, 所以

$$\bar{\omega}_3^i=\omega_3^i,\quad i=1,2$$

由结构方程有

$$\omega_1^3\wedge\omega_3^2=\mathrm{d}\omega_1^2=-K\omega^1\wedge\omega^2\neq 0$$

即 ω_1^3,ω_3^2 是线性无关的，又因为 $\bar{\omega}_3^i=\omega_3^i$, 所以

$$\begin{pmatrix}\omega^1\\ \omega^2\end{pmatrix}=\begin{pmatrix}A & B\\ C & D\end{pmatrix}\begin{pmatrix}\omega_1^3\\ \omega_2^3\end{pmatrix},\quad \begin{pmatrix}\bar{\omega}^1\\ \bar{\omega}^2\end{pmatrix}=\begin{pmatrix}\bar{A} & \bar{B}\\ \bar{C} & \bar{D}\end{pmatrix}\begin{pmatrix}\bar{\omega}_1^3\\ \bar{\omega}_2^3\end{pmatrix}\tag{10.4.12}$$

由结构方程 (10.4.8) 可得

$$\det\begin{pmatrix}A & B\\ C & D\end{pmatrix}=\det\begin{pmatrix}h_{11}^3 & h_{12}^3\\ h_{12}^3 & h_{22}^3\end{pmatrix}^{-1}=\frac{1}{K}$$

同理有

$$\det\begin{pmatrix}\bar{A} & \bar{B}\\ \bar{C} & \bar{D}\end{pmatrix}=\frac{1}{\bar{K}}=\frac{1}{K}\tag{10.4.13}$$

下面计算

$$\mathrm{d}(\boldsymbol{r},\bar{\boldsymbol{r}},\mathrm{d}\bar{\boldsymbol{r}})=(\mathrm{d}\boldsymbol{r},\bar{\boldsymbol{r}},\mathrm{d}\bar{\boldsymbol{r}})+(\boldsymbol{r},\mathrm{d}\bar{\boldsymbol{r}},\mathrm{d}\bar{\boldsymbol{r}})$$

代入 $\mathrm{d}\boldsymbol{r}=\sum\limits_{i=1}^{2}\omega^i\boldsymbol{e}_i, \mathrm{d}\bar{\boldsymbol{r}}=\sum\limits_{i=1}^{2}\bar{\omega}^i\boldsymbol{e}_i$, 则

$$\mathrm{d}(\boldsymbol{r},\bar{\boldsymbol{r}},\mathrm{d}\bar{\boldsymbol{r}})=2p\bar{\omega}^1\wedge\bar{\omega}^2+\bar{p}(\omega^2\wedge\bar{\omega}^1-\omega^1\wedge\bar{\omega}^2)\tag{10.4.14}$$

其中，$p,\bar{p}$ 是 M 和 $\overline{M}$ 上的支撑函数. 把 (10.4.12) 和 (10.4.13) 代入 (10.4.14) 可得

$$\mathrm{d}(\boldsymbol{r},\bar{\boldsymbol{r}},\mathrm{d}\bar{\boldsymbol{r}})=\left[\frac{2p}{K}-\frac{2\bar{p}}{\bar{K}}+\bar{p}\begin{vmatrix}A-\bar{A} & B-\bar{B}\\ B-\bar{B} & C-\bar{C}\end{vmatrix}\right]\omega_1^3\wedge\omega_2^3$$

积分并利用 Stokes 公式就有

$$2\iint_{S^2}\frac{p-\bar{p}}{K}\omega_1^3\wedge\omega_2^3+\iint_{S^2}\bar{p}\begin{vmatrix}A-\bar{A} & B-\bar{B}\\ B-\bar{B} & C-\bar{C}\end{vmatrix}\omega_1^3\wedge\omega_2^3=0$$

同理计算 $\mathrm{d}(\boldsymbol{r},\bar{\boldsymbol{r}},\mathrm{d}\boldsymbol{r})$ 可得

$$2\iint_{S^2}\frac{\bar{p}-p}{K}\omega_1^3\wedge\omega_2^3+\iint_{S^2}p\begin{vmatrix}A-\bar{A} & B-\bar{B}\\ B-\bar{B} & C-\bar{C}\end{vmatrix}\omega_1^3\wedge\omega_2^3=0$$

两式相加可得

$$\iint_{S^2}(p+\bar{p})\begin{vmatrix}A-\bar{A} & B-\bar{B}\\ B-\bar{B} & C-\bar{C}\end{vmatrix}\omega_1^3\wedge\omega_2^3=0$$

平移 M 和 $\overline{M}$, 使得原点在其内部，则 $p>0,\bar{p}>0$. 由引理 10.4.1 可知

$$\begin{vmatrix}A-\bar{A} & B-\bar{B}\\ B-\bar{B} & C-\bar{C}\end{vmatrix}=0$$

以及 $A=\bar{A}$, $B=\bar{B}$, $C=\bar{C}$, 即 $\omega^i=\bar{\omega}^i,\quad i=1,2.$

§10.4.3 Weingarten 曲面

定义 10.4.2 两个主曲率有函数关系

$$f(\kappa_1,\kappa_2)=0 \tag{10.4.15}$$

或者 $\kappa_2=g(\kappa_1)$ 的曲面称为**温加顿 (Weingarten) 曲面**, 简称 **W** 曲面. 如果 **W** 曲面 M 满足条件

$$\frac{\partial f}{\partial\kappa_1}\cdot\frac{\partial f}{\partial\kappa_2}>0 \tag{10.4.16}$$

或者 $g'<0$, 则称 M 为**椭圆型 W 曲面**，反号则称为**双曲型 W 曲面**.

例 10.4.1 常曲率曲面 $K=K_0$ 与常中曲率曲面 $H=H_0$ 均为 **W** 曲面，主曲率分别为

$$\kappa_2=\frac{K_0}{\kappa_1},\quad \kappa_2=2H_0-\kappa_1$$

因为

$$\frac{\mathrm{d}\kappa_2}{\mathrm{d}\kappa_1}=-\frac{K_0}{(\kappa_1)^2}<0,\quad \frac{\mathrm{d}\kappa_2}{\mathrm{d}\kappa_1}=-1<0$$

所以均为椭圆型 **W** 曲面，主曲率函数都是减函数.

引理 10.4.3 只含脐点的连通闭曲面 M 是球面.

证明　设 $\{M_i\}$ 是 M 的有限开覆盖，K_i 为 M_i 的常 Gauss 曲率. 在 $M_i \cap M_j$ 上，$K_i = K_j$, 所以在连通曲面 M 上，Gauss 曲率为常数 $K = K_1$. 既然闭曲面上存在 Gauss 曲率为正的点，所以 $K_1 > 0$, 因此闭曲面 M 含于球面 S^2, 且为其闭集. 又 M 中每一点 $P \in M_i \subset S^2$, 故 M 为 S^2 的开集. 由 S^2 的连通性可知 $M = S^2$.

定理 10.4.3　设 S 是 $\mathbb{E}^3$ 中的卵形面，如果 S 的平均曲率 $H =$ 常数，则 S 是球面.

证明　由式 (10.4.4) 和式 (10.4.5) 可知

$$\iint_S pK\mathrm{d}A = -\iint_S H\mathrm{d}A = -H\iint_S \mathrm{d}A = \iint_S pH^2\mathrm{d}A$$

所以

$$\iint_S p(H^2 - K)\mathrm{d}A = 0 \tag{10.4.17}$$

但是

$$H^2 - K = \frac{(\kappa_1 + \kappa_2)^2}{2} - \kappa_1\kappa_2 = \frac{1}{4}(\kappa_1 - \kappa_2)^2 \geqslant 0$$

因为曲面是卵形面，可以如引理 10.4.2 的证明过程，取 $p > 0$, 因此式(10.4.17)表明 $H^2 = K$, 即曲面 S 是全脐点曲面，所以是球面的一部分；又因为 S 是紧致的，所以它必须是整个球面.

§10.5　曲面上的 Laplace 算子

§10.5.1　曲面的 Laplace 算子

设 S 是 $\mathbb{E}^3$ 中的曲面，$\{\boldsymbol{e}_1, \boldsymbol{e}_2, \boldsymbol{n}\}$ 是 S 的正交标架，ω_1, ω_2 是曲面的第一基本形式，ω_1^2 是相应的联络形式.

设 f 是曲面 S 上的函数，f 的微分 $\mathrm{d}f$ 可以表示为 ω_1, ω_2 的线性组合，即

$$\mathrm{d}f = f_1\omega^1 + f_2\omega^2$$

f_1, f_2 也是曲面上的函数，称为函数 f 关于标架 $\boldsymbol{e}_1$ 和 $\boldsymbol{e}_2$ 的**导数**.

如果 $\{\bar{\boldsymbol{e}}_1, \bar{\boldsymbol{e}}_2, \boldsymbol{n}\}$ 是曲面的另一组正交标架，

$$\bar{\boldsymbol{e}}_1 = \cos\theta\boldsymbol{e}_1 + \sin\theta\boldsymbol{e}_2, \quad \bar{\boldsymbol{e}}_2 = -\sin\theta\boldsymbol{e}_1 + \cos\theta\boldsymbol{e}_2$$

$\bar{\omega}^1, \bar{\omega}^2, \bar{\omega}_1^2$ 是对应的一形式，函数 f 关于标架 $\bar{\boldsymbol{e}}_1$ 和 $\bar{\boldsymbol{e}}_2$ 的**导数**记为 $\bar{f}_1, \bar{f}_2$, 利用

$$\mathrm{d}f = f_1\omega^1 + f_2\omega^2 = \bar{f}_1\bar{\omega}^1 + \bar{f}_2\bar{\omega}^2$$

可得

$$\bar{f}_1 = \cos\theta f_1 + \sin\theta f_2, \quad \bar{f}_2 = -\sin\theta f_1 + \cos\theta f_2$$

因此，在标架的旋转变换下，$(\bar{f}_1, \bar{f}_2)$ 与 (f_1, f_2) 相差相同的旋转. 直接计算可知

$$\mathrm{d}\bar{f}_1 = (-\sin\theta f_1 + \cos\theta f_2)\mathrm{d}\theta + (\cos\theta \mathrm{d}f_1 + \sin\theta \mathrm{d}f_2)$$

$$\mathrm{d}\bar{f}_2 = (-\cos\theta f_1 - \sin\theta f_2)\mathrm{d}\theta + (\cos\theta \mathrm{d}f_2 - \sin\theta \mathrm{d}f_1)$$

即 $\{\mathrm{d}\bar{f}_1, \mathrm{d}\bar{f}_2\}$ 与 $\{\mathrm{d}f_1, \mathrm{d}f_2\}$ 除了相差旋转之外, 还与旋转角的微分相关，依赖标架的选取. 但 $f_1\boldsymbol{e}_1 + f_2\boldsymbol{e}_2$ 与正交标架的选取无关.

定义 10.5.1 称 $f_1\boldsymbol{e}_1 + f_2\boldsymbol{e}_2$ 为函数 f 的**梯度**, 记为

$$\nabla f = f_1\boldsymbol{e}_1 + f_2\boldsymbol{e}_2$$

显然它是曲面的切向量场, 它的协变微分 (**微分的切向部分**) 为

$$\mathrm{D}(\nabla f) = (\mathrm{d}f_1 + f_2\omega_2^1)\boldsymbol{e}_1 + (\mathrm{d}f_2 + f_1\omega_1^2)\boldsymbol{e}_2$$

定义 10.5.2 设曲面函数 f 关于正交标架 $\boldsymbol{e}_1, \boldsymbol{e}_2$ 的导数为 f_1, f_2, 令

$$\mathrm{D}f_1 = \mathrm{d}f_1 + f_2\omega_2^1, \quad \mathrm{D}f_2 = \mathrm{d}f_2 + f_1\omega_1^2$$

$\mathrm{D}f_1, \mathrm{D}f_2$ 称为 f_1, f_2 的**协变微分**.

命题 10.5.1 设 $\{\boldsymbol{e}_1, \boldsymbol{e}_2, \boldsymbol{e}_3 = \boldsymbol{n}\}$ 和 $\{\bar{\boldsymbol{e}}_1, \bar{\boldsymbol{e}}_2, \bar{\boldsymbol{e}}_3 = \boldsymbol{n}\}$ 是曲面的两组正交标架，且

$$\bar{\boldsymbol{e}}_1 = \cos\theta\boldsymbol{e}_1 + \sin\theta\boldsymbol{e}_2, \quad \bar{\boldsymbol{e}}_2 = -\sin\theta\boldsymbol{e}_1 + \cos\theta\boldsymbol{e}_2$$

函数 f 关于两组标架的导数分别记为 f_1, f_2, 和 $\bar{f}_1, \bar{f}_2$, 相应的协变微分分别为 $\mathrm{D}f_1, \mathrm{D}f_2$ 和 $\mathrm{D}\bar{f}_1, \mathrm{D}\bar{f}_2$, 则

$$\mathrm{D}\bar{f}_1 = \cos\theta\mathrm{D}f_1 + \sin\theta\mathrm{D}f_2, \quad \mathrm{D}\bar{f}_2 = -\sin\theta\mathrm{D}f_1 + \cos\theta\mathrm{D}f_2$$

即函数的协变微分 $\mathrm{D}f_1, \mathrm{D}f_2$ 也只与方向有关.

对于曲面 S 上的可微函数 f, $\mathrm{d}f = \sum\limits_{i=1}^{2} f_i\omega^i$, 由 Poincarè 引理 $\mathrm{d}(\mathrm{d}f) = 0$ 和结构方程可知

$$0 = \mathrm{d}\left(\sum_{i=1}^{2} f_i\omega^i\right) = \sum_{i=1}^{2}\left(\mathrm{d}f_i - \sum_{j=1}^{2} f_j\omega_i^j\right) \wedge \omega^i$$

由 Cartan 引理可知

$$\mathrm{D}f_i = \mathrm{d}f_i - \sum_{j=1}^{2} f_j\omega_i^j = \sum_{j=1}^{2} f_{ij}\omega^j, \quad f_{21} = f_{12}$$

定义 10.5.3 对称矩阵

$$\begin{pmatrix} f_{11} & f_{12} \\ f_{21} & f_{22} \end{pmatrix}$$

称为函数 f 关于标架 $\boldsymbol{e}_1, \boldsymbol{e}_2$ 的 **Hessian 阵**.

命题 10.5.2 曲面函数 f 的 Hessian 阵的迹 $f_{11} + f_{22}$ 与正交标架的选取无关.

定义 10.5.4　曲面 S 的 Laplace 算子 $\triangle_S$ 定义为：对任意曲面函数 f, $\triangle f = f_{11}+f_{22}$.

例 10.5.1　计算欧氏平面 $\mathbb{E}^2$ 上直角坐标系下和极坐标系下的 Laplace 算子.

解　设 (x, y) 是直角坐标系，则第一基本形式为

$$I = \mathrm{d}x^2 + \mathrm{d}y^2$$

可取 $\omega^1 = \mathrm{d}x, \omega^2 = \mathrm{d}y$, 可求出 $\omega_1^2 = 0$. 函数关于标架的导数就是 f 的偏导数，$f_1 = f_x, f_2 = f_y$.

此时协变微分与普通微分也相同, 即

$$\mathrm{D}f_1 = \mathrm{d}f_1 + f_2\omega_1^2 = \mathrm{d}f_1 = f_{xx}\mathrm{d}x + f_{xy}\mathrm{d}y, \quad \mathrm{D}f_2 = f_{yx}\mathrm{d}x + f_{yy}\mathrm{d}y$$

所以, f 的 Laplace 算子为 $\triangle f = f_{xx} + f_{yy}$ 与微积分中定义一致.

设 (r, t) 是 $\mathbb{E}^2$ 的极坐标系，则 $x = r\cos t, y = r\sin t$, 在极坐标系下曲面的第一基本形式为

$$I = \mathrm{d}x^2 + \mathrm{d}y^2 = (\cos t\mathrm{d}r - r\sin t\mathrm{d}t)^2 + (\sin t\mathrm{d}r + r\cos t\mathrm{d}t)^2 = \mathrm{d}r^2 + r^2\mathrm{d}t^2$$

可取 $\omega^1 = \mathrm{d}r, \omega^2 = r\mathrm{d}t$, 设 $\omega_1^2 = a\mathrm{d}r + b\mathrm{d}t$, 则

$$\begin{aligned}
\mathrm{d}\omega^1 &= \omega^2 \wedge \omega_2^1 \Rightarrow 0 = a\omega^2 \wedge \mathrm{d}r \Rightarrow a = 0 \\
\mathrm{d}\omega^2 &= \omega^1 \wedge \omega_1^2 \Rightarrow \mathrm{d}r \wedge \mathrm{d}t = b\omega^1 \wedge \mathrm{d}t \Rightarrow b = 1
\end{aligned}$$

所以 $\omega_1^2 = \mathrm{d}t$, 在极坐标系下函数 f 的导数为

$$\mathrm{d}f = f_r\mathrm{d}r + f_t\mathrm{d}t = f_r\omega^1 + \frac{f_t}{r}\omega^2 \Rightarrow f_1 = f_r, f_2 = \frac{f_t}{r}$$

f_1, f_2 的协变微分为

$$\begin{aligned}
\mathrm{D}f_1 &= \mathrm{d}f_1 + f_2\omega_2^1 = \mathrm{d}f_r - \frac{f_t}{r}\mathrm{d}t \\
&= f_{rr}\mathrm{d}r + f_{rt}\mathrm{d}t - \frac{f_t}{r}\mathrm{d}t = f_{rr}\mathrm{d}r + \left[f_{rt} - \frac{f_t}{r}\right]\mathrm{d}t \\
&= f_{rr}\omega^1 + \frac{rf_{rt} - f_t}{r^2}\omega^2
\end{aligned}$$

$$\begin{aligned}
\mathrm{D}f_2 &= \mathrm{d}f_2 + f_1\omega_1^2 = \mathrm{d}\left(\frac{f_t}{r}\right) + f_r\mathrm{d}t \\
&= \left(\frac{f_t}{r}\right)_r \mathrm{d}r + \left(\frac{f_t}{r}\right)_t \mathrm{d}t + f_t\mathrm{d}t \\
&= \frac{f_{tr}r - f_t}{r^2}\mathrm{d}r + f_{tt}r\mathrm{d}t + f_t\mathrm{d}t \\
&= \frac{rf_{tr} - f_t}{r^2}\omega^1 + \left(\frac{f_{tt}}{r^2} + \frac{f_r}{r}\right)\omega^2
\end{aligned}$$

所以，在极坐标系下 $\Delta f = f_{rr} + \dfrac{f_{tt}}{r^2} + \dfrac{f_r}{r}$.

例 10.5.2 曲面 S 的等温参数下的第一基本形式为 $I=\lambda^2(\mathrm{d}u^2+\mathrm{d}v^2)$, 计算 Laplace 算子的表达式和曲面的 Gauss 曲率.

解 可取 $\omega^1=\lambda\mathrm{d}u,\omega^2=\lambda\mathrm{d}v$, 计算可得 $\omega_1^2=-\frac{\lambda_u}{\lambda}\mathrm{d}u+\frac{\lambda_v}{\lambda}\mathrm{d}v$, 对函数 f, 有

$$\mathrm{d}f=f_u\mathrm{d}u+f_v\mathrm{d}v=\frac{f_u}{\lambda}\omega^1+\frac{f_v}{\lambda}\omega^2$$

故 $f_1=\frac{f_u}{\lambda},f_2=\frac{f_v}{\lambda}$, 由协变微分定义可得

$$\mathrm{D}f_1=\left(\frac{f_{uu}}{\lambda^2}-\frac{f_u}{\lambda_u}\lambda^3+\frac{f_v}{\lambda_v}\lambda^3\right)\omega^1+\left(\frac{f_{uv}}{\lambda^2}-\frac{f_u}{\lambda_v}\lambda^3-\frac{f_v}{\lambda_u}\lambda^3\right)\omega^2$$

$$\mathrm{D}f_2=\left(\frac{f_{vu}}{\lambda^2}-\frac{f_u}{\lambda_v}\lambda^3-\frac{f_v}{\lambda_u}\lambda^3\right)\omega^1+\left(\frac{f_{vv}}{\lambda^2}-\frac{f_u}{\lambda_u}\lambda^3-\frac{f_v}{\lambda_v}\lambda^3\right)\omega^2$$

所以

$$\Delta_S f=\frac{1}{\lambda^2}(f_{uu}+f_{vv})$$

由联络形式的表达式可得

$$\mathrm{d}\omega_1^2=\frac{1}{\lambda^2}\left[\frac{\partial^2\ln\lambda}{\partial u^2}+\frac{\partial^2\ln\lambda}{\partial v^2}\right]\omega^1\wedge\omega^2=-K\omega^1\wedge\omega^2$$

所以

$$K=-\frac{1}{\lambda^2}\left[\frac{\partial^2}{\partial u^2}+\frac{\partial^2}{\partial v^2}\right]\ln\lambda=-\triangle\ln\lambda$$

不难验证一形式

$$\phi_f=f_1\omega^2-f_2\omega^1$$

与标架的选取无关, 并且 $\mathrm{d}\phi_f=\triangle_S f\omega^1\wedge\omega^2$.

设 U 是曲面 S 上的一个区域，边界 $\partial U=C$ 是闭曲线. 由 Stokes 公式知，ϕ_f 在 C 上的积分等于 $\mathrm{d}\phi_f$ 在 U 上的积分，即

$$\iint_U\Delta_S f\omega^1\wedge\omega^2=\int_C\phi_f$$

更一般地，有下面的曲面 Green 公式.

定理 10.5.1 设 f,g 是曲面 S 上的光滑函数，U 是曲面 S 的一个区域，$\partial U=C$ 是闭曲线，则有

$$\iint_U f\Delta_S g+\langle\nabla f,\nabla g\rangle\mathrm{d}A=\oint_C f\frac{\partial g}{\partial\boldsymbol{\nu}}\mathrm{d}s$$

$$\iint_U(f\Delta_S g-g\Delta_S f)\mathrm{d}A=\oint_C(f\frac{\partial g}{\partial\boldsymbol{\nu}}-g\frac{\partial f}{\partial\boldsymbol{\nu}})\mathrm{d}s$$

其中，$\boldsymbol{\nu}$ 是区域 U 在 S 的外法向，$\mathrm{d}s$ 为 C 的弧长微元.

证明　易知 $\langle \nabla f, \nabla g\rangle = f_1g_1 + f_2g_2$ 与标架选取无关，$\mathrm{d}f \wedge \phi_g = (f_1g_1 + f_2g_2)\omega^1 \wedge \omega^2$.

$$f\triangle_S g = f\mathrm{d}\phi_g = \mathrm{d}(f\phi_g) - \mathrm{d}f \wedge \phi_g$$

所以 $\mathrm{d}(f\phi_g) = f\mathrm{d}\phi_g + \mathrm{d}f \wedge \phi_g = f\triangle_S g + (f_1g_1 + f_2g_2)\omega^1 \wedge \omega^2$.

利用 Stokes 公式可得

$$\iint_U \mathrm{d}(f\phi_g) = \iint_U [f\triangle_S g + (f_1g_1 + f_2g_2)]\omega^1 \wedge \omega^2$$

一形式 $g_1\omega^2 - g_2\omega^1$ 与标架选择无关，所以 $f\phi_g$ 是一个和标架选择无关的量. 取 $\boldsymbol{e}_1 = \boldsymbol{T}$ 为曲线 C 的切向量，$\boldsymbol{\nu} = \boldsymbol{e}_1 \wedge \boldsymbol{n} = -\boldsymbol{e}_2$ 为 C 的外法向. 即在 C 上取标架场 $\{\boldsymbol{T}, \boldsymbol{e}_2, \boldsymbol{n}\}$, 沿着曲线 C，$\omega^1 = \mathrm{d}s, \omega^2 = 0$，所以

$$\oint_C f\phi_g = \oint_C f(g_1\omega^2 - g_2\omega^1) = \oint_C -fg_2\mathrm{d}s = \oint_C f\frac{\partial g}{\partial \boldsymbol{\nu}}\mathrm{d}s$$

第二个等式可以由第一个等式直接得到.

§10.5.2　自然标架下 Laplace 算子的表达式

设 $\boldsymbol{r} = \boldsymbol{r}(u^1, u^2)$ 是曲面 S 的参数表示，其第一基本形式为

$$\mathrm{d}s^2 = \sum_{i,j=1}^{2} g_{ij}\mathrm{d}u^i\mathrm{d}u^j$$

对于曲面上任意一点 $P \in S$，有

$$T_PS = \mathrm{span}\{\boldsymbol{r}_u, \boldsymbol{r}_v\} = \mathrm{span}\{\boldsymbol{e}_1, \boldsymbol{e}_2\}$$

则 $\boldsymbol{r}$ 的微分 $\mathrm{d}\boldsymbol{r}$ 可表示为

$$\mathrm{d}\boldsymbol{r} = \boldsymbol{r}_u\mathrm{d}u + \boldsymbol{r}_v\mathrm{d}v = \omega^1\boldsymbol{e}_1 + \omega^2\boldsymbol{e}_2$$

设

$$\begin{pmatrix} \boldsymbol{r}_u \\ \boldsymbol{r}_v \end{pmatrix} = \begin{pmatrix} a_{11} & a_{12} \\ a_{21} & a_{22} \end{pmatrix}\begin{pmatrix} \boldsymbol{e}_1 \\ \boldsymbol{e}_2 \end{pmatrix} = \boldsymbol{A}\begin{pmatrix} \boldsymbol{e}_1 \\ \boldsymbol{e}_2 \end{pmatrix}$$

由式(7.3.9)可知

$$\boldsymbol{A}\boldsymbol{A}^{\mathrm{T}} = \begin{pmatrix} g_{11} & g_{12} \\ g_{12} & g_{22} \end{pmatrix} = (g_{ij})$$

记 $(g_{ij})^{-1} = (g^{ij}), g = \det(g_{ij})$. 则有

$$(\boldsymbol{A}\boldsymbol{A}^{\mathrm{T}})(g^{ij}) = \boldsymbol{I}_2$$

$$A^{-1}(AA^{\mathrm{T}})(g^{ij})A = A^{-1}I_2A = I_2$$

即

$$A^t(g^{ij})A = I_2 \Leftrightarrow \sum_{i,j=1}^{2} a_{ki}g^{ij}a_{jl} = \delta_{kl}$$

设 f 是曲面上的函数, f_1, f_2 是它关于正交标架的导数, 则有

$$\mathrm{d}f = f_{u^1}\mathrm{d}u^1 + f_{u^2}\mathrm{d}u^2 = f_1\omega^1 + f_2\omega^2$$

利用 $(\mathrm{d}u, \mathrm{d}v)$ 和 (ω^1, ω^2) 的关系可得

$$\begin{pmatrix} f_{u^1} \\ f_{u^2} \end{pmatrix} = A \begin{pmatrix} f_1 \\ f_2 \end{pmatrix} \quad \text{或} \quad \begin{pmatrix} f_1 \\ f_2 \end{pmatrix} = A^{-1} \begin{pmatrix} f_{u^1} \\ f_{u^2} \end{pmatrix}$$

同理, 函数 h 关于自然标架的导数为

$$\begin{pmatrix} h_1 \\ h_2 \end{pmatrix} = A^{-1} \begin{pmatrix} h_{u^1} \\ h_{u^2} \end{pmatrix} \quad \text{或} \quad (h_1, h_2) = (h_{u^1}, h_{u^2})(A^{\mathrm{T}})^{-1}$$

则

$$\begin{aligned}\langle \nabla h, \nabla f \rangle &= (h_1, h_2) \begin{pmatrix} f_1 \\ f_2 \end{pmatrix} \\ &= (h_{u^1}, h_{u^2})(A^{\mathrm{T}})^{-1}A^{-1} \begin{pmatrix} f_{u^1} \\ f_{u^2} \end{pmatrix} \\ &= (h_{u^1}, h_{u^2})(g^{ij}) \begin{pmatrix} f_{u^1} \\ f_{u^2} \end{pmatrix} = \sum_{i,j=1}^{2} h_{u^i}g^{ij}f_{u^j}\end{aligned}$$

令 $\psi = \sqrt{g}(g^{i1}f_{u^i}\mathrm{d}u^2 - g^{i2}f_{u^i}\mathrm{d}u^1)$，则

$$\begin{aligned}\mathrm{d}\psi &= \frac{\partial(\sqrt{g}g^{i1}f_{u^i})}{\partial u^1}\mathrm{d}u^1 \wedge \mathrm{d}u^2 - \frac{\partial(\sqrt{g}g^{i2}f_{u^i})}{\partial u^2}\mathrm{d}u^2 \wedge \mathrm{d}u^1 \\ &= \sum_{i,j=1}^{2} \frac{\partial\left(\sqrt{g}g^{ij}\dfrac{\partial f}{\partial u^i}\right)}{\partial u^j}\mathrm{d}u^1 \wedge \mathrm{d}u^2\end{aligned}$$

$$\mathrm{d}h \wedge \mathrm{d}\psi = \sum_{i,j=1}^{2} \sqrt{g}g^{ij}f_{u^i}h_{u^j}\mathrm{d}u^1 \wedge \mathrm{d}u^2$$

已知面积微元 $\mathrm{d}A = \sqrt{g}\mathrm{d}u^1 \wedge \mathrm{d}u^2$，所以 $\mathrm{d}h \wedge \psi = \sum\limits_{i,j=1}^{2} g^{ij}f_{u^i}h_{u^j}\mathrm{d}A = (f_1h_1 + f_2h_2)\mathrm{d}A$,

可得

$$\mathrm{d}(h\psi) = \mathrm{d}h \wedge \psi + h\mathrm{d}\psi$$

$$= (f_1h_1 + f_2h_2)\mathrm{d}A + \sum_{i,j=1}^{2} h\frac{1}{\sqrt{g}}\frac{\partial\left(\sqrt{g}g^{ij}\dfrac{\partial f}{\partial u^i}\right)}{\partial u^j}\mathrm{d}A$$

假设 U 是曲面的任意区域 (开集)，∂U 是闭曲线 ($\partial U\bigcap U=\emptyset$)，取 h 满足在 U 以外恒为零 ($h_{|\partial U}=0$).

$$\begin{aligned}&\iint_U (f_1h_1 + f_2h_2)\mathrm{d}A + \sum_{i,j=1}^{2} h\frac{1}{\sqrt{g}}\frac{\partial\left(\sqrt{g}g^{ij}\dfrac{\partial f}{\partial u^i}\right)}{\partial u^j}\mathrm{d}A\\&=\iint_U \mathrm{d}(h\psi)=\int_{\partial U} h\psi = 0\end{aligned}$$

另一方面, 对 f 和 h 应用 Green 公式，可得

$$\iint_U h\Delta_S f\mathrm{d}A + \iint_U (f_1h_1 + f_2h_2)\mathrm{d}A = \oint_{\partial U} h\frac{\partial f}{\partial \boldsymbol{\nu}}\mathrm{d}s = 0$$

比较上面两个式子可得

$$\iint_U h\Delta_S f\mathrm{d}A = \sum_{i,j=1}^{2} h\frac{1}{\sqrt{g}}\frac{\partial\left(\sqrt{g}g^{ij}\dfrac{\partial f}{\partial u^i}\right)}{\partial u^j}\mathrm{d}A$$

由于 U,h 的任意性，可得曲面 Laplace 算子在参数 (u^1,u^2) 下的表示

$$\Delta_S f = \frac{1}{\sqrt{g}}\frac{\partial\left(\sqrt{g}g^{ij}\dfrac{\partial f}{\partial u^i}\right)}{\partial u^j}$$

例 10.5.3　求平面 $\mathbb{E}^2$ 上关于欧氏度量 g 的 Laplace 算子.

解　用 $(x,y),(r,\theta)$ 分别表示的笛卡尔直角坐标系和极坐标系，则有

$$x = r\cos\theta,\quad y = r\sin\theta$$

所以
$$\frac{\partial}{\partial r} = \cos\theta\frac{\partial}{\partial x} + \sin\theta\frac{\partial}{\partial y},\quad \frac{\partial}{\partial \theta} = -r\sin\theta\frac{\partial}{\partial x} + r\cos\theta\frac{\partial}{\partial y}$$

欧氏平面 $\mathbb{E}^2$ 在直角坐标系下的标准欧氏度量 $g=g_0=\mathrm{d}x^2+\mathrm{d}y^2$，所以有

$$g_{ij} = g\left(\frac{\partial}{\partial x_i},\frac{\partial}{\partial x_j}\right) = \delta_{ij},\quad G = \det(g_{ij}) = 1$$

容易验证
$$g^{11} = g^{22} = 1,\quad g^{12} = g^{21} = 0$$

则对任意光滑函数 $f \in C^\infty(\mathbb{E}^2)$, 有

$$\begin{aligned}\triangle f =& \frac{1}{\sqrt{G}}\frac{\partial}{\partial x}\left(\sqrt{G}g^{11}\frac{\partial f}{\partial x}\right)+\frac{1}{\sqrt{G}}\frac{\partial}{\partial x}\left(\sqrt{G}g^{12}\frac{\partial f}{\partial y}\right)\\ &\frac{1}{\sqrt{G}}\frac{\partial}{\partial y}\left(\sqrt{G}g^{21}\frac{\partial f}{\partial x}\right)+\frac{1}{\sqrt{G}}\frac{\partial}{\partial y}\left(\sqrt{G}g^{22}\frac{\partial f}{\partial y}\right)\\ =&\frac{\partial^2 f}{\partial x^2}+\frac{\partial^2 f}{\partial y^2}\end{aligned}$$

所以欧氏平面在直角坐标系下的 Laplace 算子为

$$\triangle = \frac{\partial^2}{\partial x^2}+\frac{\partial^2}{\partial y^2}$$

欧氏平面 $\mathbb{E}^2$ 在极坐标系下的度量 $\tilde{g}=\mathrm{d}r^2+r^2\mathrm{d}\theta^2$, 即

$$\tilde{g}_{11}=\tilde{g}\left(\frac{\partial}{\partial r},\frac{\partial}{\partial r}\right)=1,\quad \tilde{g}_{12}=\tilde{g}_{21}=\tilde{g}\left(\frac{\partial}{\partial r},\frac{\partial}{\partial \theta}\right)=0$$

$$\tilde{g}_{22}=\tilde{g}\left(\frac{\partial}{\partial \theta}\right),\frac{\partial}{\partial \theta}=r^2,\quad \tilde{G}=\det(\tilde{g}_{ij})=r^2$$

则
$$\tilde{g}^{11}=1,\quad \tilde{g}^{12}=\tilde{g}^{21}=0,\quad \tilde{g}^{22}=\frac{1}{r^2}$$

对任意光滑函数 $f \in C^\infty(\mathbb{E}^2)$, 有

$$\begin{aligned}\triangle f =& \frac{1}{\sqrt{\tilde{G}}}\frac{\partial}{\partial r}\left(\sqrt{\tilde{G}}\tilde{g}^{11}\frac{\partial f}{\partial r}\right)+\frac{1}{\sqrt{\tilde{G}}}\frac{\partial}{\partial r}\left(\sqrt{\tilde{G}}\tilde{g}^{12}\frac{\partial f}{\partial \theta}\right)\\ &\frac{1}{\sqrt{\tilde{G}}}\frac{\partial}{\partial \theta}\left(\sqrt{\tilde{G}}\tilde{g}^{21}\frac{\partial f}{\partial r}\right)+\frac{1}{\sqrt{\tilde{G}}}\frac{\partial}{\partial \theta}\left(\sqrt{\tilde{G}}\tilde{g}^{22}\frac{\partial f}{\partial \theta}\right)\\ =&\frac{1}{r}\frac{\partial}{\partial r}\left(r\frac{\partial f}{\partial r}\right)+\frac{1}{r}\frac{\partial}{\partial \theta}\left(r\frac{1}{r^2}\frac{\partial f}{\partial \theta}\right)\\ =&\frac{\partial^2 f}{\partial r^2}+\frac{1}{r}\frac{\partial f}{\partial r}+\frac{\partial^2 f}{r^2\partial \theta^2}\end{aligned}$$

所以，欧氏平面在极坐标系下的 Laplace 算子为

$$\triangle = \frac{\partial^2}{\partial r^2}+\frac{1}{r}\frac{\partial}{\partial r}+\frac{1}{r^2}\frac{\partial^2}{\partial \theta^2}$$

§10.6 向量场的奇点与指标

下面用 Gauss-Bonnet 定理导出著名的庞卡莱-布劳韦尔 (Poincarè-Brouwer) 指标定理，它给出了向量场奇点的指标和欧拉示性数之间的内在联系.

定义 10.6.1　设 $\boldsymbol{V}(P)$ 是曲面 S 上的光滑切向量场，使得 $\boldsymbol{V}(P)=0$ 的点 P 称为向量场 $\boldsymbol{V}$ 的**奇点**. 如果存在奇点 P 的邻域 U，使得 P 是 $\boldsymbol{V}$ 在 U 中的唯一一个奇点，则称 P 是**孤立奇点**.

一般来说在紧致曲面上不一定存在处处非零的切向量场.

例 10.6.1　在单位球面 $S^2(1): x^2+y^2+z^2=1$ 上，可构造如下向量 $\boldsymbol{V}$:，在球面每点的切向量方向水平向右，且与纬圆相切，大小为

$$\|\boldsymbol{V}\|=\sqrt{1-z^2},\quad -1\leqslant z\leqslant 1$$

显然南北极点 $(0,0,\pm 1)$ 是 $\boldsymbol{V}$ 的奇点，且为孤立奇点.

设 $\boldsymbol{V}$ 是紧致曲面 M 上的单位切向量场，且仅有孤立奇点. 由 M 的紧致性可知，$\boldsymbol{V}$ 的奇点数有限，否则无穷多个奇点的极限点也是奇点，与孤立性相矛盾.

设 $P_1,P_2,\cdots,P_n$ 是单连通领域 D 上单位向量场 $\boldsymbol{V}$ 的孤立奇点，D 的边界 Γ 为逐段光滑简单闭曲线，Γ 上无奇点，$\{\boldsymbol{e}_1,\boldsymbol{e}_2,\boldsymbol{n}\}$ 为局部正交标架场，则有

定义 10.6.2　向量场 $\boldsymbol{V}$ 在孤立奇点 P_i 的指标 $I(\boldsymbol{V},P_i)$ 是一个整数, 定义为 $\boldsymbol{e}_1$ 到 $\boldsymbol{V}$ 的有向角 ϕ 沿曲线 Γ 正向一周的变化 $\Delta\phi$ 除以 2π, 即

$$I(\boldsymbol{V},P_i)=\frac{1}{2\pi}\Delta\phi \tag{10.6.1}$$

具有孤立奇点的切向量场 $\boldsymbol{V}$ 的所有奇点的指标之和称为 $\boldsymbol{V}$ 的**指数**, 即

$$I(\boldsymbol{V})=\sum_{i=1}^{n} I(\boldsymbol{V},P_i)$$

孤立奇点的指标定义与曲线 Γ 的选择无关, 由向量场的光滑性可知，当 Γ 连续变形时，$\Delta\phi$ 也是连续变化的.

例 10.6.2　平面上向量场的奇点指标如图 10.6.1 所示. 其中 A 称为源型奇点，指标 $I_A=1$; B 称为汇型奇点，指标 $I_B=1$; C 称为双曲型奇点，指标 $I_C=-1$; 指标 $I_D=-3$; 指标 $I_E=2$.

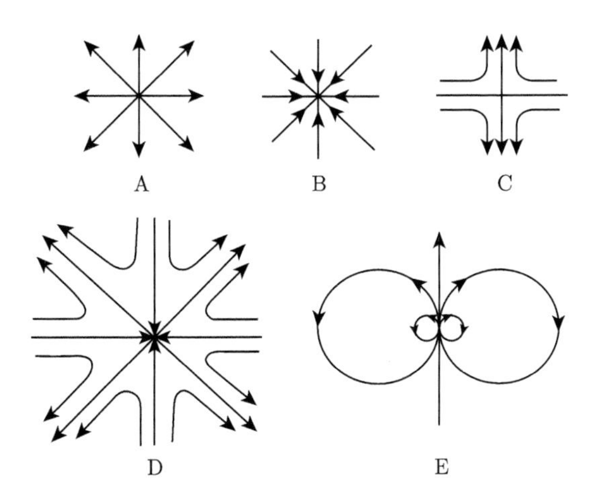

图 10.6.1

引理 10.6.1 曲面 M 上向量场 $\boldsymbol{V}$ 在孤立奇点 P 的指标 I 与曲面的参数选择无关.

证明 对于式 (10.6.1), 设 C 是曲面 M 上包含孤立奇点 P 的一条闭曲线，C 所围区域是单连通区域 D. 取沿曲线 C 的平行向量场为 $\boldsymbol{W}$. 设 $\boldsymbol{W}, \boldsymbol{V}$ 与 $\boldsymbol{e}_1 = \dfrac{\boldsymbol{r}_u}{\|\boldsymbol{r}_u\|}$ 的夹角分别是 ϕ, ψ. 由曲面论平行移动理论可知，平行向量场 $\boldsymbol{W}$ 绕 C 一周后的角差为

$$\Delta\phi = \iint_D K\mathrm{d}A$$

其中，K 是区域 D 上的 Gauss 曲率. 由式 (10.6.1)，ψ 的角差为

$$\Delta\psi = 2\pi I(\boldsymbol{V}, P)$$

因此

$$\Delta_C(\phi - \psi) = 2\pi I(\boldsymbol{V}, P) - \iint_D K\mathrm{d}A \tag{10.6.2}$$

因为 $\phi - \psi$ 是向量场 $\boldsymbol{V}$ 与平行向量场 $\boldsymbol{W}$ 之间的交角，是与 $\boldsymbol{e}_1$ 选择无关的，所以奇点的指标 $I(\boldsymbol{V}, P)$ 也与 $\boldsymbol{e}_1$ 无关，即与曲面参数网的选择无关.

对于曲面上不同向量场，它们的奇点可能不相同，即使奇点相同，它们的指标也可能不同 (参见例 10.6.2, 原点是五个向量场的孤立奇点，它们的指标可以不同). 但是，对于紧致定向闭曲面，存在下列 Poincarè-Brouwer 定理.

定理 10.6.1 设 M 是紧致定向的闭曲面，$\boldsymbol{W}$ 是 M 上只有孤立奇点的向量场，则 $\boldsymbol{W}$ 的指数 (在所有孤立奇点处的指标之和) 等于 M 的 Euler-Poincarè 示性数, 即

$$I(\boldsymbol{W}) = \chi(M)$$

证明 取曲面 M 的局部坐标册，对 M 做充分细的三角剖分，使得每个曲面三角形都位于一个坐标邻域内，并且每个曲面三角形至多包含一个孤立奇点作为它的内点. 于是对每一个三角形，如果包含奇点，则式 (10.6.2) 成立，如果不包含奇点，则 $I = 0$. 把这些式子相加，并考虑到每个三角形的边界都正、反方向各经过一次，角差相互抵消，于是得

$$0 = 2\pi \sum_i I(\boldsymbol{W}, P_i) - \iint_M K\mathrm{d}A$$

由 Gauss-Bonnet 公式

$$\iint_M K\mathrm{d}A = 2\pi\chi(M)$$

所以

$$I(\boldsymbol{W}) = \chi(M)$$

§10.7 曲面的完备性

设 $M = \bigcup\limits_{\alpha\in\Lambda} M_\alpha$ 是 $\mathbb{E}^3$ 中的曲面，在每个曲面片 M_α 上，存在测地线. 由于曲面 M 上有整体定义的第一基本形式，当 $M_\alpha \cap M_\beta \neq \emptyset$ 时，M_α 和 M_β 所定义的测地线在公共部分一致，所以可以定义 M 上的测地线.

定义 10.7.1　设 $\boldsymbol{r}=\boldsymbol{r}(s):I\to M$ 是曲面 M 上的弧长参数曲线，如果 $\boldsymbol{r}(s)$ 落在每个 M_α 的部分是测地线，则称 $\boldsymbol{r}(s)$ 为 M 上的**测地线**.

命题 10.7.1　设 D 是曲面 M 的一个紧致区域，则存在 $\varepsilon>0$, 使得对 D 中任意一点 P, 测地极坐标系在 $B_P(\varepsilon)$ 有定义.

定义 10.7.2　如果对于 M 上每段测地线段 $\gamma_0:[a,b]\to M$, 总能够把 γ_0 延拓成无限长的测地线:

$$\gamma:\mathbb{R}\to M$$

则曲面 M 称为**测地完备**的曲面.

显然，测地完备性等价于对于每段测地线段 $\gamma_0:[a,b]\to M$，总能够把 γ_0 延拓成无限长的测地线，即

$$\gamma:\mathbb{R}\to M$$

有时也把后者作为测地完备性的定义.

按照定义，平面显然是测地完备的. 去掉顶点的锥面是正则曲面但不是测地完备的，因为锥面上过顶点的直线是测地线，但不能无限延长. 去掉一点的球面 S^2/P 也是不完备的，因为过 P 的大圆 (测地线) 无法无限延长.

与测地完备相关的概念是曲面关于距离的完备性，简要介绍如下.

设 P,Q 是曲面 M 上两个点，定义这两点的距离为

$$\rho(P,Q)=\inf_{\gamma} l(\gamma)$$

其中，γ 是曲面上联结 P,Q 两点的分段光滑曲线，$l(\gamma)$ 是 γ 的长度. 可以证明距离 ρ 定义的合理性 (参见文献 [1], 第 192 页).

引理 10.7.1　曲面 M 上任意两点都可以由曲面上的分段光滑曲线相联结.

定义 10.7.3　曲面 M 称为**距离完备**的，如果 (M,ρ) 作为距离空间是完备的，即关于距离 ρ 的 Cauchy 列是收敛的.

定理 10.7.1 (Hopf-Rinow)　设 P 是曲面 S 的一点，则存在 P 点的一个小邻域 U, 使得对任意 $Q\in U$, 在 U 内联结 P,Q 两点的测地线的长度在所有联结这两点的曲面曲线中最短.

证明　设 P_0,P 是曲面 S 上两点，$\rho(P_0,P)=a>0, B_{P_0}(\varepsilon)$ 上有测地极坐标系，不妨设 $P\notin B_{P_0}(\varepsilon)$. 考虑连续函数 $f(Q)=\rho(Q,P),(Q\in S)$, f 在紧致集 $\partial B_{P_0}(\varepsilon)$ 上有最小值点 Q_0. 设 $\gamma(s)$ 是从 P_0 出发、联结 P_0,Q_0 的最短测地线，s 是弧长参数，则 $\gamma(\varepsilon)=Q_0$. 根据 S 的测地完备性，$\gamma(s)$ 可无限延长，如果能够证明 $\gamma(a)=P$, 由于测地线段 $\gamma(s),s\in[0,a]$ 联结 P_0,P 两点，它的长度 $a=\rho(P_0,P)$, 所以此时定理成立.

为证明 $\gamma(a)=P$, 只需证明 $\forall s\in[\varepsilon,a]$,

$$\rho(\gamma(s),P)=a-s \tag{10.7.1}$$

令

$$I=\{s\in[\varepsilon,a]|\rho(\gamma(s),P)=a-s\}$$

显然 I 是 $[\varepsilon, a]$ 上的闭子集. 为了证明式 (10.7.1)，需要证明：

(1) I 是非空的，且 $s_0 \in I$ 推得 $[\varepsilon, s_0] \subset I$;

(2) 若 $s_0 \in I$ 且 $s_0 < a$, 则存在 $\delta > 0, s_0 + \delta \in I$.

(1), (2) 意味着 I 是 $[\varepsilon, a]$ 的既开又闭的连通子集，所以 $I = [\varepsilon, a]$.

首先证明 $\varepsilon \in I$. 因为 $\rho(P_0, Q_0) = \varepsilon$, 对任意联结 Q_0, P 的分段光滑曲线 $\tilde{\gamma}$，$\tilde{\gamma}$ 与 $\partial B_{P_0}(\varepsilon)$ 有交集，在交点 Q 处将 $\tilde{\gamma}$ 分为两段 $\tilde{\gamma}'_Q$ 和 $\tilde{\gamma}''_Q$, 其中 $\tilde{\gamma}'_Q$ 是落在 $B_{P_0}(\varepsilon)$ 中的部分，则

$$\begin{aligned}
\rho(P_0, P) &= \inf l(\tilde{\gamma}) = \inf\{l(\tilde{\gamma}'_Q) + l(\tilde{\gamma}''_Q)\} \\
&= \inf_Q\{\inf l(\tilde{\gamma}'_Q) + \inf l(\tilde{\gamma}''_Q)\} \quad (Q \in \partial B_{P_0}(\varepsilon)) \\
&= \inf_Q(\varepsilon + \rho(Q, P)) \\
&= \varepsilon + \rho(Q_0, P)
\end{aligned} \tag{10.7.2}$$

所以，$\rho(\gamma(\varepsilon), P) = \rho(Q_0, P) = a - \varepsilon$, 即 $\varepsilon \in I$.

当 $s_0 > \varepsilon, s_0 \in I$ 时，对 $s < s_0$, 因为 $\rho(\gamma(s), P_0) \leqslant s$,

$$\rho(\gamma(s), P) \geqslant \rho(P_0, P) - \rho(\gamma(s), P_0) \geqslant a - s$$

但是

$$\rho(\gamma(s), P) \leqslant \rho(\gamma(s), \gamma(s_0)) + \rho(\gamma(s_0), P) \leqslant (s_0 - s) + (a - s_0) = a - s$$

所以，$\rho(\gamma(s), P) = a - s$, 即 $s \in I$, 这就是 (1).

设 $B(\delta)$ 是以 $\gamma(s_0)$ 为圆心，δ 为半径的测地球，上面有相应的测地极坐标系. 设 Q'_0 是函数 $\rho(Q, P)$ 在 $\partial B(\delta)$ 的最小值点，即 $\rho(Q'_0, P) = \rho(\partial B(\delta), P)$. 同理

$$\rho(\gamma(s_0), P) = \inf_{Q'}\{\rho(\gamma(s_0), Q') + \rho(Q', P)\} = \delta + \rho(Q', P)$$

所以根据假设

$$\rho(Q', P) = \rho(\gamma(s), P) - \delta = a - s_0 - \delta$$

由距离的三角不等式，

$$\rho(P_0, Q'_0) \geqslant \rho(P_0, P) - \rho(Q', P) = a - (a - s_0 - \delta) = s_0 + \delta$$

设 γ_1 是联结 $\gamma(s_0)$ 和 Q'_0 的最短测地线，$\gamma_1(\delta) = Q'_0$. 曲线 γ_1 和 $\gamma(s)(s \in [0, s_0])$ 拼接成联结 P_0 和 Q'_0 的曲线 C, C 的长度 $l(C) = s_0 + \delta$. 因为 $\rho(P_0, Q'_0) \geqslant s_0 + \delta$, 因此 C 是联结 P_0 和 Q'_0 的最短线，它必是测地线. 这说明 γ 和 γ_1 重合，特别，$\gamma(s_0 + \delta) = Q'_0$. 所以

$$\rho(\gamma(s_0 + \delta), P) = \rho(Q'_0, P) = a - (s_0 + \delta)$$

这说明 $s_0 + \delta \in I$. 这样就完成了定理的证明.

Hopf—Rinow 定理直接推出测地线完备的曲面上的指数映射是满射，利用 Hopf-Rinow 定理可以证明：

定理 10.7.2 曲面的测地完备和距离完备是等价的.

证明　设曲面是距离完备的，如果 M 不是测地完备的，则存在测地射线 $\gamma(s)$ 仅在 $0 \leqslant s < s_0$ 上有定义. 取 $\{s_n\}$ 是趋近于 s_0 的单调上升数列，$P_n = \gamma(s_n)$. 因为 $\rho(P_m, P_n) \leqslant \|s_m - s_n\|$, 所以 $\{P_n\}$ 是关于距离 ρ 的 Cauchy 列. 设 $P_n \to P$, 取 P 的一个测地球 $B_P(a)$, 在测地球的闭包上应用命题 10.7.1, 可得存在 $\varepsilon > 0$ 使得 $\forall Q \in B_P(a)$, 以 Q 为圆心的测地极坐标系在 $B_Q(\varepsilon)$ 有定义.

当 n 充分大时，$P_n = \gamma(s_n) \in B_P(a)$, 并且 $s_0 - s_n < \varepsilon$, 这时在 $B_{P_n}(\varepsilon)$ 内来看，测地线 $\gamma(s)$ 从 P_n 出发至少可以延长 ε, 即 $\gamma(s)$ 在 $s < s_n + \varepsilon$ 有定义，但 $s_n + \varepsilon > s_0$, 与假设矛盾.

反之，如果 M 是测地完备的，设 $\{P_n\}$ 是 M 上的 Cauchy 列. 取一点 $Q \in M$, 则

$$\rho = \sup \mathrm{d}(P_n, Q) < +\infty$$

根据 Hopf-Rinow 定理，对一个 n, P_n 与 Q 可以由长度不超过 a 的测地线联结，所以 $\{P_n\} \subset B_Q(a)$. 但 $B_Q(a)$ 的闭包 $\overline{B_Q(a)}$ 是切平面 T_QM 上半径为 a 的闭圆盘在连续映射 $\exp_Q$ 下的像，它一定是紧致集合.$\{P_n\}$ 是紧致集 $\overline{B_Q(a)}$ 内的 Cauchy 列，它一定收敛.

以后不加区别，把测地完备和距离完备统称为完备.

定理 10.7.3　*如果曲面 M 作为 $\mathbb{E}^3$ 的子集是闭集，则 M 是完备的.*

证明　设 $\{P_n\}$ 是 M 上关于距离 ρ 的 Cauchy 列，因为曲面上两点的曲面距离 ρ 小于等于这两点的欧氏距离，所以它也是关于欧氏距离的 Cauchy 列. 由 $\mathbb{E}^3$ 的完备性可得 $\{P_n\}$ 有极限点 P，但 M 是闭子集，所以 $P \in M$，这说明 $\{P_n\}$ 在 M 内收敛.

习题 10

1. 证明：柱面 $M : x^2 + y^2 = r^2$ 是 $\mathbb{E}^3$ 中的曲面.
2. 证明：$\mathbb{E}^3$ 中不存在紧致的极小曲面.
3. 证明：$\mathbb{E}^3$ 中 Gauss 曲率非负的紧致闭曲面必同胚于球面.
4. 设 M 是 $\mathbb{E}^3$ 中的极小曲面，x 是它的位置向量，计算 $\triangle x$, 这里 $\triangle$ 表示 M 上诱导度量的 Laplace 算子.
5. 设 M 是 $\mathbb{E}^3$ 中亏格非零的紧致曲面，试证：M 上必存在点使得它的 Gauss 曲率分别为正、负和零.
6. 证明：$\mathbb{E}^3$ 中 Gauss 曲率与平均曲率之比为常数的卵形面必为球面.
7. 设 $\phi(F)$ 是曲面 M 上的复合函数，求 $\triangle\phi$.
8. 设 $\{\boldsymbol{e}_1, \boldsymbol{e}_2, \boldsymbol{e}_3 = \boldsymbol{n}\}$ 和 $\{\bar{\boldsymbol{e}}_1, \bar{\boldsymbol{e}}_2, \bar{\boldsymbol{e}}_3 = \boldsymbol{n}\}$ 是曲面的两组正交标架，且

$$\bar{\boldsymbol{e}}_1 = \cos\theta\boldsymbol{e}_1 + \sin\theta\boldsymbol{e}_2, \quad \bar{\boldsymbol{e}}_2 = -\sin\theta\boldsymbol{e}_1 + \cos\theta\boldsymbol{e}_2$$

函数 f 关于两组标架的导数分别记为 f_1, f_2, 和 $\bar{f}_1, \bar{f}_2$, 相应的协变微分分别为 $\mathrm{D}f_1, \mathrm{D}f_2$ 和 $\mathrm{D}\bar{f}_1, \mathrm{D}\bar{f}_2$, 则

$$\mathrm{D}\bar{f}_1 = \cos\theta\mathrm{D}f_1 + \sin\theta\mathrm{D}f_2, \quad \mathrm{D}\bar{f}_2 = -\sin\theta\mathrm{D}f_1 + \cos\theta\mathrm{D}f_2$$

即函数的协变微分 $\mathrm{D}f_1, \mathrm{D}f_2$ 也只与方向有关.

9. 曲面函数 f 的 Hessian 阵的迹 $f_{11}+f_{22}$ 与正交标架的选取无关.
10. 证明 1-形式

$$\phi_f = f_1\omega^2 - f_2\omega^1$$

与标架的选取无关，并且 $\mathrm{d}\phi_f = \triangle_S f\omega^1\wedge\omega^2$.

附录　部分习题参考答案

第 1 章　向量函数

习题 1.1

1. 建立直角坐标系 $\{O;\boldsymbol{i},\boldsymbol{j},\boldsymbol{k}\}$, 使得三个坐标轴分别平行于三个相互垂直的非零向量，从而可得 $\boldsymbol{a}$ 的分量均为 0, 即 $\boldsymbol{a}=\boldsymbol{0}$.

5. 证明 $(\boldsymbol{a}\wedge\boldsymbol{n},\boldsymbol{b}\wedge\boldsymbol{n},\boldsymbol{c}\wedge\boldsymbol{n})=0$，即得结论.

6. 可以证明 $(\boldsymbol{a}-\boldsymbol{d})\wedge(\boldsymbol{b}-\boldsymbol{c})=\boldsymbol{0}$.

习题 1.2

2. 用微商定义证明必要性，用 Taylor 公式证明充分性.

习题 1.3

3. **证明**　因为 $\boldsymbol{r}'(t)\perp\boldsymbol{a}$，所以 $\boldsymbol{r}'(t)\cdot\boldsymbol{a}=0,\ \forall x$, 两边积分可得

$$\int_0^x \boldsymbol{r}'(t)\cdot\boldsymbol{a}\mathrm{d}t=\boldsymbol{a}\cdot\int_0^x\boldsymbol{r}'(t)\mathrm{d}t=0$$

即

$$\boldsymbol{a}\cdot\boldsymbol{r}(x)-\boldsymbol{a}\cdot\boldsymbol{r}(0)=0$$

所以 $\boldsymbol{a}\cdot\boldsymbol{r}(x)=\boldsymbol{a}\cdot\boldsymbol{r}(0)=0$, 即 $\boldsymbol{r}(t)\perp\boldsymbol{a}$.

5. 设 $\mathcal{T}(\boldsymbol{v})=\boldsymbol{v}\cdot\boldsymbol{T}$, 则 $\mathcal{T}(\boldsymbol{v}\wedge\boldsymbol{w})=\det\boldsymbol{T}(\mathcal{T}\boldsymbol{v})\wedge(\mathcal{T}\boldsymbol{w})=\begin{cases}-(\mathcal{T}\boldsymbol{v})\wedge(\mathcal{T}\boldsymbol{w}), & \det\boldsymbol{T}=-1;\\ \mathcal{T}(\boldsymbol{v})\wedge(\mathcal{T}\boldsymbol{w}), & \det\boldsymbol{T}=1.\end{cases}$

第 2 章　曲线的局部理论

习题 2.1

2. **解**　$s=\displaystyle\int_a^b\sqrt{\rho^2+(\rho')^2}\mathrm{d}\theta$.

3. **解**　$8a$.

4. **解**　$\sqrt{2}\left(t_0-\dfrac{a^2}{t_0}\right)$.

习题 2.2

5. **解**　$\kappa=\dfrac{1}{3a(1+t^2)^2},\tau=\dfrac{1}{3a(1+t^2)^2}$.

切向量$\boldsymbol{T}=\dfrac{\mathrm{d}r}{\mathrm{d}s}=\dfrac{1}{\sqrt{2}}\left\{\dfrac{1-t^2}{1+t^2},\dfrac{2t}{1+t^2},1\right\}$,

主法向量$\boldsymbol{N}=\left\{\dfrac{-2t}{1+t^2},\dfrac{1-t^2}{1+t^2},0\right\}$,

副法向量$\boldsymbol{B}=\boldsymbol{T}\wedge\boldsymbol{N}=\dfrac{1}{\sqrt{2}(1+t^2)}\{t^2-1,-2t,1+t^2\}$.

6. **解** 计算可得 $\kappa=\dfrac{b^2\cosh 2t+a^2}{(\sqrt{a^2\cos 3t+b^2})^3},\tau(t)=\dfrac{a\sqrt{b^2\cosh 2t+a^2}}{b^2\cosh 2t+a^2}$, 则 $a=b$ 时，曲率和挠率相等.

7. **解** $\kappa=\dfrac{\sqrt{2}}{3},\tau=-\dfrac{1}{2}$.

习题 2.3

1. **解** $\boldsymbol{B}=\{\sin a\sin t,-\sin a\cos t,\cos a\}$,

$\tilde{\Gamma}:\boldsymbol{g}(t)=\boldsymbol{r}(t)+\boldsymbol{B}$,

$\tilde{\boldsymbol{B}}=\{\sin a\sin(a-t),\sin a\cos(a-t),-1\}$,

密切平面方程为

$$x\sin a\sin(a-t)+y\sin a\cos(a-t)-z+(\cos a+t\sin a)=0$$

2. **解** (1) $\tilde{\kappa}=\tau,\tilde{\tau}(s)=-\dfrac{\tau^2}{\kappa(s)}$. (2) $\tilde{\boldsymbol{T}}=-\boldsymbol{T},\tilde{\boldsymbol{N}}=-\boldsymbol{N},\tilde{\boldsymbol{B}}=\boldsymbol{B}$.

3. **解** $\dfrac{1}{\kappa(t)}=8a\left|\sin\dfrac{t}{2}\right|$, 当 $t=(2n+1)\pi$ 时曲率半径最大.

4. **解** 设曲线是弧长参数曲线 $\boldsymbol{r}=\boldsymbol{r}(s)$, 曲率为常数 κ_0, 则它的曲率中心轨迹的参数方程为

$$\boldsymbol{r}_1(s)=\boldsymbol{r}(s)+\frac{1}{\kappa_0}\boldsymbol{N}$$

计算可得其曲率为

$$\kappa_1=\frac{\|\boldsymbol{r}_1'\wedge\boldsymbol{r}_1''\|}{\|\boldsymbol{r}_1'\|^3}=\frac{1}{\kappa_0^2}$$

5. **解** (1) 因为 $\widetilde{\boldsymbol{r}}'(s)=\dot{\boldsymbol{T}}(s)=\kappa(s)\boldsymbol{N}(s)$, $\|\widetilde{\boldsymbol{r}}'(s)\|=\|\kappa(s)\boldsymbol{N}\|=\kappa(s)$, 所以 s 不一定是新曲线的弧长参数.

$$\widetilde{\kappa}(s)=\frac{\sqrt{\kappa^2(s)+\tau^2(s)}}{\kappa(s)}$$

$$\widetilde{\tau}(s)=\frac{\kappa(s)\dot{\tau}(s)-\dot{\kappa}(s)\tau(s)}{\kappa(s)(\kappa^2(s)+\tau^2(s))}$$

新曲线的单位切向量

$$\tilde{\boldsymbol{T}}(s)=\boldsymbol{N}(s)$$

$$\tilde{\boldsymbol{N}}(s)=\frac{\tau(s)}{\sqrt{\kappa^2(s)+\tau^2(s)}}\boldsymbol{T}(s)+\frac{\kappa(s)}{\sqrt{\kappa^2(s)+\tau^2(s)}}\boldsymbol{B}(s)$$

$$\widetilde{\boldsymbol{B}}(s)=-\frac{\kappa(s)}{\sqrt{\kappa^2(s)+\tau^2(s)}}\boldsymbol{T}(s)+\frac{\tau(s)}{\sqrt{\kappa^2(s)+\tau^2(s)}}\boldsymbol{B}(s)$$

6. **解**　定义函数

$$f(t)=\langle \boldsymbol{r}(t)-P_0,\boldsymbol{r}(t)-P_0\rangle$$

显然函数 $f(t)$ 是区间 I 上的连续可微函数，已知 t_0 是函数 $f(t)$ 的最小值，所以满足驻点方程，即

$$\left.\frac{\mathrm{d}f}{\mathrm{d}t}\right|_{t=t_0}=2\left\langle \left.\frac{\mathrm{d}}{\mathrm{d}t}\boldsymbol{r}(t)\right|_{t=t_0},\boldsymbol{r}(t_0)-P_0\right\rangle=0$$

从而知 $\langle \boldsymbol{r}'(t_0),\boldsymbol{r}(t_0)-P_0\rangle=0$, 所以 $\boldsymbol{r}(t_0)-P_0$ 为 $\boldsymbol{r}(t_0)$ 处的法向量.

8. 改变曲线的定向，会改变曲线的切向量、副法向量的方向，但不改变曲线的曲率和挠率.

习题 2.4

1. **解**　分别计算 $\boldsymbol{r}(t),\boldsymbol{r}_1$ 的曲率和挠率可得

$$\kappa=\kappa_1=\frac{1}{4},\quad \tau=\tau_1=-\frac{1}{4}$$

由曲线论基本定理可知，存在刚体运动使得两条曲线彼此重合.

或者找出刚体运动：

$$\begin{pmatrix} 0 & 1 & 0\\ \frac{\sqrt{3}}{2} & 0 & -\frac{1}{2}\\ -\frac{1}{2} & 0 & -\frac{\sqrt{3}}{2}\end{pmatrix}\cdot\begin{pmatrix} t+\sqrt{3}\sin t\\ 2\cos t\\ \sqrt{3}t-\sin t\end{pmatrix}=\begin{pmatrix} 2\cos t\\ 2\sin t\\ -2t\end{pmatrix}$$

参数变换是 $u=2t$.

2. **解**　分别计算 $\boldsymbol{r}(t),\boldsymbol{r}_1$ 的曲率和挠率可得

$$\kappa(t)=\tau(t)=\frac{1}{2\cosh^2 t},\quad \kappa_1(u)=\tau_1(u)=\frac{1}{2\cosh^2 u}$$

由曲线论基本定理可知，存在刚体运动使得两条曲线彼此重合.
或者给出刚体运动的表示：

$$\begin{pmatrix} \frac{\sqrt{2}}{2} & \frac{\sqrt{2}}{2} & 0\\ -\frac{\sqrt{2}}{2} & \frac{\sqrt{2}}{2} & 0\\ 0 & 0 & 1\end{pmatrix}\cdot\begin{pmatrix} \frac{e^{-u}}{\sqrt{2}}\\ \frac{e^{u}}{\sqrt{2}}\\ u+1\end{pmatrix}-\begin{pmatrix} 0\\ 0\\ 1\end{pmatrix}=\begin{pmatrix} \cosh u\\ \sinh u\\ u\end{pmatrix}$$

参数变换是 $u=t$.

3. **解**　已知圆柱螺线

$$\boldsymbol{r}=\{a\cos t,a\sin t,bt\}$$

其中 ($a>0, b$ 是常数) 的曲率和挠率分别是常数

$$\kappa=\frac{a}{a^2+b^2},\quad \tau=\frac{b}{a^2+b^2}$$

取 a, b 使得

$$\frac{a}{a^2+b^2}=\kappa_0,\quad \frac{b}{a^2+b^2}=\tau_0$$

也就是

$$a=\frac{\kappa_0}{\kappa_0^2+\tau_0^2},\quad b=\frac{\tau_0}{\kappa_0^2+\tau_0^2}$$

所以由曲线论基本定理 2.4.1 可知，如果不计位置差异，则它的参数方程是

$$\boldsymbol{r}=\boldsymbol{r}(t)=\left\{\frac{\kappa_0}{\kappa_0^2+\tau_0^2}\cos t, \frac{\kappa_0}{\kappa_0^2+\tau_0^2}\sin t, \frac{\tau_0}{\kappa_0^2+\tau_0^2}t\right\}$$

4. 【提示】: 解带初始值的常系数微分方程组，可得

$$\boldsymbol{r}=\boldsymbol{r}(s)=\left\{\cos\frac{s}{\sqrt{2}}, \sin\frac{s}{\sqrt{2}}, \frac{s}{\sqrt{2}}\right\}$$

习题 2.5

1. $\kappa_{\boldsymbol{r}}=\dfrac{2}{(1+4t^2)^{\frac{3}{2}}}$.

2. $\kappa_{\boldsymbol{r}}=-\dfrac{1}{2a\sqrt{2(1-\cos t)}}$.

5. $\kappa_{\boldsymbol{r}}=\dfrac{PQ(Q_x+P_y)-Q^2P_x-P^2Q_y}{\sqrt{(P^2+Q^2)^2}}$.

6. **解**

$$\kappa(s)=\frac{1}{\sqrt{a^2-s^2}}=-\frac{\ddot{x}}{\sqrt{1-\dot{x}^2}}$$

两边积分可得

$$\arcsin\frac{s}{a}=-\arcsin\dot{x}$$

所以 $\dot{x}=-\dfrac{s}{a}$, 积分得

$$x=-\frac{s^2}{2a}+C$$

$\dot{y}=\dfrac{\sqrt{a^2-s^2}}{a}$, 则积分可得

$$y=\frac{1}{a}\left[\frac{s}{2}\sqrt{a^2-s^2}+\frac{a^2}{2}\arcsin\frac{s}{a}\right]$$

所以

$$\boldsymbol{r}(s)=\left\{-\frac{s^2}{2a},\frac{1}{a}\left[\frac{s}{2}\sqrt{a^2-s^2}+\frac{a^2}{2}\arcsin\frac{s}{a}\right],0\right\}$$

与平面任意刚体运动的合成.

7. 由计算可得

$$(\ddot{\boldsymbol{r}},\dddot{\boldsymbol{r}},\ddddot{\boldsymbol{r}})=(\dot{\boldsymbol{T}},\ddot{\boldsymbol{T}},\dddot{\boldsymbol{T}})=\kappa^5\frac{\mathrm{d}}{\mathrm{d}s}\left(\frac{\tau}{\kappa}\right)$$

从而可得证明.

8. 计算可得 $\kappa=\dfrac{a}{a^2+b^2}\phi'(t)$, $\tau=-\dfrac{b}{a^2+b^2}\phi'(t)$, 则 $\dfrac{\kappa}{\tau}=-\dfrac{a}{b}$.

9. 由 $\dot{\boldsymbol{B}}=\dfrac{1}{\sqrt{2}}\{-\cos t,-\sin t,0\}\dfrac{\mathrm{d}t}{\mathrm{d}s}=-\tau\boldsymbol{N}$ 可得

$$\tau=\pm\frac{1}{\sqrt{2}}\frac{\mathrm{d}t}{\mathrm{d}s},\quad \boldsymbol{N}=\pm\{-\cos t,-\sin t,0\}$$

所以 $\boldsymbol{T}=\boldsymbol{N}\cdot\boldsymbol{B}=\pm\dfrac{1}{\sqrt{2}}\{\sin t,\cos t,1\}$, 进一步计算可得 $\kappa=\dfrac{1}{\sqrt{2}}\dfrac{\mathrm{d}t}{\mathrm{d}s}$.

10. 渐伸线 $\Gamma_1:\boldsymbol{r}_1(t)=\left\{\dfrac{c+4t^3}{1+2t^2},\dfrac{t(2c-3t+2t^3)}{1+2t^2},\dfrac{2t^2(c-2t)}{1+2t^2}\right\}$.

11. 渐缩线 $\Gamma_1:\boldsymbol{r}_1(t)=\left\{\dfrac{c^2}{a}\cos^3 t,-\dfrac{c^2}{b}\sin^3 t\right\}$, 其中 $c^2=a^2-b^2$, 因此渐缩线的一般方程为

$$(a\bar{x})^{\frac{2}{3}}+(b\bar{y})^{\frac{2}{3}}=c^{\frac{4}{3}}$$

12. **证明**　设曲线 Γ 是贝特朗曲线，曲率为 $\kappa(s)$, 挠率为 $\tau(s)$. 如果 Γ 有两条贝特朗侣线 Γ_1,Γ_2, 则必存在常数 $\lambda_i\neq 0,\mu_i(i=1,2)$, 使得

$$\begin{cases}\lambda_1\kappa+\mu_1\tau=1\\ \lambda_2\kappa+\mu_2\tau=1\end{cases}\tag{A.2.1}$$

如果 $\begin{vmatrix}\lambda_1 & \mu_1\\ \lambda_2 & \mu_2\end{vmatrix}=0$, 则方程式(A.2.1)无解，与假设矛盾.

如果 $\begin{vmatrix}\lambda_1 & \mu_1\\ \lambda_2 & \mu_2\end{vmatrix}\neq 0$, 则由式(A.2.1)可解得

$$\kappa=\frac{\begin{vmatrix}1 & \mu_1\\ 1 & \mu_2\end{vmatrix}}{\begin{vmatrix}\lambda_1 & \mu_1\\ \lambda_2 & \mu_2\end{vmatrix}}=\text{const.},\quad \tau=\frac{\begin{vmatrix}\lambda_1 & 1\\ \lambda_2 & 1\end{vmatrix}}{\begin{vmatrix}\lambda_1 & \mu_1\\ \lambda_2 & \mu_2\end{vmatrix}}=\text{const.}$$

则曲线为圆柱螺线，这说明贝特朗挠曲线如果不是圆柱螺线，其侣线不多于一条，而贝特朗曲线的侣线一定存在，所以其侣线恰好有一条.

对于圆柱螺线，κ, τ 为非零常数，满足 $\lambda\kappa + \mu\tau = 1$ 的常数 λ, μ 有无穷多对值，相应的贝特朗侣线就有无穷多条.

第 3 章 曲面的局部理论

习题 3.1

1. 由正螺面参数方程可得 $x^2 + y^2 = u^2$, 圆柱面 $x^2 + y^2 = 2ax$, 联立可得 $u = 2a\cos v$, 所以交线的参数方程为 $\boldsymbol{r} = \{a(1+\cos 2v), a\sin 2v, bv\}, \kappa = \dfrac{4a}{4a^2+b^2}, \tau = \dfrac{2b}{4a^2+b^2}$.

2. 该切平面经过点 $\left(-\dfrac{1}{2}, 2, -1\right)$, 切平面方程是 $4x - y + 2z = -6$.

4. 设曲面的参数方程为 $\boldsymbol{r} = \boldsymbol{r}(u, v)$, $P = \boldsymbol{r}(u_0, v_0)$, $\boldsymbol{n}_0$ 是平面 Π 的单位法向量，指向曲面所在的一侧. 考虑高度函数

$$h(u, v) = \langle \boldsymbol{r}(u, v) - \boldsymbol{r}(u_0, v_0), \boldsymbol{n}_0 \rangle$$

由已知，P 在 S 上，也在 Π 上，所以 P 是高度函数的极小值点，所以为驻点，满足方程

$$\begin{cases} h_u(u_0, v_0) = \langle \boldsymbol{r}_u(u_0, v_0), \boldsymbol{n}_0 \rangle = 0 \\ h_v(u_0, v_0) = \langle \boldsymbol{r}_v(u_0, v_0), \boldsymbol{n}_0 \rangle = 0. \end{cases}$$

即 $\boldsymbol{r}_u(u_0, v_0) \perp \boldsymbol{n}_0, \boldsymbol{r}_v(u_0, v_0) \perp \boldsymbol{n}_0$, 所以

$$[\boldsymbol{r}_u(u_0, v_0) \wedge \boldsymbol{r}_v(u_0, v_0)] \perp \boldsymbol{n}_0$$

且平面 Π 过 P 点，所以 $\Pi = T_P S$.

5. 【提示】设曲面的参数方程为 $\boldsymbol{r} = \boldsymbol{r}(u, v)$, $P = \boldsymbol{r}(u_0, v_0)$, 记

$$A = \{\text{曲面上过}P\text{点的曲线在}P\text{点的切向量的全体}\}$$

利用复合函数求导可得：曲面上过 P 点的曲线在 P 点的切向量都可以表示为 $\boldsymbol{r}_u(u_0, v_0)$, $\boldsymbol{r}_v(u_0, v_0)$ 的线性组合，所以 $A \subset T_P S$ 中.

另一方面，对任意的切向量

$$\boldsymbol{X} = a\boldsymbol{r}_u(u_0, v_0) + b\boldsymbol{r}_v(u_0, v_0) \in T_P S$$

存在曲线

$$\begin{cases} u(t) = a(t - t_0) + u_0 \\ v(t) = b(t - t_0) + v_0 \end{cases}$$

所以 $\boldsymbol{X} \in A$, 故 $T_P S \subset A$.

7. 【提示】ρ 是下面函数 $\rho : \mathbb{E}^3 \to \mathbb{R}$ 在 S 上的限制：

$$\rho(x, y, z) = \sqrt{(x - x_0)^2 + (y - y_0)^2 + (z - z_0)^2}, (x, y, z) \neq (x_0, y_0, z_0)$$

8. **解**　对任意 $\boldsymbol{w}\in T_pS$, 取可微曲线 $\boldsymbol{\alpha}:(-a,a)\to S,\boldsymbol{\alpha}(0)=p,\boldsymbol{\alpha}'(0)=\boldsymbol{w}$.

$$\mathrm{d}f_p(\boldsymbol{w})=\frac{\mathrm{d}}{\mathrm{d}t}f(\boldsymbol{\alpha}(t))|_{t=0}=\left.\frac{\mathrm{d}}{\mathrm{d}t}\right|_{t=0}(\|\boldsymbol{\alpha}(t)-p_0\|^2)=2\|\boldsymbol{\alpha}(t)-p_0\|\boldsymbol{\alpha}'(t)|_{t=0}=2\boldsymbol{w}\|p-p_0\|$$

9. **解**　(1) 设 $\boldsymbol{\alpha}(t)$ 是联结 p_0 和曲面 S 上动点 p 的三维欧氏空间中的曲线，设 $\boldsymbol{\alpha}(0)=p_0,\boldsymbol{\alpha}'(0)=\boldsymbol{w}$. 则

$$\mathrm{d}f_p(\boldsymbol{w})=\frac{\mathrm{d}}{\mathrm{d}t}(\sqrt{\langle\alpha(t)-p_0,\alpha(t)-p_0\rangle})|_{t=0}=\frac{\langle\boldsymbol{w},p-p_0\rangle}{||p-p_0||}$$

因此，p 是 f 的临界点当且仅当对所有的 $\boldsymbol{w}\in T_pS,\langle\boldsymbol{w},p-p_0\rangle=0$ 成立.

(2) 对 $\boldsymbol{w}\in T_pS$, 为计算 $\mathrm{d}h_p(\boldsymbol{w})$, 可取可微曲线 $\boldsymbol{\alpha}:(-a,a)\to S,\boldsymbol{\alpha}(0)=p,\boldsymbol{\alpha}'(0)=\boldsymbol{w}$. 因为 $h(\boldsymbol{\alpha}(t))=\boldsymbol{\alpha}(t)\cdot\boldsymbol{v}$, 有

$$\mathrm{d}h_p(\boldsymbol{w})=\frac{\mathrm{d}}{\mathrm{d}t}h(\boldsymbol{\alpha}(t))|_{t=0}=\boldsymbol{\alpha}'(0)\cdot\boldsymbol{v}=\boldsymbol{w}\cdot\boldsymbol{v}$$

因此，p 是 h 的临界点当且仅当对所有的 $\boldsymbol{w}\in T_pS,\boldsymbol{w}\cdot\boldsymbol{v}=0$ 成立, 即 $\boldsymbol{v}$ 是 S 在 p 点的法向量.

习题 3.2

1. $s=\sqrt{a^2+b^2}(u_2-u_1)$.

2. $u^2(a^2+2v^2)=c$.

3. (1) 在 $\boldsymbol{r}(0,0)$ 点处，两个切方向是 $(\mathrm{d}u,\mathrm{d}v)=(1,-2)$, $(\delta u,\delta v)=(1,2)$, 夹角余弦是 $\dfrac{1-4a^2}{1+4a^2}$.

(2) $s_{AB}=s_{AC}=a\displaystyle\int_0^1\left(1+\frac{1}{2}v^2\right)dv=\frac{7a}{6},s_{BC}=a.$

$$\angle A=0,\angle B=\angle C=\arccos\frac{2}{3}.$$

(3) $a^2\left(\dfrac{2}{3}-\dfrac{\sqrt{2}}{3}+\ln(1+\sqrt{2})\right)$.

4. $v=\pm\ln(u+\sqrt{a^2+u^2})-c$.

5. $S=\displaystyle\iint\sqrt{1+f_x^2+f_y^2}\mathrm{d}x\mathrm{d}y$.

7. **证明**　已知在 $v-$ 线上任意两点 $v=v_1$ 和 $v=v_2$ 的距离

$$s=\int_{v_1}^{v_2}\sqrt{\frac{G(u,v)\mathrm{d}v^2}{\mathrm{d}v^2}}\mathrm{d}v=\text{常数}$$

与参数 u 无关，所以 $G(u,v)=G(v)$, 因此 $G_u=0$. 同理 $E_v=0$.

8. **证明**　由上题已知 $\dfrac{\partial E}{\partial v}=0$, 所以 $E=E(u)$ 只是 u 的函数. 做变量替换 $\bar{u}=\displaystyle\int\sqrt{E}\mathrm{d}u$. 类似地，$G=G(v)$ 只是 v 的函数. 做变量替换 $\bar{v}=\displaystyle\int\sqrt{G}\mathrm{d}v$. 因此 $(\bar{u},\bar{v})$ 构成新

的参数网, 此时

$$\boldsymbol{r}(\bar{u},\bar{v})=\boldsymbol{r}(u(\bar{u}),v(\bar{v}))$$

$$\boldsymbol{r}_u=\boldsymbol{r}_{\bar{u}}\frac{\partial\bar{u}}{\partial u}=\boldsymbol{r}_{\bar{u}}\sqrt{E},\quad \boldsymbol{r}_v=\boldsymbol{r}_{\bar{v}}\frac{\partial\bar{v}}{\partial v}=\boldsymbol{r}_{\bar{v}}\sqrt{G}$$

因此 $E=\bar{E}E,G=\bar{G}G$，所以 $\bar{E}=1,\bar{G}=1$. 同理可得

$$\bar{F}=\frac{F}{\sqrt{EG}}=\cos\theta$$

9. $\displaystyle\int_{u_1}^{u_2}\sqrt{\frac{\mathrm{d}s^2}{\mathrm{d}t^2}}\mathrm{d}t=\int_{u_1}^{u_2}\sqrt{E}\mathrm{d}u=u_2-u_1.$

习题 3.3

1. **证明** 必要性直接计算可得.

充分性：设曲面 $S:\boldsymbol{r}=\boldsymbol{r}(u,v)$ 的第二基本形式为零，即

$$L=-\langle\boldsymbol{r}_u,\boldsymbol{n}_u\rangle=0,\quad M=-\langle\boldsymbol{r}_u,\boldsymbol{n}_v\rangle=-\langle\boldsymbol{r}_v,\boldsymbol{n}_u\rangle=0,\quad N=-\langle\boldsymbol{r}_v,\boldsymbol{n}_v\rangle=0$$

因为 $\boldsymbol{n}$ 是单位向量，所以 $L=-\langle\boldsymbol{n}_u,\boldsymbol{n}\rangle=-\langle\boldsymbol{n}_v,\boldsymbol{n}\rangle=0$, 所以 $\boldsymbol{n}_u,\boldsymbol{n}_v$ 同时垂直于 $\boldsymbol{n},\boldsymbol{r}_u,\boldsymbol{r}_v$, 所以 $\boldsymbol{n}_u=\boldsymbol{n}_v=\boldsymbol{0}$, 即 $\boldsymbol{n}$ 是固定常向量. 又因为 $\langle\boldsymbol{n},\boldsymbol{r}_u\rangle=0,\langle\boldsymbol{n},\boldsymbol{r}_v\rangle=0$, 所以 $\langle\boldsymbol{n},\boldsymbol{r}\rangle=$ const., 这说明曲面 S 上任意一点 $\boldsymbol{r}(u,v)$ 的坐标满足一个线性方程，因而它是一个平面或者平面片.

3. $II=-\dfrac{a}{u^2+a^2}\mathrm{d}u^2+a\mathrm{d}v^2.$

4. $II=\dfrac{1}{\sqrt{1+f_x^2+f_y^2}}\left(f_{xx}\mathrm{d}x^2+2f_{xy}\mathrm{d}x\mathrm{d}y+f_{yy}\mathrm{d}y^2\right).$

5. 曲面的参数方程为

$$\boldsymbol{r}(u,v)=\{u\cos v,u\sin v,\sin 2v\}$$

计算可得 $II=-\dfrac{4}{\sqrt{u^2+4\cos^2 2v}}(\cos 2v\mathrm{d}u\mathrm{d}v-u\sin 2v\mathrm{d}v^2).$

习题 3.4

1. $\kappa_n=\dfrac{2kv}{(1+4v^2+9k^2v^4)\sqrt{1+k^2v^2+k^2v^4}}.$

2. $\kappa_n=\dfrac{a^2-4}{a(a^2+4)}.$

3. 利用脐点定义可得，曲面上的点为脐点当且仅当存在常数 λ 使得在点 (x,y) 处成立

$$f_{xx}=\lambda(1+f_x^2),\quad f_{xy}=\lambda f_xf_y,\quad f_{yy}=\lambda(1+f_y^2)$$

4. $\kappa=\dfrac{1}{\sqrt{1-a^2}},\kappa_{\boldsymbol{n}}=1.$

6. 【提示】由题设和隐函数定理可知，在 $P=r(0,0)$ 的某个小邻域内，曲面 S 的参数表达式

$$\boldsymbol{r}(x,y)=\{x,y,g(x,y)\}$$

其中 $g(x,y)$ 的偏导数满足 $g_x=-\dfrac{F_x}{F_z}, g_y=-\dfrac{F_y}{F_z}$. 计算可得

$$E(P)=G(0,0)=1,\quad F(P)=0,\quad L(P)=\frac{2}{f'(0)},\quad M(P)=0,\quad N(P)=\frac{2}{f'(0)}$$

对任意 $\boldsymbol{X}=\{\cos\theta,\sin\theta,0\}\in T_PS$,

$$K_n(\boldsymbol{X})=L(P)\cos^2\theta+2M(P)\cos\theta\sin\theta+N(P)\sin^2\theta=\frac{2}{f'(0)}=\text{const}.$$

7. 正螺面上的点全部都是双曲点，正螺面上无椭圆点和抛物点.

8. 唯一脐点为 $(0,0,0)$. x 轴上的点全是曲面的抛物点；除 x 轴以外的曲面上所有点全都是曲面的双曲点；曲面无椭圆点.

习题 3.5

1. 所求曲率线为

$$\ln|ax+\sqrt{1+a^2x^2}|\pm\ln|ay+\sqrt{1+a^2y^2}|=C$$

2. $\ln|u+\sqrt{a^2+b^2+u^2}|\pm\ln|v+\sqrt{a^2+b^2+v^2}|=C$.

4. 曲面的参数方程可表示为 $\boldsymbol{r}(u,v)=\{u\cos v, u\sin v, \ln\sin u\}$, 计算可得 $K=-\dfrac{\cos u\sin u}{u}$.

5. $H=\dfrac{2uv}{\sqrt{(4+2u^2+2v^2)^3}}, K=-\dfrac{1}{(2+u^2+v^2)^2}$,

曲率线为 $u\sqrt{2+v^2}\pm v\sqrt{2+u^2}=c$, 其中 c 是任意常数.

6. 曲面的参数方程为 $\boldsymbol{r}(u,v)=\{u\cos v,u\sin v,v\}$, 则曲率线是 $u=\pm\sinh(v-v_0)$. 主曲率是 $\kappa_1=\dfrac{1}{1+u^2}, \kappa_2=-\dfrac{1}{1+u^2}$.

第 4 章　特殊曲面

习题 4.1

1. 曲面的参数方程为 $\boldsymbol{r}(u,v)=\{u^2\cos v,u^2\sin v,ku\}$,

$$H=\frac{k(k^2+2u^2)}{2u^2\sqrt{(k^2+4u^2)^3}},\quad K=\frac{4k^2}{(1+4k^2u^2)^2}$$

2. (1) $\boldsymbol{r}=\{\cosh u\cos v,\cosh u\sin v,\sinh u\}$,

$I=(2\sinh^2u+1)\mathrm{d}u^2+\cosh^2u\mathrm{d}v^2$,

$II=\dfrac{1}{\sqrt{2\sinh^2u+1}}(-\mathrm{d}u^2+\cosh^2u\mathrm{d}v^2)$.

(2) $\kappa_1=-\dfrac{1}{\sqrt{(2\sinh^2u+1)^3}}, \kappa_2=\dfrac{1}{\sqrt{2\sinh^2u+1}}$.

习题 4.2

1. 因为 $H=\dfrac{1}{2}(\kappa_1+\kappa_2)=0$, 所以 $\kappa_1=-\kappa_2$,

当 $\kappa_1=-\kappa_2=0$ 时为平点;

当 $\kappa_1=-\kappa_2\neq 0$ 时，$K=\kappa_1\kappa_2=-\kappa_1^2<0$, 为双曲点.

5. 计算可得 $I=[1+f'(x)^2]\mathrm{d}x^2+2f'(x)g'(y)\mathrm{d}x\mathrm{d}y+[1+g'(v)^2]\mathrm{d}y^2$.

$II=\dfrac{f''(x)}{\sqrt{1+f'(x)^2+g'(y)^2}}\mathrm{d}x^2+\dfrac{g''(y)}{\sqrt{1+f'(x)^2+g'(y)^2}}\mathrm{d}y^2$,

由于曲面是极小曲面，所以

$$H=\frac{f''[1+(g')^2]+g''[1+(f')^2]}{2[1+(f')^2+(g')^2]^{\frac{3}{2}}}=0$$

即 $f''[1+(g')^2]+g''[1+(f')^2]=0$. 等价于

$$\frac{f''(x)}{1+f'(x)^2}=-\frac{g''(y)}{1+g'(y)^2}$$

等式左边是 x 的函数，右端是 y 的函数，所以两端只能是同一个常数，记为 c, 若 S 不是平面，则必有 $c\neq 0$. 否则，由 $f''(x)=0=g''(y)$, 有 $f(x)=kx+m, g(y)=ly+n$, 其中 k,l,m,n 为常数，所以 S 是平面.

$\dfrac{f''(x)}{1+f'(x)^2}=-\dfrac{g''(y)}{1+g'(y)^2}$ 两端积分可得

$$\arctan f'(x)=cx+b,\quad \arctan g'(y)=-cy-d$$

其中 b,d 为常数，从而

$$f(x)=-\frac{1}{a}\ln\cos(cx+b)+h,\quad g(y)=\frac{1}{a}\ln\cos(cy+d)+l$$

其中 h,l 为常数，所以

$$z=f(x)+g(y)=\frac{1}{a}\ln\frac{\cos(cy+d)}{\cos(cx+b}+h+l$$

6. 参考例题 4.2.2.

习题 4.3

4. 令 $F(x,y,z,\alpha)=x\cos\alpha-2y\sin\alpha-z\sin\alpha-3=0$, 令 $F_x=\cos\alpha, F_y=-2\sin\alpha, F_z=-\sin\alpha$, 显然三个偏导数不可能同时为 0, 所以平面族没有奇点. 则包络面 S 上的点满足方程组

$$\begin{cases} F(x,y,z,\alpha)=x\cos\alpha-2y\sin\alpha-z\sin\alpha-3=0\\ F_\alpha(x,y,z,\alpha)=-x\sin\alpha-2y\cos\alpha-z\cos\alpha=0\end{cases}$$

两式平方相加可得判别曲面 S^* 的方程

$$x^2+(2y+z)^2=9$$

因为平面族没有奇点，所以 S^* 就是包络面 S, 它是一个柱面.

5. $y^2-8xz-4z=0, F_z=1\neq 0$ 没有奇点.

第 5 章　曲面论基本定理

习题 5.1

1. 【提示】利用 $\sum\limits_j \delta_j^j = 2$.

2.

$$\Gamma_{11}^1 = \frac{f_x f_{xx}}{1+f_x^2+f_y^2},\quad \Gamma_{11}^2 = \frac{f_y f_{xx}}{1+f_x^2+f_y^2},\quad \Gamma_{22}^1 = \frac{f_x f_{yy}}{1+f_x^2+f_y^2}$$

$$\Gamma_{22}^2 = \frac{f_y f_{yy}}{1+f_x^2+f_y^2},\quad \Gamma_{12}^1 = \Gamma_{21}^1 = \frac{f_x f_{xy}}{1+f_x^2+f_y^2},\quad \Gamma_{12}^2 = \Gamma_{21}^2 = \frac{f_y f_{xy}}{1+f_x^2+f_y^2}$$

3. 【提示】在新参数下曲面的参数方程为

$$\tilde{\boldsymbol{r}} = \tilde{\boldsymbol{r}}(\tilde{u}^1, \tilde{u}^2) = \tilde{\boldsymbol{r}}(u^1(\tilde{u}^1, \tilde{u}^2), u^2(\tilde{u}^1, \tilde{u}^2))$$

利用复合函数求导即可得到结论.

4. $\Gamma_{11}^1 = \Gamma_{11}^2 = \Gamma_{12}^2 = \Gamma_{22}^2 = 0,\quad \Gamma_{12}^2 = \dfrac{1}{\rho},\quad \Gamma_{22}^1 = \rho.$

习题 5.2

1. $R_{121}^2 = \dfrac{E(M^2-LN)}{EG-F^2}, R_{2121} = R_{1212} = \dfrac{GE_v - FG_u}{2(EG-F^2)}.$

2. 【提示】如果曲面取曲率线网为坐标网，则 $F = M = 0$, 代入 Codazzi 方程可得结论.

3. **证明**　取正交曲率线网，则 $H = \dfrac{L_v}{E_v} = \dfrac{N_u}{G_u}$, 故

$$L = HE + f_1(u),\quad N = HG + f_2(v)$$

等价于

$$H = \frac{L - f_1(u)}{E} = \frac{N - f_2(v)}{G} \tag{A.5.1}$$

(1) 当 $f_1(u) = 0$ 时

$$\frac{L}{E} = H = \frac{EN + LG}{2EG}$$

因此 $\dfrac{L}{E} = \dfrac{N}{G} = H$, 故 $f_2(v) = 0$, $H^2 = \dfrac{LN}{EG} = K = \kappa_1\kappa_2$, 所以 $\kappa_1 = \kappa_2$, 故曲面是平面或者球面.

(2) 当 $f_1(u) \neq 0$ 时, 不妨设 $f_1(u) > 0$, 则

$$f_2(v) = N - HG = N - \frac{EN + LG}{2E} = \frac{1}{2}\left(N - \frac{L}{E}G\right) = \frac{1}{2}(N - HG)$$

故 $f_2(v) < 0$, 由式(A.5.1)有

$$2H = \frac{L - f_1(u)}{E} + \frac{N - f_2(v)}{G} = 2H - \frac{f_1}{E} - \frac{f_2}{G}$$

令

$$\frac{f_1}{E} = -\frac{f_2}{G} = \frac{1}{\lambda(u,v)}$$

即

$$E = \lambda f_1, \quad G = \lambda f_2 \tag{A.5.2}$$

做变换

$$\bar{u} = \int \sqrt{f_1}\mathrm{d}u, \quad \bar{v} = \int \sqrt{-f_2}\mathrm{d}v$$

则

$$I = E\mathrm{d}u^2 + G\mathrm{d}v^2 = \lambda[f_1\mathrm{d}u^2 - f_2\mathrm{d}v^2] = \lambda(\mathrm{d}\bar{u}^2 + \mathrm{d}\bar{v}^2)$$

由式(A.5.1)和式(A.5.2)可得

$$L = (1+\lambda H)f_1, \quad N = (1-\lambda H)f_2, \quad II = (1+\lambda H)f_1\mathrm{d}\bar{u}^2 + (1-\lambda H)f_2\mathrm{d}\bar{v}^2$$

习题 5.3

3. **解** λ 为常数，E,G 满足条件

$$\left(\frac{(\sqrt{E})_v}{\sqrt{G}}\right)_v + \left(\frac{(\sqrt{G})_u}{\sqrt{E}}\right)_u = -\lambda^2\sqrt{EG}$$

如果 $E(u,v)=G(u,v)$,$\sqrt{E}$ 满足方程

$$(\ln\sqrt{E})_{uu} + (\ln\sqrt{E})_{vv} = -\lambda^2 E$$

它的一个解为

$$E(u,v) = G(u,v) = \frac{4}{\lambda^2(1+u^2+v^2)^2}$$

其中 λ 是任意的常数.

第 6 章 张量

习题 6.1

1. **证明** 设 $\{\boldsymbol{e}_i\},\{\tilde{\boldsymbol{e}}_\alpha\}$ 是 V 的两组基底, 并且

$$\tilde{\boldsymbol{e}}_\alpha = a_\alpha^j \boldsymbol{e}_j$$

设在两组基底下，g 的表达式为

$$g = g_{ij}\omega^i \otimes \omega^j = g_{\alpha\beta}\omega^\alpha \otimes \omega^\beta$$

则 $\forall \alpha,\beta$,

$$g(\boldsymbol{e}_\alpha, \boldsymbol{e}_\beta) = g_{\alpha\beta} = g(a_\alpha^i \boldsymbol{e}_i, a_\beta^j \boldsymbol{e}_j) = a_\alpha^i a_\beta^j g_{ij}$$

即 g 的分量遵循 2 次共变向量规律，所以是 $(0,2)$ 阶协变张量.

2. **证明**　函数 ϕ 显然是线性的，下面证明 ϕ 有逆映射 ϕ^{-1}: $V^* \to V$.

任取 $f \in V^*$. 如果 $f=0$, 则只要取 $\boldsymbol{v}=0$. 设 $f \neq 0$, 则 f 的零化子空间

$$W=\{\boldsymbol{v} \in V | f(v)=0\}$$

是 V 的 $n-1$ 维子空间. 用 $\boldsymbol{n}$ 表示 W 的单位法向量，即 $\boldsymbol{n} \in W^{\perp}$, 并且 $\|\boldsymbol{n}\|=1$. 令 $\boldsymbol{v}=f(\boldsymbol{n})\boldsymbol{n}$, 则对于任意 $\boldsymbol{w} \in V$ 有 $(\boldsymbol{w}-\langle \boldsymbol{w}, \boldsymbol{n}\rangle \boldsymbol{n}) \perp \boldsymbol{n}$, 故 $\boldsymbol{w}-\langle \boldsymbol{w}, \boldsymbol{n}\rangle \boldsymbol{n} \in W$, 所以

$$f(\boldsymbol{w})=f(\boldsymbol{w}-\langle \boldsymbol{w}, \boldsymbol{n}\rangle \boldsymbol{n}+\langle \boldsymbol{w}, \boldsymbol{n}\rangle \boldsymbol{n})=f(\boldsymbol{n})\langle \boldsymbol{w}, \boldsymbol{n}\rangle=\langle \boldsymbol{v}, \boldsymbol{w}\rangle=(\phi(\boldsymbol{v}))(\boldsymbol{w})$$

向量 $\boldsymbol{v}$ 是唯一的. 如果另一个向量 $\tilde{\boldsymbol{v}}$ 使得

$$\phi(\tilde{\boldsymbol{v}})=f$$

则对任意的 $\boldsymbol{w} \in V$ 有

$$(\phi(\boldsymbol{v}))(\boldsymbol{w})=(\phi(\tilde{\boldsymbol{v}}))(\boldsymbol{w})$$

所以

$$\langle \boldsymbol{v}-\tilde{\boldsymbol{v}}, \boldsymbol{w}\rangle=0$$

由于内积的正定性，因上式对于任意的 $\boldsymbol{w}$ 成立，故有 $\boldsymbol{v}=\tilde{\boldsymbol{v}}$. 令

$$\phi^{-1}(f)=\boldsymbol{v}$$

由于 ϕ^{-1} 是 ϕ 的逆映射，且 ϕ 是线性的，所以 ϕ 是同构. 此同构与基底选取无关，所以是自然同构.

6. 设 $\phi=\phi_{ij}\omega^i \otimes \wedge \omega^j, \psi=\psi^{ij}\boldsymbol{e}_i \otimes \boldsymbol{e}_j$, 则 $\phi_{ij}\psi^{ij}=0, \phi_{ji}\psi^{ji}=0$, 因此

$$\phi_{ij}\psi^{ij}+\phi_{ji}\psi^{ji}=\phi_{ij}(\psi^{ij}+\psi^{ji})=0$$

对所有的对称张量 ϕ 都成立，$\phi_{ij}=\phi_{ji}$. 取 $\phi=\omega^i \otimes \omega^j$, 即 $\phi_{ij}=1$, 则

$$\psi^{ij}+\psi^{ji}=0$$

即 $\psi^{ij}=-\psi^{ji}$.

习题 6.2

3. 因为 $\boldsymbol{u}_i=\sum_{j=1}^{n} a_{ij}\boldsymbol{e}_j$，所以

$$\boldsymbol{u}_1 \wedge \cdots \wedge \boldsymbol{u}_k=\sum_{1 \leqslant i_1<\cdots<i_k \leqslant n} a_{1i_1}a_{2i_2}\cdots a_{ki_k}\boldsymbol{e}_{i_1} \wedge \cdots \wedge \boldsymbol{e}_{i_k}$$

取 $1 \leqslant i_1<i_2<\cdots<i_k \leqslant n$, 用 $\sigma=\begin{pmatrix} 1 & 2 & \cdots & k \\ i_1 & i_2 & \cdots & i_k \end{pmatrix}$ 表示 $(i_1, i_2, \cdots, i_k)$ 的任意排列，$\operatorname{sgn}(\sigma)$ 表示 σ 的符号，则

$$\boldsymbol{u}_1 \wedge \cdots \wedge \boldsymbol{u}_k=\sum_{1 \leqslant i_1<\cdots<i_k \leqslant n}\left(\sum_{\sigma}(-1)^{\operatorname{sgn}(\sigma)} a_{1i_1}a_{2i_2}\cdots a_{ki_k}\right)\boldsymbol{e}_{i_1} \wedge \cdots \wedge \boldsymbol{e}_{i_k}$$

$$= \sum_{1 \leqslant i_1 < \cdots < i_k \leqslant n} \begin{vmatrix} a_{1i_1} & \cdots & a_{1i_k} \\ \cdots & \cdots & \\ a_{ki_1} & \cdots & a_{ki_k} \end{vmatrix} \boldsymbol{e}_{i_1} \wedge \cdots \wedge \boldsymbol{e}_{i_k}$$

5. 令 $\psi = a_1\boldsymbol{e}_1 + \cdots + a_n\boldsymbol{e}_n$, 可证明：$a_{k+1} = \cdots = a_n = 0$.

6. $\phi^k = k!\boldsymbol{e}_1 \wedge \cdots \wedge \boldsymbol{e}_{2k} \neq 0$.

第 7 章　活动标架法

习题 7.1

1. $(2xy - 6yz - 2x^2z)\mathrm{d}x \wedge \mathrm{d}y \wedge \mathrm{d}z$.

3. (1) $\mathrm{d}(f\mathrm{d}g+g\mathrm{d}f)=0$; (2) $\mathrm{d}[(2f-3g)(\mathrm{d}g-\mathrm{d}f)]=-\mathrm{d}f\wedge\mathrm{d}g$; (3) $\mathrm{d}[(f\mathrm{d}g)\wedge(g\mathrm{d}f)]=0$.

习题 7.2

1. $\begin{cases} x = \rho\cos\theta\cos\phi \\ y = \rho\cos\theta\sin\phi, \\ z = \rho\sin\theta, \end{cases}$ 计算可得

$$\boldsymbol{e}_1 = \frac{\partial \boldsymbol{r}}{\partial \rho} = \{\cos\theta\cos\phi, \cos\theta\sin\phi, \sin\theta\}$$

$$\boldsymbol{e}_2 = \frac{\boldsymbol{r}_\phi}{|\boldsymbol{r}_\phi|} = \{-\sin\phi, \cos\phi, 0\}$$

$$\boldsymbol{e}_3 = \frac{\boldsymbol{r}_\theta}{|\boldsymbol{r}_\theta|} = \{-\sin\theta\cos\phi, -\sin\theta\sin\phi, \cos\theta\}$$

$$\omega^1 = \langle \mathrm{d}\boldsymbol{r}, \boldsymbol{e}_1\rangle = \mathrm{d}\rho, \quad \omega^2 = \langle \mathrm{d}\boldsymbol{r}, \boldsymbol{e}_2\rangle = \rho\cos\theta\mathrm{d}\phi$$

$$\omega^3 = \langle \mathrm{d}\boldsymbol{r}, \boldsymbol{e}_3\rangle = \rho\mathrm{d}\theta, \quad \omega_1^2 = \langle \mathrm{d}\boldsymbol{e}_1, \boldsymbol{e}_2\rangle = \cos\theta\mathrm{d}\phi$$

$$\omega_1^3 = \langle \mathrm{d}\boldsymbol{e}_1, \boldsymbol{e}_3\rangle = \mathrm{d}\theta, \quad \omega_2^3 = \langle \mathrm{d}\boldsymbol{e}_2, \boldsymbol{e}_3\rangle = \sin\theta\mathrm{d}\phi$$

2. $\omega^1 = \dfrac{\sqrt{2}}{2}(\sin f\mathrm{d}x + \mathrm{d}y - \cos f\mathrm{d}z), \quad \omega^2 = \dfrac{\sqrt{2}}{2}(\sin f\mathrm{d}x - \mathrm{d}y - \cos f\mathrm{d}z)$

$\omega^3 = -\cos f\mathrm{d}x - \sin f\mathrm{d}z, \quad \omega_1^2 = 0, \quad \omega_1^3 = \omega_2^3 = -\dfrac{\sqrt{2}}{2}\left(\dfrac{\partial f}{\partial x}\mathrm{d}x + \dfrac{\partial f}{\partial y}\mathrm{d}y + \dfrac{\partial f}{\partial z}\mathrm{d}z\right)$.

3. $\omega^1 = \dfrac{1}{v}\mathrm{d}u, \omega^2 = \dfrac{1}{v}\mathrm{d}v, \omega_1^2 = \dfrac{1}{v}\mathrm{d}u, K = -1$.

习题 7.3

1. **解**　在正交参数表示下 $(F = 0)$，Codazzi 方程简化为

$$\begin{cases} \left(\dfrac{L}{\sqrt{E}}\right)_v - \left(\dfrac{M}{\sqrt{E}}\right)_u - N\dfrac{(\sqrt{E})_v}{G} - M\dfrac{(\sqrt{G})_u}{\sqrt{EG}} = 0 \\ \left(\dfrac{N}{\sqrt{G}}\right)_u - \left(\dfrac{M}{\sqrt{G}}\right)_v - L\dfrac{(\sqrt{G})_v}{E} - M\dfrac{(\sqrt{E})_v}{\sqrt{EG}} = 0 \end{cases} \tag{A.7.1}$$

下面验证式 (7.3.7) 与式 (A.7.1) 是等价的, 只需验证其中一个即可.

$$d\omega_1^3 = \omega_1^2 \wedge \omega_2^3$$

$$\begin{aligned} d\omega_1^3 &= \left[-\left(\frac{L}{\sqrt{E}}\right)_v + \left(\frac{M}{\sqrt{E}}\right)_u\right] du \wedge dv \\ &= \left[-\frac{(\sqrt{E})_v N}{G} - \frac{M(\sqrt{G_u})}{\sqrt{EG}}\right] du \wedge dv = \omega_1^2 \wedge \omega_2^3 \end{aligned}$$

移项即为 $C-M$ 方程中的第一式，第二式同理可证.

3. 取

$$\begin{cases} \boldsymbol{e}_1 = \dfrac{1}{\sqrt{1+(f'(u))^2}}\{\cos v, \sin v, f'(u)\} \\ \boldsymbol{e}_2 = \{-\sin v, u\cos v, 0\} \\ \boldsymbol{e}_3 = \dfrac{1}{\sqrt{1+(f'(u))^2}}\{-f'(u)\cos v, -f'(u)\sin v, 1\}. \end{cases}$$

$$\omega^1 = \sqrt{1+(f'(u))^2}du, \quad \omega^2 = udv, \quad \omega_1^2 = \frac{1}{\sqrt{1+(f'(u))^2}}dv;$$

$$\omega_1^3 = \frac{f'(u)}{1+(f''(u))^2}du, \quad \omega_2^3 = \frac{f'(u)}{1+(f'(u))^2}dv$$

第 8 章　曲面的内蕴几何

习题 8.1

1. **证明**　充分性显然，下面证明必要性. 设 $p \in S, \boldsymbol{w} \in T_pS$, 并且 $\boldsymbol{w} \neq 0$. 考虑 S 中的曲线 $\alpha: (-a,a) \to S$, 满足 $\alpha'(0) = \boldsymbol{w}$. 我们断言

$$\|f_{*p}(\alpha'(0)\| = \|\alpha'(0)\|$$

否则，不妨假设 $\|f_{*p}(\alpha'(0)\| > \|\alpha'(0)\|$, 则存在原点的邻域 $0 \in I \subset (-a,a)$, 在该邻域上，$\|f_{*p}(\alpha'(t)\| > \|\alpha'(t)\|$. 这表明曲线 $f \circ \alpha(t)(I)$ 的长度大于曲线 $\alpha(I)$ 的长度，矛盾.

4. 等距变换为：$\begin{cases} x = \sqrt{E}u + \dfrac{F}{\sqrt{E}}v \\ y = \sqrt{\dfrac{EG-F^2}{E}}v. \end{cases}$

5. 等距变换为：$\begin{cases} \bar{u} = v\cos u \\ \bar{v} = v\sin u. \end{cases}$

6. S_1 和 S_2 之间的等距变换为 $\begin{cases} x = v, \\ y = e^{-u}. \end{cases}$

S_1 和 S_3 之间的等距变换为 $\begin{cases} x = -\dfrac{\mathrm{e}^t \sinh s}{\cosh s}, \\ y = \dfrac{\mathrm{e}^t}{\cosh s}. \end{cases}$

S_2 和 S_3 之间的等距变换为 $\begin{cases} u = \ln\cosh s - t, \\ v = -\dfrac{\mathrm{e}^t \sinh s}{\cosh s}. \end{cases}$

8. 共形变换为：$\begin{cases} \bar{u} = u \\ \bar{v} = a\ln|\sec v + \tan v|. \end{cases}$

习题 8.2

2. 纬圆 $\Gamma : \boldsymbol{r}(v) = \boldsymbol{r}(u_0, v)$ 的测地曲率为 $\kappa_g = -\dfrac{1}{a}\tan u_0$.

3. **证明** 设旋转曲面的参数方程为 $\boldsymbol{r}(u,v) = \{f(u)\cos v, f(u)\sin v, g(u)\}$, 第一基本形式为

$$I = [(f')^2(u) + (g')^2(u)]\mathrm{d}u^2 + f^2\mathrm{d}v^2$$

设 $\Gamma : u = u(s), v = v(s)$ 是曲面 S 上一条弧长参数曲线，Γ 与 $u-$ 曲线夹角为 θ，即 $\theta = \angle(\dot{\boldsymbol{r}}, \boldsymbol{r}_u)$, 则 Γ 的测地曲率为

$$\kappa_g = \frac{\mathrm{d}\theta}{\mathrm{d}s} - \frac{1}{2\sqrt{G}}\frac{\partial \log E}{\partial v}\cos\theta + \frac{1}{2\sqrt{E}}\frac{\partial \log G}{\partial u}\sin\theta$$

子午线 ($u-$ 线) 切向量与 $\boldsymbol{r}_u$ 的交角为 $\theta \equiv 0$, 所以子午线 ($u-$ 线) 的测地曲率为

$$\kappa_g(\Gamma_{v_0}) = -\frac{1}{2\sqrt{G}}\frac{\partial \log E}{\partial v} = 0$$

即子午线的测地曲率恒为 0，所以子午线是测地线;

纬线 ($v-$ 线) 切向量 $\boldsymbol{r}_v$ 与 $\boldsymbol{r}_u$ 的交角为 $\theta = \dfrac{\pi}{2}$, 所以纬线 ($v-$ 线) 的测地曲率为

$$\kappa_g(\Gamma_{u_0}) = -\frac{G_u}{2\sqrt{EG}}\sin\theta = -\frac{G_u}{2\sqrt{EG}}\sin\frac{\pi}{2} = \frac{f'(u)}{f(u)\sqrt{(f')^2(u) + (g')^2(u)}}$$

所以纬线的测地曲率为零当且仅当 $f'(u) = 0$，此时子午线的切向量为

$$\boldsymbol{r}_u = \{0, 0, g'(u)\}$$

该切向量平行于旋转轴 $z-$ 轴.

5. **证明** 旋转曲面的第一基本形式为

$$I = [(f')^2(u) + (g')^2(u)]\mathrm{d}u^2 + f^2\mathrm{d}v^2$$

$$E_u = 2f'f'' + 2g'g'', G_u = 2ff', E_v = G_v = 0$$

因为曲面上取的是正交曲线网，设 $\Gamma: u=u(s), v=v(s)$ 是曲面 S 上一条弧长参数曲线，Γ 与 $u-$ 曲线夹角为 θ，即 $\theta=\angle(\dot{\boldsymbol{r}},\boldsymbol{r}_u)$, 由 Liouville 公式可得曲面上测地线的方程组为

$$\begin{cases}\dfrac{\mathrm{d}\theta}{\mathrm{d}s}=\dfrac{1}{2\sqrt{G}}\dfrac{\partial\log E}{\partial v}\cos\theta-\dfrac{1}{2\sqrt{E}}\dfrac{\partial\log G}{\partial u}\sin\theta=-\dfrac{G_u}{2G\sqrt{E}}\sin\theta\\ \dfrac{\mathrm{d}u}{\mathrm{d}s}=\dfrac{1}{\sqrt{E}}\cos\theta\\ \dfrac{\mathrm{d}v}{\mathrm{d}s}=\dfrac{1}{\sqrt{G}}\sin\theta\end{cases}\tag{A.8.1}$$

消去参数 s 可得

$$\frac{\mathrm{d}\theta}{\mathrm{d}u}=-\frac{f'}{f}\tan\theta,\quad \frac{\mathrm{d}v}{\mathrm{d}u}=\frac{\sqrt{E}}{\sqrt{G}}\tan\theta$$

由第一个等式积分可得

$$f(u)\sin\theta=c$$

6. **解**　由上题可知

$$\cos\theta=\sqrt{1-\frac{c^2}{f^2}},\quad \tan\theta=\frac{c}{\sqrt{f^2-c^2}}$$

$$\frac{\mathrm{d}v}{\mathrm{d}u}=\frac{c\sqrt{(f')^2+(g')^2}}{f\sqrt{f^2-c^2}}$$

所以

$$v=v_0+\int\frac{c\sqrt{(f')^2(u)+(g')^2(u)}}{f(u)\sqrt{f^2(u)-c^2}}\mathrm{d}u$$

7. $v=C\displaystyle\int\frac{\mathrm{d}u}{\sqrt{\lambda^2-C^2}}$.

习题 8.3

2. 球面的参数方程为 $\boldsymbol{r}=\{a\cos u\cos v, a\cos u\sin v, a\sin u\}$, 设切向量为 $\boldsymbol{X}$，赤道单位切向量为 $\boldsymbol{T}$，切向量 $\boldsymbol{X}$ 沿着赤道的平行移动保持与 $\boldsymbol{T}$ 的夹角不变.

3. 【提示】设 $\boldsymbol{B}=\boldsymbol{X}+\lambda\boldsymbol{n}$, 求得 $\lambda=\langle\boldsymbol{B},\boldsymbol{n}\rangle$, 代入原式，再与 $\boldsymbol{N}$ 做内积.

5. 向量 $\boldsymbol{a}=\dfrac{\boldsymbol{r}_1}{\sqrt{E}}\Rightarrow a^1=\dfrac{1}{\sqrt{E}}, a^2=0$ 是沿曲线 Γ 的平行向量场的充要条件是

$$\begin{cases}\dfrac{\mathrm{d}a^1}{\mathrm{d}t}=\dfrac{\mathrm{d}}{\mathrm{d}t}\dfrac{1}{\sqrt{E}}=-\displaystyle\sum_{i,j}^{2}\Gamma_{ij}^1a^i\frac{\mathrm{d}u^j}{\mathrm{d}t}=\frac{1}{\sqrt{E}}-\sum_{i,j}^{2}\Gamma_{1j}^1\frac{\mathrm{d}u^j}{\mathrm{d}t}\\ \dfrac{\mathrm{d}a^2}{\mathrm{d}t}=-\displaystyle\sum_{i,j}^{2}\Gamma_{ij}^2a^i\mathrm{d}u^j=-\sum_{i,j}^{2}\Gamma_{1j}^2a^1\frac{\mathrm{d}u^j}{\mathrm{d}t}=0\end{cases}$$

$\boldsymbol{a}(t)$ 是单位向量，所以 $\boldsymbol{a}\cdot\dfrac{\mathrm{d}\boldsymbol{a}}{\mathrm{d}t}=0=\boldsymbol{a}\cdot\dfrac{D\boldsymbol{a}}{\mathrm{d}t}$, 而

$$D\boldsymbol{a}=\sum_{k}^{2}\left(\mathrm{d}a^k+\sum_{i,j=1}^{2}\Gamma_{ij}^{k}a^i\mathrm{d}u^j\right)\boldsymbol{r}_k=\sum_{k}^{2}\left(\mathrm{d}a^k+\sum_{j=1}^{2}\Gamma_{1j}^{k}a^1\mathrm{d}u^j\right)\boldsymbol{r}_k$$

$$\begin{aligned}\frac{D\boldsymbol{a}}{\mathrm{d}t}&=\frac{\mathrm{d}a^1}{\mathrm{d}t}\boldsymbol{r}_1+\sum_{j=1}^{2}\Gamma_{1j}^{1}a^1\frac{\mathrm{d}u^j}{\mathrm{d}t}\boldsymbol{r}_1+\sum_{j=1}^{2}\Gamma_{1j}^{2}a^1\frac{\mathrm{d}u^j}{\mathrm{d}t}\boldsymbol{r}_2\\&=\frac{\mathrm{d}\left(\dfrac{1}{\sqrt{E}}\right)}{\mathrm{d}t}r_1+\sum_{j=1}^{2}\Gamma_{1j}^{1}\frac{1}{\sqrt{E}}\frac{\mathrm{d}u^j}{\mathrm{d}t}\boldsymbol{r}_1+\sum_{j=1}^{2}\Gamma_{1j}^{2}\frac{1}{\sqrt{E}}\frac{\mathrm{d}u^j}{\mathrm{d}t}\boldsymbol{r}_2\end{aligned}$$

所以

$$\boldsymbol{a}\cdot\frac{D\boldsymbol{a}}{\mathrm{d}t}=\frac{\mathrm{d}}{\mathrm{d}t}\left(\frac{\mathrm{d}a^1}{\mathrm{d}t}\right)+\sum_{j=1}^{2}\Gamma_{1j}^{1}\frac{\mathrm{d}u^j}{\mathrm{d}t}+\sum_{j=1}^{2}\Gamma_{1j}^{2}\frac{F}{\sqrt{E}}\frac{\mathrm{d}u^j}{\mathrm{d}t}=0 \tag{1}$$

$$\begin{cases}\dfrac{\mathrm{d}}{\mathrm{d}t}\dfrac{1}{\sqrt{E}}=-\dfrac{1}{\sqrt{E}}\displaystyle\sum_{j=1}^{2}\Gamma_{1j}^{1}\frac{\mathrm{d}u^j}{\mathrm{d}t} & (2)\\[2ex] \dfrac{\mathrm{d}a^2}{\mathrm{d}t}=-\displaystyle\sum_{i,j=1}^{2}\Gamma_{ij}^{2}a^i\mathrm{d}\frac{\mathrm{d}u^j}{\mathrm{d}t}=-\sum_{j=1}^{2}\Gamma_{1j}^{2}a^1\frac{\mathrm{d}u^j}{\mathrm{d}t}=0 & (3)\end{cases}$$

显然，当式 (3) 成立时，由式 (1) 可得式 (2)，故 $\boldsymbol{a}$ 为平行向量场的充要条件可以用 (3) 代替.

8. 可设 t 是 $\Gamma:\boldsymbol{r}(t)$ 的弧长参数，令 $\boldsymbol{e}_1=\boldsymbol{X},\boldsymbol{e}_2=\boldsymbol{n}\wedge\boldsymbol{X},\boldsymbol{e}_3=\boldsymbol{n}$, 则

$$\boldsymbol{Y}=\cos\theta\boldsymbol{e}_1+\sin\theta\boldsymbol{e}_2,\quad \boldsymbol{n}\wedge\boldsymbol{Y}=-\sin\theta\boldsymbol{e}_1+\cos\theta\boldsymbol{e}_2$$

$$\frac{D\boldsymbol{Y}}{\mathrm{d}t}=\frac{\mathrm{d}\theta}{\mathrm{d}t}(-\sin\theta\boldsymbol{e}_1+\cos\theta\boldsymbol{e}_2)+\cos\theta\frac{D\boldsymbol{e}_1}{\mathrm{d}t}+\sin\theta\frac{D\boldsymbol{e}_2}{\mathrm{d}t}$$

代入计算即可得结论.

习题 8.4

3.【提示】取测地平行坐标系，使其中一族测地线为 $u-$ 曲线，则 $K=-\dfrac{1}{\sqrt{G}}(\sqrt{G})_{uu}$. 设另一族测地线与 $u-$ 曲线的夹角为 θ_0, 则 $\dfrac{\mathrm{d}\theta}{\mathrm{d}v}=-\dfrac{\partial\sqrt{G}}{\partial u}=0$, 计算可得 $K=0$.

4. 计算可得这条测地线的测地曲率

$$\kappa_g=\frac{\sin\theta_0G_u}{2G\sqrt{E}}=\frac{\sin\theta_0f(u)}{2f^2(u)\sqrt{E}}=0$$

可得 $f'(u)=0$, 所以曲面为圆柱面.

5. 取测地极坐标系，由 Liouville 公式可得

$$\kappa_g(\Gamma_{\rho_0})=\begin{cases}\dfrac{1}{\rho_0}, & K=0\\ \dfrac{\sqrt{K}\cos(\sqrt{K}\rho_0)}{\sin(\sqrt{K}\rho_0)}, & K>0\\ \dfrac{\sqrt{-K}\cosh(\sqrt{-K}\rho_0)}{\sinh(\sqrt{-K}\rho_0)}, & K<0\end{cases}$$

6.【提示】将曲面 $\boldsymbol{r}(u,v)$ 在 $(0,v)$ 点二阶 Taylor 展开，利用给定的测地平行坐标系，可得结论.

7.【提示】取测地极坐标系 (ρ,θ), 则第一基本形式为

$$I=\mathrm{d}\rho^2+G\mathrm{d}\theta^2$$

可得 Gauss 曲率的表达式为 $K=-\dfrac{(\sqrt{G})_{\rho\rho}}{\sqrt{G}}$, 即

$$(\sqrt{G})_{\rho\rho}=-K\sqrt{G}$$

将函数 $\sqrt{G(\rho,\theta)}$ 在 $(0^+,\theta)$ 点三阶 Taylor 展开，利用弧长和平面区域的面积计算公式，可得结论.

习题 8.5

2. $S_{ABC}=\dfrac{\pi}{2}R^2$.

3. $\displaystyle\iint_D K\mathrm{d}A=\int_0^{\frac{\pi}{2}}\mathrm{d}\theta\int_{\frac{\pi}{4}}^{\frac{\pi}{2}}\sin\phi\mathrm{d}\phi$,

$$\int_\Gamma\kappa_g\mathrm{d}s=\sum_{i=1}^4\int_{C_i'}\kappa_{g_i}\mathrm{d}s_i=-\frac{\sqrt{2}}{2}\int_0^{\frac{\pi}{2}}\mathrm{d}\theta,\quad\sum_{i=1}^4\theta_i=2\pi.$$

4 反证法，利用 Gauss-Bonnet 公式引出矛盾.

5 反证法，利用 Gauss-Bonnet 公式引出矛盾.

Riemann 度量

1. **证明**　(必要性)　设 Γ 的单位切向量场为

$$\boldsymbol{T}(s)=\frac{\mathrm{d}\boldsymbol{r}}{\mathrm{d}s}=\frac{\mathrm{d}\boldsymbol{r}}{\mathrm{d}t}\frac{\mathrm{d}t}{\mathrm{d}s}=\boldsymbol{w}(t)\frac{\mathrm{d}t}{\mathrm{d}s}$$

Γ 是测地线当且仅当

$$\boldsymbol{0}=\frac{D\boldsymbol{T}(s)}{\mathrm{d}s}=\frac{\mathrm{d}^2t}{\mathrm{d}s^2}\boldsymbol{w}(t)+\left(\frac{\mathrm{d}t}{\mathrm{d}s}\right)^2\frac{D\boldsymbol{w}(t)}{\mathrm{d}t}$$

取 $f = \dfrac{\mathrm{d}^2 t}{\mathrm{d}s^2}\left(\dfrac{\mathrm{d}s}{\mathrm{d}t}\right)^2$, 则 $\dfrac{D\boldsymbol{w}}{\mathrm{d}t} + f(t)\boldsymbol{w} = 0$.

(充分性) $\boldsymbol{w}(t) = \boldsymbol{T}(s)\dfrac{\mathrm{d}s}{\mathrm{d}t}$,

$$\begin{aligned}\mathbf{0} &= \frac{D\boldsymbol{w}(t)}{\mathrm{d}t} + f(t)\boldsymbol{w}(t) \\ &= \frac{\mathrm{d}^2 s}{\mathrm{d}t^2}\boldsymbol{T}(s) + \frac{\mathrm{d}s}{\mathrm{d}t}\frac{D\boldsymbol{T}(s)}{\mathrm{d}t} + f\frac{\mathrm{d}s}{\mathrm{d}t}\boldsymbol{T}(s) \\ &= \left(\frac{\mathrm{d}s}{\mathrm{d}t}\right)^2\frac{D\boldsymbol{T}(s)}{\mathrm{d}s} + \left(f\frac{\mathrm{d}s}{\mathrm{d}t} + \frac{\mathrm{d}^2 s}{\mathrm{d}t^2}\right)\boldsymbol{T}(s)\end{aligned}$$

取 $\boldsymbol{n}(s)$ 是曲面沿曲线 Γ 的单位法向量场，使得 $\boldsymbol{n}\perp\boldsymbol{T}$ 并且 $\{\boldsymbol{T},\boldsymbol{n}\}$ 与 $\left\{\dfrac{\partial}{\partial u},\dfrac{\partial}{\partial v}\right\}$ 定向一致，则

$$0 = \left\langle\frac{D\boldsymbol{w}(t)}{\mathrm{d}t} + f(t)\boldsymbol{w}(t), \boldsymbol{n}(s)\right\rangle = \left(\frac{\mathrm{d}s}{\mathrm{d}t}\right)^2\kappa_g$$

即 $\kappa_g = 0$, 所以 Γ 是测地线.

2. **解** 曲纹坐标网是正交网, 由 Liouville 公式可得曲面上测地线的方程组为

$$\begin{cases}\dfrac{\mathrm{d}\theta}{\mathrm{d}s} = \dfrac{1}{2\sqrt{G}}\dfrac{\partial\log E}{\partial v}\cos\theta - \dfrac{1}{2\sqrt{E}}\dfrac{\partial\log G}{\partial u}\sin\theta = \dfrac{1}{2\sqrt{v^3}}\cos\theta \\ \dfrac{\mathrm{d}u}{\mathrm{d}s} = \dfrac{1}{\sqrt{v}}\cos\theta \\ \dfrac{\mathrm{d}v}{\mathrm{d}s} = \dfrac{1}{\sqrt{v}}\sin\theta\end{cases} \tag{A.8.2}$$

由第一个方程和第三个方程可得

$$\frac{\mathrm{d}v}{\mathrm{d}\theta} = 2v\tan\theta$$

积分可得

$$v\cos^2\theta = C^2, \quad \cos\theta = \frac{C}{\sqrt{v}}$$

由第二个方程与第三个方程可得

$$\frac{\mathrm{d}v}{\mathrm{d}u} = \tan\theta = \frac{\sqrt{cos^2\theta}}{\cos\theta} = \frac{\sqrt{v - C^2}}{C}$$

即

$$\mathrm{d}u = \frac{C}{\sqrt{v - C^2}}\mathrm{d}v$$

求积分可得

$$u = 2C\sqrt{v - C^2} + C_1$$

则

$$v=\frac{(u-C_1)^2}{4C^2}+C^2$$

所求测地线在 uOv 平面上是抛物线.

第 9 章　曲线的整体性质

习题 9

1. 由等周不等式 $L^2\geqslant 4\pi A$ 可知，不存在这样的简单闭曲线.

2. 由芬切尔 (Fenchel) 定理可知

$$2\pi\leqslant\int_0^L\kappa_{\boldsymbol{r}}(s)\mathrm{d}s\leqslant\frac{1}{r}\int_0^L\mathrm{d}s=\frac{L}{r}$$

所以 $L\geqslant 2\pi r$.

4. **解**　平面曲线的相对曲率公式为

$$\kappa_{\boldsymbol{r}}=\frac{x'y''-x''y'}{[(x')^2+(y')^2]^{\frac{3}{2}}}$$

代入计算可得

$$\kappa_{\boldsymbol{r}}=\frac{ab}{(a^2\sin^2t+b^2\cos^2t)^{\frac{3}{2}}}$$

因此，相对全曲率为

$$K_{\boldsymbol{r}}=\int_0^L\kappa_{\boldsymbol{r}}(s)\mathrm{d}s=\int_0^{2\pi}(\kappa_{\boldsymbol{r}}(t)\frac{\mathrm{d}s}{\mathrm{d}t})\mathrm{d}t=4ab\int_0^{\frac{\pi}{2}}(a^2\sin^2t+b^2\cos^2t)^{-1}\mathrm{d}t=2\pi$$

所以其旋转指标 $i_C=1$.

8. **证明**　由式(9.2.3)可知

$$\tau=\frac{\dot{\kappa}}{\kappa^2\langle\boldsymbol{B},\boldsymbol{r}\rangle}=\frac{\dot{\kappa}}{\kappa(-\kappa_g)}=\pm\frac{\dot{\kappa}}{\kappa\sqrt{\kappa^2-1}}$$

所以

$$\begin{aligned}\int\left(\frac{\tau}{\kappa}\right)\mathrm{d}s&=\int\frac{\dot{\kappa}}{\kappa^2\sqrt{\kappa^2-1}}\mathrm{d}s=\int\frac{\mathrm{d}\kappa}{\kappa^2\sqrt{\kappa^2-1}}\\&=\int\frac{\mathrm{d}\sec t}{\sec^2t\tan t}=\int\frac{1}{\sec}t\mathrm{d}t=\sin t+C=\frac{\sqrt{\kappa^2-1}}{\kappa}+C\end{aligned}$$

因此

$$\int_\Gamma\left(\frac{\tau}{\kappa}\right)\mathrm{d}s=\pm\int_0^L\left(\frac{\dot{\kappa}}{\kappa^2\sqrt{\kappa^2-1}}\right)\mathrm{d}s=\frac{\sqrt{\kappa^2-1}}{\kappa}\Big|_0^L=0$$

第 10 章 曲面整体性质

习题 10

2. 反证法：假设 S 是紧致极小曲面，则由定理 10.1.1可知，一定是存在 P_0 点，使得 Gauss 曲率 $K(P_0) > 0$, 但

$$K = \kappa_1\kappa_2 = -\kappa_1^2 \leqslant 0$$

即 $K(P_0) \leqslant 0$, 矛盾.

6. $f(\kappa_1, \kappa_2) = 2H - CK = \kappa_1 + \kappa_2 - C\kappa_1\kappa_2 = 0$, 两个偏导数的乘积

$$f_1 f_2 = (1 - C\kappa_2)(1 - \kappa_1) = 1 > 0$$

即曲面是椭圆型 W 卵形面，由例 10.4.1可知，曲面是球面.

7. $\mathrm{d}\phi = \phi'(F)\mathrm{d}F = \phi'(F)(F_1\omega^1 + F_2\omega^2)$, 所以 ϕ 在正交标架下的导数为

$$\phi_1 = \phi'(F)F_1, \quad \phi_2 = \phi'(F)F_2$$

因此

$$\begin{aligned}\phi_{ij}\omega^j &= \mathrm{d}\phi_i - \phi_j\omega_i^j = \mathrm{d}(\phi'(F)F_i) - \phi'(F)F_j\omega_i^j \\ &= (\phi''\mathrm{d}F)F_i + \phi'(\mathrm{d}F_i - F_j\omega_i^j) = (\phi''F_iF_j + \phi'F_{ij})\omega^j\end{aligned}$$

所以

$$\triangle\phi = \phi_{11} + \phi_{22} = \phi''[(F_1)^2 + (F_2)^2] + \phi'\triangle F = \phi'\triangle F + \phi''|\nabla F|^2$$

8. **证明** 由定义可知 $\mathrm{D}\bar{f}_1 = d\bar{f}_1 + f_2\bar{\omega}_2^1$, 则有

$$\begin{aligned}\mathrm{D}\bar{f}_1 &= \mathrm{d}(\cos\theta f_1 + \sin\theta f_2) + (-\sin\theta f_1 + \cos\theta f_2)(-\omega_1^2 - \mathrm{d}\theta) \\ &= \cos\theta(\mathrm{d}f_1 - f_2\omega_1^2) + \sin\theta(\mathrm{d}f_2 + f_1\omega_1^2) \\ &= \cos\theta\mathrm{D}f_1 + \sin\theta\mathrm{D}f_2\end{aligned}$$

同样可证明第二个等式.

9. **证明** 已知

$$\begin{pmatrix} \mathrm{D}f_1 & \mathrm{D}f_2 \end{pmatrix} = (\omega^1, \omega^2)\begin{pmatrix} f_{11} & f_{21} \\ f_{12} & f_{22} \end{pmatrix}$$

则在另一组基底 $\bar{\boldsymbol{e}}_1, \bar{\boldsymbol{e}}_2$ 下的协变微分为

$$\begin{aligned}\begin{pmatrix} \mathrm{D}\bar{f}_1 & \mathrm{D}\bar{f}_2 \end{pmatrix} &= (\bar{\omega}^1, \bar{\omega}^2)\begin{pmatrix} \bar{f}_{11} & \bar{f}_{21} \\ \bar{f}_{12} & \bar{f}_{22} \end{pmatrix} \\ &= (\omega^1, \omega^2)\begin{pmatrix} \cos\theta & -\sin\theta \\ \sin\theta & \cos\theta \end{pmatrix}\begin{pmatrix} \bar{f}_{11} & \bar{f}_{21} \\ \bar{f}_{12} & \bar{f}_{22}, \end{pmatrix}\end{aligned}$$

另一方面，

$$\begin{pmatrix} \mathrm{D}\bar{f}_1 & \mathrm{D}\bar{f}_2 \end{pmatrix} = (\mathrm{D}f_1, \mathrm{D}f_2)\begin{pmatrix} \cos\theta & -\sin\theta \\ \sin\theta & \cos\theta \end{pmatrix}$$

$$= (\omega^1, \omega^2)\begin{pmatrix} f_{11} & f_{21} \\ f_{12} & f_{22} \end{pmatrix}\begin{pmatrix} \cos\theta & -\sin\theta \\ \sin\theta & \cos\theta \end{pmatrix}$$

可得

$$\begin{pmatrix} \bar{f}_{11} & \bar{f}_{12} \\ \bar{f}_{12} & \bar{f}_{22} \end{pmatrix} = \begin{pmatrix} \cos\theta & \sin\theta \\ -\sin\theta & \cos\theta \end{pmatrix}\begin{pmatrix} f_{11} & f_{21} \\ f_{12} & f_{22} \end{pmatrix}\begin{pmatrix} \cos\theta & -\sin\theta \\ \sin\theta & \cos\theta \end{pmatrix}$$

所以

$$\begin{aligned} \bar{f}_{11} &= \cos^2\theta f_{11} + 2\cos\theta\sin\theta f_{12} + \sin^2\theta f_{22} \\ \bar{f}_{22} &= \cos^2\theta f_{22} - 2\cos\theta\sin\theta f_{12} + \sin^2\theta f_{11} \end{aligned}$$

10.

$$\begin{aligned} \mathrm{d}\phi_f &= \mathrm{d}f_1 \wedge \omega^2 + f_1\mathrm{d}\omega^2 - \mathrm{d}f_2 \wedge \omega^1 - f_2\mathrm{d}\omega^1 \\ &= \mathrm{d}f_1 \wedge \omega^2 + f_1\omega^1 \wedge \omega_1^2 - \mathrm{d}f_2 \wedge \omega_2^1 - f_2\omega^2 \wedge \omega_2^1 \\ &= (\mathrm{d}f_1 + f_2\omega_2^1) \wedge \omega^2 + (\mathrm{d}f_2 + f_1\omega_1^2) \wedge \omega^2 \\ &= Df_1 \wedge \omega^2 + Df_2 \wedge \omega^1 \\ &= \triangle_S f\omega^1 \wedge \omega^2 \end{aligned}$$

参考文献

[1] 彭家贵，陈卿. 微分几何 [M]. 北京：高等教育出版社，2002.

[2] 陈维桓，微分流形初步 [M]. 北京：北京大学出版社，2001.

[3] 宋鸿藻，贾兴琴，等. 微分几何及其应用 [M]. 开封：河南大学出版社，2002.

[4] 沈一兵. 整体微分几何初步 [M]. 杭州：浙江大学出版社，2005.

[5] Manfredo De Carmo. 曲线与曲面的微分几何 [M]. 北京：机械工业出版社，2005.

[6] 梅向明，黄敬之. 微分几何 [M]. 北京：高等教育出版社，2003.

[7] 王新民, 雒斌. 微分几何 [M]. 西安: 陕西师范大学出版社, 1987.

[8] 苏步青，胡和生，等. 微分几何 [M]. 北京：1979.

[9] 王幼宁，刘继志. 微分几何讲义 [M]. 北京：北京师范大学出版社，2011.

[10] 孟道骥，梁科. 微分几何 [M]. 北京：科学出版社，1998.

[11] 白国正，关闭挠曲线的全曲率 [J]; 数学学报; 1956, 6(2): 206-214.

[12] 白国正，关于空间曲线多边形的全曲率 [J]; 数学学报; 1957, 7(2): 277-284.